Wolfgang Gerke
Technische Assistenzsysteme

Weitere empfehlenswerte Titel

Wolfgang Gerke

Technische Assistenzsysteme

vom Industrieroboter zum Roboterassistenten

DE GRUYTER
OLDENBOURG

Autor
Prof. Dr.-Ing. Wolfgang Gerke
Hochschule Trier
Umwelt-Campus Birkenfeld
Postfach 13 80
55761 Birkenfeld
w.gerke@umwelt-campus.de

Der Autor dankt den folgenden Firmen und Instituten für die freundliche Bereitstellung von Daten
und Bildern: PAL Robotics Barcelona, Deutsches Zentrum für Luft- und Raumfahrt e. V. (DLR) Institut
für Robotik und Mechatronik in Oberpfaffenhofen, Fraunhofer-Institut für Produktionstechnik und
Automatisierung IPA in Stuttgart, Festo AG & Co. KG in Esslingen, Beziehungen pflegen GmbH
in Seelze, Bundesanstalt für Arbeitsschutz und Arbeitsmedizin in Dortmund.

ISBN 978-3-11-034370-0
e-ISBN (PDF) 978-3-11-034371-7
e-ISBN (ePUB) 978-3-11-039657-7

Library of Congress Cataloging-in-Publication Data
A CIP catalog record for this book has been applied for at the Library of Congress.

Bibliografische Information der Deutschen Nationalbibliothek
Die Deutsche Nationalbibliothek verzeichnet diese Publikation in der Deutschen
Nationalbibliografie; detaillierte bibliografische Daten sind im Internet über
http://dnb.dnb.de abrufbar.

© 2015 Walter de Gruyter GmbH, Berlin/München/Boston
Einbandabbildung: Assistenzroboter REEM und REEM-C, © PAL Robotics, S.L, Spanien
Druck und Bindung: CPI books GmbH, Leck
♾ Gedruckt auf säurefreiem Papier
Printed in Germany

www.degruyter.com

Vorwort

Assistenzsysteme sind in der Öffentlichkeit im Zusammenhang mit Autos bekannt geworden. Sie sollen das Autofahren komfortabler und sicherer machen. Zukünftig werden Assistenzroboter mehr und mehr im privaten und öffentlichen Leben auftauchen. Staubsaugroboter, Rasenmähroboter oder Wischroboter sind bereits in vielen Haushalten dankend aufgenommen worden. Der Entwicklungsweg zum persönlichen Roboterassistenten, der auch in der Küche helfen kann, ist nicht mehr lang. In Krankenhäusern helfen immer öfter Telemanipulatoren als Assistenzsysteme mit intelligenten Funktionen bei Operationen. Roboter übernehmen bereits das Einparken in Parkhäusern. Die intelligente Gehhilfe für körperlich eingeschränkte Menschen ist bereits in einigen Rehabilitationszentren zum Training eingeführt worden. Leider sind die Kosten für den persönlichen Nutzen noch zu hoch. Die Kommunikation älterer Menschen in Betreuungs- und Pflegeheimen wird durch eine künstliche (Roboter-)Robbe, die sich anschmiegen kann, angeregt. Es liegen bereits positive Erfahrungen vor, die den Nutzen bestätigen. Aber besonders hilfreich werden Assistenzroboter, die kooperativ mit dem Menschen zusammenarbeiten, in der Produktion sein. Zukünftig entstehen neue Arbeitsformen, die Arbeitsplätze mit bisher weitgehend manueller Arbeit produktiver machen.

Ein Anwendungsfall sei erwähnt, der besonders in Deutschland viel beachtet wird. In der Umweltbranche ist die Abfallvermeidung und CO_2-Einsparung Motivation für die Entwicklung neuartiger Recyclingkonzepte. Viele Produkte landen auf dem Müll, weil die Nutzung einzelner Baugruppen zwar technisch möglich ist, aber deren Demontage und Aufbereitung noch zu teuer ist. Die manuelle Zerlegung von Geräten ist zu teuer. Mit Hilfe von Assistenzrobotern, die mit dem Werker gemeinsam Produkte in ihre Einzelteile zerlegen, wird es vielleicht möglich, die Kosten der Demontage zu senken.

Wie kann man die Eigenschaften eines Assistenzsystems beschreiben? Welche Anforderungen müssen Assistenzsysteme erfüllen? Wie sind Assistenzroboter aufgebaut? Welches Wissen und welche Voraussetzungen sollte man haben, um Assistenzsysteme zu entwickeln und zu verstehen? In dem Buch werden viele dieser Fragen beantwortet. Es werden die Grundlagen für die Entwicklung interaktiver Assistenzsysteme präsentiert.

Aufgrund der Mensch-Maschine-Kooperation spielen ergonomische und psychologische Aspekte, neben den technischen Systemen, eine bedeutende Rolle. Das Buch führt in diese Aspekte ein und vertieft die Anwendungen in der Robotik. Der Leser findet eine ausführliche Einführung in die Funktionen, Anwendungen und mathematischen Beschreibungsmethoden der Robotik inklusive der Industrierobotik, sodass der Leser erkennen kann, welche Verfahren Stand der Technik sind und welche Methoden noch im Forschungsfeld entwickelt werden.

Nach der erfolgreichen Durcharbeit des Buches ist der Leser in der Lage, wichtige Aspekte der Mensch-Maschine-Kooperation zu unterscheiden und für die Gestaltung von Assistenzsystemen zu nutzen. Die Grundlagen der benutzergerechten Gestaltung von interaktiven Systemen und die Anforderungen an interaktive Systeme können wiedergegeben werden. Das wichtige Gebiet der Robotik wird technisch ausführlich dargestellt und der Leser kann damit Robotersysteme in ihrem Aufbau und der mathematischen Beschreibung erklären und die Inhalte des Buches für eigene Entwicklungen nutzen.

Das Buch enthält u. a. Inhalte von Lehrveranstaltungen des Autors an der Hochschule Trier – Umwelt-Campus Birkenfeld, der Hochschule Kaiserslautern – Studiengang Mikrosystemtechnik und der Universität Luxemburg. Der Autor hat die Module Assistenzsysteme und Aktorik des Studiengangs Mechatronik der AKAD University in Form von Studienbriefen erstellt und Inhalte daraus im Buch wiedergegeben. Die Inhalte richten sich u. a. an Studierende der Fächer Robotik, Mechatronik, Digitale Produktentwicklung, Maschinenbau, Elektrotechnik, Informatik sowie an Entwickler von Roboter-Assistenzsystemen. Aber auch Wirtschaftsingenieure und interessierte Planer angrenzender Arbeitsbereiche können von dem systematischen Aufbau des Buches profitieren. Das Buch erläutert komplizierte Fragen mit Beispielaufgaben und ausführlichen Lösungen. Wichtige Abschnitte werden mit Kurzzusammenfassungen abgeschlossen, wiederkehrende Begriffe definiert. Kontrollfragen (mit Lösungen im Buchanhang) dienen der Selbstkontrolle.

Ich danke allen, die an der Vorbereitung des Buches beteiligt waren, dem De Gruyter Verlag für die Möglichkeit der Veröffentlichung und für die sorgfältige Durchsicht. Den Herren Michael Emrich und Thomas Bartscherer vom Umwelt-Campus der Hochschule Trier danke ich für die Ausarbeitung von Beispielaufgaben, die Erstellung von Programmen und Diskussionen.

Ein ganz besonderer Dank gilt meinen Töchtern Julia Gerke für die Erstellung vieler Skizzen, Linda Gerke und Jasmin Gerke für viele fachliche Diskussionen sowie meiner Frau Annette für das Lektorat verschiedener Kapitel und ihre anregenden Ideen, sodass ein in sich geschlossenes Lehrbuch entstehen konnte.

Im August 2014   Wolfgang Gerke

Inhalt

1 Einführung

Interaktive Assistenzsysteme umfassen ein Wissens- und Forschungsgebiet, dessen erfolgreicher Einzug in die Praxis in einigen Bereichen bereits erfolgte. Die moderne und immer älter werdende Gesellschaft benötigt aufgrund der hohen Pflegekosten zukünftig kostengünstige und wirksame Unterstützungsmöglichkeiten für ältere Personen mit eingeschränkter Mobilität. Roboter helfen den Menschen, indem sie auf Anforderung heruntergefallene Gegenstände aufheben oder diese dem Menschen bringen. Roboter-Assistenzsysteme sollen dem eingeschränkten Menschen z. B. beim Gehen helfen, intelligente Prothesen werden nicht nur durch Muskelkraft bedient, sondern Kraft- und Bewegungssensoren messen die Kräfte und interpretieren die Absichten des Trägers, bevor sie die Prothese zur Gehunterstützung aktivieren. Auch die Art der Kommunikation zwischen Mensch und Roboter ist für die Wirksamkeit der Unterstützung von großer Bedeutung. Während Prothesen durch Muskelkräfte und Bewegungsabsichten gesteuert werden, arbeiten Forscher z. B. daran, Rollstühle durch Gedanken zu bewegen. Dabei messen Elektroden Gehirnströme und leiten daraus die Bewegungsabsichten des Menschen ab. Auch die sogenannten Exoskelette helfen dem Menschen bei Bewegungsfunktionen. Sie sind wie eine äußere Haut um einzelne Körperbereiche gelegt und verstärken z. B. Kraftausübungen des Menschen. Dadurch wird z. B. das Treppensteigen erleichtert. Aber auch in der Medizin werden Manipulatoren als besondere chirurgische Instrumente eingesetzt und vergrößern die Erfolgschancen bei minimal-invasiven Eingriffen, indem sie die Bewegungen des Chirurgen unterstützen und kontrollieren.

Roboter sind bisher hauptsächlich in der Produktion zu finden. Dort werden zukünftig Roboter-Produktionsassistenten mit dem Werker zusammenarbeiten. Dadurch entstehen neue Arbeitsformen, die die Produktivität der menschlichen Arbeit erhöhen werden. Bis heute am meisten verbreitet sind allerdings die vielfältigen Fahrerassistenzsysteme im Kraftfahrzeug. Daran erkennt man eindrucksvoll die schnell wachsende Bedeutung der Assistenzsysteme. Durch die Einführung des Antiblockiersystem (ABS), der Antriebs-Schlupf-Regelung (ASR) und des elektronischen Stabilitätsprogramms ESP wurde das Autofahren sicherer und komfortabler.

Das im Jahr 1978 eingeführte ABS kann als Ursprung der fortgeschrittenen Fahrerassistenzsysteme bezeichnet werden. Es überwacht kontinuierlich das Blockieren der Bremsen, das z. B. bei einer Vollbremsung eintritt, und greift aktiv in den Bremsvorgang ein, um ein Blockieren unter allen Umständen zu verhindern. Das Fahrzeug bleibt lenkfähig und die Wirkung des Bremsens optimal. Die ständige Auswertung von Raddrehzahlsensoren durch ein Programm in einem elektronischen Steuergerät führt zur Identifikation der Blockierung. Das ABS-Programm greift aktiv in den Bremsvorgang ein und verhindert wirkungsvoll das Blockieren.

Auch das seit 1987 bei Personenkraftwagen (PKW) eingesetzte ASR nutzt die Raddrehzahlsensoren, wirkt allerdings beim Beschleunigen bzw. Anfahren. Unabhängig vom Fahrer wird der Bremsdruck gezielt auf einzelne Räder gelenkt, um ein Durchdrehen der Räder zu verhindern. Beide Systeme, ABS und ASR, beeinflussen die Längsdynamik des Fahrzeugs, also die Bewegung in Fahrtrichtung.

Seit 1995 wird das ESP-System in PKWs eingesetzt, das die Querdynamik des Fahrzeugs kontrolliert. Es unterstützt den Fahrer z. B. beim Beschleunigen oder Abbremsen in der Kurve. Während beim Bremsen in der Kurve sich das Fahrzeug stärker in die Kurve hineindreht, also übersteuert, erfolgt beim Beschleunigen in der Kurve eine Änderung der Achslastverteilung in Richtung Hinterachse. Das hat zur Folge, dass das Fahrzeug in Richtung des Außenradius der Kurve geschoben wird. Dieser Vorgang wird als Untersteuerung bezeichnet. Das ESP-Steuerprogramm bremst gezielt einzelne Räder, um die Stabilität des Fahrzeugs in der Kurve zu gewährleisten.

Schaut man in die Prospekte der Autoindustrie, findet man unter der Rubrik „Fahrerassistenz-systeme" eine ganze Reihe verschiedener mehr oder weniger wichtiger Assistenzsysteme. Beispiele sind die automatische Distanzregelung (ACC – Adaptive Cruise Control) und das Umfeldbeobachtungssystem „Front Assist" mit City-Notbremsfunktion oder die dyna-mische Fernlichtregulierung „Dynamic Light Assist". Weiterhin werden z. B. angeboten: der Spurhalte-, Spurverlassens- und Spurwechselassistent „Lane Assist" oder der Parklenk-assistent.

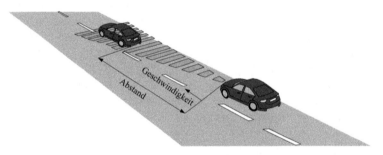

Abb. 1:   Fahrerassistenzsystem: Adaptive Cruise Control

Wir wollen versuchen, den Begriff Fahrerassistenzsystem, der sich aus den Begriffen Fahrer, Assistent und System zusammensetzt, zu erklären. Ein Fahrer ist bekanntermaßen eine Person, die ein Kraftfahrzeug fährt. Der Assistent als Mitarbeiter in einer Arbeitsorganisation unter-stützt in der Regel eine Person bei einer Arbeit. Unter einem Assistenzsystem versteht man eine technische Einrichtung, die meist von einem Rechner gesteuert wird und den Menschen bei einer Tätigkeit unterstützen soll. Der Fahrer erhält Beistand oder Hilfe von einem technischen System. Ein System ist die Gesamtheit von Objekten, die sich in einem ganzheitlichen Zusam-menhang befinden und durch die Wechselbeziehungen untereinander gegenüber ihrer Umwelt abzugrenzen sind. Das Assistenzsystem besteht aus elektronischen, informationstechnischen und/oder mechanischen Komponenten, die im Sinne des Systems als Objekte mit der Umwelt in Wechselbeziehungen stehen.

Nach dieser Erklärung sind auch wesentlich einfachere Hilfsmittel, wie z. B. die automati-sche Blinkerrückstellung, der Starter oder ein synchronisiertes Handschaltgetriebe technische Systeme, die den Fahrer bei seiner Aufgabe unterstützen. Die bereits erwähnten, verfügbaren

Fahrerassistenzsysteme verfügen über viel weitergehende Fähigkeiten. Wie bereits beim ABS-System erläutert wurde, spielt die kontinuierliche Messung der Raddrehzahl und deren richtige Interpretation in diesem Beispiel eine bedeutende Rolle. Die objektive Beurteilung von Fahrsituationen mit Hilfe von Sensoren ist ein wesentliches Merkmal von Fahrerassistenzsystemen. Dadurch sind sie in der Lage, vollständig oder teilweise Aufgaben des Menschen beim Fahren zu übernehmen. Während die Auswertung der Raddrehzahlsensoren zuverlässig und meist eindeutig erfolgen kann, sind viele Fahrerassistenzsysteme mit komplexen Sensoren, wie Kameras oder Radarsensoren, ausgestattet. Diese Sensoren liefern wesentlich mehr Informationen als z. B. nur die Fahrgeschwindigkeit. Es können Fußgänger oder andere Fahrzeuge erkannt und deren Geschwindigkeit oder Entfernung gemessen werden. Allerdings sind die Informationen dieser Sensoren richtig zu interpretieren. Aufgrund von Störungen, die durch das Wetter oder die Beschaffenheit der zu erkennenden Objekte bedingt sind, können die Sensorinformationen falsch oder gar nicht interpretiert werden.

Die Fahrerassistenzsysteme, die solche Sensoren nutzen, müssen die zu den Informationen gehörenden Interpretationen richtig deuten. Es handelt sich um Fahrerassistenzsysteme mit maschineller Wahrnehmung. Sie bieten meist eine Unterstützung in bestimmten Situationen an. Die sensorischen Informationen werden interpretiert und es können sich Fehlinterpretationen ergeben. Daher arbeiten Assistenzsysteme mit dem Menschen gemeinschaftlich an einer Aufgabe. Der Mensch kann die Arbeit des Assistenzsystems jederzeit unterbrechen.

Bei der automatischen Distanzregelung werden vorausfahrende Autos meist aufgrund der Auswertung reflektierter Laserstrahlen identifiziert. Der Spurhalte-Assistent interpretiert Hell-Dunkel-Übergänge eines Kamerabildes als Fahrstreifenbegrenzungslinien. Wir folgern, dass die Fahrerassistenzsysteme mit maschineller Wahrnehmung Informationen, die von Sensoren stammen, beurteilen müssen. Diese Beurteilung ist mit einer erhöhten Fehlermöglichkeit versehen. Denn die Messung der Hell-Dunkel-Übergänge könnte auch von Farbresten einer Baustellenmarkierung stammen. Die automatische Regelung des Fahrzeugs aufgrund der Messwerte ist heute noch zu unsicher. Daher ist es erforderlich, dass sowohl der Mensch als Fahrer als auch das technische System an derselben Aufgabe gleichzeitig arbeiten. Der Fahrer beurteilt die Vorschläge des Assistenzsystems kontinuierlich, um zu entscheiden, ob weiterhin dem Vorschlag des Systems gefolgt werden kann. Wir folgern aus den letzten Ergebnissen, dass Assistenzsysteme von automatischen Systemen zu unterscheiden sind. Die Assistenzsysteme unterstützen den Menschen, indem sie dessen Ziele kennen und Wahrnehmungen des Menschen nachvollziehen können. Sie müssen in der Lage sein, dem Menschen die ermittelten Ergebnisse ausdrucksfähig mitzuteilen.

Es besteht die Gefahr, dass der Fahrer dem Assistenzsystem blind vertraut und bei eventuellen Fehlern des Systems zu spät die Kontrolle übernimmt. Es ist wichtig, die Informationen der Assistenzsysteme dem Menschen in einer geeigneten Form bereitzustellen. Das wirft die Frage auf, wie die Bedien- und Anzeigemöglichkeiten gestaltet werden müssen, damit der Fahrer das System kritisch und aufmerksam nutzt. Der Mensch muss die Vorschläge des Assistenzsystems eindeutig, schnell und fehlerfrei interpretieren können. Wir haben gesehen, dass in Kraftfahrzeugen mehrere Assistenzsysteme gemeinsam arbeiten können. Es stellt sich die Frage, wie deren Informationen in geeigneter eindeutiger Weise dem Menschen präsentiert werden können. Kann der Mensch die vielen Informationen überhaupt noch kritisch und fehlerfrei bewerten, um die richtige Schlussfolgerung und Handlung zu vollziehen? Man bezeichnet die Schnittstelle zwischen dem Assistenzsystem und dem Menschen als Mensch-Maschine-Schnittstelle. Für die Entwicklung geeigneter Mensch-Maschine-Schnittstellen gibt es ergonomische und psychologische Grundsätze, die beachtet werden müssen.

Die sensorischen und kognitiven Fähigkeiten des Menschen müssen bei der Entwicklung und Beurteilung der Mensch-Maschine-Schnittstellen genau beachtet werden. Die Auswahl, Form und Anbringung der Bedienelemente, wie Schalter, Hebel, Tasten, spielt eine entscheidende Rolle für deren schnelle und richtige Nutzung. Assistenzsysteme sollten sich also ähnlich verhalten, wie es der Mensch gewohnt ist. Die Art und Weise, wie der Mensch mit der Umgebung interagiert, sollte auch bei der Kommunikation zwischen Assistenzsystem und Mensch berücksichtigt werden. Die sensorischen und kognitiven Fähigkeiten des Menschen müssen bei der Entwicklung von Assistenzsystemen genau beachtet werden. Die Nichtbeachtung dieser (manchmal) beschränkten Fähigkeiten kann zu Situationen führen, in denen der Mensch Meldungen eines Assistenzsystems missversteht oder missdeutet. Die grundlegenden Möglichkeiten der Interaktion zwischen dem Menschen und einem Assistenzsystem beruhen also auf den menschlichen Formen der Wahrnehmung.

Der Mensch muss die Entwicklung von Prozessen anhand von Informationen beobachten. Der Fahrer eines Autos z. B. beobachtet die Instrumente und die Umwelt und zieht daraus Schlüsse für sein Fahrverhalten. Der Pilot eines Verkehrsflugzeugs checkt vor dem Start alle wichtigen Systeme nach einem genauen Plan. Während des Flugs beobachtet er die Instrumente und überwacht den Autopiloten. Wenn eine plötzliche, ungewohnte Situation eintritt, muss der Pilot die richtige Entscheidung schnell fällen. Es ist erforderlich, dass der Pilot die Instrumente und Darstellungen auf dem Monitor richtig und schnell interpretieren und schnell die Bedien- oder Stellteile finden und benutzen kann. Das menschliche Verhalten spielt bei der schnellen Entscheidung eine wichtige Rolle, denn der Pilot hat über Jahre eine Vorstellung über Flugsituationen erlernt und vergleicht eine neue, ungewohnte Situation damit. Er entscheidet im Notfall intuitiv.

Die Kommunikation mit Assistenzsystemen kann sehr vielfältig sein. Sie reicht von der Tastenbetätigung über die taktile Kommunikation, Spracherkennung bis zur Gestenerkennung. Die bisher wenig genutzte Interaktionsform über die haptische Wahrnehmung sollte als möglicher Interaktionskanal in Betracht gezogen werden, wenn andere Sinneskanäle bereits beschäftigt sind. In letzter Zeit werden in steigender Zahl Fahrerassistenzsysteme mit haptischer Wahrnehmung angeboten. Fahrerassistenzsysteme machen den Fahrer z. B. durch einen kurzen Bremsruck oder eine Vibration des Lenkrades auf besondere Situationen aufmerksam.

Assistenzsysteme nutzen Interaktionsgeräte wie z. B. die bekannten Touchscreens und Kamerasysteme. Gerade Kamerasysteme werden mehr und mehr in Assistenzsystemen eingesetzt. Die Gestenerkennung wird in zukünftigen Computer-Interaktionen eine wesentliche Rolle spielen. Die Multi-Touch-Technik ist nur die erste Stufe der Gestenerkennung hin zur dreidimensionalen Gestenerkennung, die bereits den Einzug in viele Anwendungen gefunden hat.

Die Abgrenzung der Assistenzsysteme zu sonstigen manuellen oder automatischen Systemen erfolgt in Kapitel 2. Das Buch behandelt wesentliche Gesichtspunkte der Mensch-Maschine-Schnittstelle und Interaktion und gibt Gestaltungsregeln für die Ausführung an. Die Grundlagen für Mensch-Maschine-Schnittstellen, die in der Ergonomie und Psychologie entwickelt wurden, werden in Kapitel 3 behandelt. Denn diese Grundlagen sind für Assistenzsysteme, die den Menschen unterstützen sollen, von großer Bedeutung. Das Buch vereint diese aus der Geistes-

wissenschaft stammenden Grundlagen mit den technischen Grundlagen der Robotik und Bildverarbeitung. Die Robotersysteme werden in dem vorliegenden Buch als Anwendungsbeispiel
der Assistenzsysteme ausführlich in Kapitel 4 behandelt. Es werden mathematische Verfahren
zur Beschreibung wichtiger Zusammenhänge genutzt. Die ComputerVision-Systeme dienen
der Erweiterung der sensorischen Fähigkeiten von Roboter- und Fahrerassistenzsystemen.
Deren Grundlagen werden ausführlich in Kapitel 5 dargestellt.

Das Buch ist so strukturiert, dass in den Kapiteln 2 und 3 wichtige allgemeine Grundlagen
zu Assistenzsystemen behandelt werden. Die Kapitel 4 und 5 nutzen mathematisch orientierte
Methoden zur Beschreibung technischer Vorgänge. Wichtige Definitionen werden in Kästen
hervorgehoben. Kontrollaufgaben und Kurzzusammenfassungen am Abschnittsende sollen als
weitere didaktische Maßnahmen das Verständnis erleichtern. Viele Berechnungen und grafische Darstellungen wurden mit Programmen durchgeführt. Genutzt wurden u. a. die folgenden
Programme:

- MATLAB: Firma MathWorks, Berechnungen, Zeit-Linien-Diagramme, Roboter-Darstel-
  lungen
- WINFACT/Boris: Firma Ingenieurbüro Dr. Kahlert, Simulation von Roboter-Plattformen,
  Zeit-Linien-Diagramme, Simulation von Systemen
- FAMOS Robotic: Firma carat robotic innovation, Darstellung von 3D-Roboterposen, Er-
  zeugung von Roboterprogrammen
- MIL (Matrox Imaging Library): Firma Matrox Electronic Systems, Bildverarbeitung

Zusammenfassung

Assistenzsysteme werden mehr und mehr in Kraftfahrzeugen eingesetzt. Sie nehmen sensorisch Informationen der Umgebung oder des Kraftfahrzeugs auf. Eine wesentliche Eigen-
schaft der Assistenzsysteme ist die maschinelle Wahrnehmung. Die sensorischen Informationen werden interpretiert und es können sich Fehlinterpretationen ergeben. Daher arbeiten
Assistenzsysteme mit dem Menschen gemeinschaftlich an einer Aufgabe. Der Mensch kann
die Arbeit des Assistenzsystems jederzeit unterbrechen. Eine wichtige Komponente bei der
Gestaltung von Assistenzsystemen ist die Mensch-Maschine-Schnittstelle.

Kontrollfragen

K1   Formulieren Sie die Definition von „System".

K2   Welche Haupteigenschaften besitzt ein Assistenzsystem?

2 Anwendungen und Abgrenzung von Assistenzsystemen

In diesem Abschnitt sollen wesentliche Merkmale eines Assistenzsystems noch einmal klar herausarbeitet werden. Je nachdem, wie eng der Begriff Assistenzsystem gefasst wird, kann auch der Rückstellvorgang des Blinkhebels als Assistenzsystem aufgefasst werden. Selbst der automatische Kaffeeautomat könnte als Assistenzsystem gedeutet werden. Doch wir wollen den wesentlichen Unterschied formulieren und verschiedene Anwendungen als Beispiele erarbeiten.

Dabei betrachten wir nicht nur Fahrer- oder Pilotenassistenzsysteme, sondern auch Assistenzsysteme, die aus der Robotik stammen und zukünftig den Menschen unterstützen sollen. Dabei kann sich die Unterstützung z. B. auf Hilfsdienste, wie Pflegedienste, Hol- und Bringdienste, soziale Dienste, medizinische Dienste, Haushalts- oder Hausdienste, aber auch auf industrielle Arbeiten beziehen.

2.1 Abgrenzung

Beim Entwurf von Maschinen spielen nicht nur die technischen Spezifikationen eine bedeutende Rolle, sondern auch die Art und Weise der Bedienung. Genauso ist es im Auto, die Bedienbarkeit von Assistenzsystemen spielt eine dominante Rolle bei der Akzeptanz und damit bei der Nutzung. In der Arbeitswissenschaft gibt es viele Erkenntnisse über dieses Thema, die bei der Entwicklung von Assistenzsystemen genutzt werden sollten. Die Assistenzsysteme können einige Eigenschaften von Mensch-Maschine-Systemen aufweisen. Der Mensch bedient oder benutzt eine Maschine in einem Arbeitssystem. Die Mensch-Maschine-Systeme können wie folgt definiert werden:

Mensch-Maschine-Systeme

Ein Mensch-Maschine-System ist durch das Zusammenwirken eines oder mehrerer Menschen mit einem technischen System (Maschine) gekennzeichnet. Der Mensch soll zielgerichtet mit der Maschine zusammenarbeiten, damit bestimmte Arbeitsergebnisse von dem Gesamtsystem bestmöglich erreicht werden (Langmann, 2004).

Der Begriff des Arbeitssystems stammt aus der Produktionstechnik und bezieht sich auf industrielle Arbeitsprozesse. Für die Gestaltung von Arbeitssystemen und Mensch-Maschine-Systemen liegen umfangreiche Normen und Richtlinien vor. Daher sollten die bekannten

Gestaltungsrichtlinien auch auf Assistenzsysteme übertragen werden bzw. die Möglichkeit der Übertragung betrachtet werden.

Arbeitssystem

In einem sogenannten Arbeitssystem arbeiten der Mensch und die Maschine (Arbeitsmittel) im Arbeitsablauf am Arbeitsplatz in einer Arbeitsumgebung zur Erfüllung der Arbeitsaufgabe zusammen (ISO 6385).

Die Maschine stellt ein aktives Arbeitsmittel dar. Der Mensch kann dabei in der Rolle des Bedieners oder Benutzers sein. Im letzten Fall erbringt der Mensch unter Nutzung der Maschine selber das Arbeitsergebnis. Erbringt vorrangig die Maschine das Arbeitsergebnis, ist der Mensch in der Rolle des Bedieners und führt Hilfsaufgaben aus, indem er die Maschine einstellt und überwacht.

Die Beschreibung kann auch auf Anwendungen mit Assistenzsystemen, wie z. B. in der Fahrzeugtechnik, übertragen werden. Dadurch lassen sich die Ergebnisse der Mensch-Maschine-Systeme auf die Fahrzeugbedienung übertragen. Wir wollen ein Beispiel betrachten. Die „Maschine" ist z. B. ein Brems- oder Lenksystem und der Benutzer der Fahrer. Früher wurde die Bremse als „Maschine" ausschließlich vom Fahrer benutzt. Heute wird der Bremsassistent aktiviert. Der Bremsvorgang wird nicht nur hinsichtlich der aufzubringenden Kräfte unterstützt, sondern es erfolgt bei modernen Bremsassistenten in Gefahrensituationen ein vorausschauendes, automatisch verstärkendes Bremsen, denn es ist bekannt, dass der Fahrer in der Regel eine viel zu geringe Bremskraft in Gefahrensituationen ausübt. Der große Unterschied ist die vom Bremssystem wahrgenommene Gefahrensituation. Wir erkennen also, dass ein Bremsassistenzsystem weit mehr Funktionalität besitzt, als zur Ausführung der eigentlichen Aufgabe „Bremsen" erforderlich ist. Das Assistenzsystem „denkt" sozusagen mit.

In der Arbeit von Kraiss (Kraiss, 1998) wird die Arbeitsteilung zwischen Mensch und Maschine in drei verschiedenen Formen dargestellt. In einer seriellen Zusammenarbeit wird die Arbeit abwechselnd vom Menschen und von der Maschine durchgeführt. Die parallele Arbeitsteilung von Maschinen und Menschen erfolgt so, dass verschiedene Arbeiten parallel ausgeführt werden. Weiterhin gibt es Arbeitsteilungen in Assistenzsystemen, bei denen gleiche Arbeiten vom Menschen und vom technischen System verrichtet werden.

Assistenzfunktion

In der als Assistenzfunktion bezeichneten Arbeitsteilung können gleiche Arbeiten parallel-redundant von Mensch und Maschine ausgeführt werden.

In der Anwendung Fahrerassistenzsystem bedeutet das, dass der Fahrer und das Assistenzsystem dieselben Informationen über Sinnesorgane bzw. über Sensoren erfassen. Mensch und Assistenzsystem analysieren die Situation und wirken auf das Fahrzeug ein. Die Kommunikation zwischen Fahrer und Assistenzsystem erfolgt über eine Mensch-Maschine-Schnittstelle.

Wir haben bereits erwähnt, dass Assistenzsysteme wie das Antiblockiersystem mit einfachen Sensoren ausgestattet sind. Sie greifen ein, wenn die über einfache Sensoren erfassten Informationen Grenzwerte verlassen. Dazu wird die Raddrehzahl gemessen und die Blockierungsgefahr festgestellt. Sie interpretieren aus dem schnellen Abfall der Drehzahl auf null das Blockieren der Räder. Durch diese Wahrnehmung erfolgt der automatische Bremsvorgang. ABS-Systeme besitzen zwar eine maschinelle Wahrnehmung, sie können jedoch nicht mit dem Menschen kooperieren. Sie können die Gefahr schnell wahrnehmen und den optimalen Bremsvorgang aktivieren. Derartige Assistenzsysteme üben eine überwachende Tätigkeit mit der Möglichkeit des Eingriffs aus. Auch die Assistenz des Fahrers bei Unfällen durch Airbag-Systeme ist durch die Überwachung und den Einsatz im Notfall gekennzeichnet. Die Arbeitsteilung erfolgt im Sinne der Überwachung der Situation parallelredundant. Der Eingriff erfolgt jedoch durch eine eigene Aktion des Assistenzsystems. Die eingeschränkte Wahrnehmungsfähigkeit des Menschen bzw. die fehlende Fähigkeit des Menschen zur schnellen und richtigen Aktion führen zu einem optimierenden Assistenzsystem:

> **Optimierende Assistenzsysteme**
>
> Optimierende Assistenzsysteme unterstützen den Menschen kooperativ und verbessern die menschliche Handlung im Sinne einer optimalen Lösung automatisch.

Die automatische Spurerkennung oder die Erkennung des Abstands zum vorausfahrenden Fahrzeug basieren zwar auch auf Sensorinformationen (Laserradar oder Bildverarbeitungssystem mit Kamera), jedoch muss die Sensorinformation interpretiert oder wahrgenommen werden. Die Laserinformation über den Abstand zum vorausfahrenden Fahrzeug kann auch von einem anderen Objekt, z. B. einem tief fliegenden Vogel, stammen. Oder der gemessene Grauwertunterschied zwischen der Spurmarkierung und der Fahrbahn stammt von einer ungültigen nicht entfernten Baustellenmarkierung. Fehlinterpretationen der sensorischen Informationen sind aufgrund der begrenzten Wahrnehmung des Assistenzsystems möglich. Daher ist die ständige Überwachung des Assistenzsystems durch den Menschen erforderlich. Der Mensch muss in der Lage sein, die Führungsaufgabe des Assistenzsystems zu übernehmen und einzugreifen.

2.2 Kognitive Assistenzsysteme

Wir verstehen unter Assistenzsystemen mit maschineller Wahrnehmung solche Systeme, die eine Sensorik zur Erfassung der Umgebung mit nachfolgender Interpretation besitzen und die zeitgleich mit dem Menschen an einer Aufgabe autonom oder teilautonom arbeiten.

Die Wahrnehmung des Assistenzsystems und die Interaktionsmöglichkeiten sollen dabei ähnlich erfolgen, wie es der Mensch gewohnt ist. Wir nennen diese Systeme, die mit dem Menschen kooperativ zusammenarbeiten, kognitive Assistenzsysteme.

Die Wahrnehmung und die Interaktion müssen für das menschliche Empfinden ausgelegt sein. Ein Beispiel ist der Gehhilfe-Roboter. Die Wahrnehmung bezieht sich in diesem Fall auf die Absicht des Menschen, einen Schritt vor den anderen zu setzen. Die Sensorik erfasst die Winkel der Fußstellung und des Körpers, um daraus abzuleiten, welche Absicht der Benutzer hat.

Wichtig ist die Wahrnehmung als richtige Interpretation der Sensorinformationen. Noch weiter fortgeschrittene Assistenzsysteme erfassen über Sensoren die Mimik des Menschen, d. h. die

Gesichtszüge und Augenbewegungen, die Gestik der Arme, des Kopfes und der Beine, und können daraus Schlussfolgerungen ziehen. Sie können auch Töne, Geräusche und Sprache wahrnehmen und Handlungen des Menschen nachempfinden.

Die Kognitionswissenschaft untersucht die kognitiven Fähigkeiten des Menschen. Dazu zählt man u. a. die Wahrnehmung, das Gedächtnis, das Denken, das Schlussfolgern und Problemlösen, die Motorik, die Sprache, das Lernen, das Planen, das Antizipieren. Es handelt sich um eine recht junge, interdisziplinäre Wissenschaft, deren Ergebnisse z. B. bei der Gestaltung von Mensch-Maschine-Schnittstellen, der Untersuchung der Bedienbarkeit von Maschinen und der Optimierung der Benutzer-Schnittstellen genutzt werden können. Die Systeme und Programme der künstlichen Intelligenz haben das Ziel, die menschlichen Verhaltensweisen beim Schlussfolgern nachzuahmen. Für den Entwurf von Assistenzsystemen mit maschineller Wahrnehmung sind die Erkenntnisse der Kognitionswissenschaft besonders hilfreich. Die Lernfähigkeit von Verhaltensweisen eines Systems bei Veränderung seiner Weltmodelle und die Fähigkeit, autonom Entscheidungen zu fällen, sind wichtige Aspekte der kognitiven technischen Systeme.

Kognitive, technische Systeme

Kognitive, technische Systeme besitzen kognitive Kontrollmechanismen und kognitive Fähigkeiten. Sie können langfristige Absichten verfolgen und Regeln aus Erfahrungen aufstellen. Zur Zielerreichung bedienen sie sich situationsgerechter Verhaltensweisen. Die kognitiven Fähigkeiten umfassen die Wahrnehmung, das Schlussfolgern, das Lernen und das Planen. Die Kognition erlaubt eine bessere Zusammenarbeit technischer Systeme mit dem Menschen. Sie können mit Sensoren zur maschinellen Wahrnehmung und Aktoren zum Eingriff in das System ausgestattet sein.

Die kognitiven technischen Systeme erlauben zukünftig vollständig autonome Robotersysteme oder auch Verkehrsfahrzeuge. Die Neurobiologie, Neurowissenschaften und die kognitiven Wissenschaften bilden die Grundlage für neuartige Ingenieur- und Informatikansätze für „künstliche" Kognition.

Es gibt Beispiele realisierter kognitiver Assistenzsystemen bei Pilotenassistenzsystemen, die mehr oder weniger gut den Menschen unterstützen. Dabei sind nicht immer alle Attribute vorhanden.

Ein Beispiel eines bereits in den 90er Jahren des letzten Jahrhunderts entwickelten Cockpit-Assistenzsystems in Flugzeugen ist Cassy (Cockpit Assistant System), das von der Universität der Bundeswehr in München und der Firma Dornier entwickelt wurde. Cassy sollte die Flugsicherheit erhöhen und autonom die Fluggesamtsituation erfassen. Dadurch wird das Situationsbewusstsein der Besatzung erhöht. Cassy gibt im Fall der Überlastung der Besatzung technische Unterstützung bei der Aufgabenausführung.

Ein Nachfolgesystem von Cassy war CAMA (Crew Assistant Military Aircraft), das um taktische, militärische Komponenten erweitert wurde. Es handelt sich um ein kognitives, kooperatives Assistenzsystem. Bei dem kooperativen Assistenzsystem sollen die Stärken des Menschen und der Maschine im Sinne einer Synergie zusammengeführt werden. Das Assistenzsystem soll die Schwächen des Menschen ausgleichen. Es kann im Gegensatz zum Menschen Sachlagen objektiv beurteilen und viel länger aufmerksam einen Prozess verfolgen. Es hat eine Breitbandwahrnehmung und ist unempfindlich gegenüber Stress. Die parallele Aufgabenbearbeitung und komplexe Planungen sowie eine sachgerechte Entscheidungsfindung sind weitere Vorteile von technischen Systemen.

Gerade bei modernen Flugzeugen kann aufgrund des vielfältigen Computereinsatzes eine Überforderungssituation des Menschen entstehen. Durch ein ungenügendes Verständnis des technischen Systems in Verbindung mit fehlenden Kompetenzen aufgrund eines unzureichenden Trainings besteht die Gefahr, in kritische Situationen zu geraten.

Im Flugzeug gibt es z. B. den Autopiloten und bei modernen „Fly-by-wire"-Flugzeugen eine intelligente Sidestick-Flugzeugführung. Im Fall der Abschaltung des Autopiloten übernehmen Pilot und Kopilot die Flugzeugführung über die „Sidestick-Steuerung".

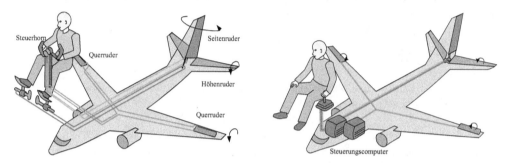

Abb. 2:   Flugzeugstuerung, links: manuelle Steuerung des Flugzeugs, z. B. in den Flugzeugen Boing 737, 747, 767 oder Airbus A300, A310, rechts: Fly-by-Wire-Steuerung u. a. in den Modellreihen Airbus A320, A330, A340, A380, Boeing 777

Früher verstellte der Pilot mit Hilfe des Steuerhorns über Gestänge, Seilzüge oder eine hydraulische Unterstützung die Quer- und Höhenruder manuell. Das Seitenruder wurde über die Pedale betätigt, wie Abb. 2 darstellt. Für eine Links- oder Rechtskurve verstellte er das Steuerhorn nach links oder rechts und damit die Querruder und das Flugzeug geriet in eine Querlage, die den Auftrieb reduzierte. Der Pilot musste das Flugzeug durch manuelle Ruderbewegungen trimmen, um nicht an Höhe zu verlieren. Durch Ziehen oder Drücken wurde der Anstellwinkel des Höhenruders verändert. In Turbulenzen konnten die Ruder in Schwingungen geraten, die durch die mechanisch direkte Kopplung auf das Steuerhorn übertragen wurden, sodass der Pilot die Problematik „spürte".

Bei neueren Flugzeugen erfolgt die Steuerung indirekt über einen Computer. Durch die Sidestick-Steuerung kommandiert der Pilot nicht mehr die Stellung der Ruder, sondern eine Flugbahnänderung. Der Steuerungscomputer berechnet die Stellung der Ruder und bewirkt deren Verstellung über Aktoren. In der Mittellage des Sidesticks bleibt das Flugzeug auf der gewählten Flugbahn. Bei der Kurve verstellt der Pilot den Sidestick seitlich, bis die gewünschte Schräglage des Flugzeugs erreicht ist. Dann wird der Sidestick in die neutrale Lage zurückgestellt. Erreicht das Flugzeug die neue Richtung, wird der Sidestick in die entgegengesetzte Richtung verstellt, bis das Flugzeug waagrecht liegt. Dann lässt der Pilot den Sidestick wieder los. Auch beim „Kurvenfliegen" bleibt die Flughöhe erhalten. Die Fly-by-Wire-Steuerung geriet in der Vergangenheit gelegentlich in die Kritik, denn es gab dokumentierte Flugsituationen, in denen der Steuerungscomputer Flugbewegungen ausführte, die der Pilot nicht mit dem Sidestick korrigieren konnte (Der Spiegel, 2009 (31)). In einigen Fällen führten die Aktivitäten der Piloten in unklaren Situationen in Verbindung mit dem System zu unkontrollierten Flugsituationen (Bundesstelle für Flugunfalluntersuchung, 2002).

Die Verwendung kognitiver Assistenzsysteme mit Wahrnehmung der Umwelt können helfen, solche Situationen zu beherrschen, indem sie kooperativ mit dem Piloten zusammenarbeiten.

Assistenzsysteme sind auf spezielle Anwendungen zugeschnitten. Sie helfen in bestimmten Situationen oder bei bestimmten Handlungen. Die Voraussetzung dafür ist eine Analyse der gegenwärtigen Situation aufgrund einer meist maschinellen Wahrnehmung und gegebenenfalls darauf aufbauend eine Vorhersage der zukünftigen Situation. Die Interaktion zwischen dem Nutzer und dem Assistenzsystem sollte sich dem natürlichen Handlungsablauf des Menschen anpassen und die Ausgabe sollte komprimiert sein, um den Nutzer nicht zu überlasten.

Zusammenfassung

Assistenzsysteme sind meist für spezielle Anwendungen entwickelt worden. Es gibt bereits bekannte Assistenzsysteme wie die Piloten- oder Fahrerassistenzsysteme. Die Zusammenarbeit des Menschen mit einer Maschine führt zu einem Arbeitssystem. Während in einem Arbeitssystem der Mensch der Bediener oder Benutzer sein kann, ist bei einem industriellen Assistenzsystem der Mensch gleichzeitig Bediener und Benutzer. Die Wahrnehmung bestimmter Ereignisse über Sensoren stellt ein charakteristisches Merkmal vieler Assistenzsysteme dar. Die Sensoren liefern Informationen, die über eine Software-Auswertung als Merkmale eines Ereignisses interpretiert werden. Die Auswertung von Kamerabildern bei Spurhalteassistenzsystemen ergibt bestimmte Muster, die als Fahrbahnmarkierung interpretiert werden. Hervorzuheben ist, dass der Mensch jederzeit die Arbeit des Assistenzsystems unterbrechen und die Arbeit selber übernehmen kann.

Kontrollfragen

K3   Was versteht man unter einem Arbeitssystem?

K4   Welcher Unterschied besteht zwischen konventionellen und kognitiven Assistenzsystemen?

3 Mensch-Maschine-Systeme

Die Konzeption, Realisierung, Erprobung und Einführung von Assistenzsystemen erfordert verschiedene Kompetenzen. Im Vergleich zu den automatisch ablaufenden Systemen ist bei der Entwicklung besonders großer Wert auf die interaktive Bedienung der Assistenzsysteme zu legen.

Wir wollen als Beispiel den Industrieroboter betrachten, der nur von Fachleuten programmiert wird. Serviceroboter benötigen eine für den technisch nichtversierten Benutzer geeignete Bedienmöglichkeit. Natürlich finden Serviceroboter, wie z. B. Staubsaugroboter, nur den Weg in die Haushalte, wenn sie einfach und intuitiv bedienbar sind.

Die Gestaltung der Bedien-, Anzeige- und Kommunikationsmöglichkeiten von Assistenzsystemen erfordert eine dem Menschen vertraute Bedienung. Das Assistenzsystem schlägt z. B. Verhaltensweisen vor, es alarmiert oder es informiert. Da Assistenzsysteme auch sicherheitsrelevante Funktionen ausführen können, müssen sie nach den anerkannten Gestaltungsregeln der Ergonomie konzipiert werden.

Roboter-Assistenzsysteme sollten sich möglichst so verhalten wie der Mensch. Die verschiedenen Kommunikationskanäle, die der Mensch nutzt, wie z. B. Sehen, Hören, Fühlen, Gestikulieren, sollten auch bei der Interaktion mit Assistenzsystemen möglichst genutzt werden können.

Das Fachgebiet der Arbeitswissenschaften beschäftigt sich u. a. mit der ergonomischen Gestaltung von Arbeitssystemen. Hieraus lassen sich besondere konstruktive Maßnahmen zur Entwicklung der sogenannten Mensch-Maschine-Schnittstelle ableiten. Daher ist es bedeutsam, einige wichtige Erkenntnisse aus diesem Fachgebiet zu präsentieren und zu erlernen.

3.1 Bestandteile von Mensch-Maschine-Systemen

Die folgende Abb. 3 stellt den prinzipiellen Aufbau eines Mensch-Maschine-Systems dar. Der Mensch nutzt eine Benutzschnittstelle, um mit Hilfe eines Rechners oder Mikrocontrollers auf eine Maschine, ein Fahrzeug/Flugzeug, einen Reaktor oder allgemein auf einen Prozess zuzugreifen. Das menschliche Verhalten wird durch die Wahrnehmung der Informationen aus dem Mensch-Maschine-Dialog oder direkt aus der Maschine, dem Fahrzeug etc. geprägt. Der Begriff der Wahrnehmung des Menschen wird in den folgenden Abschnitten weiter präzisiert und soll bereits an dieser Stelle beschrieben werden:

> **Wahrnehmung**
>
> Die Wahrnehmung ist die Aufnahme und Verarbeitung von Sinneseindrücken mit Hilfe bekannter oder unbekannter Muster mit dem Ziel der Planung einer Handlung. Die Sinneswahrnehmungen werden in der Psychologie auch als Modalitäten oder Sinnesmodalitäten bezeichnet.

Der Mensch nutzt die folgenden Wahrnehmungsmodalitäten, die über bestimmte Organe realisiert werden.

- visuelle Wahrnehmung/Augen
- auditive Wahrnehmung/Ohren
- vestibuläre Wahrnehmung/Ohren
- olfaktorische Wahrnehmung/Nase
- Geschmackswahrnehmung/Zunge
- haptisch-taktile Wahrnehmung/Tastsinn
- propriozeptive Wahrnehmung/Muskeln, Sehnen
- Schmerzwahrnehmung

Die Handlungsweise des Menschen wird auch durch die Umwelt beeinflusst. Als Umwelt kann z. B. das Wetter, die Atmosphäre, persönlichen Stress, Krankheit angesehen werden. Die zu beachtenden Aspekte beeinflussen das menschliche Verhalten. In diesem Zusammenhang sprechen wir auch vom „Faktor Mensch". Der Faktor Mensch kann als Ursache für viele Unglücke und Havarien in der Geschichte angesehen werden. Die Berücksichtigung des menschlichen Verhaltens ist bei der Gestaltung von Mensch-Maschine-Systemen besonders wichtig. Die Arbeitsplatzgestaltung für Mensch-Maschine-Systeme wird auch als das „Human Engineering" bezeichnet.

> **Human Engineering**
>
> Die Entwicklung von Arbeits-, Bedien- und Kommunikationsformen mit dem Ziel, die menschlichen Verhaltensweisen zu berücksichtigen, wird als Human Engineering bezeichnet.

Wichtige Punkte, die beim Human Engineering beachtet werden, sind z. B. die Auslegung von Anzeigen und Bedienelementen und die Interaktion zwischen Mensch und Maschine, wie z. B. der Aufbau und die Gestaltung von Dialogen.

Auch wenn in dem Ausdruck „Mensch-Maschine-System" die Maschine als Kommunikationspartner des Menschen bezeichnet wird, bezieht sich der Ausdruck auch auf andere Partnersysteme, wie z. B. auf Computer in Fahrerassistenzsystemen oder Roboter bei Roboterassistenzsystemen. Die technische Ausführung der Programmierung zur Lösung de Arbeitsaufgabe oder die elektronische Entwicklung der Bestandteile der Steuerung liegen nicht im Fokus der Betrachtung des Human Engineering, auch wenn es natürlich wichtig ist zu wissen, ob eine Schnittstelle z. B. eine hohe Bandbreite besitzt.

Der Mensch kommuniziert über eine Benutzerschnittstelle mit der Steuerung. Die Benutzerschnittstelle wandelt die Eingaben evtl. um, bevor sie an die Steuerung weitergegeben werden.

Die Benutzerschnittstelle empfängt von der Steuerung Daten, die über Anzeigen den Menschen über das Prozessgeschehen informieren sollen. Die farblich dunkel dargestellten Blöcke in Abb. 3 zeigen wichtige Aspekte, die bei der Gestaltung einer Mensch-Maschine-Schnittstelle beachtet werden müssen.

Die Kommunikation erfolgt häufig über Dialoge, die z. B. mit Hilfe von Softkeys auf einem Display in Abhängigkeit des Prozesszustandes dargestellt werden. Die Gestaltung der Dialoge und der Aufbau der Bedienelemente erfordert die Berücksichtigung menschlicher Erwartungen. Beachtet werden muss das menschliche Verhalten (Faktor Mensch), das durch die im Gehirn stattfindenden kognitiven Prozesse entsteht. Daraus leitet sich die Gestaltung des Arbeitsplatzes und die richtige Anbringung wichtiger Anzeigen bzw. Bedienelemente ab.

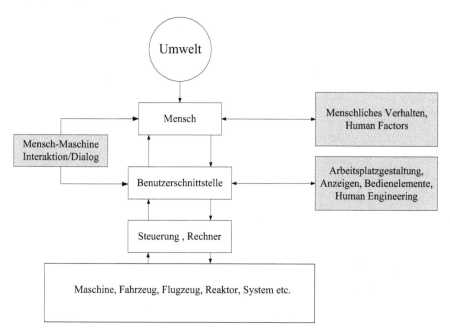

Abb. 3:   Aufbau und Aspekte eines Mensch-Maschine-Systems

Wir wollen versuchen, die Bestandteile des Mensch-Maschine-Systems auf das Modell eines Assistenzsystems anzuwenden und das Modell ggf. erweitern.

Die bisher herausgearbeiteten Bedingungen, die an ein Assistenzsystem gestellt werden, die maschinelle Wahrnehmung und die parallele Arbeit des Menschen und des Assistenzsystems an derselben Aufgabe beschreiben wesentliche Aspekte eines Assistenzsystems und müssen in das Modell einbezogen werden.

In Anlehnung an ein Modell von Kraiss (Kraiss, 2008) wurde in Abb. 4 das Assistenzsystem als ein Mensch-Maschine-System dargestellt. Das Assistenzsystem nutzt die über Sensoren gewonnenen Informationen aus dem Prozess. Je nach Anwendungsfall handelt es sich dabei um

unterschiedliche Informationen. Zum Beispiel sind bei einem Fahrerassistenzsystem der Zustand des Fahrers, der Fahrzeugzustand und der Umgebungszustand globale Einflussfaktoren.

Die Fahrer-Einflussfaktoren sind durch den physischen und psychischen Zustand des Fahrers
geprägt. Sie spielen bei der Fahraufgabe eine große Rolle und können gegenwärtig nur schwer
erfasst werden. In Forschungprojekten wird daran gearbeitet, den Hautwiderstand oder den
Herzschlag zu messen, um Rückschlüsse auf den Fahrer zu gewinnen. Außerdem können
Informationen über die Mimik durch die Erfassung des Gesichtsfeldes mit einer Kamera
gewonnen werden.

Der Fahrzeugzustand kann über Sensoren erfasst werden. Sensoren werden z. B. eingesetzt,
um den dynamischen Fahrzustand zu bewerten und um damit das Antiblockiersystem und das
automatische Stabilitätsprogramm zu unterstützen. Auch der Reibbeiwert zwischen Rad und
Straße ist ein wichtiger Kennwert, um das Blockieren der Räder vorherzusagen. Beschleunigungen und Drehmomente geben wichtige Information über die Längs- und Querstabilität des
Fahrzeugs.

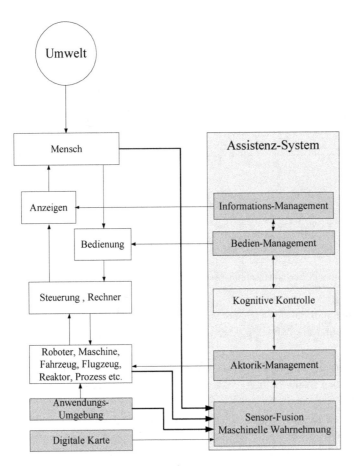

Abb. 4:   Modell eines Fahrerassistenzsystems

Die Messung der Fahrumgebung ist der dritte Einflussfaktor für das Assistenzsystem. Gemäß Abb. 4 gehört die Fahrumgebung zur Anwendungsumgebung. Die relative Lage des Fahrzeugs zu weiteren fahrenden oder geparkten Fahrzeugen, die Berücksichtigung von Motorradfahrern oder Fußgängern und Radfahrern wird als Information vom Fahrerassistenzsystem berücksichtigt. Denken wir an die automatische Abstandsregelung, sehen wir, dass über Abstandssensoren Distanzen zu vorausfahrenden Fahrzeugen gemessen und in eine Regelung einbezogen werden. Fußgänger und andere Verkehrsteilnehmer werden über Kameras erfasst und der Fahrer gewarnt. Gegebenenfalls wird das Fahrzeug automatisch gebremst.

Die Erkennung von Verkehrszeichen über eine Kamera im Kraftfahrzeug gehört auch zu den Informationen, die zur Anwendungsumgebung gehören. Aber auch das Wetter kann als ein wichtiger Faktor eine Rolle spielen.

Selbst die Uhrzeit kann für die Aktivität eines Assistenzsystems entscheidend sein, wenn wir daran denken, dass es bereits Fahrzeuge gibt, die eine infrarotempfindliche Kamera besitzen. Mit deren Hilfe kann auch in der Nacht „gesehen" werden. Dabei spielt die Darstellung des von der Kamera erfassten Bildes eine wichtige Rolle. Das Kamerabild kann in der Armaturentafel wiedergegeben werden. Dadurch wird der Blick des Fahrers aber von der Straße abgelenkt. Besser ist es, ein Head-up-Display zu verwenden. Dabei wird das Kamerabild über Spiegel in die Windschutzscheibe projiziert und mit der realen Ansicht des Fahrers überlagert.

Die Einbeziehung dieser Informationen erfordert die Vernetzung vieler Sensoren im Fahrzeug. Man spricht von „Sensor-Fusion" und meint damit die Integration aller Sensor-Informationen in eine gemeinsame Auswertung.

Sensor-Fusion

Die Integration und Berücksichtigung verschiedener Sensoren durch Auswertungsalgorithmen in Assistenzsystemen wird als Sensor-Fusion bezeichnet.

Die aktuelle Position des Fahrzeugs und die aktuelle Wetterlage können mit Hilfe von GPS-Systemen als Informationen erfasst und vom Assistenzsystem als digitale Karte verarbeitet werden. In digitalen Karten werden Informationen über Tankstellen, Restaurants, Werkstätten gespeichert und mit den GPS-Informationen abgeglichen. In Verbindung mit Verkehrsleiteinrichtungen können frühzeitig Warnungen angezeigt werden, die die Fahrt des Fahrzeugs beeinflussen. Der Block „digitale Karte" repräsentiert diesen Aspekt des Assistenzsystems.

Das Assistenzsystem stellt dem Fahrer wichtige Informationen über geeignete Displays, Leuchtmelder, Geräusche, Stimmen oder auch haptische bzw. vestibuläre Informationen zur Verfügung. Beispielsweise kann eine Vibration des Lenkrades auf eine Gefahr hinweisen. Das Assistenzsystem ergänzt und erweitert die Handlungen des Fahrers, indem es über das Bedien-Management in den Fahrablauf eingreifen kann. Die Veränderung der Empfindlichkeit des Lenkrades auf Drehkräfte kann z. B. bewirken, dass bei Einparkmanövern ein kleiner Lenkradwinkel zu einem höheren Lenkwinkel führt als bei einer Fahrt mit höherer Geschwindigkeit. Eine weitere Aktion des Bedien-Managements ist die Verstärkung der Bremswirkung bei Gefahr. Es ist bekannt, dass selbst in Gefahrensituationen nur ca. 25 % der physikalisch möglichen Bremskräfte auch eingesetzt werden!

Diese Aktivitäten, bei denen das Assistenzsystem in das Geschehen über Aktoren eingreift, werden in Abb. 4 unter dem Aktorik-Management zusammengefasst.

Allerdings muss bedacht werden, dass in einigen automatisch ablaufenden Vorgängen der Nutzer aus der Regelschleife genommen wird. Eventuell wird der Nutzer durch die häufige Arbeit des Assistenzsystems von der Arbeit entwöhnt und verliert die Befähigung zum schnellen Handeln. Falls ein Assistenzsystem den Wagen ständig einparkt, verlernt der Fahrer evtl. dieses Manöver. Ein Pilot verlässt sich auf den Autopiloten. Er muss durch ständiges Training am Simulator trotzdem an die nur selten entstehenden Konfliktsituationen gewöhnt werden, um im Ernstfall schnell und richtig handeln zu können.

Der in Abb. 4 zentrale Block „kognitive Kontrolle" deutet an, dass ein Assistenzsystem die wesentlichen, dem menschlichen Verhalten ähnelnden Kontrollfunktionen besitzen sollte. Der Mensch hat von Objekten, vielen Vorgängen, dem dynamischen Verhalten technischer Systeme eine gewisse Vorstellung, die man auch als mentales Modell bezeichnet.

Mentales Modell

Die Vorstellung des Menschen über bestimmte Verhaltensweisen, die er im Laufe seines Lebens unter Berücksichtigung der Umwelt erlernt hat, nennt man ein mentales Modell.

Der Begriff ist in der Verhaltenspsychologie besonders wichtig. Jeder Mensch hat unterschiedliche mentale Modelle. Dabei kommt es auf die Sicht an, wie sich das mentale Modell ausbildet. So hat ein Entwickler eines Systems eine andere Vorstellung über die Funktionsweise als ein Nutzer des Systems. Die Transparenz des Prozesses für den Nutzer ist wichtig, um korrekte Handlungen zu vollziehen. Die Angleichung der mentalen Modelle des Entwicklers und des Nutzers ist eine Voraussetzung zur Akzeptanz und richtigen Bedienung technischer Systeme. Stimmen die mentalen Modelle nicht überein, kann es in gewissen Situationen zu Fehlverhalten kommen. In Stresssituationen kann das fehlerhafte Modell zu Fehlverhalten führen. Ganz besonders fatal kann es sein, wenn der Nutzer meint, sein mentales Modell wäre richtig, und die Anzeige von Informationen eines Systems anzweifelt. In diesen Fällen ist eine falsche Bedienung wahrscheinlich, die zu sehr gefährlichen Situationen führen kann. Die Planung technischer Systeme impliziert eine Simulation des Nutzerverhaltens über das mentale Modell. Es ist besonders wichtig, dass der Nutzer Rückmeldungen nach jedem Handlungseingriff vom Prozess bekommt. Falls er dann eine Differenz zu seinem über das mentale Modell entwickelten Erwartungen feststellt, wird er zuerst, wenn möglich, abwarten.

Bei der Entwicklung von Assistenzsystemen sollten mentale Modelle des Nutzers berücksichtigt werden, da es sonst evtl. nicht kompatibel ist zu den Erfahrungen des Menschen. Dadurch erscheinen Handlungen des Assistenzsystems nicht logisch und der Bediener wird verwirrt oder schaltet das System einfach ab.

3.2   Ergonomische Gestaltung

Zur optimalen Anpassung der Arbeitsumgebung an den oder die beteiligten Menschen sollten die Grundlagen der Ergonomie berücksichtigt werden. Die ergonomische Betrachtung eines Systems hat das Ziel, eine menschengerechte und benutzungsgerechte Gestaltung der technischen Umwelt des Menschen zu erreichen. Sie geht von den menschlichen Eigenschaften wie den Körpermaßen, den aufzubringenden Kräften oder der Reichweite der Hände aus. Werkzeuge, Geräte, Maschinen, Fahrzeuge, Arbeitsplätze usw. müssen dem Menschen, der damit umgehen soll, angepasst sein, d. h. für seine Eigenschaften, Fähigkeiten, Interessen und Bedürfnisse ausgelegt werden. Die Ergonomie wird als ein Teilgebiet der Arbeitswissenschaften verstanden. Das Wort Ergonomie leitet sich aus den griechischen Worten „ergon" für Arbeit oder Tätigkeit und „nomos" für Regel, Ordnung oder Gesetz ab. Entsprechend der DIN EN ISO 6385:2004 wird der Begriff Ergonomie wie folgt beschrieben:

Ergonomie

Die Ergonomie ist eine wissenschaftliche Disziplin, die sich mit dem Verständnis der Wechselwirkungen zwischen menschlichen und anderen Elementen eines Systems befasst. Dabei werden Theorie, Prinzipien, Daten und Methoden auf die Gestaltung von Arbeitssystemen angewendet, mit dem Ziel, das Wohlbefinden des Menschen und die Leistung des Gesamtsystems zu optimieren (DIN EN ISO 6385:2004). (Adler, Herrmann, Koldehoff, Meuser & Scheuer, 2010)

Die ergonomische Gestaltung hat zum Ziel, Arbeitssysteme so auszulegen, dass die Arbeitsbeanspruchung optimiert, beeinträchtigende Auswirkungen vermieden und erleichternde Auswirkungen gefördert werden. Bei der Gestaltung von Arbeitssystemen sollte der Mensch als Hauptfaktor des zu gestaltenden Prozesses gelten. Dazu werden energetische, informatorische und anthropometrische Prinzipien angewandt, die sich mit der Gestaltung der Schnittstelle zwischen dem Menschen und dem technischen System oder der Maschine mit dem Ziel der optimalen Interaktion befassen. In einem ganzheitlichen Ansatz kann man die Ergonomie in die Übergruppen physikalische/köperbezogene Ergonomie, kognitive Ergonomie und Organisationsergonomie unterteilen (Adler, Herrmann, Koldehoff, Meuser & Scheuer, 2010). Die körperbezogene Ergonomie berücksichtigt die Aspekte der Anatomie, Anthropometrie, Physiologie und Biomechanik.

Anthropometrie

Die Anthropometrie ist die Lehre der Ermittlung und Anwendung der Maße des menschlichen Körpers, um damit auf den Menschen angepasste Arbeitsplätze, Fahrzeuge, Möbel etc. zu entwickeln (Adler, Herrmann, Koldehoff, Meuser & Scheuer, 2010).

Natürlich ist eine Grundvoraussetzung der Planung von Arbeitssystemen bestehend aus Mensch und Roboter die Kenntnis der Abmessungen und Bewegungsbereiche des Menschen. Ebenso wichtig ist es, die Funktionsweise der Sinnesorgane des Menschen zu kennen, um die Interaktionen im Assistenzsystem darauf einstellen zu können. Man sagt, die Physiologie des Menschen sollte berücksichtigt werden.

Physiologie

Die Physiologie beschäftigt sich mit den Lebensvorgängen und den Körperfunktionen in Lebewesen, meist basierend auf physikalischen und chemischen Gesetzmäßigkeiten (Silbernagel & Despopoulos, 2003).

Bei Arbeitsaufgaben können starke Kräfte auf den Menschen wirken. Es gibt bereits Assistenzsysteme, die die Belastung des Menschen durch die Kräfte, die z. B. beim Heben schwerer Lasten entsteht, reduzieren. Daher ist es wichtig, die Grundlagen der Biomechanik als Planer von Assistenzsystemen zu kennen.

Biomechanik

Die Biomechanik beschäftigt sich mit dem Bewegungsapparat biologischer Systeme sowie mit den belastenden und im Körper entstehenden Kräften mit Methoden der Mechanik.

In der kognitiven Ergonomie werden mentale Prozesse wie Wahrnehmung, Gedächtnis und Beurteilung untersucht, d. h. die Verarbeitung von Informationen durch den Menschen. Mentale Prozesse beziehen sich auf das Denken und Schlussfolgern. Die schnelle und richtige Handlung etwa durch den Fahrer in kritischen Fahrsituationen im Auto oder durch den Piloten bei kritischen Flugsituationen im Flugzeug wird durch die Wahrnehmung der Situation und das Lernen von Verhaltensmustern geprägt. Die Entscheidung des Piloten wird auch durch die Interpretation von Informationen, die über Anzeigen dem Entscheider dargelegt werden, beeinflusst. Diese Denkprozesse müssen bereits bei der Planung von Assistenzsystemen durch den Entwickler richtig vorgedacht werden! Wir haben diese Denkprozesse als mentale Modelle bezeichnet (siehe Abschnitt 3.1)!

Die Organisationsergonomie bezieht sich auf Arbeitsabläufe und deren Gestaltung. Ob eine Arbeit in Gruppenarbeit, am Fließband oder an der Werkbank erfolgt, beeinflusst den Menschen auch. Die optimale Lösung zu finden, ist eine Aufgabe der Organisationsergonomie.

Früher war es das Ziel, die Grenzen der menschlichen Arbeitskraft zu beschreiben. Gemeint sind die Belastungswerte, die ein geeigneter und geübter Mensch ohne Gesundheitsschädigungen erbringen kann. Dabei standen ursprünglich die Kräfte, die der Mensch erbringen kann, im Vordergrund. Ab den 1950er Jahren des letzten Jahrhunderts traten mehr und mehr die Umweltfaktoren in den Vordergrund. Es sollte die Frage beantwortet werden, wie auf Dauer Lärm, Klima und mechanische Schwingungen das Befinden, die Leistung und die Gesundheit des Menschen beeinflussen. Daraufhin entstanden die Arbeitsschutzgesetze, Verordnungen und Richtlinien. Im Betriebsverfassungsgesetz, in der Arbeitsstättenverordnung, der Gefahrstoffverordnung und im Arbeitssicherheitsgesetz steht, dass die gesicherten arbeitswissenschaftlichen Erkenntnisse über die Gestaltung von Arbeitsplatz, Arbeitsmitteln und Arbeitsumwelt in der industriellen Praxis strikt einzuhalten sind.

Man hat also realisiert, dass es nicht mehr darum geht, welche Arbeitsleistung der Mensch überhaupt erbringen kann, sondern welche Leistung auf Dauer erträglich ist. Der Schutz der

Gesundheit wurde in den Vordergrund gestellt. Der Arbeitgeber wurde zu Pausenregelungen und zur Bereitstellung von Körperschutzmitteln (Gehörschutz, Sicherheitsschuhe, Schutzhelme usw.) verpflichtet (Rühmann & Schmidtke).

Abb. 5:   Ein einfaches Belastungs-Beanspruchungs-Modell

Die Abb. 5 zeigt den Wirkungszusammenhang zwischen Belastungen als Einflussgrößen auf den Menschen mit seinen individuellen Eigenschaften, Fähigkeiten, Fertigkeiten und Bedürfnissen und der Beanspruchung des Menschen. Die Belastungen bedingen Beanspruchungen, die sich auf den Menschen individuell auswirken. Je nach der Konstitution wirken z. B. physikalische Belastungen durch Kräfte bei Personen, je nach deren Körpergestalt, unterschiedlich belastend.

Man unterscheidet die Belastungen aus der Arbeitsform und der Arbeitsumgebung heraus. Die energetische Belastung wird z. B. durch die Schwere oder Genauigkeit der Arbeit bewirkt. Als physikalische Belastungsgrößen treten z. B. Gewicht, Kraft oder Weg auf. Der Belastungstyp „informatorische Belastung" wird durch die Schwere der Informationsverarbeitung gekennzeichnet. Als Beispiel sei die Art und Veränderung von Signalen genannt sowie der Informationsgehalt der Anzeigen.

Aus der Arbeitsumgebung heraus entstehen physikalische oder chemische Belastungen, die z. B. subjektiv als Lautstärke oder Helligkeit wahrnehmbar sind und als Schalldruck oder Leuchtdichte messbar sind. Weiterhin können Belastungen einer sozialen Umgebung entstammen. Als Beispiel sei der Unterstellungsgrad genannt oder die Auswirkung eines schlechten Betriebsklimas.

Heute sind zusätzliche Faktoren erkannt worden, die die Arbeit beeinflussen und die durch Richtlinien und Normen festgelegt werden. Dazu zählen z. B. die Bildschirmarbeitsplätze, psychische Belastungen, Nacht- oder Schichtarbeit. Es wurde erkannt, dass die Persönlichkeitsförderung einen positiven Effekt auf das Arbeitsergebnis haben kann.

Die ergonomische Auslegung und Anpassung von Mensch-Maschine-Systemen erfordert geometrisch, definierte Beziehungen zwischen den handelnden Menschen und der Maschine. Die Anordnung, die Abmessungen, die Form und das Aussehen der Elemente der Bedien- oder Stelleinrichtungen und Anzeigen sind nach ergonomischen, speziell anthropometrischen Gesichtspunkten anzuordnen. Zu berücksichtigen sind dabei u. a.:

- Abmessungen des menschlichen Körpers und wichtiger Teile, wie Kopf und Extremitäten, unter Berücksichtigung der Variabilität
- Körperstellungen und Körperhaltung, Bewegungsbereiche der Gelenke und Länge der Gliedmaßen sowie daraus resultierende Greifräume

- Blickfeld und Gesichtsfeld als anatomisch-optische Randbedingungen für die räumliche Gestaltung der Sichtverhältnisse unter Berücksichtigung der entspannten Sehachse.

Wichtige Gesichtspunkte sind die Sichtbarkeit der Anzeigen etc., die Reichweite, um Stellteile zu erreichen, die erforderlichen Stellkräfte für Pedalbetätigungen etc. und der Komfort, um Haltungsschäden zu vermeiden.

Head-up-Display

Die weiteren Einflussgrößen sind die informationstechnische Gestaltung, das Anzeigenkonzept und die Ausführung der Bedien- und Stellelemente. Die Integration moderner Anzeigesysteme, wie z. B. das Head-up-Display (HUD), kann helfen, die informatorische Belastung des Menschen zu verringern. Head-up bedeutet so viel wie Kopf-aufrecht. Wichtige Daten der Sensoren werden direkt in das Hauptblickfeld der Piloten eines Flugzeugs oder Fahrers eines Kraftfahrzeugs projiziert. Der Pilot oder Fahrer kann durch das Head-up-Display hindurchsehen und die Informationsdarstellung überlagert sich mit der Außensicht. Damit wird die Wahrscheinlichkeit des Übersehens wichtiger Informationen gesenkt. Die ergonomische Ausführung berücksichtigt die Sicht bei starker Blendung. Die Leuchtdichte des Displays beträgt $34\,000$ cd/m^2. Zum Vergleich hat ein klarer Himmel im Mittel eine Leuchtdichte von 8000 cd/m^2.

Head-up-Display

Die Projektion wichtiger Informationen zum Führen eines Fahrzeugs oder Flugzeugs auf die Windschutzscheibe, also in die Hauptblickrichtung, wird über ein Head-up-Display ermöglicht.

Das Head-up-Display im Cockpit eines Flugzeugs besteht aus einer Projektionseinheit HPU (Head-up Projection Unit) und einer Glasplatte HCU (Head-up Combiner Unit), die das projizierte Bild zum Piloten reflektiert. Der Head-up-Display-Computer (HUDC) empfängt die Daten der Flugzeugsensoren und erzeugt die symbolische Darstellung. Die Anordnung des Systems auf der Kopiloten-Seite eines Flugzeugs ist in einer Dual-Installation-Anordnung möglich.

Der Flight-Path-Vector (FPV) gibt die aktuelle Trajektorie des Flugzeugs, z. B. beim Landeanflug, an. Auf dem Head-Up-Display werden u. a. als Symbole dargestellt:
- der Schnittpunkt des FPV mit der Landebahn (LOC)
- das Approach-Reference-Flight-Path-Symbol als Bezug für den optimalen Landeanflug
- die LOC-Achse als Mittelachse der Landebahn
- der Zielpunkt auf der Landebahn

Die dargestellten Symbole werden mit der wirklichen Ansicht überlagert. An den Symbolen erkennt der Pilot, ob er sich oberhalb oder unterhalb bzw. genau auf der berechneten Anflugbahn befindet.

Auch für Kraftfahrzeuge wurden Head-up-Displays entwickelt und als Sonderausstattung tauchen sie in den Katalogen der Hersteller auf. Mittlerweile werden sie preiswert als Nachrüstgerät angeboten. Herkömmliche Kombiinstrumente im Kraftfahrzeug liegen im Abstand von $0{,}8$–$1{,}2$ m vom Auge des Fahrers. Der Fahrer beobachtet den Straßenverkehr mit auf unendlich

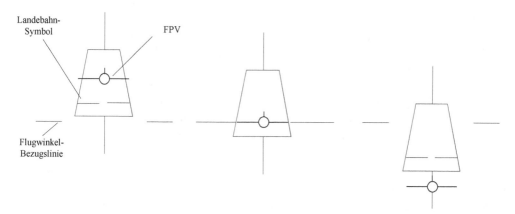

Abb. 6:   HUD Information beim Landeanflug eines Flugzeugs, links: Die FPA-Linie liegt unterhalb
           der Landebahn und der Pilot fliegt das FPV Symbole zur Korrektur – oberhalb, mitte:
           FPV-Symbol und FPA-Linie liegen richtig, rechts: FPA-Linie liegt oberhalb Ziellinie, zur
           Korrektur wird der FPV nach unten verlegt

akkommodierten Augenmuskeln. Er muss die Augen auf den Nahbereich akkommodieren, um
das Kombiinstrument ablesen zu können. Die Akkommodationszeit liegt bei ca. 0,3–0,5 s. Die
Zeit, in der der Fahrer den Blick von der Fahrbahn abwendet, um z. B. auf das Kombiinstrument
zu schauen, beträgt inklusive der Akkommodationszeit ca. 1 s. In dieser Zeit durchfährt das
Auto bei der Geschwindigkeit von 100 km/h bereits 28 m. In dieser Zeit ist keine vollständige
Kontrolle des Verkehrsgeschehens möglich und die Unfallgefahr steigt.

Ein Head-up-Display halbiert diese Zeit und trägt damit zur Sicherheit des Autofahrens bei.
Das HUD benötigt ein LCD-Modul zur Bilderzeugung, die Beleuchtung, die Abbildungsoptik
und die spiegelnde und lichtdurchlässige Windschutzscheibe.

Das Bild der Instrumente wird über die Windschutzscheibe in den Blickbereich des Fahrers
eingespiegelt. Das virtuelle Bild des optischen Systems liegt im Betrachtungsabstand von
2–3 m, also hinter der Windschutzscheibe. Dieser Abstand kann mit der Akkommodations-
weite unendlich erfasst werden. Der Fahrer braucht bei dem HUD den Blick nicht mehr
vom Fahrbahngeschehen abwenden. Die Inhalte der Darstellung auf dem Head-up-Display
(HUD) können vom Navigationsgerät oder Kombiinstrument stammen. Heute werden meist
Navigationshinweise, Warnhinweise und die Geschwindigkeit im Head-up-Display dargestellt.
Das folgende Bild stellt den Strahlengang des optischen Systems und das virtuelle Bild dar.
Das Bild wird durch ein von hinten mit LEDs beleuchteten LCD(Liquid Crystal-Display)-
TFT-Panel (siehe Abschnitt 3.11.1) erzeugt. Das Bild wird über mehrere Spiegel auf die
Windschutzscheibe abgelenkt. Dabei wird es durch eine Öffnung im Armaturenbrett geleitet.
Die Leuchtdichte des virtuellen Bildes auf der Windschutzscheibe sollte ca. 5000 cd/m^2 betra-
gen. Durch die Spiegel und die Windschutzscheibe wird nur ein Teil des Lichtes reflektiert,
dabei spielt der Reflexionsgrad des Materials eine Rolle. Daher muss die Leuchtdichte des
verwendeten LC-Displays erheblich höher sein.

Der Konkavspiegel gleicht die Krümmung der Windschutzscheibe aus. Der Fahrer sieht nur das LCD-Bild, da sich die Lichtquelle, das LC-Display und die Optik in einem geschwärzten Gehäuse befinden.

Das Bild kann nur innerhalb eines bestimmten Sichtbereichs von den Augen empfangen werden. Dieser Bereich wird als die Eyebox bezeichnet. Dabei darf sich der Kopf nicht mehr als 10 cm horizontal und ca. 13 cm vertikal bewegen, bevor es zu einem Bildabriss kommt. Während die horizontale Bildlage fest ist, kann die vertikale Bildlage auf die Größe des Fahrers eingestellt werden.

Die Windschutzscheibe gehört auch zum optischen System, denn durch sie erfolgt die Spiegelung des Bildes zum Fahrer. Der Fahrer nimmt das Bild jedoch nicht als Spiegelung wahr, denn die Windschutzscheibe ist lichtdurchlässig. Es entsteht der Eindruck eines virtuellen Bildes, das mit der Umgebung überlagert ist. Ein Problem stellt die Entstehung von Doppelbildern durch Reflexion an den inneren und äußeren Grenzflächen der Scheibe dar. Daher wird zwischen die beiden Scheiben der Verbundglasscheibe eine keilförmige Kunststofffolie eingebettet, die die Doppelbildentstehung verhindert. Die Geometrie der Folie beträgt an der Keilspitze ca. 0,8 mm und am oberen Ende ca. 1 mm. Die Keilform ist nur im Bereich von ca. 2/3 der Scheibenhöhe realisiert, darüber hinaus ist die Folie planparallel. Dadurch entsteht für den Fahrer der Eindruck der Überlagerung der beiden an den Grenzflächen entstehenden Bilder.

Das HUD-Bild wird auf der Windschutzscheibe in einem Bereich mit wenig Informationsgehalt platziert. Das HUD-Bild darf nicht mit Informationen überfrachtet werden, um den Fahrer nicht mit zu vielen visuellen Reizen zu überfordern. Es kann kein Ersatz für das Kombiinstrument sein. Meist stellt es sicherheitsrelevante Informationen, wie z. B. Warnanzeigen, Wegführungsinformationen, Abstandsinformationen oder die Fahrgeschwindigkeit, dar.

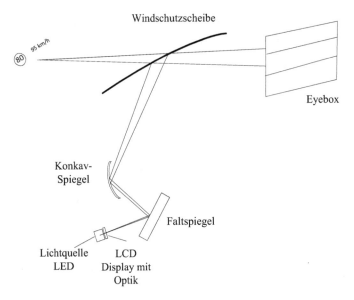

Abb. 7:   Head-up-Display und Windschutzscheibe

Zusammenfassung

Für die Gestaltung von Assistenzsystemen sind die arbeitswissenschaftlichen Grundlagen, wie sie z. B. für die Gestaltung von Mensch-Maschine-Systemen bekannt sind, zu beachten. Mensch-Maschine-Systeme sind durch das Zusammenwirken des Menschen mit einem technischen System gekennzeichnet. Der Mensch kommuniziert über eine Benutzerschnittstelle mit der Maschine. Die Arbeitsplatzgestaltung mit der Anordnung und Auswahl der Anzeigen und Bedienelemente erfolgt nach den Richtlinien des Human Engineering. Dazu gehört auch die Gestaltung der Mensch-Maschine-Interaktion. Der Faktor Mensch, d. h. die Besonderheiten des menschlichen Verhaltens, müssen beim Human Engineering beachtet werden. Die Vorgehensweisen zur Gestaltung von Mensch-Maschine-Systemen können auch bei der Gestaltung von Assistenzsystemen angewendet werden. Über ein Informations- und Bedienmanagement ist das Assistenzsystem mit dem Bediener verbunden. Die automatische Ausführung von Funktionen ist ein weiteres Attribut des Assistenzsystems.

Kontrollfragen

K5 Geben sie die Definition eines Mensch-Maschine-Systems an.

K6 Welche wichtigen Aspekte müssen bei einem Mensch-Maschine-System beachtet werden?

K7 Was versteht man unter Human Engineering?

K8 Was versteht man unter der ergonomischen Gestaltung?

K9 Geben Sie Beispiele für die informatorischen Belastungen an.

K10 Welche anthropometrischen Gesichtspunkte sind bei der Auslegung von Mensch-Maschine-Systemen zu beachten?

3.3   Anthropometrie und Körpermaße

Es ist verständlich, dass die Abmessungen des menschlichen Körpers bei der Gestaltung von Arbeitsplätzen, Fahrzeugen, Werkzeugen oder Möbeln eine wesentliche Bedeutung haben. Ein bekanntes Anwendungsfeld anthropometrischer Daten bildet die Bekleidungsindustrie. Die Ergebnisse der Anthropometrie führen auch zu Standards im Arbeitsschutz. Die Arbeitsplatzsicherheit gibt z. B. Maße für Sicherheitsabstände an, die auf Körpermaßen beruhen. Ob aus Sicherheitsgründen, z. B. bei persönlicher Schutzausrüstung, oder aus eher modischen Gründen müssen Bekleidungsstücke den Körpermaßen angepasst sein.

In den nationalen und internationalen Normen sind Angaben über die erforderlichen Maße von Anzeigen, Bedienelementen, Treppen, Leitern, Mannlöchern etc. angegeben. Außerdem werden – zum Teil – ausführliche Ausführungsordnungen gegeben, die als Bezug für Konstruktionen und Entwicklungen gelten. Anthropometrische Normen sind Elemente der Normung zu den Mensch-Maschine-Schnittstellen, um die Systeme in maßlicher Hinsicht sicher und gesundheitsgerecht zu konstruieren. Die DIN 33402 gibt die Körpermaße des Menschen, Begriffe und Messverfahren an. Die Norm wird zum Teil von der DIN EN ISO 7250 ersetzt.

DIN EN ISO 7250 gliedert die anthropometrischen Maßangaben in die Kategorien:
- Maße am stehenden Menschen,
- Maße am sitzenden Menschen,
- Maße an einzelnen Körperabschnitten und
- funktionelle Maße.

Die anthropometrischen Erhebungsverfahren sind genormt. Wir unterscheiden die Körpermaße nach der Art ihres Ursprungs und ihrer Verwendung und teilen sie in zwei Gruppen auf:

1. Räumliche Begrenzungsmaße des menschlichen Körpers, die aus den Skelett- und Umrissmaßen herrühren.
2. Funktionsmaße, die sich z. B. bei Bewegungen ergeben. Daraus folgen Reichweiten, Bewegungsbereiche und Sichtmaße. Zum Verständnis der Variabilität des Menschen können statistische Mess- und Auswerteverfahren in der empirischen Forschung herangezogen werden.

Man nutzt eine Grundgesamtheit (Population), um eine repräsentative, zufällige Stichprobe auszuwählen. Unter Population ist in diesem Zusammenhang eine bestimmte Gruppe von Menschen zu verstehen, die „eine bestimmte Umwelt oder Aktivität gemeinsam haben" (vgl. DIN EN ISO 7250). Da eine solche Gruppe schnell sehr groß sein kann (z. B. die deutsche Wohnbevölkerung mit ca. 80 Millionen Einwohnern), bedarf es einer ausreichend großen, statistisch abgesicherten Stichprobe, um sicherzustellen, dass die basierend auf dieser Stichprobe erzielten Messergebnisse hinsichtlich ihrer Verteilung als ausreichend repräsentativ für eine bestimmte Zielgruppe (z. B. Erwerbsbevölkerung) betrachtet werden können (Gebhardt, 2009).

Die Ergebnisse der Messungen werden als Tabelle oder Graph, meist als Histogramm, also als eine Häufigkeitsverteilung, dargestellt. Die Ergebnisse der Auswertung einer Stichprobe als Beispiel zeigt die folgende Abbildung. Es wurden Klassen der Körperhöhe mit der Klassenbreite 5 cm gebildet. Über die Klassen wurde die Häufigkeit der Körperlänge von 100 Männern aufgetragen. Qualitativ ergibt sich z. B., dass ca. 30 Personen in die mittlere Körperlängen-Klasse 170–175 cm eingeordnet werden können. In den beiden benachbarten Klassen liegen jeweils ca. 15 Personen. Je 5 Personen liegen in den Klassen 155–160 cm und 185–190 cm.

Wir können den Kurven einen Median zuordnen, der sich aus der Sortierung der Ergebnisklassen ergibt. Bei diesem Wert liegt die Hälfte der ermittelten Werte der Körpergröße oberhalb und die andere Hälfte unterhalb des Medians. Der Median entspricht nicht dem Mittelwert! Bei Ausreißern repräsentiert er den „mittleren" Wert jedoch besser.

Weiterhin werden das 5. und 95. Perzentil als statistische Extremwerte angegeben.

Perzentil

Perzentil bedeutet Hundertstelwerte. Beim 5. Perzentil liegen 5 % der Werte der Körpergröße unterhalb, also 5 % sind kleiner. Beim 95. Perzentil sind nur 5 % größer. Die Berechnung der Perzentilwerte kann mit Hilfe der Standardabweichung s erfolgen.

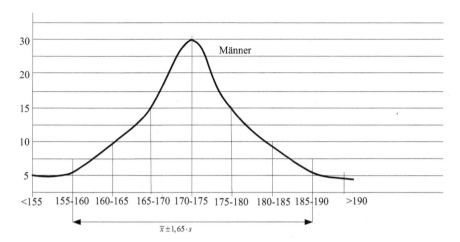

Abb. 8:   Normalverteilung der Körpergrößen von Männern (Zahlenwerte angenommen)

Das z.-Perzentil berechnet man bei gegebener Normalverteilung mit Hilfe der Standardabweichung s nach der Formel:

$$z_1 = \bar{x} - 2{,}33 \cdot s$$
$$z_2 = \bar{x} - 1{,}88 \cdot s$$
$$z_5 = \bar{x} - 1{,}65 \cdot s$$
$$z_{95} = \bar{x} + 1{,}65 \cdot s$$
$$z_{99} = \bar{x} + 2{,}33 \cdot s$$

DIN 33402-2 weist für das 95. Perzentil der Körperhöhe von 18–65-jährigen Männern in der Bundesrepublik Deutschland einen Wert von 1855 mm aus. Das besagt, dass 95 % dieser Bevölkerungsgruppe kleiner und 5 % größer als 1855 mm sind. Unter Berücksichtigung eines Aufschlags für die Schuhe bedeutet das Ergebnis, dass 95 % der gesamten erwachsenen, männlichen Bevölkerung im Alter zwischen 17 und 65 Jahren eine Türöffnung mit einer Höhe von 2000 m aufrecht passieren kann.

Bei sicherheitsrelevanten Maßen ist darüber hinaus das 1. bzw. 99. Perzentil empfehlenswert oder sogar erforderlich.

Die Darstellung des 95. Perzentils der Körperhöhe in Abhängigkeit von Lebensalter und Geschlecht ist in Abb. 9 dargestellt. Zwischen den Altersgruppen 18–25 Jahre und 61–65 Jahre gibt es Unterschiede von 10,5 cm für Männer und 7,5 cm für Frauen. Zwischen den Geschlechtern ist im Mittel ein Unterschied von etwa 14 cm festzustellen (Gebhardt, 2009).

Die Darstellung der 5. und 95. Perzentile für Frauen und Männer ist besonders gut aus Abb. 10 abzulesen. Die Summenhäufigkeiten ergeben sich aus der Summe der Zugehörigkeiten zu den Klassen der Körpergröße, die entlang der Abszisse aufgetragen ist. Wir können daraus ablesen, dass das 5. Perzentil der Körperlänge bei der Frau bei 1535 mm und beim Mann bei 1650 mm liegt.

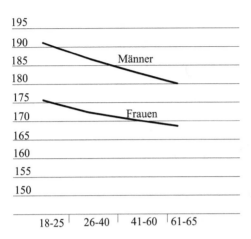

Abb. 9:   Prinzipielle Abhängigkeit des 95. Perzentils der Körperlänge von Alter und Geschlecht
           (Zahlenwerte angenommen)

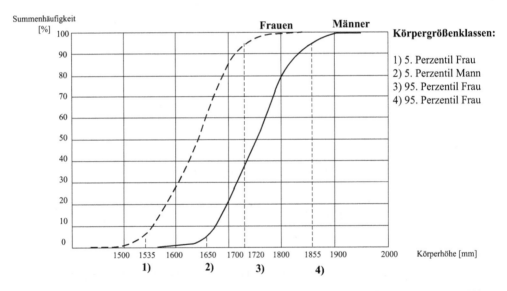

Abb. 10:   Summenhäufigkeiten der Körpergrößen für 18–65-Jährige (Quelle: Die Daten der Skizze
           wurden der folgenden Schrift entnommen: Jürgens, W.; Erhebung anthropometrischer Maße
           zur Aktualisierung der DIN 33402-Teil 2, Herausgeber: Bundesanstalt für Arbeitsschutz und
           Arbeitsmedizin)

In der folgenden Abb. 11 sind nummerierte Körpermaße sowie die zugehörigen Werte der 5.,
50. und 95. Perzentile abgebildet. In der rechten Spalte werden Beispiele für Gestaltungsprinzipien gegeben.

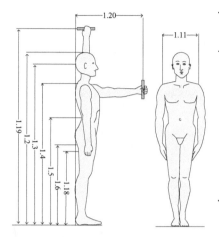

Maßbezeichnung		Perzentilmaße			Anwendung
		5.	50.	95.	
1.2	Körperhöhe	1650	1750	1855	Türöffnung
1.3	Augenhöhe	1530	1630	1735	Anzeigen
1.4	Schulterhöhe	1345	1450	1550	Stehplätze
1.5	Ellbogenhöhe	1025	1100	1175	Arbeitsplatten
1.6	Schritthöhe	760	830	905	Konfektion
1.19	Reichweite, oben	1975	2075	2205	Bedienelemente
1.11	Schulterbreite	370	405	435	Fluchtöffnung
1.18	Griffachse	730	765	825	Koffer
1.20	Reichweite	685	740	815	Cockpit

Abb. 11:   Beispiele für Körpermaße von Männern im Alter von 18–65 Jahren (Quelle: Die Daten der Skizze wurden der folgenden Schrift entnommen: Jürgens, W.; Erhebung anthropometrischer Maße zur Aktualisierung der DIN 33402-Teil 2, Herausgeber: Bundesanstalt für Arbeitsschutz und Arbeitsmedizin)

Es ist nicht immer sinnvoll, die Medianwerte aus der Tabelle zur Gestaltung zu verwenden. Die Höhe eines Stuhles z. B. nach dem Medianwert der Unterschenkellänge auszuwählen, würde bedeuten, dass ungefähr die Hälfte der Benutzer ihre Füße nicht mehr bequem auf den Boden aufsetzen könnten. Man verwendet ein Gestaltungsprinzip, das besagt, dass bei Innenmaßen die kleinste Person und bei Außenmaßen die größte Person berücksichtigt wird. Durch die Türöffnung muss auch der bei dem 95. Perzentil liegende Mann noch hindurchkommen, ohne sich den Kopf zu stoßen. Das Umgreifen äußerer Objekte sollte auch noch von der Arbeiterin mit einem Körpermaß, das im 5. Perzentil liegt, geschafft werden können.

Zusammenfassung

Als Anthropometrie wird die Lehre der Ermittlung und Anwendung der Maße des menschlichen Körpers bezeichnet. Anthropometrische Grundlagen werden für die Gestaltung von Arbeitsplätzen und z. B. auch zur dem Menschen angepassten Anordnung der Anzeigen und Bedienelemente in Fahrzeugen genutzt. Die wichtigsten Körpermaße sind die räumlichen Begrenzungsmaße und Funktionsmaße, die mit statistischen Methoden erfasst werden. Dazu ermittelt man den Median und Perzentilwerte. Beim 5. bzw. 95. Perzentilwert liegen 5 % der Messwerte unterhalb bzw. oberhalb. Körpermaße können mit Körperscannern schnell erfasst werden. Tabellarische Körpermaße mit Angaben des Medians und des 5. und 95. Perzentils können für die Auslegung von Arbeitsmitteln genutzt werden. Die Verwendung des Medians zur Gestaltung ist nicht immer sinnvoll. Die Verwendung der jeweiligen Werte hängt vom Einsatzfall ab.

Kontrollfragen

K11   Nennen sie vier Kategorien anthropometrischer Maße.

K12   Was ist ein Histogramm?

K13   Die Größen der n Studenten eines Semesters wurde gemessen (x_i: 175; 162; 168; 195; 166; 162; 160; 175; 185; 163). Berechnen Sie den Median und den Mittelwert.

K14   Die Körpergröße der 25- bis 29-jährigen Männer liege im Mittel bei 1733 mm. Es liegt eine Normalverteilung vor. Die Standardabweichung beträgt 72 mm. Berechnen Sie das 99. Perzentil.

3.4   Funktionsräume

Die Körpermaße spielen nicht nur bei der Konstruktion von Stühlen, Türöffnungen, Tischen etc. eine Rolle, sondern auch bei Arbeiten, die der Mensch verrichten soll. Allgemein spricht man von zu erfüllenden Funktionen und nennt die möglichen geometrischen Bereiche Funktionsräume.

Funktionsräume

Man unterscheidet die Funktionsräume für menschliche Handlungen in die Sicht-, Greif- und Bewegungsräume.

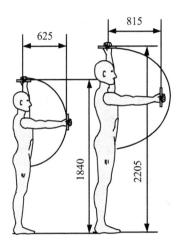

Abb. 12:   Maximaler Greifraum des 5. Perzentils Frau und des 95. Perzentils Mann in Seitenansicht im Stehen, Maße in mm (Quelle: Die Daten der Skizze wurden der folgenden Schrift entnommen: Jürgens, W.; Erhebung anthropometrischer Maße zur Aktualisierung der DIN 33402-Teil 2, Herausgeber: Bundesanstalt für Arbeitsschutz und Arbeitsmedizin)

Die Maße der Extremitäten und deren Bewegungsmöglichkeiten bestimmen den Greifraum. Mit gestreckten Armen und Händen und Fingern ergibt sich unter Beteiligung der Rumpfbewegung der maximale Greifbereich (Abb. 12). Dieser Raum ist allerdings nicht dauerhaft nutzbar. Man grenzt daher den maximalen physiologisch maximalen Greifraum vom anatomisch maximalen Greifraum ab, der ohne Mitbewegen der Schulter und bei nicht vollständig gestrecktem Arme erreicht wird. Der Greifraum stellt in jeder Horizontalschnittebene eine halbnierenförmige Gestalt mit Radien um das Schultergelenk dar. Ordnet man die Behälter senkrecht zum Kreisumfang mit dem Ellbogengelenk als Mittelpunkt an, ist das Erreichen der Behälter wesentlich einfacher, wie die Abb. 13 illustriert! Man unterscheidet den anatomisch maximalen Greifraum, der durch die Endstellungen bei maximal ausgestreckten Armen und unbewegtem Oberkörper gegeben ist, und den Arbeitsraum. Dieser ist mit 1 gekennzeichnet und ist dadurch ausgezeichnet, dass beide Hände nahe beieinander arbeiten. In der Zone 2, dem erweiterten Arbeitsraum, erreichen beide Hände alle Punkte dieser Zone. Die Zone 3 ist die Einhandzone, in der bei Montagearbeitsplätzen z. B. Teile oder Werkzeuge liegen, die mit einer Hand gegriffen werden. Die äußerste Zone 4 ist gerade noch erreichbar.

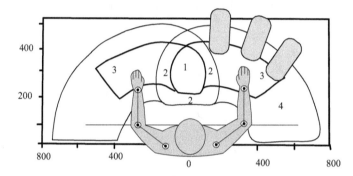

Abb. 13: Günstige Behälteranordnung und Arbeitsraum im Horizontalschnitt, Zahlen stellen Richtwerte dar

Der Vertikalschnitt des optimalen und des maximal möglichen Greifraums ist in der Abb. 14 dargestellt. Schnelle und genaue Bewegungen sollten nur im optimalen Bereich vorgenommen werden.

Für die optimalen Arbeitsbereiche der Arme und der Beine kann man Empfehlungen zur Gestaltung der Arbeitsräume aus den folgenden Abbildungen entnehmen. Für die Arbeit mit den Füßen kann man zwei unterschiedliche Arbeitsbereiche angeben. Bei herabhängenden Unterschenkeln lassen sich feinmotorische, aber weniger kraftbetonte Betätigungen mit den Füßen durchführen, die in Abb. 15 durch die nach links schraffierte Fläche gekennzeichnet sind.

Für die Gestaltung und Anbringung der Displays und Anzeigen bei Assistenzsystemen ist die entspannte Sehachse des Menschen wichtig. Die DIN EN ISO 14 738:2008-12 stellt dazu wichtige Informationen bereit. Man unterscheidet dabei grundsätzlich, ob die Anzeige sitzend oder im Stehen betrachtet werden soll. Die entspannte Sehachse ist beim Sitzen um ungefähr 40° zur Horizontalen geneigt! Dabei ist der Kopf um ca. 25° geneigt. Gegenüber der Kopfneigung ist

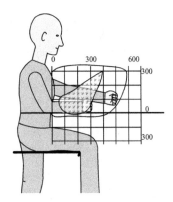

Abb. 14:   Nutzbarer Greifraum mit optimalem Bereich für schnelle und genaue Bewegungen der
            Hände (doppelt schraffierter Bereich) (Quelle: Die Daten der Skizze wurden der folgenden
            Schrift entnommen: Jürgens, W.; Erhebung anthropometrischer Maße zur Aktualisierung der
            DIN 33402-Teil 2, Herausgeber: Bundesanstalt für Arbeitsschutz und Arbeitsmedizin)

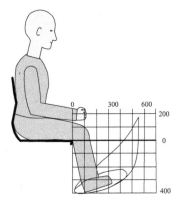

Abb. 15:   Möglicher Arbeitsbereich der Füße im Sitzen mit optimalem (dunkel gefüllter Bereich) Raum
            für feinfühlige Bewegungen bei geringen Kräften (Quelle: Die Daten der Skizze wurden
            der folgenden Schrift entnommen: Jürgens, W.; Erhebung anthropometrischer Maße zur
            Aktualisierung der DIN 33402-Teil 2, Herausgeber: Bundesanstalt für Arbeitsschutz und
            Arbeitsmedizin)

die entspannte Sehachse also um 15° zusätzlich geneigt. Das Sehfeld des anstrengungsarmen
Sehens liegt im Bereich von ±15° in der horizontalen und vertikalen Ebene bezogen auf die
entspannte Sehachse.

Man unterscheidet das Blickfeld vom Gesichtsfeld. Das Blickfeld ist in der folgenden Abbildung mit B gekennzeichnet und beträgt in der horizontalen Ebene nach links und rechts je 35°,
nach oben ca. 40° und nach unten ca. 20° (Strasser, Anthropometrische und biomechanische
Grundlagen, 1993).

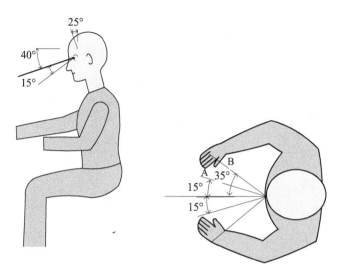

Abb. 16:   Winkelbereiche für entspanntes Sehen, links: entspannte Sehachse beim Sitzen, rechts: Blick-
            und Gesichtsfeld sitzend ohne Kopfdrehungen

Gesichtsfeld und Blickfeld

Bei dem Gesichtsfeld handelt es sich um den Bereich, der ohne Augen- und Kopfbewegungen
eingesehen werden kann. Mit Hilfe der Augenbewegungen können Objekte im Blickfeld bei
fester Kopfhaltung fixiert werden.

Farbige Lichtveränderungen können in einem kleineren Gesichtsfeld wahrgenommen werden
als Hell-Dunkel-Veränderungen! Häufige und schnelle Augenbewegungen mit notwendigen
Fixationen sind bezogen auf die entspannte Sehachse nur in Bereichen, die sich um einen
Winkel von maximal 15° unterscheiden, möglich. Daher sollten wichtige Instrumente in
diesem Raumwinkelbereich angeordnet werden. Liegen Anzeigen weiter entfernt, müssen
evtl. Augen- und/oder Kopfbewegungen erfolgen, die eine gewisse Zeit beanspruchen und
auf Dauer zur Ermüdung führen. In kritischen Situationen kann der Zeitverlust entscheidend
sein.

Die Anordnung von Sichtgeräten im Arbeitsbereich des sitzenden Menschen sollte orthogonal
erfolgen. Dabei ist eine Pultform günstig. Der Blickwinkel zur horizontalen Körperachse beträgt ca. 40°, die sich aus ca. 25° Kopfneigung und 15° Blickneigung bezogen auf den geneigten
Kopf berechnen lassen. Die Anordnung mehrerer Sichtgeräte erfolgt möglichst gewinkelt und
nicht gerade. In der Abb. 17 sind beide Anordnungen dargestellt.

Die dargestellten Bereiche sind nur als Richtwerte zu verstehen. Für die Auslegung von Arbeitsplätzen können bewegliche Schablonen oder besser CAD-Programme verwendet werden.

Zusammenfassung

Die Berücksichtigung der menschlichen Körpermaße ist auch für die Auslegung von Arbeitsräumen erforderlich. Soll ein Assistenzsystem den Menschen unterstützen, sind Kenntnisse der Sicht-, Greif- und Bewegungsräume des Menschen notwendig. Die Anordnung der Arbeitsmittel ist den menschlichen Körperverhältnissen anzupassen. Dabei spielen auch das Blick- und das Gesichtsfeld eine Rolle. Wichtige Instrumente sollten innerhalb eines Raumwinkelbereichs von ca. 30° untergebracht werden.

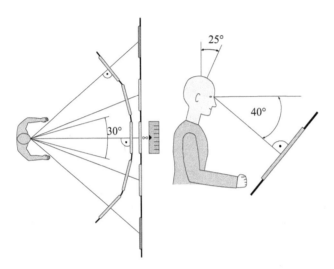

Abb. 17:   Orthogonale Draufsicht als Gestaltungskriterium

Kontrollfrage

K15   Geben Sie die Winkelbereiche des Blickfeldes bezogen auf die Horizontale an.

3.5   Mensch-Modelle

Das Ziel der ergonomischen Arbeitsplatzgestaltung ist die Optimierung des räumlichen Layouts hinsichtlich Sichtbarkeit, Reichweite, Kraft, Haltung und Komfort der jeweiligen Benutzer. Die Benutzer sind bei Fahrerassistenzsystemen z. B. der Fahrzeugführer, aber auch die Fahrzeuginsassen. Mit Hilfe von Mensch-Modellen kann die ergonomische Planung erleichtert werden. Die Planung von Arbeitsplätzen hinsichtlich der anthropometrischen Funktionsräume kann mit Hilfe beweglicher Körperumrissschablonen manuell durchgeführt werden. Die Berücksichtigung der Belastungen durch Kräfte erfordert Modelle, mit denen die Kräfte bei Belastungen in möglichst allen wichtigen Körperteilen vorab berechnet werden können. Im Folgenden werden drei Modelle betrachtet: eine Körperumrissschablone, die auch als „Kieler Puppe" bezeichnet wird, das Dortmunder Mensch-Modell und die fortschrittlichste Modellbildung über dreidimensionale CAD-Programme, wie z. B. das Programm Process-Designer der Firma Siemens PLM.

Die Abb. 18 zeigt ein Mensch-Modell, das mit Hilfe der Daten der sogenannten Kieler Puppe aufgebaut wurde. Bei der Kieler Puppe handelt es sich um eine zweidimensionale Körperumrissschablone, die anthropometrische Merkmale beschreibt. Die Abmessungen der Kieler Puppe sind in der DIN 33408 beschrieben. Die Schablone ist in den wichtigen Gelenken wie Hand-, Ellbogen-, Hals-, Knie-, Schulter-, Hüft- und Fußgelenk beweglich ausgeführt. Die Erreichbarkeit von zu greifenden Objekten kann durch manuelle Verstellbarkeit der Körperteile geprüft werden.

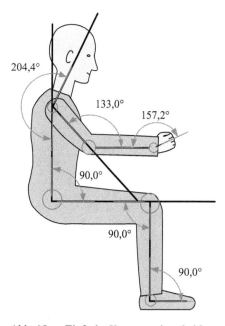

Abb. 18:   Einfache Körperumrissschablone

Die Berücksichtigung der Körpergliedmaßen in Computersimulationen erfordert die Erstellung eines realistischen Mensch-Modells. Daher sollen einige wichtige Merkmale des Körperaufbaus herausgestellt werden.

Gelenke

Gelenke bilden die Verbindung von einzelnen Körperteilen und erlauben die Bewegung der Körper zueinander. Im menschlichen Arm gibt es z. B. Scharniergelenke, Eigelenke, Sattelgelenke, Zapfengelenke und Kugelgelenke.

Der Arm des Menschen besteht aus ca. 64 Knochen, die durch verschiedene Gelenke und Gelenktypen verbunden sind. Die Bewegung wird durch Muskelkontraktionen und Sehnen verursacht. Der Begriff des Gelenks ist eng verknüpft mit der Anzahl der Bewegungsmöglichkeiten. Es gibt Gelenke, die ein, zwei oder drei unabhängige Bewegungsmöglichkeiten besitzen.

Freiheitsgrade

Die Anzahl der Freiheitsgrade eines Gelenks definiert die minimale Anzahl von Translationen und Rotationen zur vollständigen Beschreibung der Stellung oder der Lage eines Objektes im Raum. Frei im dreidimensionalen Raum bewegliche Objekte besitzen den Freiheitsgrad: $f = 6$ (drei Translationen und drei Rotation).

Das Scharniergelenk, dargestellt in Abb. 19, verbindet z. B. den Unterarm mit dem Oberarm. Es hat nur eine Achse, um die die Drehung des Unterarms erfolgen kann.

Das Kugelgelenk beinhaltet drei Freiheitsgrade und verbindet die Arme mit der Schulter sowie die Beine mit dem Becken.

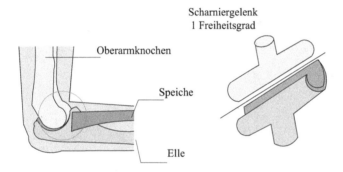

Abb. 19:   Das Scharniergelenk verbindet Unter- und Oberarm

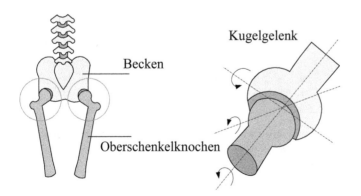

Abb. 20:   Das Kugelgelenk verbindet Arme und Schulter sowie Becken und Beine

Jeder Finger der menschlichen Hand besitzt in den Mittel- und Endgelenken einen Freiheitsgrad, der über ein Scharniergelenk gebildet wird. Das Grundgelenk jedes Fingers ist ein Kugelgelenk. Die Drehung um die eigene Achse wird nicht durch Muskeln unterstützt und kann nur passiv von außen erfolgen. Das Grundgelenk hat also zwei Freiheitsgrade. Weitere Gelenke mit zwei Freiheitsgraden kommen als das Eigelenk am Kahnbein und das Sattelgelenk am Daumen vor (Abb. 21). Die menschliche Hand hat demnach insgesamt 22 Freiheitsgrade.

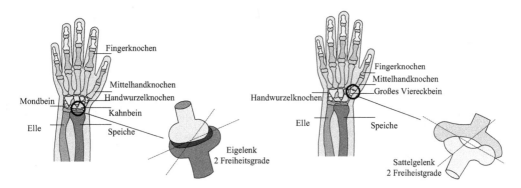

Abb. 21:   Aufbau und Vorkommen wichtiger Gelenke der Hand

Der menschliche Arm hat mehr als 100 mechanische Freiheitsgrade. In vielen Computermodellen des Menschen oder auch bei Roboterarmen verwendet man nur sieben Freiheitsgrade. Es handelt sich um die wesentlichen Freiheitsgrade, die aus der Abb. 22 hervorgehen.

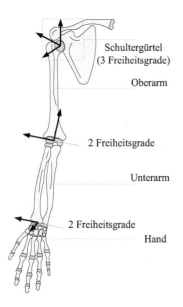

Abb. 22:   Der Aufbau und die Freiheitsgrade des menschlichen Arms

Die Mensch-Modelle sollten auch biomechanische Wirkungen darstellen können. Insbesondere Kraftwirkungen erfordern eine genaue Kenntnis und Modellierung der Kraftverteilungen im menschlichen Körper. Dabei spielen die Kräfte und Momente, die über Muskeln und Sehnen in den Gelenken und insbesondere in der Wirbelsäule wirken, eine wichtige Rolle. Bedenkt man, dass die Wirbelsäule aus 33–34 knöchernen Segmenten besteht, wobei die oberen 24 frei beweglich sind, erkennt man den erheblichen Aufwand. Auch die zwischen zwei Wirbeln liegende Bandscheibe ist an der Kraftübertragung und Dämpfung erheblich beteiligt.

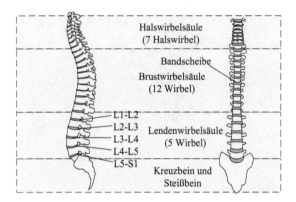

Abb. 23:   Aufbau der Wirbelsäule

Die Bandscheibe verteilt die Kräfte gleichmäßig auf den gesamten Wirbelquerschnitt und dient als eine Art hydraulischer Stoßdämpfer. Wir erkennen in Abb. 24 die Belastung der Bandscheibe bei einer gebeugten Haltung aufgrund der Schwerkraft. Die Längskraft F_L in axialer Richtung muss durch die Wirbelsäule, die Schubkraftkomponente F_S muss durch die Bänder, Muskeln und von der Gelenkfacette P aufgenommen werden. Es können Überbeanspruchungen auftreten, die zu Erkrankungen führen können.

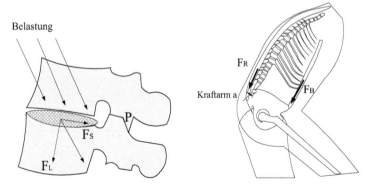

Abb. 24:   Links: Belastung einer gebeugten Wirbelsäule; rechts: Kräfte aufgrund der Rücken- und Brustmuskulatur

Die Muskeln, die die Gewichtskraftmomente aufnehmen und die Wirbelsäule stabilisieren, drücken zusätzlich auf die Wirbel. Während die Rückenmuskulatur meist kräftig aufgebaut ist, da sie die Gewichtskraft über ein Gegenmoment $M_R = F_R \cdot a$ halten müssen, sind die Bauchmuskeln oft schwach entwickelt. Der Kraftarm der Rückenmuskeln besitzt ungefähr eine Länge von 5 cm. Durch den geringen Kraftarm können hohe Kraftverstärkungen von aufgenommenen Lasten entstehen! Einen einfachen, nur ein Segment berücksichtigenden Modellansatz zur Ermittlung der Belastung der Wirbelsäule beim Heben zeigt die Abb. 25 links. Die Bandscheibe L5-S1 (Lendenwirbelkörper 5 zu Sacralkörper 1 (Kurz: L5/S1)) ist der Bezugspunkt für die wirkenden Momente aufgrund der Körperkraft und der Lastkraft in den Händen.

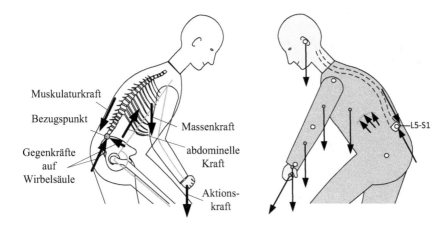

Abb. 25:   Belastung der Wirbelsäule bei einer Betrachtung des Körpers als ein Segment (links) und bei der Modellbildung mit 5 Segmenten (rechts)

Eine genauere Analyse der Kraftverteilung und Einleitung in den menschlichen Körper erfordert eine genauere Modellbildung des Körpers. Im rechten Bild in Abb. 25 wurde angenommen, dass der Körper aus 5 Segmenten (einschließlich des Kopfes) besteht. In der Abb. 25 rechts wurden 5 Punkte ausgewählt, an denen die Belastung bestimmt werden muss. Die Kraftwirkungen der Arme und des Kopfes und der Aktionskraft müssen auf die Bezugspunkte umgerechnet werden, um die Belastungen dort zu bestimmen.

Körperkräfte

Kräfte, die im menschlichen Körper entstehen, sind Körperkräfte. Sie werden als Vektoren mit dem Betrag und der Richtung und dem Richtungssinn der Wirkungslinie der Kraft relativ zum Körper gekennzeichnet. Körperkräfte werden in Muskelkräfte, Massenkräfte und Aktionskräfte eingeteilt.

Die Muskelkraft wirkt innerhalb des Körpers und kann statisch und dynamisch wirken. Die Massenkraft wirkt z. B. bei Beschleunigungen an mobilen Arbeitsplätzen. Die statische Massenkraft entsteht durch das Eigengewicht. Die Aktionskraft wirkt nach außen und resultiert aus der Muskel- und der Massenkraft. Über die Aktionskraft wird mechanische Arbeit verrichtet. Das belastende Moment wird hauptsächlich durch die Kraft der Rückenmuskulatur und zu einem kleinen Teil durch den Bauchrauminnendruck kompensiert. Die Gesamtkraft, die auf die Wirbelsäule wirkt, ergibt sich aus der vektoriellen Addition der Kräfte aufgrund der Körperteilgewichte, der Lastkraft, der Muskelkraft und des Intraabdominaldrucks. Der intraabdominelle Druck ist ein atemabhängiger intrinsischer Druck innerhalb der abdominellen Höhle (Bauchhöhle). Die Kraft, die dieser Belastung entgegenwirkt, ist in Abb. 25 links skizziert. Diese Auflagerkraft besteht aus einer Druck- und eine Scherkraftkomponente.

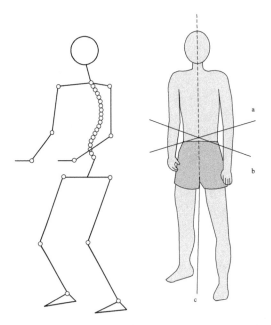

Abb. 26:   Mensch-Modell mit mehreren Körpersegmenten, links: Darstellung der Gelenkpunkte, rechts: Körperachsen

Das sogenannte Dortmunder Mensch-Modell berücksichtigt 30 Körpersegmente und 27 Gelenke: Füße, Unterschenkel, Oberschenkel, Becken, 14 Rumpfsegmente, Schultern, Oberarme, Unterarme, Hände und Kopf. Damit lassen sich auch dynamische Belastungsvorgänge, meist mit Hilfe eines Rechenprogramms, berechnen. Es handelt sich um ein dreidimensionales, biomechanisches Modell. Damit kann nicht nur der statische Zustand beim Halten einer Last, sondern auch die Bewegung von Körperteilen und Last bei der Ausübung einer Tätigkeit analysiert werden. Als Eingabegrößen werden Körperhaltungen, Körperbewegungen und die Kräfte genutzt. Daraus ermittelt man innere Wirbelsäulenbelastungsgrößen, wie z. B. Bandscheibenkräfte. Der Schutz der Gesundheit des Menschen hat die oberste Priorität. Assistenzsysteme haben oft die Aufgabe, den Menschen zu entlasten. In dem Zusammenhang können auch äußere Kräfte gemeinsam vom Assistenzsystem und vom Menschen aufgenommen werden. Die Belastungsgrenzen des Menschen zu kennen und einige wichtige Gestaltungsprinzipien zu beachten, sind für den Entwickler von Assistenzsystemen daher von großer Bedeutung. Diese zielen darauf:

- die Gesundheitsgefährdung auszuschließen,
- die Arbeitstätigkeit effizienter zu gestalten,
- die Beanspruchung des Menschen zu reduzieren und zu optimieren.

Die Gesundheitsgefährdung tritt vor allem bei der Handhabung von Lasten auf. Für die Lastenanhebung sind grundsätzlich folgende Regeln zu beachten (Schlick, 2010):

- körpernahe Handhabung der Lasten,
- Heben durch Beinarbeit bei möglichst geradem Rücken,
- beidhändige symmetrische Handhabung,
- Vermeidung der Verdrehung des Oberkörpers,
- gleichmäßiger Bewegungsablauf.

In einigen Fällen ist es möglich, durch eine physikalische Betrachtung und Analyse die Gestaltung der Arbeit so zu ändern, dass die zu leistende physikalische Arbeit insgesamt verringert werden kann. Es ist wichtig, Kräfte in den Körper bei geradem Rücken einzuleiten. Insbesondere eine unterschiedliche Flächenpressung der Bandscheibe wirkt sich auf lange Sicht schädigend aus.

Das Heben von Lasten mit ausgebreiteten Armen ist sehr ungünstig, da die Last dann, wie in Abb. 27 im Beispiel dargestellt, schräg wirkt. Die Arme müssen aufgrund des schrägen Anstellwinkels eine Kraft von 347 N gegenüber der Kraft von 245 N bei senkrechtem Winkel aufbringen. Die vom Arm aufzubringende Kraft wird durch diese Armstellung stark vergrößert. Man spricht in diesem Zusammenhang auch von einer aufzubringenden Blindleistung, die bei einer ungünstigen Körperhaltung einzurechnen ist.

Eine biomechanische Analyse des Tragens von Lasten, gemäß Abb. 28, zeigt, dass eine Verringerung des Lastarms bedeutet, dass der Lastarms L2 gegenüber dem Lastarm L1 eine geringere Beanspruchung des Körpers bewirkt, sodass das mechanische Moment im linken Fall geringer ist. Bei einem höheren Moment steigen die Muskelarbeit und damit auch der Energieumsatz an.

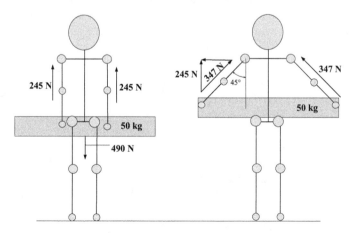

Abb. 27:   Lastangriffspunkte, links: günstig, rechts: ungünstig

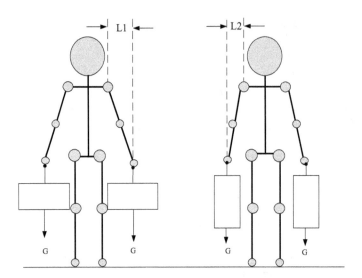

Abb. 28:   Gestaltung der Last, links: ungünstig, rechts: günstig

Bei einer asymmetrischen Kraftausübung beider Hände entsteht ein Gegenmoment im Rumpf, das vom Körper aufgebracht werden muss. Die Größenordnung der vom Menschen sitzend aufzubringenden Kräfte kann Kräfteatlanten (DIN 33411-4, DIN EN 1005-3) entnommen werden. Die Abb. 29 stellt zwei Beispiele dar. In der linken Abbildung wird gezeigt, wie die Entfernung eines Handgriffs die aufzubringenden Kräfte bei einer horizontalen Zugkraftbelastung beeinflusst. Es handelt sich gemäß DIN 33411-4 um die Angabe des 50. Kraftperzentils für Männer von 20–25 Jahren als maximal erreichbare Aktionskraft. Es können in der Regel etwas höhere Druckkräfte aufgebracht werden. Die Belastungsgrenzen bei Bewegungen nach oben, unten, innen und außen unterscheiden sich!

Mit Mensch-Modellen versucht man im Computer die Planung ergonomischer Arbeitsplätze oder die Gestaltung von Fahrzeugen zu optimieren. Ausgehend von den digitalen Modellen des Produktes, z. B. eines Kraftfahrzeugs, wird ein digitales Mensch-Modell nach anthropometrischen Grundsätzen erstellt und in das CAD-Modell integriert.

Das Modell erlaubt die Prüfung von Reichweiten, Sichtbereichen, Maximalkräften, Haltungen und bietet die Bewegungssimulation. Für spezielle Anwendungen, z. B. im Fahrzeug, stehen spezielle Mensch-Maschine-Modelle zur Verfügung. Das Mensch-Modell Jack von Siemens PLM besitzt 68 Gelenke und 135 Freiheitsgrade. Eine Reihe von Analysefunktionen sind in das Mensch-Modell bereits integriert (Kraftanalysen, Heben/Tragen, Gefahrenanalysen usw.). In 3D-CAD-Systemen können mit dem Mensch-Modell realistische Planungen von Bewegungen und Belastungen durchgeführt werden. Ein Beispiel zeigt die Abb. 30. Das System Process Designer der Firma Siemens PLM bietet umfangreiche Möglichkeiten, das Mensch-Modell Jack zu platzieren, die Gliedmaßen zu bewegen und die Belastungskräfte zu messen. In dem gezeigten Beispiel wird die Position des Bedieners zu einem Regal und einem Tisch sowie zu einem Transportbehälter untersucht. Die Platzierung und Bewegung des Menschen kann mit

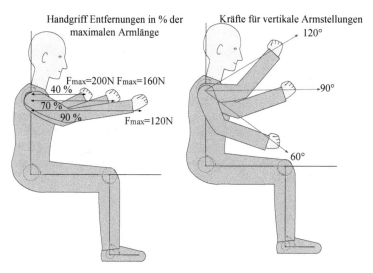

Abb. 29: Zugkräfte des Menschen, links: sitzend in Abhängigkeit der Reichweite, rechts: Abhängigkeit vom Höhenwinkel

dem Programm Process Simulate effizient simuliert werden, um Reichweiten zu prüfen, aber auch, um biomechanische Tests durchzuführen.

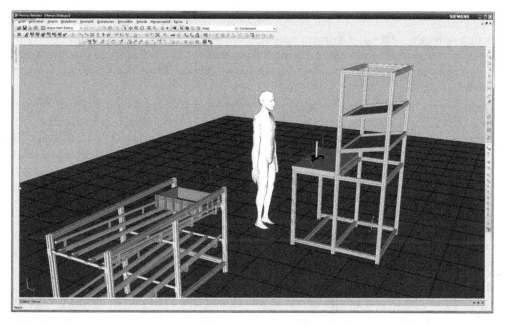

Abb. 30: Vorgehensweise der Arbeitsplatzgestaltung mit digitalen Mensch-Modellen, erstellt mit Process Designer

Zusammenfassung

Die Gestaltung von Mensch-Maschine-Systemen erfordert die Berücksichtigung ergonomischer Grundsätze. Insbesondere zur Ermittlung der Greif-, Sicht- und Bewegungsräume
dienen Mensch-Modelle. Die Verwendung einfacher und mit wenigen Gelenken ausgestat-
teter Modelle ermöglicht zwar die Überprüfung von Funktionsräumen, es ist allerdings nur
eine grobe Abschätzung von biomechanischen Belastungsgrößen möglich. Fortgeschrittene
CAD-Systeme mit Mensch-Modellen und ergonomischen Funktionen erlauben nicht nur die
dreidimensionale Prüfung der Erreichbarkeit und ergonomischen Anordnung von Tischen,
Regalen, Arbeitsbühnen etc., es sind auch Ermittlungen der Körperbelastungen an verschiedenen Stellen, wie z. B. in der Wirbelsäule, möglich.

Kontrollfragen

K16 Welche Möglichkeiten der Planung ergonomischer Arbeitsplätze hinsichtlich der Erreichbarkeit kennen Sie?

K17 Nennen Sie drei Anwendungsgebiete für digitale Mensch-Modelle.

3.6 Berücksichtigung des visuellen Systems bei der ergonomischen Gestaltung

Die Planung und Gestaltung von Displays sollte die menschliche Wahrnehmungsfähigkeit
berücksichtigen. Die Anforderungen an die Gestaltung der visuellen Interaktion in Assistenzsystemen erfordern die Kenntnis des Aufbaus und der Funktionalität des menschlichen,
visuellen Systems. Im Folgenden soll das visuelle System des Menschen einführend erläutert
werden.

Das weiße Licht ist eine Mischung verschiedener Farben. Fällt weißes Licht auf ein Prisma,
wird es in die spektralen Farbanteile zerlegt. Jede Farbe entspricht einer Frequenz oder Wellenlänge einer elektromagnetischen Strahlung. Licht ist eine elektromagnetische Strahlung, die
im Bereich der Wellenlängen von ca. $\lambda = 380\,\text{nm}$ (violett) bis ca. $\lambda = 760\,\text{nm}$ (rot) vom Auge
erfasst wird. Weißes Licht kann auch nur durch zwei Komplementärfarben entstehen. Zum
Beispiel ergibt orangefarbenes Licht der Wellenlänge 612 nm und blaues Licht der Wellenlänge
490 nm gemischt weißes Licht. Jede Farbe kann durch Mischung der Grundfarben Rot, Grün
und Blau hergestellt werden.

Der optische Apparat des Auges besteht aus der Hornhaut, dem Kammerwasser, der Linse
und dem Glaskörper. Der Lichteintritt kann durch die Iris entsprechend einer Blende im
Fotoapparat geregelt werden. Nach der Linse passiert das Licht den Glaskörper und trifft auf
die Netzhaut, die rückseitige Begrenzung des Glaskörpers. Dort werden die äußeren Reize
mit den Photo-Rezeptoren in Rezeptorpotenziale gewandelt. Die Rezeptoren sind die Zapfen
für die Farbempfindung und die Stäbchen für die Helligkeitsempfindung. Das menschliche
Auge besitzt ca. 6 Millionen Zapfen und ca. 120 Millionen Stäbchen. Der in den Zapfen
mit unterschiedlicher Konzentration enthaltene Sehfarbstoff Rhodopsin absorbiert aufgrund

der Konzentrationsunterschiede Licht unterschiedlicher Wellenlängen. Von den 6 Millionen Zapfen sind etwa 65 % für Rot, 33 % für Grün und nur 2 % für Blau empfindlich. In der Netzhautgrube in der optischen Achse liegt der gelbe Fleck (Fovea Centralis). Dort sind, dicht gedrängt, nur Zapfen vorhanden. Ausgehend vom gelben Fleck nimmt die Anzahl der Zapfen rapide ab. Die Stäbchen besitzen eine höhere Sehfarbstoffmenge und sind für das Sehen in der Dämmerung zuständig. Farben werden dann nicht mehr wahrgenommen.

Adaption

Anpassung des Auges an unterschiedliche Lichtreize, insbesondere die Leuchtdichten im Blickfeld. Zur Adaption kann das Auge u. a. die Pupillengröße verändern und die Konzentration des Sehfarbstoffs verändern.

Die spektrale Empfindlichkeit der Stäbchen und Zapfen ist von der Beleuchtungsstärke abhängig (gehört zur Adaption!). Im Hellen liegt die maximale Hellempfindlichkeit zwischen Grün und Gelb, im Dunkeln zwischen Blau und Grün. Farben können bei schlechter Lichtstärke nicht mehr erkannt werden.

Die Prozesse in den Rezeptoren erfordern Zeit, sodass das Auge träge ist. Es können nicht beliebig viele Bilder pro Zeiteinheit als Einzelbilder wahrgenommen werden. Sie verschmelzen ab einer bestimmten Bild-Wechsel-Frequenz. Beim dunkeladaptierten Auge liegt die Frequenz bei ca. 20 Hz und beim helladaptierten Auge bei ca. 70 Hz.

Dabei adaptiert das Auge beim Wechsel von Dunkel auf Hell in wenigen Sekunden und von Hell auf Dunkel in einigen Minuten. Betreten wir aus der Sonne kommend einen dunklen Raum, dauert es einige Zeit, bis wir Objekte erkennen können.

Sehschärfe oder Visus

Die Fähigkeit des Auges, zwei nahe beieinanderliegende Punkte zu unterscheiden, wird als Sehschärfe oder Visus bezeichnet.

Die Sehschärfe hängt vom Alter ab und wird über Sehtests auch automatisch bestimmt. Die Fixierung eines Gegenstands mit dem Auge bewirkt dessen Abbildung auf der Fovea Centralis, dem Ort des schärfsten Sehens. Die Sehschärfe wird gemessen, indem geprüft wird, ob zwei nebeneinanderliegende Punkte noch als getrennt wahrzunehmen sind. Der Bereich des scharfen Sehens beträgt weniger als 1°. Das entspricht bei einer Entfernung von 500 mm einem Längenbereich von 7,85 mm. Dieser Wert ist von der Leuchtdichte abhängig. Bei einer Leuchtdichte von mindestens 100 cd/m^2 liegt die maximale Sehschärfe vor. Um eine Ermüdung der Augen zu vermeiden, sollten verschiedene Anzeigen, Tastaturen etc. in der gleichen Betrachtungsentfernung liegen. Ab einem Alter von ca. 50 Jahren steigt der Nahpunkt, der Punkt der geringsten Entfernung, der noch scharf gesehen werden kann auf über 500 mm an.

Akkommodation

Die Einstellung der Brechkraft des Auges mit Hilfe eines Ringmuskels auf unterschiedlich weit entfernte Objekte wird als Akkommodation bezeichnet.

Durch die Akkommodation kann das Auge betrachtete Gegenstände fokussieren. Damit können unterschiedlich weit entfernte Objekte scharf gesehen werden. Die Akkomodationsruhelage liegt bei einer Sehentfernung von ca. 1–2 m. Durch Muskelkontraktionen kann die Linse des Auges verdickt und dadurch das Scharfsehen von näherliegenden Objekten ermöglicht werden. Der Kehrwert des maximal möglichen Nahpunktabstands wird in der Einheit Dioptrien angegeben. Beispielsweise kann ein 20-Jähriger bis zu einem Abstand von 0,1 m scharf sehen. Die Akkommodationskraft beträgt dann 10 Dioptrien. Die Funktionen des visuellen Wahrnehmens werden durch die radiometrischen Größen der elektromagnetischen Strahlung beeinflusst. Man beschreibt einerseits diese physikalischen Größen, wie z. B. die Bestrahlungsstärke, und andererseits die Empfindlichkeit des menschlichen Auges auf elektromagnetische Strahlung als fotometrische Größen. In der Beleuchtungstechnik werden sowohl die fotometrischen als auch die radiometrischen Größen verwendet.

Spektrale Bestrahlungsstärke

Die spektrale Intensität oder Bestrahlungsstärke hängt von der im Licht enthaltenen Wellenlänge ab. Die spektrale Bestrahlungsstärke wird auf die Fläche und die Wellenlänge bezogen und daher in der Einheit $W/m^2/m$ angegeben.

Die Stärke der gesamten auf eine Oberfläche auftreffenden elektromagnetischen Strahlung wird als Bestrahlungsstärke bezeichnet. Die im mittleren Abstand von Sonne und Erde auf die Erde eintreffende Strahlung (ohne atmosphärische Behinderung) beträgt $1370\,W/m^2$.

Als fotometrische Einheit berücksichtigt das Lumen (abgekürzt lm) die Empfindlichkeit des menschlichen Auges. 1 Lumen ist definiert als der Lichtstrom einer 1,464 mW starken 555 nm-Lichtquelle mit 100 % Lichtausbeute. Eine 1,464 mW starke rote Lichtquelle liefert nur etwa 0,1 lm, da das Auge im Roten nur 10 % seiner maximalen Empfindlichkeit besitzt.

Der physikalischen Größe Bestrahlungsstärke entspricht die fotometrische Größe Beleuchtungsstärke, die in der Einheit 1 Lux $= 1$ Lumen/m$^2 = 1\,lm/m^2$ gemessen wird. Während die Bestrahlungsstärke vom Sender ausgeht und die Gesamtheit der im Licht enthaltenen Leistungsanteile angibt, geht die Beleuchtungsstärke nur von dem über einen Sensor empfangenen Lichtstrom aus. Dabei tritt der Lichtstrom aus der Lichtquelle in einen bestimmten Raumwinkel aus. In einem Büroraum sollte eine mittlere Beleuchtungsstärke von 500 Lux eingehalten werden. Dazu ein Beispiel:

Eine Lichtquelle mit der Leistung 1 W und der Wellenlänge 555 nm emittiert einen Lichtstrom von 683 Lumen. Würde die Lichtquelle eine Frequenz von 800 nm besitzen, wäre der Lichtstrom null!

Neben der Beleuchtungsstärke kommt bei Betrachtungen in der Beleuchtungstechnik die Lichtstärke vor, die in der Einheit 1 Candela $= 1\,cd = 1\,lm/sr$ (steradiant-Raumwinkel) gemessen wird.

Lichtstärke

1 Candela ist die Lichtstärke einer Strahlungsquelle, die in einer bestimmten Richtung monochromatisches Licht der Wellenlänge 555 nm mit der Strahlungsstärke $1/683$ W/sr aussendet.

Die Lichtstärke geht dabei von dem Eindruck des Auges auf eine beleuchtete oder leuchtende Fläche aus. Das Licht, das von Körpern reflektiert wird, besitzt ein vom Reflektionsgrad der Oberfläche abhängiges Spektrum der Bestrahlungsstärke. Dabei ist der Reflektionsgrad von der Wellenlänge des Lichtes abhängig. Mit der sinkenden Beleuchtungsstärke nimmt die Fähigkeit zur Adaption ab.

Die Arbeitsplatzbeleuchtung sollte daher intensiv gleichmäßig sein. Viele Adaptionsvorgänge in kurzer Zeit ermüden das Auge. Der Wechsel der Blickrichtung von einer Papiervorlage auf einen Bildschirm sollte bei hellem Bildschirmhintergrund und schwarzer Bildschirmschrift erfolgen.

Die Farbe der Schrift ist für die Erkennbarkeit im Auge wichtig. Am Prisma wird Licht in seine frequenzabhängigen Bestandteile gebrochen. Dabei werden die Bestandteile unterschiedlich stark gebrochen. In Kameras und im Auge entstehen Abbildungsfehler, die durch Farbsäume erkennbar sind.

Aberrationen

Aberrationen sind Abbildungsfehler optischer Systeme.

Es gibt verschiedene Arten der Aberration, z. B. die aufgrund der Wölbung hervorgerufene sphärische Aberration, die dazu führt, dass in Linsen Lichtstrahlen an den Rändern stärker gebrochen werden, oder die chromatische Aberration, die unterschiedliche Lichtbrechungen bei unterschiedlichen Farben des Lichtes hervorrufen kann.

Aufgrund der chromatischen Aberration werden beim helladaptierten Auge grüne bis gelbe Objekte genau auf der Netzhaut abgebildet. Blaue Objekte werden vor und rote Objekte hinter der Netzhaut scharf abgebildet.

Bei der Verwendung von roten Zeichen auf blauem Grund erfolgt eine ständige Umfokussierung des Auges, was zur schnellen Ermüdung führt. Am Rand der Netzhaut werden grüne oder rote Farben schlechter als blaue und gelbe Farben wahrgenommen. Auffälligkeiten, wie Bewegungen unbekannter Objekte, führen zu ruckartigen Kopf- und/oder Augenbewegungen mit nachfolgender Fixation. Die Bildverschiebungen werden während der Augenbewegungen unterdrückt. Auch beim Lesen einer Zeile macht das Auge Sakkaden.

Sakkaden

Man bezeichnet die ruckhafte Augenbewegungen als Sakkaden.

Das visuelle System des Menschen bedingt Reaktionszeiten. Die Informationsaufnahme erfolgt während der Fixation und beträgt ca. 100 ms. Die gesamte Zeitdauer der Fixation liegt bei ca. 250 ms (Poitschke, 2011).

Zusammenfassung

Die Gestaltung der Assistenzsysteme muss die Grenzen des menschlichen visuellen Systems berücksichtigen. Die Anbringung von Anzeigen und Displays sollte z. B. in der gleichen Betrachtungsentfernung liegen, wobei der vom Alter abhängige Nahpunkt veränderlich sein sollte. Auf die Darstellung von roten Zeichen auf blauem Grund sollte verzichtet werden, da eine ständige Umfokussierung zur Ermüdung führt. Auch die Reaktionszeit auf visuelle Reize sollte bei der Gestaltung wichtiger Anzeigen nicht vergessen werden. Man unterscheidet die Messung radiometrischer und fotometrischer Größen. Die fotometrischen Größen berücksichtigen den Eindruck der radiometrischen Größe auf den Menschen.

Kontrollfragen

K18   Welchen Winkelbereich umfasst der Bereich des scharfen Sehens?

K19   Was versteht man unter der chromatischen Abberation?

3.7   Berücksichtigung der nichtvisuellen Sensorik des Menschen

Eine Grundanforderung an eine ergonomische Gestaltung von Mensch-Maschine-Systemen ist die Anpassung des technischen Systems an die Fähigkeiten und Fertigkeiten des Menschen. Wichtig ist es, die Fähigkeiten und Grenzen der menschlichen Sinneswahrnehmung zu kennen, denn nur dann können Anzeigen und andere Informationsquellen optimal ausgelegt werden.

Neben dem Sehen ist das Hören ein wichtiger Teil des menschlichen Sinnessystems. Das Ohr setzt physikalische Druckschwankungen in physiologische Größen um. Berührung, Temperatur, Druck und Schmerz nimmt der Mensch über die Haut wahr. Man nennt diese Wahrnehmung auch haptisch.

Eine weitere Sinnesmodalität ist die kinästhetische Informationsaufnahme, die durch Bewegungen, Kräfte und Körperbewegungen entsteht. Die olfaktorische Informationsaufnahme entspricht dem Riechen und dem Schmecken.

3.7.1   Auditive Sinneswahrnehmung

Das Gehörorgan des Menschen reagiert auf Reize durch Druckschwankungen, die von Schallquellen ausgehen und sich in Luft, Gasen, Flüssigkeiten oder festen Körpern ausbreiten. Der wichtigste Schallträger ist die Luft. Die Druckschwankungen breiten sich in der Luft mit der Schallgeschwindigkeit (ca. 332 m/s) aus. Der Abstand zweier benachbarter Orte mit gleichem Druck in einer Schallwelle bestimmt die Wellenlänge der Schwingung.

Die auditive Anzeige wird meist genutzt, wenn die Aufmerksamkeit des Menschen direkt zu einem Ereignis gelenkt werden soll. In der Regel sind mit den auditiven Signalen Warnungen oder sogar Gefahren verbunden. Wir kennen alle die Geräusche von Sirenen oder Polizeihörnern.

Der Ton sollte mit einer visuellen Information, wie z. B. Rundumleuchten oder Warnlampen, kombiniert werden.

Daher sollten laute Signale beim Entwurf auditiver Systeme der Warnung vorbehalten sein. Allerdings sollten die Signale auch wirklich nur im Alarmfall genutzt werden.

Jede Sinnesmodalität kann als Kanal verstanden werden, über den Informationen empfangen und verarbeitet werden. Die Kanalkapazität bestimmt die Menge an wahrnehmbaren Informationen. Die höchste Kanalkapazität besitzt das visuelle System. Der Hörsinn besitzt jedoch in einigen Fällen Vorteile.

Der Ton ist nicht richtungsgebunden, d. h. der Mensch muss nicht auf ein Display schauen, um die Information wahrzunehmen. Es ist nicht erforderlich, dass Licht vorhanden ist. Töne und Laute wecken sofort unser Interesse und unsere Aufmerksamkeit. Der Mensch ist in der Lage, Töne zu filtern und spezielle Laute wiederzuerkennen. Töne können durch die Tonhöhe, die der Frequenz der Druckschwingung entspricht, und die Lautstärke, die dem Schalldruck entspricht, unterschieden werden.

Manchmal ist die Auslegung von Sprachinformationssystemen nicht an den Menschen angepasst. Ansagen sind zu laut oder leise und erfordern die volle Aufmerksamkeit, um sie zu verstehen. Zu häufige Töne oder sprachliche Informationen werden überhört. Zu viele unterschiedliche Geräusche bewirken eine Verwirrung, da die Zuordnung schwerfällt.

Das menschliche Hörsystem ist sehr empfindlich. Der Mensch hört Töne von 20 Hz bis 20 000 Hz. Allerdings sinkt die Obergrenze mit dem Alter. Das Maß für die Lautstärke ist der Schalldruck P, der in der Einheit 1 Pascal,

$$1\,\mathrm{Pa} = 1\,\frac{\mathrm{N}}{\mathrm{m}^2} = 10\,\mu\mathrm{bar}$$

gemessen wird. Auf der Erdoberfläche beträgt der Luftdruck ca. 100 000 Pa. Bei einer Frequenz von 1000 Hz liegt die Schwelle der Hörbarkeit bei ca. $2 \cdot 10^{-5}$ Pa. Ein normales Sprechen erzeugt den Schalldruck von ca. 0,02 Pa, während ein lautes Hupen eines Autos den Druck auf 2 Pa ansteigen lässt. Die Schmerzschwelle beträgt ungefähr 63 Pa. Ist der Druck also ungefähr um das Zweimillionenfache höher als die Hörschwelle, wird das Ohr evtl. geschädigt. Wegen dieses enormen Unterschiedes wird der Schalldruck in Abhängigkeit von der Frequenz der Druckschwingung als Schalldruckpegel in einer logarithmischen Darstellung angegeben.

Schall

Als Schall bezeichnet man die sich wellenartig ausbreitende, räumliche und zeitliche Druckänderung eines elastischen Mediums wie z. B. Luft.

Verschiedene Töne werden durch Sinusschwingungen des Schalldrucks unterschiedlicher Frequenz hervorgerufen. Nicht sinusförmige Schallereignisse entstehen durch die Überlagerung mehrerer sinusförmiger Töne unterschiedlicher Amplituden und Frequenzen. Man unterscheidet den harmonischen Klang vom Geräusch. Der Klang kann wie folgt beschrieben werden.

Klang

Schallereignisse, bei denen die Frequenzen der Töne in einem ganzzahligen Verhältnis zueinanderstehen, werden als Klang bezeichnet.

Wenn verschiedene Töne in vielen unterschiedlichen Frequenzen zusammentreffen, bezeichnen wir den Sinneseindruck als ein Geräusch.

Geräusch

Schallereignisse, die nicht periodisch verlaufen und die aus theoretisch unendlich vielen Einzelschwingungen zusammengesetzt sind, deren Frequenzdifferenzen unendlich klein sind, werden als Geräusch bezeichnet.

Das weiße Rauschen enthält alle Frequenzen zwischen 20 Hz und 20 kHz. Das Gehörorgan kann einen sehr weiten Schalldruckbereich wahrnehmen, der in der folgenden Tabelle angegeben wird.

Schallleistung

Die Schallleistung wird durch eine Schallquelle emittiert. Der Schalldruck als Wirkung der emittierten Schalleistung hängt vom Abstand des Menschen von der Schallquelle, die eine bestimmte Schalleistung abstrahlt, und von den akustischen Eigenschaften des Raumes, in dem sich der Mensch befindet, ab.

In einem großen Raum mit schallabsorbierenden Wänden empfindet der Mensch eine geringere Lautstärke, da der Schalldruck sinkt. Die Schallleistung der Quelle bleibt dabei konstant. Vibrierende Maschinen strahlen Schallenergie ab. Die abgestrahlte Schallenergie pro Zeit entspricht der Schallleistung.

Misst man die Schallleistung, die senkrecht zur Schallausbreitung eine Einheitsfläche durchdringt, kommt man zur Schallintensität, die als Leistung pro Fläche in der Einheit W/m^2 angegeben wird. Die Schallleistung hängt von der Betrachtungsrichtung ab, sie ist eine vektorielle Größe. Die Werte des Schalldrucks und der Schallintensität umfassen einen weiten Bereich und sind dann unübersichtlich darzustellen.

Die Schallintensität der Hörschwelle liegt bei ca. 10^{-12} W/m^2, während die Schallintensität der Schmerzschwelle bei ca. 10 W/m^2 liegt.

Schalldruckpegel

Der quadratische Schalldruck in einer logarithmischen Skala als bezogene Größe wird Schalldruckpegel genannt.

Der Wertebereich des Schalldruckpegels, den das Gehör verarbeiten kann, ist im logarithmischen Maßstab mathematisch sinnvoll zu handhaben und darzustellen. Das Schalldruckquadrat ist proportional zur Schallintensität, d. h. der Schallenergie pro Sekunde und pro m^2.

$$L_P = 10 \cdot \log \frac{P^2}{P_0^2} \ [\text{dB}]$$

Der Schalldruckpegel ist als logarithmisches Maß für das Verhältnis zwischen dem gemessenen Schalldruck und einem Bezugsschalldruck definiert.

$$L_P = 20 \cdot \log \frac{P}{P_0} \ [\text{dB}]$$

Einen Überblick über die Zuordnung zwischen Schallpegel und entsprechender Lautstärkeempfindung soll durch die folgende Grafik verdeutlicht werden. Aus der Grafik ist auch ersichtlich, dass das Gehör einen Wertebereich von 0 dB bis 120 dB verarbeiten kann. Die Hörbarkeit beginnt bei einem Schalldruck von ca. 20 µP, dem Bezugsschalldruck P_0, und endet bei ca. 20 Pa.

Der Mindestschalldruck entspricht dem Schallpegel 0 dB. Die Ruhehörschwelle zeigt den Schalldruckpegel in Abhängigkeit der Frequenz, der erforderlich ist, um einen Ton gerade noch wahrzunehmen. Bei Überschreitung der Schmerzschwelle ist eine Schädigung des Hörapparates möglich. Der Schalldruckunterschied zwischen der Schmerzschwelle und der Ruhehörschwelle beträgt 6 Zehnerpotenzen!

Eine Verdopplung des Schalldrucks führt zu einem Schallpegelunterschied von 6 dB. Die Lautstärke wird hörbar lauter. Wird der Schalldruck verzehnfacht, steigt der Schallpegelunterschied auf +20 dB.

Je weiter die Hörschwelle zu niedrigen Schallpegeln wandert, desto empfindlicher reagiert das Gehör auf den zugehörigen Frequenzbereich. Zwischen 2 und 5 kHz reagiert das Gehör am empfindlichsten. Die wahrgenommene Lautstärke ist also nicht nur von dem Wert des Schalldrucks, sondern in gewissem Maße auch von der Frequenz abhängig.

Das menschliche Ohr kann unterhalb von 500 Hz einen Frequenzunterschied von Tönen von 1,8 Hz gerade noch wahrnehmen. Oberhalb von 500 Hz muss die Frequenzänderung mindestens 0,35 Promille betragen, damit Töne auseinandergehalten werden können.

Die Schallstärke wird über die Empfindung der Lautstärke oder Lautheit wahrgenommen. Physikalisch wird die Schallstärke über den Schalldruck definiert. Die individuell wahrgenommene Lautheit wird durch zusätzliche Faktoren wie Frequenzbereich, Bandbreite und Dauer des Schallsignals beeinflusst. Eine doppelte Lautheit entspricht einem Ansteigen des Schalldruckpegels um ca. 10 dB.

Die in Abb. 31 dargestellten Kurven stellen die Abhängigkeit des Schalldruckpegels von der Frequenz des Tons bei gleicher Lautheit dar. In Abhängigkeit der Frequenz erreicht der Schalldruckpegel eines Schallereignisses jeweils die gleiche Lautstärke wie ein Sinuston der Frequenz 1 kHz. Dabei wird der Lautstärkepegel in der Einheit phon als Parameter benutzt. Der Schalldruck in dB bei dieser Frequenz entspricht der Phonzahl der jeweiligen Kurve.

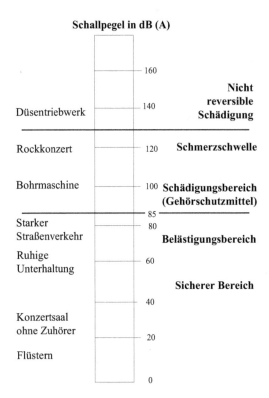

Schallpegel in dB (A)

	160
	Nicht reversible Schädigung
Düsentriebwerk	140
Rockkonzert	120 **Schmerzschwelle**
Bohrmaschine	100 **Schädigungsbereich (Gehörschutzmittel)**
	85
Starker Straßenverkehr	80
	Belästigungsbereich
Ruhige Unterhaltung	60
	Sicherer Bereich
	40
Konzertsaal ohne Zuhörer	
	20
Flüstern	
	0

Abb. 31:   Schalldruckpegel (Quelle: Die Daten wurden der folgenden Schrift entnommen: Ising, Sist & Plath; Gesundheitsschutz 4, Herausgeber: Bundesanstalt für Arbeitsschutz und Arbeitsmedizin)

Lautstärkepegel

Der Lautstärkepegel ist eine psychoakustische Größe, die nicht physikalisch messbar ist. Man vergleicht den Eindruck der gleichen Lautstärke mit dem Sinuston der Frequenz 1000 Hz und einem bestimmten Schalldruckpegel. Die Psychophysik untersucht die Beziehungen zwischen physikalischen Reizen und der menschlichen, subjektiven Wahrnehmung.

Das menschliche Ohr empfindet einen Ton mit einer Frequenz von 20 Hz und einem Schalldruckpegel von 70 dB genau so laut wie einen Ton der Frequenz 1000 Hz und einem Pegel von 10 dB. Mit zunehmendem Pegelniveau gleicht sich das Lautstärkeempfinden bei den verschiedenen Frequenzen an. Unterhalb der Hörschwellenkurve kann das menschliche Ohr in der Regel keine Töne mehr wahrnehmen.

Eine bessere Annäherung an die menschliche Wahrnehmung wird durch den Einsatz eines Frequenzfilters, das A-Filter, erreicht. Der durch das Filter veränderte Schalldruckpegel wird in der Einheit dB(A) beschrieben.

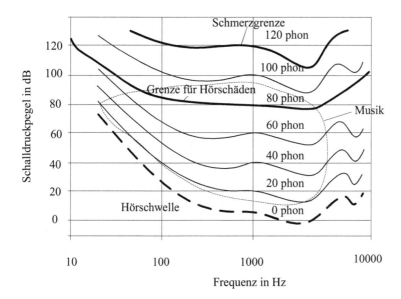

Abb. 32:   Kurven gleicher Lautstärke (Quelle: Die Daten wurden der folgenden Schrift entnommen: Ising, Sist & Plath; Gesundheitsschutz 4, Herausgeber: Bundesanstalt für Arbeitsschutz und Arbeitsmedizin) (Ising, Sust & Plath, 2004)

Die Wahrnehmung auditiver Signale erfolgt schneller als die Wahrnehmung optischer Signale. Die Weiterleitung der akustischen Reize geschieht schneller. Die Reaktionszeiten betragen ca. 100–150 ms. Im Gegensatz zum visuellen System kann der Nutzer nicht über den Wahrnehmungszeitpunkt entscheiden. Ein auditiver Hinweis wird bei ausreichend deutlichem Signale unabhängig vom Fokus der Aufmerksamkeit wahrgenommen (Dressler, Karrer & Brandenburg).

Gestaltungsrichtlinien für auditive Informationen

Die Berücksichtigung der menschlichen Wahrnehmung bei akustischen Signalen führt zu dem Ergebnis, dass es dem Menschen schwerfällt, viele reine Töne quantitativ zu beurteilen und auseinanderzuhalten. Daher können Codierungen genutzt werden, die den Frequenzbereich, die Amplitude und die Phase der Signale berücksichtigen. Beispielsweise führt eine amerikanische Polizeisirene bei konstantem Frequenzbereich ein Ansteigen und Absenken der Amplitude des Signals und damit der Lautstärke durch. Auch eine binäre Codierung, bei der ein akustisches Signal im schnellen Wechsel ein- und ausgeschaltet wird, wird vom Menschen eindeutig wahrgenommen und kann schnell zugeordnet werden.

Als Gestaltungsrichtlinien für akustische Warn- und Alarmsignale sind die folgenden Grundsätze einzuhalten:
• Die Anzahl der Alarm- und Warnsignale ist auf maximal 6 zu begrenzen.
• Zur sicheren Erkennung und schnellen Reaktion des Menschen müssen die Signale einen Schalldruckpegel von 15 dB über dem Hintergrundrauschen haben.

- Die Frequenz der Warnsignale muss sich von der Frequenz der Umgebungsgeräusche unterscheiden.
- Die Frequenz der Signale sollte zwischen 500 und 5000 Hz liegen.
- Das Signal sollte moduliert sein, z. B. kann die Lautstärke steigen und fallen oder das Signal wird an- und ausgeschaltet.
- Signale, die aus weiter Entfernung, z. B. 30 m Entfernung, wahrgenommen werden müssen, sollten tiefe Frequenzen beinhalten.

Die auditive Informationsanzeige hat in den folgenden Fällen Vorteile gegenüber der optischen, visuellen Wahrnehmung.

- Es soll eine einfache Nachricht übermittelt werden.
- Es wird eine sofortige Reaktion erwartet (Telefonklingeln, Rauchmelder).
- Die visuelle Anzeige ist überlastet (z. B. bei der Flugsicherung).
- Die visuelle Anzeige ist nicht möglich (Wecker).
- Es sind keine Beleuchtung oder ein helles Display möglich (z. B. Cockpit).
- Es besteht keine Möglichkeit, auf das Display zu schauen (Arbeiter, der auf der Baustelle arbeitet).

Bei der Interaktion Mensch-Computer lassen sich verschiedenen Ereignissen Klänge oder Geräusche zuordnen. Wir führen visuelle Zuordnungen zwischen sinnfälligen Ikonen (engl. Icons) oder Piktogrammen und bestimmten Bedeutungen automatisch und schnell durch. Die Ikonen sind meist vereinfachende Abbildungen bestimmter Gegenstände oder Handlungen. Icons im Computerbereich sind z. B. die Schere-Löschfunktion, Fernglas-Suchfunktion etc.

Auch akustische Signale können wiedererkannt und zugeordnet werden. Man nennt diese Wiedererkennungssignale Audicons (auditory Icon). Zusätzlich werden Earcons eingesetzt, die allerdings nur per Definition eine Information bedeuten. Es handelt sich meist um kurze, strukturierte Musik oder Tonabschnitte. Ein Beispiel dafür ist die Zuordnung von Melodien oder Klängen zu Telefonanrufen über Handys. Anhand der Melodie wird erkannt, wer anruft. In Flugzeugen wird das Kabinenpersonal über bestimmte Tonfolgen auf Ereignisse aufmerksam gemacht (Hermann, Hunt & Neuhoff, 2011).

Zusammenfassung

Die Gestaltung von Assistenzsystemen kann den Einsatz von nichtvisuellen Kommunikationskanälen zwischen dem Menschen und dem Assistenzsystem erfordern. Die auditiven Kanäle lenken die Aufmerksamkeit des Menschen auf die Informationsquelle, ohne dass es einer Körperbewegung des Menschen bedarf. Daher wird der Hörsinn oft bei Warnungen oder Fehlermeldungen in Anspruch genommen. In jedem Fall sind die physiologischen und physikalischen Grundlagen der akustischen Wahrnehmung zu berücksichtigen. Dabei spielt der Schalldruck eine bedeutende Rolle. Über den Schalldruck wird der Schallpegel definiert, der einfacher dargestellt werden kann. Zur Beurteilung der Lautstärke dient der Lautstärkepegel. Das menschliche Ohr empfindet Töne mit unterschiedlichen Frequenzen und gleichem Schallpegel als unterschiedlich laut. Daher bezieht man die Lautstärke in Phon auf einen Ton der Frequenz 1000 Hz. Tiefe Töne erfordern einen höheren Schalldruck, um die gleiche Lautstärkeempfindung zu erzeugen.

Kontrollfragen

K20   Nennen Sie die möglichen sensorischen Informationskanäle (Sinneswahrnehmungen) zwischen Mensch und Assistenzsystem.

K21   Beschreiben Sie die Unterschiede zwischen Schall, Klang und Geräuschen.

K22   Wie hoch sollte die Maximalzahl verschiedener auditiver Warnsignale sein?

3.7.2   Haptische oder taktile Informationen

In diesem Abschnitt soll die Wahrnehmung des Menschen durch Greifen, Berühren oder Ertasten vorgestellt werden. Wir erkennen, ob eine Oberfläche glatt oder rau ist, durch die Bewegung der Fingerkuppe entlang der Oberfläche. Ein Berühren alleine bewirkt keine Unterscheidung! Das Wort Haptik stammt aus dem Griechischen, „haptein" bedeutet „fühlen", „erfassen", „berühren". In der Technik steht der Begriff für die Lehre vom Tastsinn, wobei auch das Greifen und Fassen darin eingeschlossen wird. Taktile Informationen werden vom Menschen im Vergleich zu den auditiven und visuellen Wahrnehmungen am schnellsten wahrgenommen. Die Reaktionszeiten betragen ca. 80–150 ms (Dressler, Karrer & Brandenburg). Die Aufbringung von Berührungskräften erlaubt es uns Objekte, zu erkunden. Diese Möglichkeiten kennen wir, wenn wir z. B. im Dunkeln einen Lichtschalter durch Tastversuche finden wollen. Diese Methode bezeichnen wir als aktives Tasten.

Moderne Touchscreen-Bildschirme enthalten bereits haptische Informationen, die ertastet werden können. Weitverbreitet ist der Vibrationsalarm im Handy, dessen Vibrationen von der Haut erfasst werden können. Die haptischen Systeme können aus offenen Systemen mit taktilen Sensoren oder aus geschlossenen Regelkreisen mit Sensoren und Aktoren bestehen. Die haptischen Systeme können einerseits Sensoren sein, die in Verbindung mit Auswertealgorithmen in Computern den menschlichen Wahrnehmungen des Fühlens ähnliche Informationen liefern. Andererseits können die Systeme taktile Sensoren mit Aktoren über zu erfassende Gegenstände führen, wie bei einem Roboter, der seine Greiferfinger über ein unbekanntes Teil führt.

Mittlerweile ist das Antiblockiersystem in allen PKW-Bremsanlagen in Deutschland installiert. Falls die Bremsen blockieren, reagiert das System mit einer pulsierenden Bewegung des Bremspedals, die wir taktil empfinden. Wir ordnen dieser Kraftaufwendung auf den Fuß die Aktivierung des ABS-Systems zu. Moderne Fahrerassistenzsysteme reagieren taktil, indem das Lenkrad kurz ausschlägt, um den Fahrer über spezielle Ereignisse zu informieren.

Für Hubschrauberpiloten, die sich z. B. beim Starten oder Landen in der Wüste aufgrund des aufgewirbelten Sandes nicht visuell orientieren können, werden taktile Westen angeboten. Sie bieten dem Piloten die Möglichkeit, sich im Raum auch bei fehlender Sicht zu orientieren. Aber auch bei Flugzeugen bietet das „Tactile Situational Awareness System" den Piloten die Möglichkeit der intuitiven Orientierung. In der Weste sind an bestimmten Stellen Sensoren eingearbeitet, die die Orientierung des Trägers erfassen können. Mit Hilfe von Aktoren werden Vibrationen, wie beim Vibrationsalarm des Handys, erzeugt. Die Vibration findet an bestimmten Stellen der Weste mit einer Amplitude von ca. 10 mm bei der Frequenz 50 Hz statt. Damit gelingt es dem Piloten, bestimmte Neigungen des Fluggerätes auch ohne Sicht zu erfassen.

Die Bewegungswahrnehmung des Menschen, d. h. die Fähigkeit, Bewegungen der Körperteile unbewusst zu kontrollieren und zu steuern, wird in der Biologie als Kinästhesie bezeichnet.

Kinästhetische Wahrnehmung

Die kinästhetische Empfindung ist eine menschliche Wahrnehmungsform, mit der Fähigkeit, Lage, Bewegungen von Körperteilen zueinander und in Bezug zur Umwelt bewusst oder unbewusst-reflektorisch zu steuern. Die kinästhetische Wahrnehmung ist untrennbar verbunden mit den Wahrnehmungen aus dem taktilen und dem vestibulären Bereich, z. B. über das Gleichgewichtsorgan.

Die Verbindung der Bewegung von Händen mit der taktilen Wahrnehmung über die Haut bezeichnet man als taktil-kinästhetische Objektexploration zur Wahrnehmung von Objekten. Kinder lernen auf diesem Wege die Verwendungsmöglichkeiten von unbekannten Objekten!

Der Tiefensinn (Propriosensibilität) gibt dem Menschen Informationen über die Stellung der Körperteile, Arme und Hände, Beine, Füße und Kopf zueinander. Direkt nach dem morgendlichen Aufwachen ist uns bewusst, wie die Körperteile und Gelenke zueinander ausgerichtet sind. Wir können wahrnehmen, in welcher Lage sich der Körper befindet, wenn es dunkel ist, also ohne hinzusehen. Dabei handelt es sich bei der Propriorezeption um keinen einheitlichen Sinn, sondern die Sinneseindrücke, die Muskel-, Sehnen- und Gelenkmechanorezeptoren, bilden zusammen die Sinneswahrnehmung. Auch die Haut trägt zu diesem Sinneseindruck bei, denn Verdrehungen oder Stauchungen werden auch über die Haut wahrgenommen.

Propriozeption

Man unterscheidet die Wahrnehmung externer Ereignisse, die als Exterozeption bezeichnet wird, von der Wahrnehmung körpereigener Informationen. Diese Informationen aus dem Körperinneren werden als Interozeption bezeichnet. Die Wahrnehmung der Körperbewegung und der Körperlage im Raum wird als Propriozeption bezeichnet (Mörike, Betz & Mergenthaler, 2001).

Die Propriozeption wird in die Teilbereiche Stellungssinn, Bewegungssinn, (Muskel-)Spannungssinn und Kraftsinn unterteilt. Die Druckempfindung in den Füßen dient z. B. zur Lageerkennung des Körperschwerpunktes. Man kann die Richtung und die Höhe von Geschwindigkeiten wahrnehmen. Eine bestimmte Bewegung benötigt eine definierte Kraft, die wir gezielt aufbringen können.

Über die Haut registrieren wir nicht nur die Berührung und Vibrationen, sondern auch Temperaturen und Schmerz. Die Reizaufnahme erfolgt über Mechano-, Thermo- und Nozizeptoren, die über den ganzen Körper verteilt sind. Die Sensoren (in der Biologie spricht man von Rezeptoren) des Tastsinns unterteilt man in die Mechanorezeptoren, die Propriozeptoren und die Vestibularorgane, die u. a. für den Gleichgewichtssinn zuständig sind. Während die Mechanorezeptoren die Oberflächensensibilität des Körpers ermöglichen, sind die Propriozeptoren für die Tiefensensibilität verantwortlich (Silbernagel & Despopoulos, 2003).

Die taktile Wahrnehmung über die Haut erfolgt über die Mechanorezeptoren. Diese Rezeptoren befinden sich in den äußeren Schichten der Haut, z. B. an den Fingerkuppen, und reagieren auf Dehnungen. Die verschiedenen Rezeptoren reagieren proportional zur Auslenkung, zur Geschwindigkeit und zur Beschleunigung.

Man unterscheidet bei den Mechanosensoren in der Haut die Merkel-Zellen zur Erkennung von Details und Druck, die Meissner-Körperchen, die geschwindigkeitsabhängig aktiviert werden und Zittern wahrnehmen, die Ruffini-Körperchen, die auf die Dehnung der Haut reagieren, und die Pacini-Körperchen, die beschleunigungsabhängig aktiviert werden und Vibrationen feststellen. Die Merkel-Zellen reagieren mit einer Änderung der Impulszahl pro Zeitabschnitt der Aktionspotenziale, die proportional zur Intensitätsänderung des Drucks ist, während die Meissner-Körperchen differentiell wirken. Sie ändern die Impulszahl pro Zeiteinheit mit der Änderung des Weges mit der Zeit (Silbernagel & Despopoulos, 2003). Die Änderung des Reizes ist für ihre Aktivität ausschlaggebend. Während die Merkel-Zellen P-Rezeptoren genannt werden, nennt man die Meissner-Körperchen auch D-Rezeptoren. Die Gelenkstellung wird über eine Mischform, die PD-Rezeptoren, erfasst.

Die Verteilung der Sensoren in der Haut ist je nach Gebiet unterschiedlich. In den Fingern und im Gesicht ist die Auflösung der Reizstufen besonders hoch. Merkel-Zellen und Meissner-Körperchen sind mehr an der Hautoberfläche angeordnet und besitzen kleine empfindliche Bereiche. Die Ruffini- und Pacini-Körperchen sind großflächig empfindlich und liegen tiefer im Gewebe. Im Bereich der Handballen ist der Mensch besonders empfindlich.

Die Wahrnehmungen sind unterschiedlich beim ausschließlichen Berühren oder beim aktiven Ertasten von Oberflächen. Mit Hilfe des aktiven Berührens lassen sich z. B. spitze von stumpfen Gegenständen unterscheiden oder dreidimensionale Formen ertasten. Je nach dem zu untersuchenden Objekt werden unterschiedliche Strategien angewandt, um Informationen über die Struktur, Oberfläche und Funktionen von Objekten zu gewinnen.

Die über das Greifen oder Manipulieren empfundenen Wahrnehmungen durch Kräfte werden durch spezielle Propriozeptoren wahrgenommen. Sie befinden sich vorwiegend innerhalb der Muskulatur, der Gelenke sowie der Sehnen. Über diese Sensoren werden ausschließlich Kräfte erfasst, die auf Arme, Beine, Hände, Füße oder den Kopf wirken.

Die Golgie-Sehnenorgane liegen in den Sehnen der Muskeln und liefern über ihre Dehnung Informationen über Kräfte. Die Ausdehnung des Muskels wird über Muskelspindeln als Propriozeptoren gemessen. Die Empfindlichkeit für haptische Wahrnehmungen ist über den menschlichen Körper sehr unterschiedlich verteilt. Daher ist es auch schwierig, messbare Kennwerte anzugeben. Man bezeichnet die Stellen der Haut, die eine Druckempfindung bewirken, als Druckpunkte. Der Mensch hat ca. 600 000 Druckpunkte. Im Fingerballen befinden sich ca. 23 Druckpunkte pro mm^2.

Die Kennwerte der haptischen Wahrnehmung werden über psychophysikalische Methoden ermittelt. Dabei steht die Wahrnehmungsleistung im Interesse der Untersuchung. Ein Aspekt der psychophysikalischen Tests ist die Beschreibung von Wahrnehmungsschwellwerten.

Man unterscheidet dabei zwei Schwellwerte: Zum einen wird die absolute Wahrnehmung, also der erforderliche Reiz zur Wahrnehmung, ermittelt. Zum anderen werden differenzielle Schwellen ermittelt. Die differenzielle Schwelle bezieht sich auf einen vorhandenen Reiz, der um einen bestimmten Wert verändert werden muss, damit diese Änderung wahrgenommen werden kann.

Wir wollen einige Kennwerte der haptischen Wahrnehmung des Menschen nach Kern (Kern, T., 2009) angeben. Die über die Fingerspitze empfundene Hautauslenkung geht bis auf 10 µm zurück. Zwei bis zu 2–3 mm nebeneinanderliegende Punkte können räumlich aufgelöst werden. Es können Vibrationen mit einer Frequenz von bis zu 5–10 kHz taktil wahrgenommen werden. Die maximale Empfindlichkeit der Fingerspitze tritt bei einer Frequenz von ca. 200–300 Hz auf. Die Differenzschwelle bei der Frequenzauflösung liegt bei 8–10 %. Die absolute Kraftschwelle der Fingerspitze beträgt 0,8 mN.

Der Mensch kann bei den Schultergelenken noch Drehungen bis zu 0,2° empfinden. Geschwindigkeiten des Schultergelenks sind bis zu 0,3°/s wahrnehmbar. Beim Fingergelenk sind es 1° und 12°/s (Zühlke, Nutzergerechte Entwicklung von Mensch-Maschine-Systemen, 2012). Der Vergleich von Kräften, die auf beide Hände ausgeübt werden, kann auf bis 3 % Unterschied herab detektiert werden!

Wenn der Mensch mit einem taktilen System in Berührung gerät, erhält er ein taktiles Feedback. Die vibrotaktile Stimulation des Menschen über geeignete Aktoren erzeugt z. B. in den Fingern beim Berühren eines taktilen Displays das Gefühl, bestimmte Oberflächen zu berühren. Diese Stimulation kann durch Aktoren, die eine schnelle Vibration ermöglichen, z. B. Piezoaktoren, erreicht werden. Ein Beispiel einer technischen Ausführung eines taktilen Displays wird in Abschnitt 3.11.5 erläutert. Druckveränderung an den Fingern kann man mit Hilfe von eng nebeneinander angebrachten Nadeln, die einzeln ansteuerbar sind, erzeugen.

Braille-Schrift und HyperBraille

Die Kommunikation des Menschen mit Assistenzsystemen kann in einigen Fällen nur über haptische Informationen erfolgen. Als Beispiel eines Assistenzsystems kann der Computer für stark Sehbehinderte genannt werden. Zum Verständnis der Wirkungsweise ist es erforderlich, einige Kenntnisse über den Aufbau der Blindenschrift zu besitzen.

Die Braille-Schrift ist als Blindenschrift bekannt. Sie wurde 1825 von dem Franzosen Louis Braille entwickelt. Die Schrift besteht aus erhabenen Punkten, die abgetastet werden. Auf Verpackungen aus Pappe, wie z. B. auf Medikamentenpackungen, werden sechs Punkte von hinten herausgedrückt. Die Abb. 33 zeigt, wie mit Hilfe der sechs Punkte ein Alphabet entsteht, das abgetast werden kann.

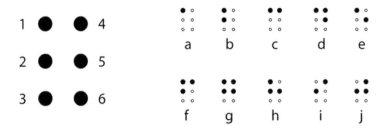

Abb. 33:   Tastpunkte, links: Braille-Zelle, rechts: die ersten Buchstaben erfordern nur die oberen Punkte

Die für Sehbehinderte heute zur Verfügung stehenden Hilfsmittel, um mit dem Computer arbeiten zu können, sind Screenreader, Braille-Zeilen und/oder die akustische Sprachausgabe. Mit einer Vorlese-Software werden Bildschirminhalte akustisch wiedergegeben. Dieses Verfahren wird Screen-Reading (Bildschirm-Lesen) genannt. Einige Systeme bieten die Möglichkeit der Ausgabe von Bildschirmtexten auf Braillezeilen. Die für das Braille-Alphabet erforderlichen Punktinformationen werden über steuerbare Stifte realisiert. Die Braille-Zeile bietet die Möglichkeit, mit den Fingern die Blindenschrift zu lesen und auch den Computer zu steuern, z. B. über spezielle Scroll-Eingaben. Die Maus- und Cursor-Führung erfolgt über Routing-Tasten. Die Sprachausgabe der Screenreader-Software kann auch mit Hilfe der Braille-Zeilen gesteuert werden.

Die Inhalte komplexer Bildschirme lassen sich mit dieser Methode, bestehend aus der Screenreader-Software, der Braille-Zeile und der Sprachausgabe, jedoch nicht vermitteln.

In einem Forschungskonsortium wurde ein grafikfähiges Display für Blinde entwickelt. Dieses sogenannte HyperBraille-Projekt führt zu einem Display, das Blinden den Zugang zu Computern ermöglichen soll. Mit einer zweidimensionalen Stiftplatte können beidhändig Informationen vom Blinden ertastet werden, die z. B. auch Zeit-Linien-Verläufe abbilden kann, die bisher von Blinden nicht erkannt werden können. Auch ist es möglich, geometrische Zeichen oder mathematische Formeln darzustellen. Die Erkennung technischer Zeichnungen oder chemischer Strukturformeln eröffnet dem Blinden neue berufliche Perspektiven. Die Darstellung von Computerbenutzeroberflächen ist mit dem Hyper-Braille-Display möglich. Es hat eine Tastfläche von $150\,mm \times 300\,mm$. Die Tastfläche besteht aus 7200 Taststiften, die in Matrixform zu je 120×60 Stiften angeordnet sind. Insgesamt sind 720 Einzelmodule mit je zehn Stiften eingebaut. Die Ansteuerung der Stifte erfolgt über Piezobiegewandler (Gerke, 2012), die bei elektrischer Ansteuerung den Stift um 0,7 mm herausbewegen. Jedes Modul enthält zwei Tastsensoren, die dem Benutzer die Möglichkeit bieten, an den entsprechenden Stellen Eingaben, wie sie z. B. bei Windows-Interaktionen notwendig sind, durchzuführen. Die Verwaltung der Stifte erfolgt über einen Braillefenster-Manager. Er enthält sechs Bereiche, damit kann der Nutzer parallel mehrere Fenster abtasten. Im Kopfbereich wird der Fenstertitel dargestellt. Auch der Menüpfad kann ausgegeben werden. Unterhalb des Fenstertitels ist der Darstellbereich der eigentlichen Informationen angeordnet. Der Detailbereich gibt Einzelheiten zu „markierten" Fensterinhalten wieder. Die Gliederung der Webseite geht aus der Strukturleiste hervor. Verschiedene Ansichten können über die Ansichtsarten Liste ausgewählt werden. Die bekannten Office-Programme müssen für die Benutzung mit HyperBraille angepasst werden, es ist z. B. nicht möglich, verschiedene Schriftarten zu verwenden. Es ist auch nicht direkt möglich, Bilder oder Tabellen, die in einem Dokument enthalten sind, wiederzugeben.

3.7.3 Vestibuläre und kinästhetische Informationen

Die für die Regelung des Gleichgewichts und die Orientierung im Raum zuständigen Propriozeptoren liegen im Innenohr. Sie nehmen die Stellung des Kopfes im Raum bzw. die auf diesen einwirkenden Dreh- und Linearbeschleunigungen wahr und leiten damit, unterstützt von den Dehnungsrezeptoren der Nacken- und Halsmuskulatur, die für die Lage des Körpers Rückmeldungen geben, Informationen über Körperschwerpunktveränderungen an das Gehirn weiter.

Vestibuläre Informationen

Die vestibuläre Wahrnehmung kann die Richtung von Gravitation und Beschleunigung bestimmen.

Ein Beispiel zur Nutzung dieser vestibulären Informationen bei Assistenzsystemen ist das kurzzeitige, impulsförmige Bremsen eines Assistenzsystems. Es lenkt die Aufmerksamkeit des Fahrers auf besondere Anlässe. Der Fahrer nimmt die negative Beschleunigung wahr und kann reagieren.

Die Firma Robert Bosch GmbH hat einen Bremsassistenten (PBA – Predictive Brake Assist) zur Unterstützung der Bremswegminimierung durch die automatische Aktivierung Bremszeit sparender Vorgänge in Gefahrensituationen sowie ein Warnsystem vor drohenden Kollisionen mit Aktivierung akustischer, optischer und haptischer Informationen (PCW Predictive Collision Warning) entwickelt. Die haptischen Informationen werden z. B. durch ein kurzes Anziehen des Sicherheitsgurtes dem Fahrer übermittelt.

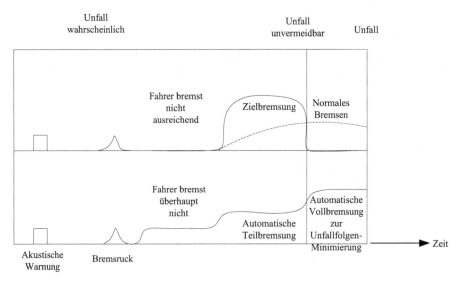

Abb. 34:   Verschiedene Bremsstrategien zur Minimierung und Vermeidung von Unfällen

In zukünftigen Assistenzsystemen erfolgt eine aktive Abbremsung bei unvermeidbaren Kollisionen (PEB-Predictive Emergency Braking). Dabei wird unterschieden, ob der Fahrer einen zu geringen Bremsdruck aufbaut und das System den Fahrer beim Bremsen unterstützt, im Sinne eines klassischen Assistenzsystems mit maschineller Wahrnehmung (EBA), oder ob das System automatisch bremst, um die Unfallfolgen zu minimieren (AEB). Die Arbeitsweise der Systeme ist in Abb. 34 als zeitliche Ablauffolge dargestellt. In der oberen Folge erfolgt nach der akustischen Warnung ein Bremsruck. Der Fahrer bremst nun zu schwach und die Zielbremsung erfolgt durch das Assistenzsystem. In der unteren Abfolge erfolgen ebenfalls akustische Warnung und Bremsruck, danach erfolgt zuerst eine automatische Teilbremsung. Ein Unfall wird unvermeidbar, da der Fahrer nicht eingreift. Das System führt eine automatische Vollbremsung durch, mit dem Ziel, die Unfallfolgen zu minimieren.

Zusammenfassung

Die haptische Wahrnehmung des Menschen geschieht über die Haut über Berührungskräfte und Empfindungen. Die haptischen Schnittstellen sind z. B. Tasten und Joysticks. Die auf den Fuß beim Bremsen mit eingeschaltetem ABS wirkenden, pulsierenden Kräfte wirken auch haptisch. Ein Beispiel für die Verwendung haptischer Kommunikation ist die Braille-Schrift. Mit geeigneten Piezoaktoren können auch Bildschirminhalte abgetastet werden. Auch die taktile Weste für Piloten erzeugt über Druckaktoren Berührungsempfindungen auf der Haut zur Wahrnehmung der räumlichen Lage eines Hubschraubers. Die vestibuläre Wahrnehmung erfasst über Sensoren im Innenohr lineare und rotatorische Beschleunigungskräfte. Das kurzzeitige Bremsen eines Fahrerassistenzsystems erzeugt eine vestibuläre Wahrnehmung, um den Fahrer zu informieren.

Kontrollfragen

K23 Geben Sie ein Beispiel zur Nutzung der vestibulären Information in einem Assistenzsystem.

K24 Wie beschreibt man die haptische Wahrnehmung?

3.8 Interaktionsmodelle für Mensch-Maschine-Schnittstellen

Der Mensch agiert in Assistenzsystemen zusammen mit einem Computer. Dabei nimmt er Informationen wahr und führt Interpretationen der Wahrnehmungen durch, um Handlungen einzuleiten. Die Möglichkeiten und Begrenzungen der Sinneswahrnehmungen des Menschen sind bei der Planung von Assistenzsystemen zu berücksichtigen. Im Unterschied zu einem Roboter arbeitet der Mensch mit persönlichen Empfindungen und Vorstellungen. Wenn die persönlichen Erfahrungen und Schlussfolgerungen in einer Situation, die eine Handlung erfordert, nicht übereinstimmen mit der beabsichtigten Handlungsweise, die z. B. der Entwickler eines Assistenzsystems geplant hat, kann es zu schwerwiegenden Konflikten kommen. Die Entwickler technischer Systeme müssen bei der Planung einer Interaktion des Menschen mit einer Maschine die psychologischen Grundlagen der menschlichen Handlungsweisen berücksichtigen. In diesem Zusammenhang sprechen wir von ergonomischen Mensch-Maschine-Schnittstellen. Dabei meinen wir ergonomische Schnittstellen zur Mensch-Assistenzsystem-Interaktion. Da in einem Assistenzsystem die Zusammenarbeit des Menschen mit dem Computer, der z. B. eine Maschine steuert, im Vordergrund steht, verstehen wir unter dem Begriff ergonomische Mensch-Maschine-Schnittstelle eine auf das menschliche Verhalten hin ausgelegte Interaktionsmöglichkeit zwischen einem Assistenzsystem und dem Menschen.

3.8.1   Faktor Mensch

Die Luftfahrtindustrie und die Flugsicherung beschäftigen sich ausgiebig mit den Problemen, die durch falsches menschliches Verhalten (Versagen) entstanden sind. Man nennt dieses Problemfeld „Faktor Mensch" in Anlehnung an den englischen Begriff Human Factors. Gemäß der Beschreibung der amerikanischen Flugbehörde (Federal Aviation Administration, 2012) kann das Wissensgebiet Human Factors" wie folgt definiert werden:

Human Factors

Das Verständnis des menschlichen Sehens, Hörens, Denkens und Handelns zur Entwicklung von Werkzeugen, Produkten und Systemen, die der menschlichen Arbeitsweise und der Erhaltung von Gesundheit und Sicherheit dienlich sind, wird als Human Factors bezeichnet.

Die Entwurfsprinzipien zur Beachtung des Faktors Mensch können vom Entwurf von Schreibwerkzeugen bis zur Entwicklung des Spaceshuttles reichen. Die Spezialisten für „Faktor Mensch"-Probleme kommen aus verschiedenen Bereichen: z. B. arbeiten spezialisierte Ingenieure mit experimentellen Psychologen an dem gleichen Problem. Systeme, die nach den Grundlagen des Human Engineering" ausgelegt sind, erhöhen die Produktivität, verbessern die Performance und erbringen eine bessere Nutzerzufriedenheit. Der Aufwand des Trainings an neuen Systemen reduziert sich, genauso wie die Wartung und der Aufwand für den Kundendienst. Weitere Vorteile ergeben sich durch die Reduzierung von Fehlern, Unfällen und allgemeinen Kosten.

Alle Eigenheiten der Interaktion in einem Assistenzsystem, die durch die menschliche Denkweise (Kognition) und die sozialen Einflüsse geprägt sind, fassen wir in dem Begriff Faktor Mensch zusammen.

Ob in der Raumfahrt, zivilen Luftfahrt, Chemieindustrie oder in der Medizin ist der Mensch häufig Grund für Fehler. Technische Fehler gehen zurück, das menschliche Versagen nimmt zu. Dabei spielen psychische Faktoren, wie Konzentrations- und Reaktionsvermögen, Kommunikationsverhalten, Überforderung durch Reizüberflutung und Selbstüberschätzung eine wichtige Rolle. Zusätzlich kommen körperliche und soziale Faktoren oder auch der Einfluss von Medikamenten hinzu.

Man ist sich in Hochrisikobereichen, wie z. B. bei der Überwachung von Reaktoren, dieses Problems bewusst und unternimmt große Anstrengungen zur Fehlervermeidung. Man sucht insbesondere nach geeigneten Mitarbeitern und fördert die Qualität der Teamarbeit. Auch in der Medizin, im Operationssaal, werden komplexe technische Geräte benutzt, deren Fehlbedienung zu schweren „Unfällen" führen kann. Leider ist der Umgang mit Fehlern in diesem Bereich noch sehr unterentwickelt.

Der Faktor Mensch muss ebenso bei der Auslegung von Assistenzsystemen beachtet werden. Die Zusammenarbeit der vom Rechner und Sensor gesteuerten Aktion mit dem Menschen erfordert eine vollkommen unterschiedliche Gestaltung von Arbeitsplätzen. Es entstehen Fragen, wie die Kommunikation zwischen Mensch und Maschine erfolgen soll. Dabei spielt die Ergonomie der Arbeitsplätze eine bedeutende Rolle. Auch die Informationsverarbeitung von Mensch und Maschine muss aufeinander abgestimmt werden. Die Entwickler von Assistenzsystemen müssen wissen, wie der Mensch und die Maschine äußere Reize aufnehmen und verarbeiten. Dabei sind die Erkenntnisse der kognitiven Psychologie wichtig, denn durch die Gestaltung der Mensch-Maschine-Schnittstelle und die Mensch-Maschine-Interaktion wird die Akzeptanz und die Effektivität der Assistenzsysteme bestimmt. Die Bedienung und das Erlenen der Arbeitsvorgänge in Assistenzsystemen müssen den Gesetzmäßigkeiten der menschlichen Wahrnehmung und der mentalen Informationsverarbeitung angepasst sein.

Aufgrund der Risiken, die Assistenzsysteme in sich bergen, spielen die ergonomische Gestaltung und Anordnung der Bedienelemente und Anzeigen, die Verwendung von Farben und Formen sowie die Berücksichtigung der mentalen Vorgänge bei der Informationsverarbeitung durch den Menschen eine herausragende Rolle (Bernotat, 2008). Diese an den Menschen angelegten Entwicklungstechniken werden auch als Anthropotechnik bezeichnet.

Anthropotechnik

Bei der Gestaltung von Mensch-Maschine-Systemen sucht man nach der bestmöglichen Gestaltung der technischen und organisatorischen Faktoren unter Berücksichtigung der menschlichen Eigenschaften und Bedürfnisse in der Weise, dass die Leistungsfähigkeit des Systems optimal ausgenutzt und damit die Sicherheit, Zuverlässigkeit und Wirtschaftlichkeit gewährleistet wird.

Es ist wichtig, die Vor- und Nachteile des Menschen und der Maschine zu erkennen, um ein optimales Systemverhalten in einem Mensch-Maschine-System zu erreichen. Insbesondere soll vermieden werden, dass entweder die Maschine oder der Mensch Funktionen oder Arbeitsabläufe zugewiesen bekommt, die eine Überforderung darstellen. Mensch-Maschine-Systeme arbeiten innerhalb bestimmter physikalischer und physischer Grenzen. Während die Maschine sich wiederholende Arbeiten nahezu identisch ausführt, variiert die menschliche Komponente stark. Die Erfassung von Situationen mit den Sinnesorganen variiert von Mensch zu Mensch genauso wie die kognitiven Denkprozesse. Auch die Reaktionszeit und die vom Menschen aufzubringenden Kräfte sind unterschiedlich. Die Zusammenarbeit des Menschen mit der Maschine ist durch die Interaktion gekennzeichnet. Die Interaktionsfähigkeit wird durch die Mensch-Maschine-Schnittstelle und durch wechselnde Umgebungseinflüsse bestimmt.

Die Abb. 35 zeigt ein Modell der Zusammenarbeit des Menschen mit dem Assistenzsystem. Wir fangen oben rechts mit der Erklärung an. Der Mensch nimmt über die Sinnesorgane Informationen vom Prozess auf. Diese können über verschiedene Arten als Anzeigen, Töne oder als haptische Informationen vom Prozess geliefert werden. Der Mensch nimmt evtl. zusätzlich direkt Informationen vom Prozess, der beeinflusst werden soll, auf. Je nach der Wahrnehmung wird der Mensch mehr oder weniger aufmerksam die sensorisch erfassten Informationen auswerten und mit seinem Langzeit- und Arbeitsgedächtnis die aufgenommenen Informationen analysieren. Nach einem Denkprozess entscheidet sich der Mensch für eine Handlung, die meist mit Hilfe seiner Muskeln ausgeführt wird. Er betätigt Bedienelemente. Dabei werden Extremitäten, wie z. B. Hände oder Füße, für die Handlung genutzt. Dazu stehen Hebel, Schalter, Tasten, Regler, Tastatur, Maus, Trackball oder z. B. ein Touchscreen zur Verfügung. Er kann auch die Stimme nutzen oder eine Geste ausführen, die vom System erkannt werden muss. Das Assistenzsystem verarbeitet die Informationen, speichert Daten, lädt Daten und übermittelt Aktionen an den Prozess. Die Aktionen werden über Anzeigen visuell oder

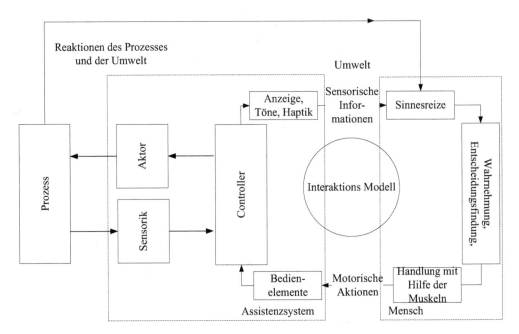

Abb. 35:   Modell der Interaktion des Menschen mit einem Assistenzsystem

auch über Sprache oder taktil angezeigt, sodass der Mensch eine Rückkopplung seiner Aktivität erhält. Damit schließt sich der Kreislauf für den Menschen. Das Assistenzsystem erfasst über Sensoren wichtige Prozessgrößen und verarbeitet sie in seinem Controller. Mit Hilfe der Sensorinformationen versucht das Assistenzsystem, Ereignisse des Prozesses wahrzunehmen. Das Assistenzsystem kann über die Aktoren und Sensoren bestimmte Größen des Prozesses über einen Regelkreis konstant halten. Wir nennen diese Art der Wahrnehmung eine maschinelle Wahrnehmung im Gegensatz zur Wahrnehmung des Menschen. Der Erfolg der Aktionen des Assistenzsystems wird vom Menschen wahrgenommen.

Bei den Assistenzsystemen nutzt der Mensch in den meisten Fällen die visuelle Wahrnehmung. Falls bereits eine starke Belastung der visuellen Sinneswahrnehmung eingetreten ist, können auditive oder andere Sinnesmodalitäten genutzt werden.

Bei der Autofahrt muss der Fahrer ständig das Blickfeld beobachten. Damit der Fahrer bei wichtigen Informationen den Blick nicht abwenden muss, um Anzeigen zu beobachten, können auditive, haptisch-taktile oder vestibuläre Wahrnehmungen bei der Interaktion des Assistenzsystems mit dem Menschen genutzt werden. Beim Verlassen der Fahrspur kann z. B. ein Assistenzsystem das Lenkrad hochfrequent mit geringer Amplitude bewegen, um die Aufmerksamkeit des Fahrers zu bekommen. Assistenzsysteme können auch einen kurzen Bremsruck durchführen und damit die vestibuläre Wahrnehmung des Menschen nutzen. Das Maß der vom Menschen für eine Arbeit aufgebrachten Aufmerksamkeit wird durch viele Umstände beeinflusst, von denen wir nur einige nennen wollen:

Intention und Interessen des Wahrnehmenden

Die Wahrnehmung wird durch die Aufmerksamkeit des Menschen beeinflusst. Je nach eigenen Interessen wird jeder Mensch in erster Linie die Dinge in seinem Umfeld wahrnehmen, die ihn persönlich interessieren oder ihm bekannt sind. Wenn wir etwas Spezielles suchen, achten wir häufig nicht auf andere, vielleicht wichtige Vorkommnisse. Man nennt diese Art der Wahrnehmung auch die selektive Wahrnehmung. Ein Beispiel zeigt die Abb. 36. Schaut man sich das Bild eine Zeit lang an, erkennt man zwei Dreiecke, obwohl kein Dreieck vorhanden ist. Die Erwartungshaltung des Menschen täuscht die Wahrnehmung.

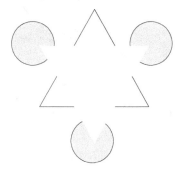

Abb. 36:   Selektive Wahrnehmung

Merkmale der Situation

Wenn Dinge grelle Farben aufweisen oder spezielle Formen, Größen oder Bewegungen haben, fallen sie uns eher auf. Vor allem dann, wenn das Umfeld ansonsten eher unauffällig ist. So fällt ein knallrotes Banner auf einer ansonsten grauen Seite sehr auf. Sind aber viele Banner auf einer Seite, so minimiert sich der Effekt wieder.

Bewertung von Anforderungen

Wenn wir die Anforderung an uns in einer Situation hoch bewerten, so steigt unsere Konzentration und damit unsere Aufmerksamkeit. Aus diesem Grund werden wir uns mehr auf den Verkehr konzentrieren, wenn wir schnell fahren oder Meldungen am Computer als Anfänger noch intensiver studieren.

Letztendlich wird erst dann von Wahrnehmung gesprochen, wenn wir den aufgenommenen physikalischen Reizen eine Bedeutung zuweisen. Das heißt, die einfache sensorische Informationsaufnahme ist noch keine Wahrnehmung.

Im nächsten Abschnitt wollen wir die Vor- und Nachteile der menschlichen- und der maschinellen Komponente herausarbeiten. Vorher fassen wir das Gelernte kurz zusammen.

Zusammenfassung

Der Begriff Faktor Mensch beschreibt die in einem Mensch-Maschine-System bestehenden kognitiven Einflüsse auf die Entscheidungsfindung des Menschen bei der Steuerung von Prozessen oder Assistenzsystemen. Daher spielen ergonomische Fragen z. B. bei der Gestaltung von Anzeige- und Bediensystemen eine bedeutende Rolle. Das Ziel der Gestaltung ist es, den Menschen bei der Bedienung zu unterstützen und nicht zu überfordern. Das Modell der Interaktion des Menschen mit der Umgebung beschreibt den Ablauf der Signalverarbeitung und Aktivitäten in einem Mensch-Maschine-Modell. Die Wahrnehmung von Informationen erfolgt über Sinneseindrücke. Sinneswahrnehmungen werden auch Sinnesmodalitäten genannt. Die Aufmerksamkeit des Menschen bei der Wahrnehmung hängt von den Faktoren Intention und Interessen, von Merkmalen der Situation und der Bewertung der Anforderungen ab.

Kontrollfragen

K25 Beschreiben Sie den Begriff Faktor Mensch.

K26 Geben Sie ein Beispiel zur Nutzung der vestibulären Wahrnehmung in einem Assistenz-system an.

K27 Welche Formen der Wahrnehmung beim Menschen kennen Sie?

3.8.2   Vergleich der Vor- und Nachteile der Arbeit von Mensch und Maschine

Der wesentliche Unterschied zwischen dem Menschen und der Maschine in einem Mensch-Maschine-System ist dadurch gegeben, dass die Maschine verändert und angepasst werden kann, der Mensch jedoch nicht. Menschen sind aufgrund ihrer genetischen Voraussetzungen, der Lebenserfahrungen aufgrund des persönlichen Umfeldes, der Erziehung und Ausbildung unterschiedlich. Maschinen können nahezu identisch produziert werden. Es besteht die Möglichkeit, den Menschen durch Training an eine geforderte Aufgabe „anzupassen".

Der Mensch hat gegenüber der Maschine Vorteile hinsichtlich der folgenden Eigenschaften:
• sensorische Funktionen (bis heute) besser ausgeprägt
• Wahrnehmungsfähigkeiten mit Fertigkeiten, Regeln und abstrakten Konzepten
• Flexibilität und die Fähigkeit, zu improvisieren
• Urteilsvermögen
• das sich Erinnern an situationsabhängige Muster
• das Schlussfolgern

Der Mensch besitzt sehr empfindliche Sinneswahrnehmungen, deren Auswertung über Regeln und abstrakte Konzepte erfolgt. Es ist sehr schwierig, das menschliche Schlussfolgern über Computer nachzubilden. Der Mensch handelt sehr flexibel und kann seine Handlungspläne situationsgerecht umstellen. Er kann sich je nach Situation an bestimmte Verhaltensmuster erinnern.

Die Maschine bietet Vorteile in den folgenden Punkten:
- Wachsamkeit
- Geschwindigkeit und Leistung
- sensorische Empfindung außerhalb der physikalisch möglichen Wahrnehmung des Menschen
- Ausführung ermüdungsfreier Routinearbeit
- komplexe Berechnung in kurzer Zeit
- gleichzeitige Aktivitäten

Die Ausdauer und Geschwindigkeit bei der Erledigung sich wiederholender, meist relativ einfacher Aufgaben lässt bei dem Menschen schnell nach. Daher wird es erforderlich, den Menschen abzulösen. Bei diesen Aufgaben hat die programmierte Maschine, z. B. ein Industrieroboter, Vorteile. Die schnelle Berechnung komplizierter Formeln kann sicher besser mit dem Computer ausgeführt werden. Auch wenn es darum geht, mehrere Aufgaben schnell und gleichzeitig auszuführen, bietet die Maschine Vorteile.

In der Zeit, als die Entwicklung der Aspekte des Faktors Mensch begannen, wurden von Paul Fitts 1954 die folgenden Vergleichskriterien genannt, die, trotz großer Fortschritte der Technologie, zum größten Teil auch heute noch Gültigkeit besitzen.

Der Mensch ist besser, wenn die folgenden Fähigkeiten verlangt werden:
- Erkennung geringer Mengen visueller und akustischer Energie
- Erkennung von komplexen Licht- oder Geräuschmustern
- Improvisation und flexible Prozeduren
- Speicherung großer Mengen von Informationen für eine lange Zeit und Abrufung spezieller Informationen zu passender Zeit
- induktive Schlussfolgerung
- Lernen von Urteilsvermögen

Dagegen ist die Maschine bei den folgenden Prozessen im Vorteil:
- präzise Ausübung großer Kräfte
- Ausführung sich wiederholender Routineaufgaben
- kurzzeitige Informationsspeicherung mit nachfolgender Löschung
- deduktive Schlussfolgerung
- Verarbeitung komplexer Operationen und gleichzeitige Erledigung auf einmal

Induktives und deduktives Schließen

Die Formen der Schlussfolgerung des Menschen sind Thema der Philosophie, Psychologie und Logik und können hier nur grob angerissen werden. Wir unterscheiden die induktive Schlussfolgerung, die aus beobachteten Phänomenen auf eine allgemeine Erkenntnis schließt von der deduktiven Schlussfolgerung. Es folgt ein Beispiel für eine induktive Schlussfolgerung:
- Beobachtung (Konsequenz): „Fritz ist sterblich."
- Bedingung: „Fritz ist ein Mensch."
- Regel: „Alle Menschen sind sterblich."

Allerdings kann diese Art der Schlussfolgerung auch zu Fehlern führen, wie das folgende Beispiel zeigt:

- Konsequenz: „Bello ist ein Dackel."
- Bedingung: „Bello ist ein Hund."
- Regel: „Alle Hunde sind Dackel."

Beim deduktiven Schließen gehen wir von gegebenen Prämissen (Regeln) aus und folgern daraus logische Konsequenzen. Auch hierzu ein Beispiel:

- Regel: „Alle Menschen sind sterblich."
- Bedingung: „Paula ist ein Mensch."
- Konsequenz: „Paula ist sterblich."

Während die deduktive Schlussfolgerung immer zum richtigen Ergebnis führt, ist das bei der induktiven Schlussfolgerung nicht immer der Fall.

3.8.3   Informationsverarbeitung durch den Menschen

Der menschliche Informationsverarbeitungsprozess besteht aus mehreren Stufen oder Phasen, die in der Abb. 37 dargestellt sind. Die erste Stufe der Informationsverarbeitung ist die Informationsaufnahme. In dieser Phase werden Reize über Rezeptoren aufgenommen. Man spricht auch von der Entdeckungsphase. Anschließend erfolgt die Wahrnehmung, d. h. die Verdichtung und Interpretation der über die Rezeptoren aufgenommenen Informationen. Man kann diese Phase auch als einen Erkennungsprozess bezeichnen. Es schließt sich die Kognitionsphase an, in der die Informationen verarbeitet werden. Dabei wird eine Problemlösungsstrategie gewählt. Man entscheidet sich für einen Handlungsablauf. Die Planung des erforderlichen Handlungsablaufs basiert auf den Ergebnissen der Kognitionsphase und führt zur Ausführung der Handlungspläne durch die Motorik.

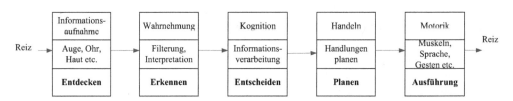

Abb. 37:   Informationsverarbeitungsprozess nach Stufenmodell

Eine Verfeinerung des Modells unter Einbeziehung der Fragen nach der menschlichen Aufmerksamkeit und Verteilung der Aufmerksamkeitsressourcen wurde von Chris Wickens entwickelt. Wickens ist ein emeritierter Professor der Universität Illinois, der viele Veröffentlichungen und Bücher zu den Themen Psychologie in der Ingenieurwissenschaft und Luftfahrt und Human Factors geschrieben hat. Das im Folgenden beschriebene Modell der menschlichen Informationsverarbeitung nach Chris Wickens (Wickens, Processing resources in attention, 1984), das in Abb. 38 in Form eines Signalflussplans skizziert ist, berücksichtigt die begrenzten Ressourcen bei der Aufmerksamkeit. Durch Ereignisse oder andere Stimuli werden Wahrnehmungen aufgenommen, die die Aufmerksamkeit anziehen. Dabei können auch früher gemachte Erfahrungen, die im Langzeitgedächtnis gespeichert sind, herangezogen werden. Die Stimuli

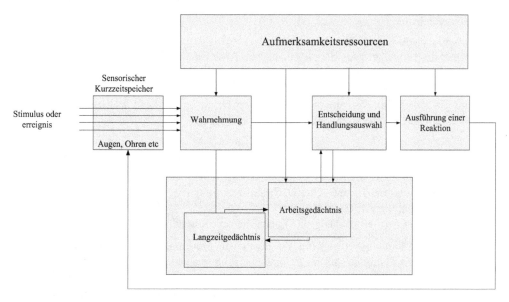

Abb. 38:   Modell der menschlichen Informationsverarbeitung nach Wickens (1984)

können direkt zu Handlungsentscheidungen und Handlungen führen. Die Stimuli können auch im Arbeitsgedächtnis gespeichert werden.

Die Reizverarbeitung und die Reaktion berücksichtigen sowohl vergangene Erfahrungen als auch kürzlich gespeicherte Erinnerungen. Der Mensch speichert Informationen und ruft sie bei Bedarf ab. Drei Speichermöglichkeiten sind für den Abruf von Informationen entscheidend: der sensorische Speicher, das Arbeitsgedächtnis und das Langzeitgedächtnis. Sie unterscheiden sich nach der Kapazität der aufzunehmenden Informationen, der Zugriffszeit und der Speicherdauer. Der sensorische Speicher hält Informationen, die über die Sinnesorgane aufgenommen wurden, nur kurz fest. Allerdings können reichhaltige Informationen, wie z. B. Bilder, gespeichert werden.

Sensorischer Speicher oder auch ikonischer Speicher:
- hohe Kapazität
- Speicherung sensorischer Informationen: physikalische Informationen, wie z. B. Töne, Wellenlängen, und visuelle Reize, wie Formen und Farben
- Inhalt nach ca. 0,2 s für visuelle Signale und nach ca. 1,5 s für auditive Signale wieder vergessen
- ein Auffrischen der Informationen durch Wiederholung des Stimulus möglich (z. B. wiederholtes Betrachten, Nachsprechen)

Das Arbeitsgedächtnis hat nur eine begrenzte Kapazität und fordert eine hohe Aufmerksamkeit. Es ist eng verbunden mit dem Langzeitgedächtnis, das eine im Prinzip unbegrenzte Kapazität für Informationen besitzt. Das Langzeitgedächtnis ist in der Lage, sehr viele Informationen aber auch Regeln zu speichern. Es ist auch ohne zusätzliche Aufmerksamkeitsimpulse verfügbar.

Arbeitsgedächtnis:

- stark begrenzte Kapazität
- Anzahl der Informationen, die gleichzeitig im Arbeitsgedächtnis gespeichert werden kann, beträgt 7 ± 2.
- Speicherung symbolischer Daten
- Hält die Daten ca. 15 s; davon abhängig, ob Daten aufgefrischt werden oder auch, ob Informationen interferieren, dann kürzere Speicherzeit

Langzeitgedächtnis:

- nahezu unbegrenzter Speicher (Kapazität und Speicherdauer)
- enthält autobiografische und semantische Informationen
- Zugriffszeit ca. 0,1 s; evtl. viel länger
- Informationen verbleiben das ganze Leben im Langzeitgedächtnis.

Bei der Mustererkennung erfolgt ein Vergleich von Merkmalen, der über die Sinne wahrgenommenen Informationen, mit im Langzeitgedächtnis abgespeicherten Informationen. Das Arbeitsgedächtnis berücksichtigt aktuelle Informationen und Ziele. Es wird z. B. das sich Merken von präsentierten Informationen vom Arbeitsgedächtnis ausgeführt. In der Literatur wird vielfach davon ausgegangen, dass man sich ca. 7 ± 2 Informationseinheiten im Arbeitsgedächtnis merken kann. In neueren Arbeiten wird diese Zahl aber auf 3–4 reduziert (Preim, 2012). Allerdings wird durch bestimmte Maßnahmen die Merkfähigkeit unterstützt. Dazu bildet man z. B. Eselsbrücken und ein Zugriff auf das Langzeitgedächtnis erfolgt. Durch Zuteilung der Aufmerksamkeit erfolgt aus den sensorischen Informationen die Wahrnehmung. Die wahrgenommenen Informationen werden mit Hilfe des Arbeitsgedächtnisses zur Handlungsauswahl herangezogen. Im Arbeitsgedächtnis werden evtl. Transformationen durchgeführt, d. h. Sinneseindrücke werden interpretiert und fehlende Sinneseindrücke durch mentale Modelle ergänzt.

Aufmerksamkeit

Die menschliche Aufmerksamkeit ist eine begrenzte Ressource, mit der entschieden wird, welche Informationen wahrgenommen werden. Bei der Handlungssteuerung entscheidet die Aufmerksamkeit, welche Aufgaben vorrangig und gleichzeitig ausgeführt werden.

Die Informationsaufnahme, das Behalten und Erinnern, die Sprache, die Mustererkennung, die Problemlösungsprozesse gehören zu den kognitiven Prozessen. Kognitive Prozesse unterliegen einer Begrenztheit von Ressourcen. Wenn mehrere Aufgaben die gleichen Ressourcen (geteilte Aufmerksamkeit) verlangen, interferieren sie und können sich gegenseitig behindern. Daher wird z. B. in (Wickens, Processing resources in attention, 1984) ausgesagt, dass es bei der gleichzeitigen Ausführung mehrerer Arbeiten besser ist, die Aufgaben nicht mit dem gleichen Sinn, z. B. mit dem visuellen Sinn, ausführen, sondern eine Aufgabe mit dem visuellen Sinn und einem anderen, z. B. mit dem auditiven Sinn, auszuführen. Daher ist anzustreben, in Assistenzsystemen bei der Zusammenarbeit des Menschen mit einer Maschine unterschiedliche Sinnesmodalitäten während der Interaktion zu nutzen.

Es gibt verschiedene Aufmerksamkeitsmodi: Die selektive Aufmerksamkeit entscheidet, welche Informationen für die Weiterverarbeitung ausgewählt werden.

Selektive Aufmerksamkeit

Hervorstechende Eigenschaften (englisch „salient features") der Umgebung, wie z. B. das Polizeihorn, beeinflussen die Aufmerksamkeit selektiv. Die Aufmerksamkeit wird von unten, durch einen Stimulus, „nach oben" (bottom up) zur bewussten Wahrnehmung gesteuert. Auch eine blinkende Anzeige wird die Aufmerksamkeit anziehen.

Tönt ein Warnsignal im Auto, erwartet der Fahrer auch das Aufleuchten eines Leuchtmelders oder eine Meldung in der Anzeige. Neben der selektiven Aufmerksamkeit ist die fokussierte Aufmerksamkeit durch die Beobachtung und Verfolgung bestimmter visueller oder auditiver Ereignisse gegeben. Ändern sich im Blickfeld von 1° visuelle Informationen, erregen sie die Aufmerksamkeit des Beobachters.

Fokussierte Aufmerksamkeit

Die Erwartungshaltung des Ortes und Zeitpunktes eines Ereignisses beeinflusst die Aufmerksamkeit z. B. dadurch, dass ein Autofahrer bei einer Kurvenfahrt mit erhöhter Geschwindigkeit den Blick selten von der Fahrbahn wenden wird.

Hierbei wird die Aufmerksamkeit „von oben nach unten" (top down) gelenkt. Bestimmte Gebiete eines Monitors, in denen sich die Objekte ständig ändern, werden die Aufmerksamkeit eher anziehen als Gebiete, wo nichts passiert. Die Erwartung, dass dort wieder etwas passiert, erhöht die Aufmerksamkeit. Allerdings wird beim Autofahren die Aufmerksamkeit nicht durch die ständig wechselnden Ereignisse am Straßenrand angezogen. Beim Autofahren sind die Informationen wichtig, die sich vorne abspielen, nicht die, die am Fahrbahnrand passieren. Der Autofahrer weiß, dass diese Informationen für ihn keinen Nutzen haben. Ein zusätzlicher Aspekt der selektiven Aufmerksamkeit ist der Nutzen und Wert der Information.

Die Zuteilung der Aufmerksamkeit wird außerdem durch den Aufwand bestimmt, den der Mensch betreiben muss, um bestimmte Informationen zu bekommen. Mit kleinen Blickänderungen ist der Mensch gewohnt umzugehen, z. B. beim Lesen. Die Überwindung des toten Winkels im Rückspiegel beim Autofahren ist aufwendig, man muss den Kopf drehen und die Augen bewegen. Daher wird die Aufmerksamkeit auf diese wichtige Tätigkeit seltener gelenkt.

Wichtig für die selektive und fokussierte Aufmerksamkeit ist die Unterscheidbarkeit (Diskrimination) von Informationsquellen. Daher versucht man, Informationsquellen nach Farben, Raum, Intensität und Frequenz zu unterscheiden.

Dazu ein Beispiel: In der Flugüberwachung werden die Flugzeuge bezüglich ihrer Entfernung und Höhe dargestellt. Würden die Flugzeuge, die in derselben Höhe fliegen, farblich markiert, könnte man potenzielle Kollisionskandidaten schneller erkennen. Durch die Farbgebung wird die Aufmerksamkeit des Fluglotsen gesteuert. Er kann dann leichter entscheiden, welche Gefahren bestehen, denn er braucht nur in der farblich geordneten Gruppe nach Gefahren zu suchen. Die Unterscheidbarkeit der Informationsquellen erleichtert es ihm, sich auf die Problemfälle zu fokussieren.

Geteilte Aufmerksamkeit

Die geteilte Aufmerksamkeit ermöglicht es, gleichzeitig verschiedene Handlungen durchzuführen, also z. B. Autofahren und gleichzeitig das Radio bedienen.

Die Teilung der Aufmerksamkeit beim Autofahren mit dem gleichzeitigen Telefonieren birgt
Gefahren. Studien zeigen eindeutig die Abnahme der Reaktionsfähigkeit des Fahrers, wenn er
telefoniert (Strayer, Drews & Johnson, 2003).

Hier können nur einige, wenige Aspekte der komplexen Thematik behandelt werden. Es gibt
viele Literaturquellen, die weitergehende Informationen beinhalten, z. B. Alexander & Schlick
(2012), Federal Aviation Administration, Schlick (2010), Wagner (1996), Wickens (Processing
resources in attention, 1984), Wickens & Carswell (Information Processing, 1997).

3.8.4   Drei-Ebenen-Modell des menschlichen Verhaltens

Nachdem wir ein Modell für die Aufnahme und Verarbeitung von Informationen kennengelernt
haben, wollen wir die verschiedenen Verhaltensweisen des Menschen untersuchen. Die Abb. 39
zeigte das Drei-Ebenen-Modell des menschlichen Verhaltens. Die Entwicklung des Modells
erfolgte für die Realisierung von Leitwarten für hochkomplexe Anlagen, wie z. B. bei Kern-
kraftwerken. Man unterscheidet danach Signale, Zeichen und Symbole, die vom Menschen
verschieden interpretiert werden. Je nachdem, ob ein Signal, Zeichen oder Symbol vorliegt,
erfolgt ein fertigkeitsbasiertes, regelbasiertes oder wissensbasiertes Handeln.

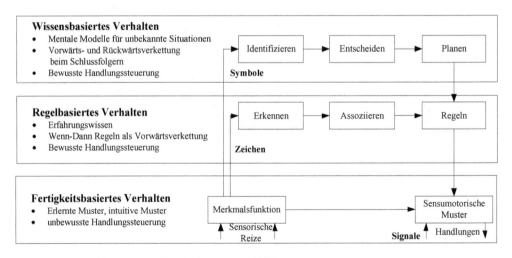

Abb. 39:   Drei-Ebenen-Modell nach Rasmussen (1983)

In der untersten Ebene reagiert der Mensch aufgrund bekannter Muster, die er irgendwann
erlernt hat. Als Beispiel sei die Montagearbeit genannt. Es müssen bestimmte Reihenfolgen
beim Montieren verschiedener Teile beachtet werden. Die Benutzung von Werkzeugen wird

geübt und die Ausführung der Montage gelernt, bis die Gesamtmontage sicher beherrscht wird. Der Mensch setzt intuitiv die richtigen Muskeln für die Bewegungsvorgänge ein. Die Geschicklichkeit ergibt sich durch den Lernvorgang, aber auch durch die persönliche Veranlagung des Menschen. Die mit den Sinnesorganen wahrgenommenen Eindrücke und deren schnelle Verarbeitung fließen in die sensumotorischen Fähigkeiten ein.

Sensumotorische Muster

Die sensumotorischen Muster beschreiben die Bewegungssteuerung, also die motorischen Fähigkeiten aufgrund sensorischer Reize.

Die sensumotorischen Muster bestimmen das fertigungsbasierte Verhalten. Die Abläufe erfolgen quasi automatisch, im Unterbewusstsein. Ein Beispiel für ein fertigkeitsbasiertes Verhalten ist das Kuppeln und Schalten beim Autofahren. Das Einlegen der Gänge in Verbindung mit dem Treten des Kupplungspedals erfolgt ohne eine bewusste Kontrolle. Die Signale, die das Verhalten auslösen, sind z. B. die Geräusche des Getriebes bei hohen Drehzahlen.

Fertigkeitsbasiertes Verhalten

Der Mensch setzt aufgrund sensumotorischer Muster intuitiv bestimmte erlernte Fertigkeiten ein.

Es handelt sich also um das bewusste Verhalten in bekannten Situationen. Ein Beispiel dafür ist das Überholen von Fahrzeugen oder der Spurwechsel. Die Regeln werden abgerufen und der Überholvorgang bewusst gesteuert. Während die fertigkeitsbasierten Verhaltensweisen durch Signale, die sich kontinuierlich verändern können, beeinflusst werden, aktivieren Zeichen das Abarbeiten einer Regel. Zeichen müssen erst interpretiert werden.

Regelbasierte Verhaltensweisen

Der Mensch kann arbeitsbedingte Abläufe auch als Regeln speichern und sein Verhalten danach steuern. In bestimmten Situationen werden diese Regeln abgerufen (assoziiert) und danach gehandelt.

Hören und sehen wir z. B. einen Polizeiwagen mit Horn und Blaulicht, wird unser Blick automatisch angezogen. Als Zeichen interpretieren wir das Blaulicht, denn wir führen als Regel das Freimachen der Fahrbahn durch. Wir interpretieren die Information evtl. auch als Symbol, denn wir überlegen, wie wir einem Stau entgehen können, und führen dann ein wissensbasiertes Verhalten aus.

Das wissensbasierte Verhalten ist die komplexeste Form der Informationsverarbeitung. Es tritt in Kraft, wenn die Situationen unbekannt sind und keine Handlungsregeln vorliegen. In diesen Fällen ist der Mensch gezwungen, aktiv Probleme zu lösen. Es werden verschiedene Handlungsalternativen aufgrund von bekanntem Wissen analysiert und die wahrscheinlich beste Alternative wird gewählt.

Wissensbasiertes Verhalten

Es handelt sich um ein aktives Planen. Das Planen erfordert die volle Aufmerksamkeit und die Unterbrechung anderer Aktivitäten.

In Notsituation, z. B. in Flugzeuge, wird die Planungsaufgabe oftmals zuerst aufgegeben und ein reaktives Verhalten gewählt. Der Planungshorizont ist häufig nicht weit, d. h. es werden nur ein oder zwei nächste Ziele geplant. Die Planung erfordert das Durchspielen mentaler Modelle aufgrund der Aufstellung von Hypothesen.

Bezogen auf das Autofahren ist die Navigation ein Beispiel. In einer unbekannten Umgebung muss der Fahrer verschiedene Wege z. B. hinsichtlich verschiedener Merkmale bewerten. Er überlegt Situationen, in die er geraten kann, aufgrund seiner im Langzeitgedächtnis enthaltenen Informationen. Er weiß z. B., dass bestimmte Straßen in der Woche um 17.00 Uhr stark befahren sein können und evtl. ein Stau zu erwarten ist.

3.8.5   Drei-Ebenen-Modell für das Führen eines Kraftfahrzeugs

Die Navigation umfasst die Planung der Fahrroute oder das Zurechtfinden in einer unbekannten Umgebung, aber auch die Fahrt zu bekannten Orten oder die Auswahl aus bekannten Wegen gehören zur Navigation.

Zur Führung des Fahrzeugs gehört z. B. die Steuerung des Fahrzeugs auf Schnee oder Eis, das Überholen anderer Fahrzeuge und der Spurwechsel oder das Abbiegen an einer Kreuzung. Auch die Stabilisierung des Fahrzeugs ist eine primäre Fahraufgabe. Zur Stabilisierung gehören das Kuppeln, der Gangwechsel und das Bremsen. Für den Fahrer ist diese Arbeit je nach den Erfahrungen unterschiedlich komplex. Der Fahrschüler in den ersten Fahrstunden muss die erlernten Regeln zur Erledigung der Handlungen ständig neu aus dem Gedächtnis abrufen. Die bekannten Vorgänge müssen auch vom erfahrenen Autofahrer bei der Fahrt mit unbekannten Fahrzeugen zuerst wieder bewusst durchgeführt werden.

Das entwickelte Drei-Ebenen-Modell für die zielgerichtete Tätigkeit des Menschen kann auf Fahrerassistenzsysteme angewandt werden (Rasmussen, 1983; Winner, 2012, s. Kapitel 2). Die Abb. 40 zeigt die Struktur des Modells.

Das fertigkeitsbasierte Verhalten wird durch automatisch ablaufende, sensumotorische Reiz-Reflex-Verhaltensweisen gesteuert. Man kann aus den primären Fahraufgaben Beispiele aus den Bereichen Navigation, Fahrzeugführung und Stabilisierung nennen, die fertigkeitsbasiert ablaufen. Die Navigation auf einer bekannten Route, wie z. B. zum täglichen Arbeitsplatz, erfolgt ohne große Planungsarbeit fertigkeitsbasiert. Das Abbiegen an einer dem Fahrer bekannten Kreuzung kann auch zu den fertigkeitsbasierten Handlungen gezählt werden. Auch das Kuppeln und Schalten gehört zu dieser Handlungsgruppe.

Die regelbasierten Handlungen der Stabilisierung werden bei der Stabilisierung eines unbekannten Autos abgerufen. Zum Überholen anderer Fahrzeuge müssen ebenfalls bestimmte Regeln, wie z. B. der Blick in den Rückspiegel, evtl. das Einlegen eines niedrigeren Gangs etc., eingehalten werden. Sind dem Fahrer mehrere Wege zum Ziel bekannt, kann er regelbasiert

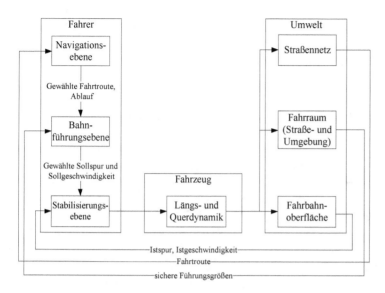

Abb. 40:   Drei-Ebenen-Modell des Fahrers von PKWs

entscheiden, welcher Weg eingeschlagen wird. Die wissensbasierten Handlungen erfordern die Denkfähigkeit und sind z. B. bei einem Fahrschüler beim Gangwechsel erkennbar. Im Fall der Fahrt auf glatter Fahrbahn muss der Fahrer wissensbasiert handeln. Auch die Navigation in einer unbekannten Gegend erfordert wissensbasiertes Handeln.

Außer den primären Fahraufgaben muss oder kann der Fahrer sich mit den sekundären und tertiären Aufgaben beschäftigen. Während die sekundären Aufgaben in Abhängigkeit der Fahrtaktion entstehen, z. B. beim Blinken oder Hupen oder dem Einschalten des Wischers, haben die tertiären Aufgaben nichts mit dem eigentlichen Fahren zu tun. Zu dieser Aufgabengruppe gehören das Führen von Gesprächen mit den Mitfahrern, das Radiohören oder die Erfüllung von Komfortbedürfnissen, wenn z. B. die Klimaanlage oder die Sitzheizung betätigt werden.

Das Drei-Ebenen-Modell kann hinsichtlich des Ursache-Wirkungs-Prinzips in einem geschlossenen Regelkreis abgebildet werden. Die Navigationsebene umfasst die Auswahl der Fahrtstrecke, die Zeitermittlung für die Fahrt, die Berücksichtigung der aktuellen Zeit, um z. B. Staus auf bestimmten Strecken auszuweichen. Es handelt sich um eine gezielte Planung, die dem wissensbasierten Verhalten entspricht.

Die aktive und situationsgerechte Fahrthandlung vollzieht sich in der Bahnführungsebene. Der Fahrer berücksichtigt die Anzahl der Fahrgäste bzw. die Höhe der Zuladung und stabilisiert das Fahrzeug unter Einbeziehung der Straße und der beobachteten Umgebung. Der Fahrer gibt die Führungsgrößen der Fahrt, die Geschwindigkeit und die Sollbahn (Spur) vor. Die Stabilisierungsebene beschreibt das Fahrverhalten im geschlossenen Regelkreis. Der Fahrer wirkt über Stelleingriffe, wie z. B. Lenkradeinschlag oder veränderte Fahrgeschwindigkeit, auf vorkommende Regelabweichungen ein, um das Fahrzeug stabil und kontrollierbar zu halten. Der Fahrer greift in die Längs- und Querdynamik des Fahrzeugs aktiv ein. Mit regelungstechnischen Modellen kann das zeitliche Verhalten des Eingriffs beschrieben werden, um Vorhersagen über die Fahrtentwicklung zu erhalten.

Im Folgenden wird das Erlernte zusammengefasst.

Zusammenfassung

Wir haben in den letzten Abschnitten die Vor- und Nachteile kennengelernt, die den Menschen bzw. die Maschine bei der Verrichtung einer Arbeit auszeichnen. Außerdem lernten wir ein Stufenmodell der menschlichen Wahrnehmung kennen. Die Begrenzung der Ressourcen führt zu der Folgerung, den Einsatz unterschiedlicher Sinne bei der gleichzeitigen Verarbeitung mehrerer Informationen einzusetzen. Die Informationsverarbeitung erfolgt in mehreren Stufen. In der ersten Stufe erfolgt die Informationsaufnahme, gefolgt von der Wahrnehmungsphase, der Kognition, der Handlungsplanung und der Ausführung. Die haptische Wahrnehmung kann bei Assistenzsystemen die visuelle und auditive Wahrnehmung sinnvoll ergänzen.

Das Stufenmodell der menschlichen Informationsverarbeitung wurde erweitert. Die Erweiterung betrifft die Verteilung der Aufmerksamkeitsressourcen und Entscheidungs- und Handlungsauswahl in Zusammenhang mit dem Arbeits- und Langzeitgedächtnis. Außer diesen Speicherbereichen gibt es den sensorischen Kurzzeitspeicher, in dem die Sinneseindrücke über eine kurze Zeit gespeichert werden. Das Modell berücksichtigt die Aufmerksamkeitsressourcen, mit deren Hilfe die Wahrnehmung, die Handlungsauswahl und die Ausführung gesteuert werden. Wir unterscheiden die selektive, die fokussierte und die geteilte Aufmerksamkeit. Das Drei-Ebenen-Modell des menschlichen Verhaltens unterscheidet das fertigkeitsbasierte, das regelbasierte und das wissensbasierte Verhalten. Während das fertigkeitsbasierte Verhalten durch sensumotorische Muster und Signale aktiviert wird, müssen Zeichen erkannt werden, die die Assoziation einer Regel bewirken. Das wissensbasierte Handeln ist die komplexeste Form der Informationsverarbeitung.

Kontrollfragen

K28   Nennen Sie drei Beispiele für Arbeiten, die vom Menschen besser ausgeführt werden können als von einer Maschine.

K29   Mit welchen Sensoren nehmen wir haptische Wahrnehmungen auf?

K30   Um welches Verhalten handelt es sich, wenn im Auto während des Fahrens ein neuer Gang eingelegt wird?

K31   Wie viele Informationseinheiten kann man sich im Mittel im Arbeitsgedächtnis merken?

K32   Geben Sie in Beispiel an, wie die Aufmerksamkeit auf bestimmte Bereiche einer Monitordarstellung gelenkt wird.

K33   Welche Konsequenzen sollten aufgrund des Prinzips der Beschränktheit der Ressourcen menschlicher Wahrnehmung geschlossen werden?

K34   Nennen Sie die wesentlichen Gestaltungsprinzipien zur Berücksichtigung der Kompatibilität.

K35   Warum verschlechtern zeitliche Verzögerungen die Kompatibilität?

3.9   Fahrerassistenz und Verkehrssicherheit

Gemäß Studien sollen ca. 95 % aller Unfälle im Straßenverkehr zumindest anteilig auf menschliches Fehlverhalten zurückzuführen sein. Bei ca. 75 % der Unfälle im Straßenverkehr sind menschliche Fehler als alleinige Unfallursache anzusehen (Winner, 2012). Dabei wurde festgestellt, dass sich in vielen Unfällen das Hindernis zwar im Sichtbereich des Fahrers befand, der Fahrer es jedoch nicht als Kollisionsobjekt erkannt hat, um die Bremsung einzuleiten. Mit Hilfe psychologischer Analysen konnten mehrere Gründe für das Fehlverhalten erkannt werden. Die visuelle Aufmerksamkeit ist aufgrund der Kanalbegrenzung häufig überfordert. Der Fahrer ist mit den Verkehrssituationen überfordert und führt keine oder falsche Handlungen durch.

Die Aufgaben der Fahrerassistenzsysteme (FAS) sind daher u. a. die Erweiterung des begrenzten Leistungsvermögens des Fahrers. Die FAS können aufgrund einer schnellen Situationserkennung dem Fahrer frühzeitig Warnhinweise geben, um ihm die Kontrolle über das Geschehen zu ermöglichen. Falls der Fahrer keine Kontrolle mehr bekommen kann, kann ein FAS auch aktiv in die Fahrdynamik eingreifen.

Man unterscheidet Maßnahmen zur passiven und aktiven Sicherheit. Passive Maßnahmen sind z. B. Sicherheitsgurte, Airbags sowie die stabile Fahrgastzelle. Die Maßnahmen zur aktiven Sicherheit versuchen, die Entstehung eines Unfalls zu reduzieren. Beispiele für Systeme zur aktiven Sicherheit sind z. B. das Antiblockiersystem ABS, die Antischlupfregelung ASR oder das ESP-System. Die FAS können als Maßnahmen zur Erhöhung der aktiven Sicherheit verstanden werden.

Wir wollen die möglichen Gründe für das Fahrerfehlverhalten auf die eingeführten drei Aufgabenfelder Navigation, Bahnführung und Stabilisierung beziehen. Die Überlastung der visuellen Kanalkapazität führt zu unterschiedlichen Auswirkungen hinsichtlich der empfangenen Informationen. Aufgrund fehlender Informationen über die Hindernisse oder bei falscher Interpretation der Information kann es zu Informationsdefiziten kommen, die zu problematischen Verkehrssituationen führen können. Meist sind die Informationsdefizite mit unterlassenen Fahrhandlungen, wie z. B. das Bremsen, verbunden. Es handelt sich um Handlungsdefizite.

Während in der Navigationsebene meistens fehlende Informationen Grund für falsche Planungshandlungen sind, erfolgt in der Stabilisierungsebene eine Fehlhandlung aufgrund der falschen Nutzung der vorhandenen Informationen. In der Bahnführungsebene kann die fehlende Nutzung der Informationen zu Handlungsdefiziten führen. Das Handlungsdefizit überwiegt in der Bahnführungsebene gegenüber der Navigationsebene. Die ausbleibende oder sogar falsche Handlung bei der Bahnführung des Fahrzeugs trotz markanter Informationen (z. B. schnelles Fahren bei Glatteis, Anzeige der Temperatur $<0°$) führt zu gefährlichen Fahrsituationen. In der Stabilisierungsebene muss der Fahrer schnell handeln. Dementsprechend besteht die Gefahr, dass Informationen nur unzureichend ausgewertet werden und die notwendige Fahrhandlung unterbleibt.

Gemäß den beschriebenen Problemen können Fahrerassistenzsysteme helfen, sowohl die Defizite bei der Informationsauswertung als auch bei der Handlung zu kompensieren. Natürlich sind Informationsdefizite auch durch fehlerhafte oder unzureichende Anzeigen begründet. Ein Beispiel ist der tote Winkel im Rückspiegel, der beim Fahrspurwechsel in der Bahnführungsebene zu Konfliktsituationen führen kann. Der Fahrer hat die Pflicht, sich vor dem Spurwechsel durch

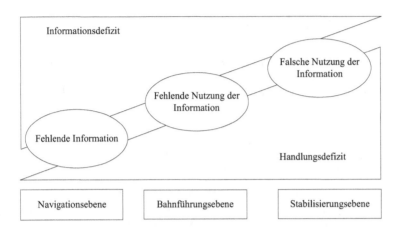

Abb. 41:   Informations- und Handlungsdefizit beim Fahren (Winner, 2012)

den Spiegel- und den kurzen Schulterblick nach hinten von der freien Fahrbahn zu überzeugen. Tut er das nicht, nutzt er die Information nicht aus. Wechselt er die Fahrbahn, obwohl er ein herankommendes Fahrzeug bemerkt, nutzt er die Information falsch aus.

Assistenzsysteme können helfen, diese Defizite zu überbrücken, indem z. B. eine Kamera den Bereich überwacht und der Fahrer optisch, akustisch oder/und haptisch gewarnt wird. Dazu muss das Assistenzsystem die Überholabsicht des Fahrers erkennen. Man versucht daher, in Assistenzsystemen ein Fahrermodell abzulegen, das über eine geeignete Sensorik die Fahrzeugsituation und die Umweltsituation erfasst und aufgrund der Wahrnehmung die Absicht des Fahrers schlussfolgert.

Um diese Arbeitsweise von Assistenzsystemen in Kraftfahrzeugen zu verdeutlichen, zeigt die folgende Abbildung die Eingriffsmöglichkeiten von FAS in Form eines Blockschaltbildes.

Der Fahrer nimmt die Umwelt wahr, indem er die Fahrbahn beobachtet und die Absicht von Personen am Fahrbahnrand analysiert. Er hat das Ziel, das Fahrzeug kollisionsfrei zum Zielort zu führen. Das FAS, das in Abb. 42 im gestrichelten Kasten dargestellt ist, ist mit einer Sensorik ausgestattet, um die Umgebung und die Fahrbahn zu erfassen. Aufgrund der Interpretation der Sensordaten wird mit einem Modell des Fahrerverhaltens das der Situation angepasste und erwartete Fahrerverhalten ermittelt.

Falls das Assistenzsystem eine Abweichung des tatsächlichen vom erwarteten Fahrerverhalten feststellt, wird die Fahrerunterstützungsstrategie ausgewählt. Die Fahrerunterstützungsstrategie bestimmt, wie dem Fahrer in einer unklaren Situation geholfen werden kann. Über eine geeignete Mensch-Maschine-Schnittstelle kann eine Warnung an den Fahrer ausgegeben werden. Dabei muss die Fahrsituation berücksichtigt werden, damit der Fahrer nicht durch eine Reizüberflutung abgelenkt oder überfordert wird. Das Assistenzsystem kann aber auch einen Eingriff in die Aktorik des Fahrzeugs durchführen (siehe Bremsassistent in Abschnitt 3.7.3).

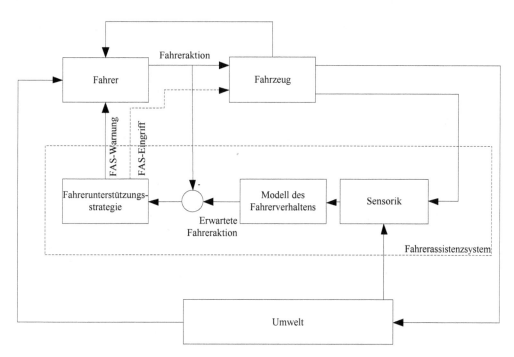

Abb. 42:   Darstellung des Prinzips des Fahrerassistenzsystems an einem Blockschaltbild

3.9.1   Bedienen und Beobachten im Kraftfahrzeug

Der Fahrer ist durch die Primäraufgabe bereits mit visuellen Informationen belastet. Über den Sehsinn erkennt der Fahrer andere Verkehrsteilnehmer und deren Position. Er schätzt deren zukünftiges Verhalten ab. Außerdem erfasst der Fahrer über den visuellen Kanal Verkehrsschilder, Fahrbahnmarkierungen, Ampeln und ähnliche Informationsquellen. Selbst die Peripherie mit dem Seitenstreifen oder der Nachbarfahrspur wird vom Fahrer erkannt. Dadurch gelingt es dem Fahrer, das Fahrzeug genau in der Mitte der Fahrspur zu halten.

Daher müssen die Auswirkungen von Fahrerinformationssystemen (FIS) und Fahrerassistenzsystemen (FAS) bei der Entwicklung des Bedien- und Beobachtungskonzeptes genau durchdacht werden. Es ist abzuwägen, ob der auditive Kanal oder der haptische/kinästhetische Kanal genutzt werden kann, um den Fahrer über wichtige Zustände zu informieren. Dabei werden vorrangig Warnsignale, Sprachausgaben oder auch die Möglichkeit der Spracheingaben genutzt.

Auch der haptische Kanal kann genutzt werden. Beim Schalten, Lenken oder Bremsen werden durch das Assistenzsystem Kräfte ausgelöst, die der Fahrer spürt. Das kurzzeitige Anziehen des Sicherheitsgurtes ist eine weitere Möglichkeit der Nutzung des haptischen Kanals durch ein FAS.

Ein kurzzeitiger Bremsruck, der durch ein FAS bewirkt wird, erzeugt eine Information über den kinästhetischen Kanal. Die möglichen Kommunikationsbereiche für visuelle Kanäle im Fahrzeug sind beschränkt auf vier Gebiete im Fahrzeug, wenn wir den Fahrertürbereich einmal ausklammern:

- Das Kombiinstrument im Armaturenbrett liegt in der Nähe des primären Sichtbereichs.
- Der Bereich der Außenspiegel kann für Assistenzsysteminformationen genutzt werden.
- Die Windschutzscheibe mit Head-up-Display erzeugt projizierte Informationen im primären Blickfeld und gestattet die Darstellung, ohne dass der Fahrer den Blick vom Fahrgeschehen abwenden muss. Die Notwendigkeit der Augenakkommodation wird reduziert.
- Die Mittelkonsole kann fahrer- und beifahrerrelevante Informationen über geeignete Instrumente wiedergeben.
- Im Fahrzeugfond können Informationsquellen für die Mitfahrer angebracht werden.

3.9.2   Beispiel: Fahrstreifenwechselassistent

Wir betrachten das Beispiel des Spurwechsels beim Autofahren, der auf der Autobahn aber auch im Stadtverkehr vorkommt. Der Spurwechsel des Fahrzeugs kann von der linken auf die rechte Fahrspur aber auch umgekehrt erfolgen. Der Spurwechsel der Fahrbahn kann zu Unfällen führen, wenn z. B. Fahrzeuge im toten Winkel des Rückspiegels nicht beachtet werden oder die Geschwindigkeit von Fahrzeugen auf der Überholspur falsch eingeschätzt wird. Gemessen am Gesamtunfallaufkommen mit PKW in Deutschland liegt die Ursache in ca. 5 % aller Unfälle bei einem fehlerhaften Fahrstreifenwechsel.

Der Fahrstreifenwechselassistent soll den Fahrer über andere Fahrzeuge im toten Winkel informieren. Das FAS muss in der Lage sein, schnell annähernde Fahrzeuge auf der Überholspur und andere Fahrzeuge im toten Winkel zu erkennen. Da auch auf der Beifahrerseite (verbotenerweise) überholt werden kann, muss es auch vor Kollisionen warnen, wenn der Fahrer das Fahrzeug auf die rechte Spur lenken will. Die Erkennung der Fahrzeuge muss bei Tag und Nacht und Sonnenschein und Regen zuverlässig funktionieren. Fährt ein auf der Nebenspur weit genug entferntes Fahrzeug gleich schnell, geht von ihm keine Gefahr aus. Auch diese Situation muss das FAS wahrnehmen.

Die Hauptfunktionen des Fahrstreifenwechselassistenten sind:
- Erkennung sich schnell nähernder Fahrzeuge,
- Erkennung von Fahrzeugen, die sich im toten Winkel befinden.

Das System greift nicht aktiv über Aktoren in die Fahrzeugführung ein, sondern es warnt den Fahrer. Bei der Entwicklung des FAS muss überlegt werden, welche Sensoren zuverlässig die gestellten Anforderungen erfüllen können und wo diese im Fahrzeug eingebaut werden. Außerdem muss eine ergonomische Mensch-Maschine-Schnittstelle entwickelt werden. Diese besteht aus visuellen oder auditiven Warnmeldungen, die dem Fahrer eine sinnvolle und frühzeitige Information bieten. Es sollte berücksichtigt werden, dass der Fahrer beim Überholen zum Blick in den Rückspiegel auch bei der Nutzung des FAS verpflichtet ist. Dementsprechend bietet es sich an, die Warnlampen in der Nähe der Außenspiegel unterzubringen. Die Schnittstelle des FAS mit dem Nutzer sollte evtl. ein oder zweistufig aufgebaut sein.

In der Informationsstufe 1 meldet das FAS dem Fahrer jedes evtl. gefährlich werdende Fahrzeug, auch wenn der Fahrer keinen Fahrspurwechsel durchführt. Die Anzeige darf, trotz häufiger Aktivierung, nicht störend auf den Fahrer wirken. Eine Lampe im Bereich der Außenspiegel könnte bei erkannten Objekten schwach, aber wahrnehmbar, aufleuchten. Das FAS sollte jedoch keine Fahrzeuge anzeigen, die keine Gefahr für das Fahrzeug darstellen. Fahrzeuge auf dem Nachbarstreifen, die relativ zum eigenen Fahrzeug langsam fahren und weit entfernt sind, stellen für den Überholvorgang keine Gefahr dar.

Bei der Nutzung eines zweistufigen Informationssystems dient die zweite Stufe der Anzeige der Hervorhebung einer potenziellen Gefahr. Diese Gefahr tritt ein, wenn der Fahrer beabsichtigt, die Spur bei erkannten Fahrzeugen im Gefährdungsbereich zu wechseln. Das FAS erkennt diese Absicht z. B. durch die Betätigung des Blinkerhebels. In diesem Fall könnte die Lampe im Außenspiegelbereich intensiver leuchten oder sogar blinken. In der Abb. 43 ist der Signalfluss des Spurwechselassistenten dargestellt. Das FAS nimmt in einem Gefährdungsmodell die potenzielle Gefahr über Sensoren (Kameras oder optisches Radar) wahr und vergleicht nachfolgend seine Einschätzung der Situation mit der über das Setzen des Blinkerhebels erkannten Entscheidung des Fahrers. Das FAS entscheidet nachfolgend, ob die erste oder zweite Warnstufe aktiviert werden soll.

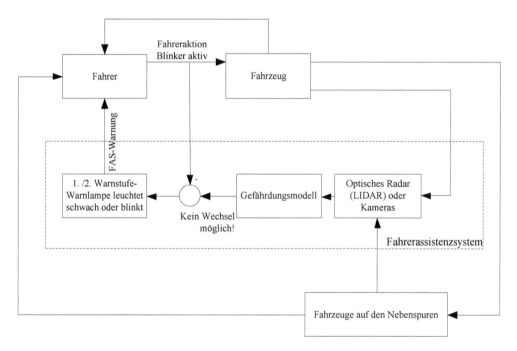

Abb. 43:   Spurwechselassistent im Blockschaltbild

Es gibt Fahrstreifenwechselassistenten von Herstellern, wie z. B. von Volvo (Blind Spot Information System (BLIS)), Mercedes-Benz (Totwinkel-Assistent) oder VW/Audi (Side Assist). Während das System von Volvo zwei in den Außenspiegeln eingebaute und nach hinten gerichtete Kameras besitzt, nutzen die Systeme von Mercedes-Benz und von VW/Audi optische Radarsensoren.

Die optischen Radarsensoren nutzen Ultraviolett-, Infrarot- oder Lichtstrahlen des sichtbaren Lichts. Man nennt diese Entfernungsmesssysteme LIDAR (Light Detection And Ranging).

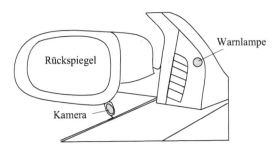

Abb. 44:   Ausrüstung des Fahrspurwechselassistenten von Volvo

Das System von Volvo arbeitet bereits ab einer Geschwindigkeit von $v = 10\,\text{km/h}$ und erkennt Fahrzeuge, die sich bis zu 70 km/h schneller bzw. 20 km/h langsamer als das überwachte Fahrzeug bewegen. Die Kamera erkennt in einem 3 m breiten und 9,5 m langen Bereich Fahrzeuge und meldet deren Präsenz durch zwei jeweils in den A-Säulen untergebrachte Lampen. Das System erkennt keine sich schnell, von hinten annähernden Fahrzeugen aus der Ferne.

Der Totwinkel-Assistent von Daimler arbeitet nicht mit Kameras zur Fahrzeugerkennung, sondern mit Radarsensoren, die sich im Bereich der Front- und Heckstoßfänger befinden. Die Sensoren senden breitbandig im Frequenzbereich von 24 GHz. Wenn die Sensoren Fahrzeuge im gefährlichen Bereich erkennen, erfolgt eine Anzeige über je einen roten Leuchtmelder, der sich im rechten bzw. linken Außenspiegelbereich befindet. Schaltet der Fahrer trotz der dauerhaft roten Leuchtmelder den Blinker ein, erfolgt eine akustische Anzeige über einen Doppelton. Die rote Leuchte blinkt dann.

Auch das Mercedes-System kann keine sich schnell nähernden Fahrzeuge, die sich noch weit entfernt befinden, erkennen, da der Messbereich ca. 3 m×3 m hinter den Außenspiegeln beträgt. Die Aktivierungsgeschwindigkeit für das eigene Fahrzeug beträgt 30 km/h.

Das VW/Audi-System erkennt auch Fahrzeuge, die noch weit entfernt sind, jedoch eine hohe Fahrgeschwindigkeit besitzen. Dazu dienen zwei schmalbandig sendende 24 GHz-Radarsensoren. Diese liegen im Bereich der hinteren Stoßfänger. Sie messen bis zu einer rückwärtigen Entfernung von 70–100 m, wobei auch die toten Winkel der Außenspiegel erfasst werden. Auch bei diesem System sind Lampen im Bereich der beiden Außenspiegel untergebracht, die den Fahrer informieren sollen, wenn ein Fahrstreifenwechsel gefährlich werden kann. Das System besitzt eine zweite Informationsstufe, die bei der Blinkerbetätigung in Kraft tritt und durch das Blinken der Leuchtmelder die Gefahr signalisiert. Die Erkennung benötigt eine Mindestfahrgeschwindigkeit von 30 km/h.

3.9.3   Beispiele: Spurverlassenswarnsystem und Spurhalteassistent

Nach Winner (2012, Kapitel 32) erfolgen 21 % aller tödlicher Unfälle durch einen Zusammenstoß mit einem entgegenkommenden Fahrzeug. Der Anteil davon, der durch das Verlassen der Fahrbahn bedingt ist, beträgt ca. 34 %. Das Spurverlassenswarnsystem und das Spurhaltesystem verfügen über Sensoren. Es handelt sich meist um Bildverarbeitungssysteme, um die Fahrstreifenbegrenzungslinien zu erkennen.

Mit Hilfe einer Kamera wird die Fahrbahn kontrolliert. Ein Bildverarbeitungsrechner erkennt Kontrastunterschiede aufgrund von Begrenzungslinien und wertet diese aus. Das Hauptproblem ist es, den Kontrast zwischen der Fahrbahn und der Mittellinie bzw. der rechten Fahrbahnrandmarkierung zu erkennen, denn bei Blendung durch Gegenlicht und in der Nacht oder bei Schnee sollte das System noch funktionieren. Auch Fehlmessungen z. B. durch Asphaltgrenzen in der Fahrbahnmitte müssen vermieden werden. Hinzu kommen länderspezifische Unterschiede in den Fahrbahnmarkierungen.

Zusammen mit der erkannten Fahrzeugposition und der Auswertung der Fahrerüberwachung entscheidet das Assistenzsystem, ob es sich um eine gewollte oder ungewollte Übertretung der Begrenzungslinie handelt. Das System erkennt, ob der Fahrer zum Überholen beschleunigt, und warnt nur im kritischen Fall. Es gibt zwei Auswertekriterien, über die die potenzielle Gefahr beurteilt werden kann. Es handelt sich um das DLC (Distance to Line Crossing)- und das TLC (Time to Line Crossing)-Kriterium. Das DLC-Kriterium erfordert die Berechnung der Entfernung des Rades zum Fahrstreifen. Das TLC-Kriterium ermittelt die Zeit bis zum Überqueren der Fahrstreifenbegrenzungslinie. In Abhängigkeit dieser Zeit wird die Warnung an den Fahrer aktiviert. Die Berechnung dieser Zeit TLC soll mit Hilfe der Zeichnung in Abb. 45 erläutert werden.

$$\text{TLC} = \frac{\text{Weg}}{\text{Geschwindigkeit}}$$
$$\text{TLC} = \frac{\frac{b}{2} - \frac{b_{\text{Fahrzeug}}}{2} \pm x_{\text{off}}}{v_{\text{Fahrzeug}} \cdot \sin(\psi)} \qquad (3.1)$$

b Breite Fahrstreifen
b_{Fahrzeug} Breite Fahrzeug
v_{Fahrzeug} Geschwindigkeit Fahrzeug
ψ Gierwinkel
x_{off} Entfernung zur Mitte des Fahrstreifens

Die Restzeit bis zur Überschreitung der Begrenzungslinie der Fahrbahn ergibt sich durch den Weg der rechten (bzw. linken) Räder bis zum Fahrbahnrand und der Geschwindigkeit des Fahrzeugs in Richtung des Randes der Fahrbahn. Man benötigt also die Geschwindigkeitskomponente des Fahrzeugs in Richtung der Begrenzung. Dazu führt man den Gierwinkel ψ in. Dieser Winkel wird durch die Fahrbahnrichtung und die Fahrrichtung des Fahrzeugs gebildet. Wir sehen in der Abbildung links das Fahrzeug in der Mitte der Fahrbahn. Der Gierwinkel ist null. Der Offset der vorderen Mitte des Fahrzeugs zur Fahrbahnmitte ist null. Der Weg zum Fahrbahnrand links und rechts beträgt:

$$\Delta s_{\text{links}} = \Delta s_{\text{rechts}} = \frac{b}{2} - \frac{b_{\text{Fahrzeug}}}{2}$$

Im rechts gezeichneten Fahrzeug ist der Offset ungleich null. Die Strecke zum rechten Fahrbahnrand beträgt:

$$\Delta s_{\text{rechts}} = \frac{b}{2} - \frac{b_{\text{Fahrzeug}}}{2} - x_{\text{off}}$$

Der Abstand zum linken Rand hat sich vergrößert:

$$\Delta s_{\text{rechts}} = \frac{b}{2} - \frac{b_{\text{Fahrzeug}}}{2} + x_{\text{off}}.$$

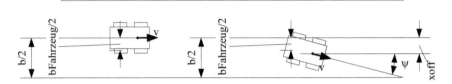

Abb. 45:   Berechnung der Zeit bis zum Verlassen der Fahrbahn

Man kann den Fahrer also gezielt warnen, bevor er die Fahrbahn (ungewollt) verlässt. Wichtig ist es, die Absicht des Fahrers zu erkennen, denn der Fahrer soll natürlich nicht gewarnt werden, wenn er vorhat, die Fahrbahn zu verlassen. Wir müssen beachten, dass die dargestellten Berechnungsgleichungen die Fahrbahnkrümmung nicht beachten und somit eine (grobe) Näherung darstellen.

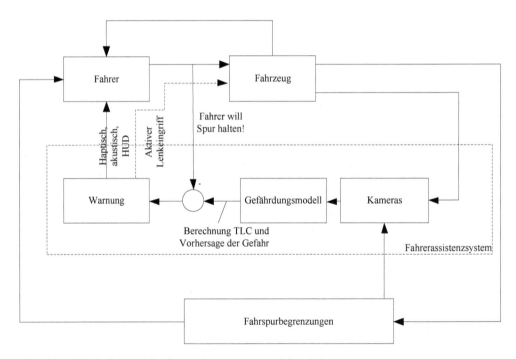

Abb. 46:   Blockschaltbild des Spurverlassenswarn- und Spurhaltesystem

Die Warnungen können visuell, akustisch oder haptisch erfolgen. Die visuelle Warnung erfolgt z. B. durch ein Leuchtsymbol im Kombiinstrument oder im HUD. Falls der Fahrer jedoch eingeschlafen ist (Sekundenschlaf), reicht die visuelle Warnung nicht aus. Akustische Warnungen können über einen rechten und linken Lautsprecher erfolgen, sodass der Fahrer erkennt, auf welcher Seite er den Fahrstreifen verlässt. Allerdings können alle Insassen diese Meldung vernehmen und der Fahrer könnte das System daher ausschalten, um kein Bloßstellen eines Fahrfehlverhaltens zu erfahren. Durch ein Vibrieren des Lenkrades können haptische Warnungen erfolgen, die eine intuitive Korrektur des Fahrers bedingen können. Auch ein Vibrieren des Sitzes auf der rechten oder linken Seite kann eine Warnung darstellen, die allerdings zuerst interpretiert werden muss.

Außer den passiven Spurverlassenswarnsystemen gibt es Spurhaltesysteme, die aktiv gegenlenken, wenn eine Gefahrensituation eintritt. Beachtet man die Häufigkeit der Unfälle, deren Ursache im Verlassen der Fahrspur liegen, können solche Systeme die (aktive) Sicherheit erhöhen. Der sog. Sekundenschlaf führt z. B. dazu, dass das Fahrzeug die Spur verlässt. Hier kann ein Spurhaltesystem helfen, Unfälle zu vermeiden. Es besteht jedoch die Gefahr, dass der Fahrer das System nutzt, um tertiäre Fahraufgaben durchzuführen, z. B. um zu telefonieren. Da die Spurhaltesysteme jedoch nicht in jedem Fall den Fahrstreifen erkennen können, ist die Achtsamkeit des Fahrers unbedingt weiterhin erforderlich.

Wir wollen auch diesen Abschnitt zusammenfassen.

Zusammenfassung

Im letzten Abschnitt beschäftigten wir uns mit den Fahrerassistenzsystemen und dem Drei-Ebenen-Modell zur Führung eines Kraftfahrzeugs. Das fertigkeitsbasierte Handeln wird vom regelbasierten und wissensbasierten Handeln unterschieden. Zu den drei Handlungsarten gaben wir Beispiele an, die aus dem Bereich des Autofahrens entstammen. Wir ergänzten das Modell um Regelkreise für jede Handlungsebene. Fahrerassistenzsysteme erhöhen die aktive Sicherheit beim Autofahren, da es zu Informations- und Handlungsdefiziten beim Autofahrer kommen kann. Die Eingriffsmöglichkeiten des Fahrerassistenzsystems zeigten wir an einem Blockschaltbild. Die Darstellung von Informationen in einem Head-up-Display bietet Möglichkeiten die Blickabwendung vom Fahrbahngeschehen zu reduzieren. Der Fahrstreifenwechselassistent dient als Beispiel der Ausführung eines kommerziell erhältlichen Fahrerassistenzsystems. Die Aufgaben des Assistenzsystems sind die Erkennung sich schnell nähernder Fahrzeuge und die Erkennung von Fahrzeugen, die sich im toten Winkel befinden. Das System greift nicht aktiv in die Stabilisierung des Fahrzeugs ein sondern warnt den Fahrer in kritischen Situationen. Als ein weiteres Fahrerassistenzsystem haben wir das Spurverlassenswarnsystem und das Spurhaltesystem kennengelernt. Mit Hilfe der Sensorsignale von Kameras werden Begrenzungslinien erkannt und über ein Modell ein mögliches Verlassen der Spur vorausberechnet.

Kontrollfragen

K36 Nennen Sie je ein Beispiel für primäre, sekundäre und tertiäre Fahrhandlungen.

K37 Welche Handlungen gehören zu den primären Aufgaben beim Autofahren?

K38 Welche Tätigkeiten gehören zur Stabilisierung eines Fahrzeugs?

K39   Welche Defizite hinsichtlich der Leistungsfähigkeit des Fahrers kann ein Fahrerassistenzsystem evtl. mildern?

K40   Welche Vorteile bietet ein Head-up-Display?

3.10   Gestaltungsregeln von Mensch-Maschine-Schnittstellen

Die Anordnung der zur Mensch-Maschine-Schnittstelle gehörenden Komponenten, Anzeigen und Bedienteile ist Inhalt dieses Abschnitts. Anzeigen geben dem Menschen Hinweise über die Zustände eines technischen Systems in Form einer Informationsübertragung. Die Informationsübertragung vom Menschen zur Maschine erfolgt über die Bedienteile. Bei der Verwendung mehrerer Bedienteile oder Funktionen sollte die informatorische Belastung des Bedieners berücksichtigt werden.

Informatorische Belastung

Unter der informatorischen Belastung verstehen wir die Belastung des Bedieners durch Reize, die durch Informationen auf ihn einwirken.

So wie auch technische Systemkomponenten nach Regeln, die z. B. durch die Normung vorgegeben werden, zusammenarbeiten, müssen auch Anzeigen und Bedienteile zusammenpassen, um z. B. nicht verwechselt zu werden. Die Bedienung sollte vom Menschen als intuitiv angesehen werden, so dass der Bediener nicht lange nachdenken muss, um die Funktionen zu verstehen. Die Aufmerksamkeitsressourcen dürfen nicht durch Nachdenken über die Bedienung belastet werden. Die Bedienung ist dem menschlichen Verhalten anzupassen, wobei nicht nur die ergonomischen Anforderungen zu berücksichtigen sind, sondern auch die kognitiven Prozesse, die im Gehirn ablaufen.

Als übergeordnete Gestaltungsregeln für die Anordnung von Anzeigen und Bedienteilen gelten die Kompatibilität von Benutzerschnittstellen und die Verwendung von multimodalen Schnittstellen.

Kompatibilität

Ein Kompatibilitätsprinzip besagt, dass die Informationspräsentation und Verarbeitung nach einem dem Menschen bekannten mentalen Modell ablaufen soll.

Mentale Modelle beinhalten die Vorstellung von Menschen über ein System oder ein Gerät oder auch ein Computerprogramm. Der Benutzer hat aufgrund seines Wissens Erwartungen an das System. Je nachdem, ob das System so reagiert, wie der Benutzer es erwartet, wird das mentale Modell in der Vorstellung des Bedieners bestätigt oder angepasst. Der Entwickler eines Bedienkonzeptes plant die Interaktionen nach seinen Vorstellungen oder er realisiert ein spezifiziertes Pflichtenheft. Dieses Planungsmodell nennt man ein konzeptionelles Modell. Das mentale Modell des Benutzers und das konzeptionelle Modell der Entwickler eines technischen

Systems sollten möglichst gut übereinstimmen, damit der Benutzer das System fehlerfrei und effektiv nutzen kann.

Lineare Zusammenhänge sind für den Benutzer einfacher zu verstehen als nichtlineare Zusammenhänge. Wenn die Verschiebung eines Temperaturreglers um einen bestimmten Abstand oder Winkel eine bestimmte Temperaturänderung nach sich zieht, geht der Benutzer davon aus, dass diese Temperänderung auch bei Wiederholung wieder eintritt, auch wenn die Ausgangstemperatur eine andere war.

Falls Reaktionen eines Systems auf eine Reglerbetätigung stark verzögert eintreten, kann der Benutzer keinen kausalen Zusammenhang erkennen. Der Aufbau eines mentalen Modells wird erschwert.

Ein weiteres Beispiel ist das Einschlagen des Lenkers beim Fahrrad. Dreht man den Lenker nach rechts, fährt das Fahrrad auch nach rechts. Bewegt man aber die Pinne des Segelbootes nach rechts, fährt das Segelboot nach links. Dabei wird dem mentalen Modell nicht entsprochen. Es handelt sich um eine Inkompatibilität zu dem mentalen Modell.

Falls die Informationen in codierter Form übertragen werden, muss der Mensch sie decodieren. Je geringer die notwendigen, mentalen Ressourcen für eine Decodierung sind, umso effizienter verläuft die Informationsverarbeitung. Die Mensch-Maschine-Schnittstelle muss zu den menschlichen Eigenschaften des Wahrnehmens, der Problemlösungstechnik und des Handelns kompatibel sein.

Beim Autofahren wird die Geschwindigkeit angezeigt. Allerdings wäre es z. B. bei hohen Geschwindigkeiten besser, den Bremsweg zu wissen. Denn dieser entscheidet darüber, ob das Fahrzeug noch sicher zum Stillstand gebracht werden kann. Bei Flugzeugen wird daher der Flugkorridor ausgehend von den aktuellen Flugdaten grafisch eingeblendet, um dem Piloten zu signalisieren, wo sich das Flugzeug zukünftig befinden wird.

Die richtige Beurteilung des menschlichen Verhaltens auf Reize, die durch Signale entstehen, ist für den Designer von Assistenzsystemen bei der Wahl der Anordnung von Bedienteilen und Anzeigen wichtig, denn in Situationen mit hoher Belastung können bei nicht kompatiblen Anordnungen Fehler entstehen.

Wir gehen in diesem Zusammenhang von Signalen aus, die eine Reaktion bzw. Handlungsfolge erforderlich machen. Man berücksichtigt die Intensität, Diskriminierbarkeit, Modalität, Zeitdauer und die räumliche Anordnung der Signale bei der Gestaltung von Mensch-Maschine-Schnittstellen. Signale sollten sicher unterscheidbar, also diskriminierbar, sein und eine der Situation und dem Bediener angepasste Amplitude aufweisen. Gleichzeitig erscheinende Signale sollten möglichst über unterschiedliche Sinne bemerkt werden, damit die Aufmerksamkeit besser verteilt werden kann. Bei visuellen Anzeigen spielt die Anordnung der Anzeigen eine wichtige Rolle, um Ausreißer oder Fehler zu detektieren.

Signal-Reaktions-Kompatibilität

Als Signal-Reaktions(SR)-Kompatibilität bezeichnet man den Zusammenhang zwischen einem Stimulus, das sei der Auslösereiz, der eine Klasse von Verhaltensweisen auslöst oder in Gang bringt, und einer auszuführenden Reaktion (Schlick, 2010).

Ein Rechtsdrehen des Lenkrades bedingt ein Rechtsfahren des Autos. Es wäre für den Menschen sehr schwierig, mit der umgekehrten Signal-Reaktions-Folge umzugehen. Die SR-Kompatibilität erhöht die Effizienz und Effektivität der Reaktion des Benutzers. Dies spielt eine wichtige Rolle in der Anordnung und Gestaltung von Bedienelementen. Man unterscheidet statische Elemente und dynamische Elemente bei der Gestaltung von Bedienteilen und Anzeigen. Die Art der Vorstellung des Menschen, die mit seinen persönlichen Erfahrungen zu tun hat, sollte bei der Gestaltung der Bedienung und Anzeige berücksichtigt werden. Es ist wichtig, die Richtung der Handlung mit der Richtung der Auswirkung im mentalen Modell in Übereinstimmung zu bringen.

Richtungskompatibilität

Als Richtungskompatibilität bezeichnet man die Übereinstimmung der Bewegungsrichtung zwischen Stellteil und Auswirkung der Einstellung auf die Bewegungsrichtung der zugeordneten Anzeige.

Es muss in jeder Situation erkennbar sein, welche Aktionen möglich sind! Der Zustand des Geräts oder Systems muss stets erkennbar sein. Die Transformation von Zielen des Benutzers in Bedienhandlungen muss möglichst leicht erfolgen können. Das zugrunde liegende konzeptionelle Modell muss sich schnell erschließen lassen. Außerdem müssen Regeln eingehalten werden. Die Systemreaktion und der sich daraus ergebende Zustand müssen leicht interpretierbar sein! Der Benutzer muss den angezeigten neuen Systemzustand möglichst leicht mit seinem Ziel vergleichen können!

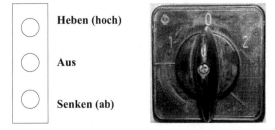

Abb. 47:   Tasten- und Schalterbedienung, links: Bewegung nach oben erfolgt durch den oberen Taster,
             die Bewegung nach unten durch den unteren Taster; rechts: Schalter mit unklarer Funktion

Bei der Anordnung von Tastern für Bewegungen eines Lastenaufzugs nach oben oder unten ist z. B. darauf zu achten, dass die Taste für die Bewegung nach unten unterhalb der Taste für die Bewegung nach oben angeordnet wird. In der Abb. 47 rechts ist ein alter Schalter zu sehen, der nicht kompatibel zur menschlichen Vorstellung ist, denn es ist nicht klar, ob die Schalterstellung 1 eine Bewegung nach links hervorruft. Normalerweise wird durch eine Rechtsdrehung eine Vergrößerung oder Erhöhung eines Wertes bewirkt. Ausgehend von null erfolgt hier zuerst eine Linksdrehung und dann eine zweifache Rechtsverstellung.

Wenn ein Assistenzsystem mehrere Anzeigen und Stellteile benötigt, ist die Anordnung der Elemente auf dem Schaltbrett oder im Cockpit eines Flugzeugs von Bedeutung.

Es gibt dazu bestimmte Gestaltungsrichtlinien, die beim Entwurf beachtet werden sollten. Ein Prinzip, das bei sehr wichtigen Signalen beachtet werden muss, ist das Redundanzprinzip. Die Information wird z. B. akustisch und visuell signalisiert. Die Rundumleuchte und das Signalhorn eines Polizeiwagens können als ein Beispiel dienen. Aber auch eine Ampel stellt die Information Stop – rot und Fahren – grün zusätzlich durch die Anordnung des Signals unten – grün, oben – rot redundant dar. Falls Anzeigen unterschiedliche Aussagen wiedergeben sollen sollten sie unterscheidbar sein. Das gleiche Erscheinen der Anzeige erhöht die Verwechslungsgefahr.

Räumliche und dynamische Kompatibilität

Die räumliche Kompatibilität bestimmt die Anordnung der Bedienelemente und Displays. Die dynamische oder Bewegungskompatibilität berücksichtigt die Bewegungen der Stellteile und Anzeigen.

Mit größerem räumlichem Abstand zwischen Signalen und Reaktionstasten steigt die Reaktionszeit an. Die Ursache für das Prinzip der räumlichen Kompatibilität wird (zumindest teilweise) in der intrinsischen Tendenz des Menschen, sich der Reizquelle zuzuwenden, gesehen.

Hat der Bediener die Aufgabe, mehrere gleich wichtige Anzeigen zu beobachten, sollten sogenannte „emergent features" genutzt werden. Darunter verstehen wir spezielle Konstellationen von Anzeigen zueinander. Beispielsweise zeigt die Anordnung der Anzeigen in Abb. 48, ohne dass wir die Anzeige ablesen, dass eine Anzeige nicht horizontal verläuft. Dadurch kann der Bediener sofort erkennen, dass es eine Unstimmigkeit oder ein Problem gibt. Intuitiv zieht der Bediener eine gerade Linie von der ersten bis zur letzten Anzeige und erkennt eine Unterbrechung. Der Bediener empfängt dadurch Hinweise, die im Englischen auch als Cues" bezeichnet werden.

Abb. 48: Aufgrund der Anordnung erkennt der Bediener sofort, dass die gerade Linie der Zeiger gestört ist

Eine andere Form der Emergent Features stellen Anzeigen dar, die in einem bestimmten Winkel zueinander angebracht werden, wie die im folgenden Bild dargestellte Polygonanzeige. Damit können acht Messwerte angezeigt werden. Ohne die genauen Werte abzulesen, erkennt der Betrachter, dass die aktuelle Anzeige von dem regelmäßiges Achteck abweicht. Falls das regelmäßige Achteck die Messwerte im Sollzustand darstellt, erkennt der Betrachter schnell eine Abweichung.

Die wichtigste Norm zur Gestaltung von Bediensystemen ist die DIN EN ISO 9241. Diese weltweit geltende Norm nutzt das ergonomische Wissen zur Software, Hardware und zur Arbeitsumgebung. Sie enthält Anforderungen an Tastaturen, die Arbeitsplatzgestaltung und die

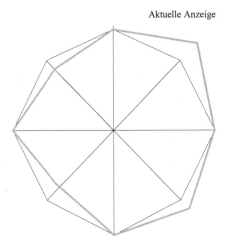

Aktuelle Anzeige

Abb. 49:   Anzeigen in Polygonanordnung

Körperhaltung und enthält Leitsätze für die Arbeitsumgebung. Auch die Gebrauchstauglichkeit, die Informationsdarstellung, die Benutzerführung und die Dialogführung mittels Menüs
und Kommandos werden in dieser Norm behandelt.

Zusammenfassung

Die Zusammenfassung der wesentlichen Inhalte des Abschnitts umfassen Gestaltungsregeln
für Mensch-Maschine-Schnittstellen. Die informatorische Belastung des Bedieners sollte bei
der Gestaltung berücksichtigt werden. Die Aufmerksamkeitsressourcen werden durch komplexe Bedienungsfunktionen übermäßig beansprucht. Wichtig ist, dass das mentale Modell
des Bedieners mit der Wirklichkeit bei der Bedienung übereinstimmt. Eine lineare Reaktion
auf bestimmte Stellvorgänge mit geringer zeitlicher Verzögerung ist anzustreben. Der Aufwand zur Dekodierung der Informationen einer Anzeige ist zu minimieren, um unnötige Um-
denkprozesse bzw. Transformationen zu vermeiden. Man unterscheidet die Signal-Reaktions-
Kompatibilität, die Richtungskompatibilität, die räumliche und die Bewegungskompatibilität.
Bei mehreren Anzeigen ist das Prinzip der Emergent Features zu beachten.

Kontrollfragen

K41   Was versteht man unter der Signal-Reaktions-Kompatibilität?

K42   Was versteht man unter dem konzeptionellen und dem mentalen Modell?

3.11 Möglichkeiten der Kommunikation und Interaktion Mensch–Maschine

In diesem Kapitel sollen einige Möglichkeiten der Interaktion zwischen dem Menschen und der Maschine dargestellt werden. Man muss natürlich unterscheiden, ob die Interaktion mit einem Gerät des täglichen Lebens, z. B. mit einer Kaffeemaschine stattfindet, oder ob mit einem industriellen Gerät, wie z. B. mit einer Steuerung einer Maschine, gearbeitet wird. Die Bedien- und Anzeigeelemente im Cockpit eines Flugzeugs oder eines Autos sind nochmals unterschiedlich. Weiterhin ist eine wichtige Interaktion die Bedienung von Computern. Da viele Maschinen wie auch Assistenzsysteme über Computer gesteuert werden, ist diese Interaktionsform von großer Bedeutung.

Die Möglichkeiten, Assistenzsysteme zu bedienen, hängen von der Auswahl und Anordnung der Bedienelemente und Anzeigen ab. Bei vielen Anwendungen werden Interaktionen stattfinden, wie wir sie von Computern her kennen, doch auch einfachere Bedienungen, wie sie bei der Maschinenbedienung vorkommen, sollten beachtet werden. Außerdem ist die Gestaltung der Anordnung von Programmfenstern, virtuellen oder realen Tasten bzw. Anzeigen von Bedeutung, um Fehlbedienungen möglichst auszuschließen.

In dem folgenden Bild sind Unterscheidungskriterien bei den Aufgaben Bedienen und Beobachten angegeben. Die Unterscheidung der Bedienung erfolgt in einfache Stellteile, wie z. B. Hebel oder Handräder oder Befehlsgeber, sowie Tasten als Funktionstasten in realen und virtuellen Tastaturen und Softkeys. Zusätzlich gibt es Eingabegeräte, wie z. B. Rollkugeln, Mauspads, Joysticks und Stifte. Auch die direkte Betätigung oder Eingabe von Daten, z. B. über Finger, kommt infrage. In dem letzten Fall handelt es sich um Berührungs- oder Touch-Eingaben, wie sie z. B. bei vielen Smartphones möglich sind. In diese Gruppe gehören auch die Eingaben über Finger- oder Handgesten, die über Multi-Touch-Bedienungen realisiert werden. Die Gesten werden taktil auf eine druckempfindliche Fläche übertragen und vom Rechner ausgewertet und erkannt. Zukünftige Bedienungen können auch über Körpergesten, die über eine Kamera erkannt werden, realisiert werden. Die Führung eines Roboterarms an verschiedene Aktionsstellen ist auch eine Bedienung. Bei Gehhilfe-Assistenten kann die Aktion über Muskelkontraktionen der Beinstümpfe erfolgen.

Bei der Art der Bedienung unterscheiden wir die ausführende Extremität, als Hand oder Fuß, die Bedienung über die Stimme und die Bedienung über Gesten oder die Mimik. Es ist vorteilhaft, die Stimme als Eingabekanal einzusetzen, wenn die Hände und Füße bereits Arbeiten ausführen. Allerdings ist die Sprachdekodierung kompliziert und es können Probleme bei der Laut- und Wortunterscheidung entstehen. Außerdem behindern Umwelteinflüsse (Nebengeräusche stören, Stimme leicht zu beeinflussen) die Befehlseingabe. Die Beobachtung kann im einfachen Fall über Displays als CRT und LC-Displays, Analog- oder Digitalanzeigen sowie über Leuchtsignale als Alarm- oder Warnsignale erfolgen. Komplexere Systeme nutzen 3D-Darstellungen, mit der Möglichkeit, Eingriffe und Manipulationen, die nicht direkt sichtbar sind, virtuell zu verfolgen.

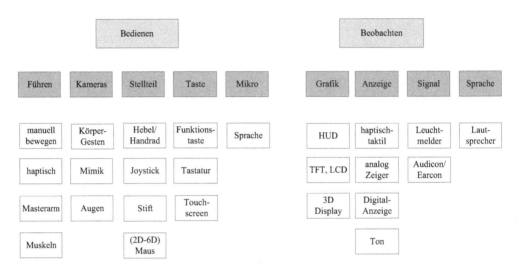

Abb. 50:   Geräte zum Bedienen und Beobachten

3.11.1   LC-Display

Als Displays werden heute meist TFT(Thin Film Transistor)-Matrix-Anzeigen für die Darstellung von ebenen Farbbildern eingesetzt, die auf LCD(Liquid Crystal Display)-Anzeigen basieren. Die Funktion des LCDs wird im Folgenden erläutert.

Gemäß dem Wellenmodell besteht Licht aus elektromagnetischen, transversalen Wellen, die beliebige Schwingungsrichtungen aufweisen. Natürliches Licht stammt von zufällig ausgerichteten und angeregten atomaren Strahlern. Jedes Atom sendet für kurze Zeit eine elektromagnetische Welle aus. Jede Welle besitzt eine Schwingungsebene. Durch die Überlagerung aller Wellen hat Licht beliebig viele Schwingungsebenen. Durch technische Einrichtungen (Polarisationsfilter) gelingt es, Lichtwellen mit bestimmten Schwingungsebenen auszufiltern.

Polarisationsfilter

Durch sogenannte Polarisationsfilter kann man einzelne Schwingungsrichtungen des Lichtes sperren bzw. hindurchlassen. Die Verbindung zweier Polarisationsfilter, deren Durchlassrichtung senkrecht zueinander steht, verhindert, dass Licht hindurchscheint.

Flüssigkristalle besitzen kristallähnliche Molekülstrukturen, die jedoch gegeneinander verschiebbar sind. Die Moleküle von Flüssigkristallen sind lang und dünn und können sich in einem regelmäßigen Muster ausrichten. Bringt man eine dünne Schicht der Flüssigkristalle auf schmale, lineare Strukturen auf einen Glasträger, drehen sich die Kristallstrukturen in Richtung der aufgebrachten Glaslinien. Bei LC-Displays verwendet man zwei Glasträger mit linearen Strukturen, dazwischen befindet sich eine dünne Schicht der Flüssigkristalle. Die linearen Strukturen der Glasträger sind um den Winkel 90° gegeneinander verdreht. Dadurch ordnen sich die Moleküle des Flüssigkristalls an den Scheiben um 90° versetzt an. Im Inneren ergibt sich eine schraubenförmige Struktur der Flüssigkeitskristallmoleküle. Beide Glasträger enthalten je ein Polarisationsfilter. Die Filter sind ebenfalls um 90° versetzt angeordnet. Beim Passieren der Moleküle des Flüssigkristalls wird die Richtung der Polarisationsebene des Lichts durch die schraubenförmige Struktur der Moleküle gedreht und das Licht verlässt die zweite Scheibe mit der um 90° gedrehter Polarisationsebene.

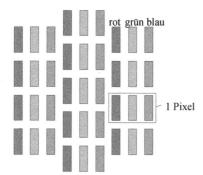

Abb. 51:   Matrix von Bildpunkten mit je drei Farbanteilen im Display

Schaut man sich ein LC-Display in der Vergrößerung an, erkennt man, dass es aus einzelnen Zellen besteht, die jeweils drei einzelne LCD-Elemente enthalten. In jeder Zelle können die Farbanteile der Primärfarben (in der Regel rot, grün und blau) über Transistoren ein- oder ausgeschaltet werden. Der Bildschirm ist in Bildpunkte (Pixel) aufgeteilt, bei SXGA-Auflösung sind das 1280 × 1024 Pixel.

Die Ansteuerung der einzelnen LCD-Elemente erfolgt über eine elektronische Schaltung, mit deren Hilfe ein elektrisches Feld erzeugt werden kann, in dem das flüssige Kristall liegt. Auf die beiden Glasscheiben ist jeweils eine durchsichtige Indium-Zinnoxid-Schicht aufgebracht worden.

> **Indium-Zinnoxid-Elektroden (engl. Indium Tin Oxide, ITO)**
>
> Auf optischen Sensoren verwendet man für das sichtbare Licht transparente Halbleiter aus ITO, die auf Substrate aus z. B. Glas im Hochvakuum in dünnen Schichten aufgebracht werden, als Kontakte.

Diese stellt die für den Aufbau des elektrischen Feldes benötige Elektrode dar. LCDs werden über eine Hintergrundbeleuchtung mit weißem Licht beaufschlagt. Je nach der eingestellten elektrischen Spannung wird von den Flüssigkristallen unterschiedlich viel Licht durchgelassen oder abgelenkt. Die Verdrehung der Moleküle des Flüssigkristalls wird durch das elektrische Feld verändert und an der zweiten Glasscheibe mit den linearen Strukturen tritt bei geringer Feldstärke mehr Licht und bei hoher Feldstärke weniger Licht aus. In der Praxis erfolgt das Anlegen der Spannung an das Kristall durch die TFT-Dünnfilmtransistoren.

Es ist bekannt, dass weißes Licht alle Spektralanteile, also alle Frequenzen des sichtbaren Bereichs der Spektralfarben, enthält. Die Spektralfarben sind die gesättigten Farben der jeweiligen dominanten Wellenlänge. Durch die additive Farbmischung aus den Grundfarben rot, grün und blau lassen sich Mischfarben erzeugen. Die Farbfilter extrahieren die einzelnen Frequenzen der Grundfarben aus dem weißen Licht. Je nachdem, welche Intensitätsanteile die einzelnen Primärfarben aufweisen, entstehen unterschiedliche Farbwahrnehmungen.

Aktiv adressierte Matrix-LCD (AMLCD) mit der Adressierung einzelner Bildpunkte durch Dünnfilmtransistoren (TFT) werden auch im Kraftfahrzeugbereich genutzt. Röhrengeräte (CRT – Cathode Ray Tube) sind sehr selten geworden, da sie wesentlich größer sind und zum Flimmern neigen. Für die XGA-Auflösung mit 1024×768 Bildpunkten benötigt man 2 359 296 Transistoren. Im Fall des Versagens einzelner Transistoren sind die zugehörigen Pixel permanent ein- oder ausgeschaltet.

3.11.2 Dimensionalität der Stellbewegung

Stellbewegungen finden z. B. zur Dosierung von Flüssigkeitsströmen statt. Dazu dient ein verstellbares Stellglied, wie ein Ventil. Mit Hilfe einer Energiequelle wird das Stellglied stufenlos und analog betätigt. Falls ein Mensch die Verstellung durchführen soll, benötigt er ein Bedienteil. Ein verstellbares Potenziometer kann z. B. mit einem Hebel ausgerüstet sein, den der Bediener verstellt. Je nach Stellung des Potenziometers wird die Spannung des Aktors, der das Ventil betätigt, verändert.

Es gibt eindimensionale, zweidimensionale, dreidimensionale und mehrdimensionale Bedienteilveränderungen. Die im folgenden Bild gezeichnete 3D-Space-Maus kann in drei Richtungen (x-, y- und z-Richtung) linear bewegt werden. Zusätzlich können drei Drehungen erfolgen. Sie lässt sich einfach an einen Computer anschließen und erlaubt die Navigation von Objekten in dreidimensionalen CAD-Systemen. Sie interpretiert die aufgebrachten Kräfte der Hand und führt z. B. die im folgenden Bild dargestellten Bewegungen der im Programm markierten Objekte aus.

Robotersteuerungen besitzen oft ein Handbediengerät, das meist über Kabel mitgeführt werden kann, und eine Tastatur sowie ein LC-Display. In Abb. 53 ist ein Handbediengerät dargestellt, das von der Herstellerfirma als KCP (Kuka Control Panel) bezeichnet wird. Das KCP wird mit

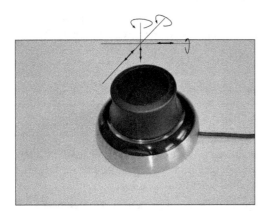

Abb. 52:   Mehrdimensionales Stellelement, Space-Maus

der einen Hand über einen hinten angebrachten Riemen gehalten und dann mit der anderen Hand bedient. Das KCP besteht aus dem LC-/TFT-Display und verschiedenen Tastenfeldern. Zusätzlich enthält es einen Schlüsselschalter zur Wahl der Betriebsart, zwei Tasten zum Ein- und Ausschalten der Antriebe sowie den Not-Ausschalter. Im hinteren Bereich des KCPs sind weitere Tasten untergebracht. In Abhängigkeit der Darstellung im Display haben die Softkeys unterschiedliche Bedeutungen.

Wir sehen am rechten Rand des Gerätes ein Bedienelement, das als 6D-Maus bezeichnet wird. Die 6D-Maus ist druck- und zugempfindlich und reagiert je nach Druck- bzw. Zugrichtung mit einer Bewegung des Roboter-Werkzeugflansches in die verschiedenen Koordinatenrichtungen x, y und z, die in Abb. 54 eingezeichnet sind. Dabei entsteht erst dann eine kompatible Anordnung der Tasten zu den Bewegungsrichtungen des Roboters, wenn der Bediener sich genau gegenüber dem Robotersystem befindet. Zieht der Bediener an der 6D-Maus in Richtung X, bewegt sich das am Werkzeugflansch eingezeichnete Koordinatensystem linear in diese Richtung. Entsprechend fährt der Roboter in die Richtungen Y und Z, wenn in diese Richtungen an der 6D-Maus gezogen oder gedrückt wird.

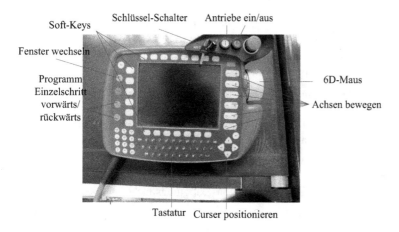

Abb. 53:   Handbediengerät eines Industrieroboters der Firma Kuka Robotics

Es ist auch möglich, den Robotergreifer um die Achsen X, Y und Z zu drehen. Mit der Hand übt man auf die 6D-Maus ein entsprechendes Drehmoment in der gewünschten Drehrichtung aus. Je nachdem, mit welcher Kraft versucht wird, die 6D-Maus zu betätigen, fährt der Roboter unterschiedlich schnell. Diese Form der Mensch-Maschine-Schnittstelle besitzt eine haptische Schnittstelle, die aber nur in eine Richtung wirkt, denn eine evtl. Kollision des Roboters mit Gegenständen oder ein Verlassen des Arbeitsraumes des Roboters wird keine Auswirkungen auf die Stellkraft haben. Man erzeugt also keine haptische Rückmeldung über die Stellaktion.

Stellteile dienen primär der Informationsumsetzung, zugleich sollten sie interpretierbar sein, d. h. ein Feedback sollte bemerkbar sein. Im Fall der Robotersteuerung über die 6D-Maus sieht der Benutzer direkt die erzeugte Bewegung. In anderen Fällen ist das nicht möglich und der Effekt der Stellbewegung wird über ein Display oder eine Anzeige visualisiert.

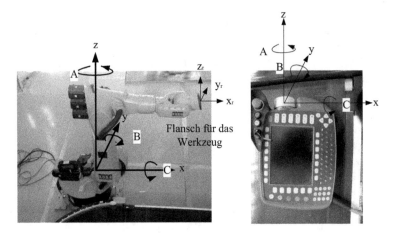

Abb. 54:   Bedienung eines Roboters mit der 6D-Maus

Die Bedienung eines Roboters über einen Joystick, der mit den analogen Kanälen der Robotersteuerung verbunden ist, zeigt die Abb. 68. In der Abb. 78 ist ein Masterarm dargestellt, mit dem ein Manipulator manuell gesteuert werden kann. Eine wesentlich komplexere Ansteuerung von mehrachsigen Robotern geschieht mit dem in Abb. 82 abgebildeten System.

Die anthropometrischen und biomechanischen Aspekte spielen bei der Stellteilgestaltung eine Rolle. Dazu gehören die Abmessungen und die Erreichbarkeit. Wichtig bei Stellteilen sind die erforderlichen Stellkräfte und -momente, wobei abzuwägen ist, welche Mindestkraft notwendig sein soll, um ein unbeabsichtigtes Betätigen zu verhindern.

Die Materialauswahl und Oberflächengestaltung kann z. B. zur Erhöhung des Reibungswertes zwischen Hand und Griff führen. Weiterhin ist durch eine besondere Oberflächengestaltung oder ein verformbares Material die Vergrößerung von Kopplungsfläche und Kopplungskraft möglich.

Wir wollen die wesentlichen Ergebnisse des Kapitels zusammenfassen.

Zusammenfassung

Wir haben grundlegende Möglichkeiten des Bedienens und Beobachtens bei Assistenzsystemen kennengelernt. Sie umfassen Stellteile wie Hebel, Handräder und Befehlsgeräte sowie Tasten und direkte oder indirekte Eingabegeräte. Dazu gehören die Maus oder Touchscreen-Bedienung. Als Displays werden meist Flüssigkeitskristall-Displays (LCD) benutzt, die über eine Transistormatrix angesteuert werden. Jedes Pixel einer LCD-Anzeige besteht aus drei einzelnen Bildpunkten, die mit Hilfe von Filtern aus einer weißen Hintergrundbeleuchtung die Farbanteile erzeugen. Die Bedienung der Stellteile kann mehrdimensional erfolgen.

Kontrollfragen

K43   Geben Sie drei wesentliche Bestandteile einer LCD-Anzeige an.

K44   Welcher physikalische Effekt wird bei LC-Displays genutzt?

K45   Welche Bedeutung hat der ITO-Film auf dem LC-Display?

K46   Welche Dimensionalität besitzt eine Computermaus?

3.11.3   Fortgeschrittene Mensch-Computer-Schnittstellen

Die Entwicklung der Interaktionen zwischen Mensch und Computer vollzog sich ausgehend von den kommandozeilenbasierenden Eingabegeräten (CLI – Command-Line-Interface) bis zu den grafischen Benutzeroberflächen (GUI – Graphical-User-Interface), die zum Standard geworden sind.

Die Unterteilung lässt sich sicher noch vervollständigen, wenn wir auch die sprachbasierten Benutzerschnittstellen (VUI – Voice-User-Interface) hinzufügen.

Gegenwärtig vollzieht sich der Wandel von den grafischen Benutzeroberflächen hin zu den natürlichen Benutzeroberflächen (NUI – Natural-User-Interfaces). Während die grafischen Benutzeroberflächen auf Metaphern (Preim, 2012) aufbauen, wie z. B. auf der Desktop-Metapher mit dem Papierkorb für zu löschende Objekte, basieren die natürlichen Benutzeroberflächen auf der direkten Eingabe von z. B. Gesten und Mimik und kommen ohne Metaphern aus (Rühmann & Schmidtke). Die Interaktionen über Gesten sollte schnell erlernbar sein. Die gestenbasierte Steuerung erfasst z. B. in gegenwärtigen Multi-Touch-Anwendungen die Bewegungen der Finger auf dem Display. Ohne eine Maus erkennt ein Programm die Bewegungen der Finger des Nutzers auf dem Display durch Berührungen. In gegenwärtigen Entwicklungen der Mensch-Computer-Interaktion spielen Systeme zur Erkennung von Gesten über Kameras eine wichtige Rolle.

Auch die Erkennung der Gesichtsmimik über Kameras fällt in dieses Kapitel. Mit Hilfe einer Kamera kann z. B. über ein Fahrerassistenzsystem ein Autofahrer beobachtet werden. Die Erkennung der Gesichtsmimik und der Augenbewegungen kann zur Müdigkeitswarnung des Fahrers und evtl. zur Erkennung einer Gefahrensituation genutzt werden (Kraiss, 2008).

Die Interaktion mit Assistenzsystemen kann auch über die Körperbewegung erfolgen, die über Kameras aufgezeichnet wird. Die Erkennung der räumlichen Lage von Körperteilen erfolgt entweder über Stereokameras, Kameras und strukturierte Beleuchtung oder über Tracking-Systeme. Diese können z. B. als Datenhandschuhe Informationen an Empfängerstationen senden.

Mit Hilfe von Kameras werden die Bewegungen der Arme, Hände und Beine im Raum erfasst und interpretiert. Beispiele für kommerzielle Systeme sind das Microsoft-Kinect-System, das mit der 3D-Kamera der Firma Primesense (http://www.primesense.com) ausgestattet ist. Das System ist weitgehend unabhängig von äußeren Beleuchtungsänderungen, da es mit strukturiertem Licht arbeitet. Eine Licht-Punkt-Matrix, deren Licht im unsichtbaren Infrarot-Wellenlängenbereich liegt, wird auf die Objekte gestrahlt und von einer Kamera ausgewertet (Steffen, 2012).

Wir verstehen also unter NUIs alle modernen Benutzerschnittstellen, die dem Nutzer eine intuitive und direkte Interaktion ermöglichen. Dazu gehören gestenbasierte Systeme, greifbare Schnittstellen, Multi-Touch-Oberflächen, auditive Schnittstellen und Schnittstellen mit einer erweiterten Realität, die auch als „Augmented Reality" bezeichnet wird.

Ausgehend von den NUIs wird es zukünftig wahrnehmungsgesteuerte Benutzerschnittstellen geben (PUI – Perception-User-Interface).

Die am weitesten in die Zukunft projizierte Schnittstelle ermöglicht die Steuerung der Bedienung über Gedanken. Auch in diesem Bereich finden intensive Forschungsarbeiten statt. Man nennt solche Schnittstellen Brain-Computer-Interfaces (BCI) oder Brain-Machine-Interface (BMI). Sie ist ohne die Nutzung von Extremitäten in der Lage, durch Messung der elektrischen Aktivität im Gehirn und einer anschließenden Mustererkennung, Steuersignale für den Computer zu erzeugen.

3.11.4 Aufbau und Funktion von Touchscreen-Displays

Wir wollen im Folgenden einige technische Funktionen der weitverbreiteten Touchscreen-Displays erklären. Touchscreens dienen gleichzeitig als Eingabe- und als Ausgabegerät. Touchscreens sind auf dem LC-Display aufgeklebt und müssen daher lichtdurchlässig sein. Sie werden entweder nur mit den Fingern bzw. mit der Hand bedient oder es wird ein spezieller Stift benutzt. Durch Antippen der Oberfläche wird ein Mausklick ausgeführt. Können zwei oder mehrere Finger genutzt werden, nennt man diese Technik Multi-Touch-Bedienung.

Die Ermittlung der Berührungspunkte auf dem Display erfolgt mit Hilfe unterschiedlicher Techniken. Man unterscheidet resistive, kapazitive und induktive Touchscreens. Zusätzlich werden Touchscreens entwickelt, die auf optischen Informationen beruhen.

Resistive Touchscreens reagieren auf Druck. Das Display besitzt eine flexible PET-Folie aus Polyester und einen stabilen Grund aus Glas, die beide mit einer leitfähigen, durchsichtigen Folie (ITO-Indiumzinnoxid) beschichtet sind. Abstandshalter (Spacer-Dots) in regelmäßigen Abständen sorgen dafür, dass sich die beiden Schichten nicht berühren. Den Aufbau eines resistiven Touchscreens zeigt die Abb. 55.

Wir gehen zuerst davon aus, dass eine Gleichspannung an die untere Schicht zwischen U_{y3} und U_{y4} gelegt wird. Entlang des Weges fällt diese Gleichspannung aufgrund des Widerstandes linear ab. Durch Zusammendrücken der Folien kann an der oberen Folie eine Spannung zwischen Druckpunkt und linkem bzw. rechtem Rand der unteren ITO-Folie gemessen werden. Diese Spannung verändert sich mit der Lage des Druckpunktes und dient der Messung der Lage des Druckpunktes in dieser betrachteten Koordinatenrichtung. Um in der anderen Richtung zu messen, werden die Rollen der beiden Schichten vertauscht. Die Spannung wird an U_{X1} und U_{X2} gelegt und an der unteren Folie wird der bis zum Druckpunkt entstandene Spannungsabfall gemessen. Es sind also immer zwei Messungen erforderlich. Die zwei Messungen der Spannung in x- und y-Richtungen werden ausgewertet, um die x-y-Position des Druckpunktes zu berechnen. Vorteile des Verfahrens sind der attraktive Preis, die Bedienbarkeit mit verschiedenen Medien, wie Finger, Stift, Handschuh, die hohe Auflösung und die geringe Leistungsaufnahme.

Das Prinzip der kapazitiven Kopplung wird bei den kapazitiv arbeitenden Touchscreens angewendet. Die kapazitive Kopplung verbindet zwei Wechselspannungsquellen über ein kapazitives Netzwerk. Die Kapazität besteht in diesem Fall aus einer leitenden Schicht, einem Dielektrikum (Glas, Plexiglas) und dem berührenden Finger. Es gibt mehrere Touch-Verfahren, die auf dem Prinzip der kapazitiven Kopplung beruhen, das bekannteste wird bei vielen Smart-

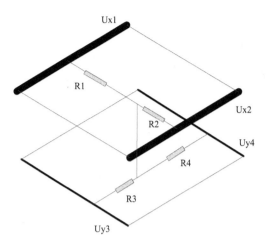

Abb. 55:   Touchscreen mit resisitivem Eingabeverfahren

phones verwendet und wird als PCT-Technik (Projective Capacitive Touch) bezeichnet. Das Sensorraster besteht aus einer isolierenden Schicht auf der unten und oben Leiterbahnen, z. B. als durchsichtiger ITO Film, in engem Abstand aufgebracht sind. Während die horizontalen Bahnen als Sense Lines bezeichnet werden, nennt man die vertikalen Bahnen Drive Lines. An die Drive Lines wird im Wechsel eine Spannung angelegt. Die Sense Lines sind mit einer Schaltung zur Messung der Spannung verbunden. Jeder Kreuzungspunkt der Leiterbahnen bildet einen Kondensator als Knoten. Wie aus Abb. 56 hervorgeht, liegt zwischen den Sense Lines und den Drive Lines eine elektrische Spannung. Falls sich nun der Finger der Glasscheibe nähert, liefert er negative Ladungsträger und ändert dadurch die Kapazität zwischen den beiden Elektroden.

Ein Mikrocontroller steuert nacheinander einen Strom zu den Drive Lines, die sich dadurch gegenüber den Sense Lines aufladen. Bei dem Verfahren werden alle Sense Lines nacheinander abgescannt, um die Ladungsverteilung zu messen. Der dadurch bedingte Spannungsunterschied lässt die Berechnung der exakten Position zu. Die Genauigkeit ist höher als die Anzahl der verwendeten Bahnen, da Interpolationsrechnungen durchgeführt werden.

Das Verfahren setzt ein elektrisch leitfähiges Medium bei der Berührung voraus. Mit normalen Handschuhen kann die Bedienung des Smartphones nicht erfolgen. Allerdings arbeiten verschiedene Firmen an der Erweiterung des Verfahrens, sodass auch eine Bedienung mit Handschuhen im industriellen Umfeld ermöglicht wird. Aufgrund der verwendeten Glasplatte ist die Oberfläche des Displays unempfindlicher als bei den resistiven Touchscreens. Außerdem bietet die Technik die Möglichkeit, auch mehrere Berührungspunkte zu lokalisieren, sodass eine Multi-Touch-Anwendung realisiert werden kann.

Es gibt noch andere Technologien, die bei Touchscreens verwendet werden, wie z. B. die Oberflächenwellen und infrarotbasierten Systeme. Die Verwendung der resistiven oder kapazitiven Touchscreens erfolgt auch in industriellen Anwendungen. In den industriellen Anwendungen werden zu 85 % die resistiven, analogen Verfahren genutzt, während in 10 % der Anwendungen kapazitive Verfahren eingesetzt werden (Ritter, 2008).

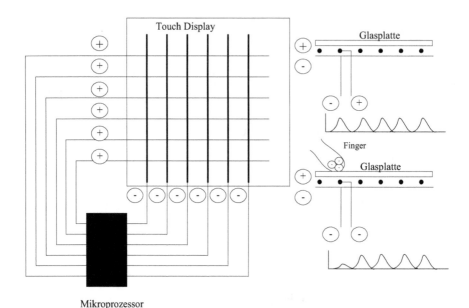

Abb. 56:   Funktionsweise des kapazitiven Touchscreens

3.11.5   Touchscreen mit haptischer Rückmeldung

Touchscreens werden häufig über virtuelle Bildschirmtastaturen bedient. Das Drücken der dargestellten Knöpfe erfolgt jedoch ohne das gewohnte Gefühl, das durch die Federwiderstandskraft eines Drucktasters einer realen Tastatur wahrgenommen wird. Mit Hilfe von Aktoren werden in haptischen Touchscreens Eindrücke vermittelt, die die Empfindung des Tastendrucks vermitteln sollen. Ein Beispiel einer Ausführung zeigt die folgende Abbildung. Am Rand des Touchscreens sind Aktoren verteilt, die so angesteuert werden, dass ihre Bewegung im Finger die Druckempfindung auslöst. Die Software-Toolkits, die mit der Hardware geliefert werden, erlauben die eigenständige Programmierung der haptischen Effekte. Die haptischen Effekte umfassen Vibrationen über Motoren, aber auch akustische Informationen werden bei Berührung einer haptischen Touchscreen-Oberfläche gegeben. Man unterscheidet vibrotaktile, pneumatische und elektrotaktile Stimulationen, die vom haptischen Gerät z. B. auf den tastenden Finger übertragen werden. Die Verwendung haptischer Aktoren in Displays bietet die Möglichkeit, über die Finger Kräfte auf das Display aufzubringen und gleichzeitig Empfindungen zu spüren. Mit Hilfe der angebotenen Programmierwerkzeuge können Entwickler neuartige Anwendungen programmieren, die z. B. einen realistischen Eindruck einer gedrückten, mechanischen Taste vermitteln. Andere Einsatzbeispiele dieser Technologien liegen bei Computerspielen.

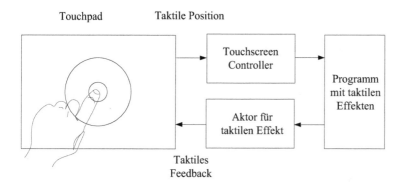

Abb. 57:   Das Display gibt ein taktiles Feedback auf die Stelle, an der der Finger den Touchscreen
            berührt

3.11.6   Multi-Touch-Systeme

Die Multi-Touch-Technik wurde besonders durch die Einführung der iPhone- und iPad-
Produkte der Firma Apple beschleunigt. Mehr Natürlichkeit bei der Interaktion, weniger störende und sichtbare Hardware, größere Flexibilität bei der Interaktion und mehr Spaß sind
wesentliche Vorteile der Technik. Der Nutzer malt Gesten mit den Fingern auf die Oberfläche
des Touchscreens. Die Gesten, wie z. B. eine Wischbewegung für das Löschen von Wörtern,
werden vom Rechner erkannt und visuell bestätigt. Die Erkennung mehrerer gleichzeitiger
Berührungen der Finger mit dem Touchscreen ist eine Voraussetzung für die wirkungsvolle
Arbeit. Die Multi-Touch-Technik kann Gesten erkennen, die mit einem Finger, mehreren
Fingern oder mit Fingern beider Hände auf den Touchscreen gemalt werden. Die Drag-Geste
bewegt Objekte über den Bildschirm. Dazu wird ein Cluster von Touch-Punkten über ein
Touch-Objekt platziert und bewegt. Entsprechend wird bei der Dreh-Geste ein Objekt durch
die Bewegung von mindestens zwei Fingern gedreht. Auch die Skalierungs-Geste funktioniert
mit mindestens zwei Fingern und vergrößert oder verkleinert Objekte. Mit der Halte-Geste
wird die x-, y-Position des Objektes angefragt, indem über eine bestimmte Zeit ein Objekt
berührt wird. Die Tap-Geste wird benutzt, um Objekte auszuwählen. Die Tap-Geste ersetzt die
bei der PC-Anwendung bekannte Mausklick-Eingabe durch Antippen des Bildschirms. Auch
die Doppelklick-Geste ist bei der Mauseingabe bekannt. Die Scroll-Geste verschiebt Objekte
in vertikaler Richtung. Mit der Tilt-Geste kann mit zwei Fingern einer Hand ein Objekt und
damit eine Drehachse ausgewählt werden und mit der Bewegung des Fingers der zweiten Hand
gedreht werden.

3.11.7   Touchscreen mit optischer Erkennung

Die Entwicklung der Touchscreen-Gestenerkennung wird durch die Verwendung optischer
Verfahren flexibler. Die Multi-Touch-Systeme mit diffuser Infrarotbeleuchtung sind robust und
erkennen die Fingerposition mit Hilfe einer Kamera. Dadurch wird es möglich, Objekte, die auf
dem horizontal angeordneten Display liegen, in ihren Umrissen zu erkennen.

Die Systeme beruhen auf einer Binärbildanalyse eines Kamerabildes. Es gibt mehrere bekannte Verfahren. Das FTIR(Frustrated Total Internal Reflection)-Verfahren beruht auf dem Effekt der optischen Totalreflexion von Infrarotlicht. Bekannt ist die Totalreflexion an der Grenzfläche zwischen Glas und Luft oder Wasser und Luft. Sie tritt auf, wenn das Licht vom optisch dichteren Medium, also Glas oder Wasser, auf ein optisch dünneres Medium (Luft) gerichtet ist und einen bestimmten Einfallswinkel überschreitet. Nutzbar gemacht wird der Effekt in Lichtleiterkabeln.

Man verwendet bei Displays z. B. hochtransparente Acrylgläser, die spezielle Partikel enthalten, die das (Infrarot-)Licht wie bei einer Glasfaserlichtleitung in alle Richtungen reflektieren. Dazu muss das Licht unter einem bestimmten Winkel eingebracht werden. Die Benutzung von Infrarotlicht, das z. B. über Leuchtdioden ausgesandt wird und im Wellenlängenbereich von 780–940 nm liegt, wird erforderlich, um die Benutzereingaben von der normalen Bilddarstellung zu unterscheiden. Infrarotlicht oder sogenanntes nahes Infrarotlicht (NIR) wird von CCD- oder CMOS-Kameras erkannt, während es vom menschlichen Auge nicht wahrgenommen wird. Am Objektiv der Kamera befindet sich ein Bandpassfilter. Das Filter absorbiert bis auf den infraroten Anteil die Frequenzen des Lichtes. Ein Nachteil der Verwendung des Infrarotlichtes ist, dass auch Sonnenlicht infrarote Frequenzen enthält. Daher sind die Displays nicht für den Außenbetrieb geeignet. Erfasst eine Kamera von unten die Displayoberfläche, wird, ohne dass ein Finger oder Objekt die Oberfläche berührt, kein Infrarotlicht erkennbar sein, da das Licht im Inneren total reflektiert wird. Die folgende Abbildung zeigt den Aufbau prinzipiell. An der Acrylplatte sind seitlich die IR-LEDs angebracht. Die Totalreflexion wird verhindert, wenn mit dem Finger auf das Acrylglas gefasst wird. An den Berührungsstellen wird das Licht aus dem Acrylglas ausgekoppelt. Der Rechner wertet die Kamerabilder aus und berechnet die Position der Berührungsstellen.

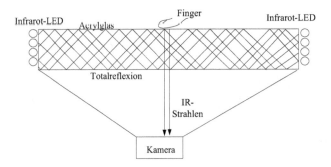

Abb. 58:   Innere Totalreflexion (FTIR – Frustrated Total Internal Reflection)

Ein zweites Verfahren arbeitet mit diffuser Reflexion. Es wird DI(Diffused Illumination)-Verfahren genannt. IR-Licht wird auf eine Plexiglasscheibe mit einem Diffusor von unten projiziert. Wenn Finger die Oberfläche berühren, werden Kontrastunterschiede an den Fingern sichtbar und über eine Kamera erkannt. Die Verfahren zur Auswertung solcher Bilder mit dem Computer werden im Abschnitt 5 beschrieben!

Wir wollen die wichtigen Ergebnisse des Abschnitts zusammenfassen.

Zusammenfassung

Ausgehend von den CLI- und GUI-Computer-Interaktionen vollzieht sich eine Entwicklung hin zu den NUI-Interaktionen, mit natürlichen Benutzerschnittstellen. Dazu gehört die Interaktion über Gesten. Diese reichen von Fingergesten bis hin zur dreidimensionalen Körperteilgeste. Die Erkennung der Gesichtsmimik kann z. B. in Fahrerassistenzsystemen zur Erkennung einer Gefahrensituation oder zur Warnung vor Müdigkeit genutzt werden. Touchscreens erlauben die Erkennung von Fingergesten durch Antippen der Display-Oberfläche. Dabei unterscheiden wir resistive Verfahren, die auf einer Widerstandsänderung beruhen, von den kapazitiven Verfahren. Die preiswerten resistiven Verfahren erlauben eine Berührung mit beliebigen Objekten. Die kapazitiven Verfahren nutzen die Veränderung der kapazitiven Kopplung bei der Fingerberührung des Displays. Die Verwendung haptischer Aktoren in Displays bietet die Möglichkeit, über die Finger Kräfte auf das Display aufzubringen bzw. Empfindungen zu spüren. Multi-Touch-Techniken erlauben die Übertragung von Fingergesten auf Touchscreen-Oberflächen. Die Touchscreen-Technologien können auch optische Systeme enthalten. Die FTIR-Technik nutzt die innere Totalreflexion von Infrarotlichtstrahlen. Mit einer im Infrarot-Wellenlängenbereich empfindlichen Kamera werden durch die Finger hervorgerufene Kontrastunterschiede auf dem Display erkannt.

Kontrollfragen

K47 Welche Technologien bei Touchscreen-Oberflächen kennen Sie?

K48 Wie nennt man die Leiterbahnen bei PCT-Touchscreen-Systemen?

K49 Welche Einschränkungen gibt es bei der Verwendung optischer Verfahren bei Touch-Oberflächen?

K50 Welcher optische Effekt wird bei der FTIR-Technik ausgenutzt?

4   Robotersysteme

Die Entwicklung und Anwendung der Service- und Assistenzroboter führt zu immer neuen Einsatzfällen. Das tägliche Leben wird durch Haushaltsroboter mehr und mehr beeinflusst. Es entstehen neue Arbeitsformen durch Produktionsassistenzroboter. Auch im medizinischen Bereich werden in der roboterunterstützten Laparoskopie Assistenzsysteme eingesetzt. In den folgenden beiden Abschnitten werden die Service- und Assistenzroboter vorgestellt und besondere Anforderungen präsentiert. Es werden viele Beispiele von Assistenzrobotern gegeben, die sich z. T. noch in der Entwicklung befinden oder bei denen der Schritt zur Anwendung nicht mehr weit ist.

Assistenzroboter basieren auf Grundlagen der Industrieroboter. Zum tieferen Verständnis dieses wichtigen Fachgebietes erfolgt in Abschnitt 4.3 eine umfassende, teilweise auch mathematisch orientierte Darstellung der wesentlichen Inhalte der Robotik. Dabei werden u. a. Aufbau, Kenngrößen, mathematische Beschreibung, Kinematik, inverse Transformation, Sensoren und mobile Robotik behandelt.

4.1   Service- und Assistenzroboter

Serviceroboter führen Dienstleistungen im Haushalt, in öffentlichen Gebäuden oder in Produktionsbetrieben aus. Heute gibt es bereits eine Fülle von Staubsaugrobotern, Rasenmährobotern und Fensterputzrobotern. Ein Beispiel eines weitverbreiteten Systems zeigt die Abb. 204. Staubsaugroboter sind weit davon entfernt, kognitive Roboter zu sein, sie besitzen keine Arme oder Greifer. Sie müssen allerdings Hindernisse erkennen und selbstständig den Boden nach Schmutz absuchen. Dazu sind Sensoren erforderlich, die z. B. bei Kontakt mit Hindernissen die Wegplanung beeinflussen. Sie nehmen entweder bewusst eine Kollision mit Stühlen etc. in Kauf, um dann einen Ausweichvorgang einzuleiten, oder sie versuchen, optisch Hindernisse zu erkennen, um gar nicht erst eine Kollision zu verursachen. Sie rollen auf Rädern und können Treppen nicht überwinden. Sie besitzen meist zwei Antriebsräder und ein Stützrad. Über einen Sauger werden Schmutzpartikel aufgenommen und in einen Auffangbehälter gefördert. Sie müssen in der Lage sein, sich im Raum zu orientieren, um entweder nach einem festen Programm mäanderförmig oder nach einem, scheinbar beliebigen, statistischen Muster möglichst alle Stellen des Raumes erreichen.

Wir unterscheiden Serviceroboter, die nach einem Programm eine Aufgabe autonom oder teilautonom erfüllen, und Assistenzroboter, die mit dem Menschen gemeinsam an einer Aufgabe arbeiten und eine maschinelle Wahrnehmung und kognitive Fähigkeiten besitzen. Das Fraunhofer-Institut IPA, Stuttgart definierte 1994 die Serviceroboter wie folgt:

Serviceroboter

Ein Serviceroboter ist eine frei programmierbare Bewegungseinrichtung, die teil- oder vollautomatisch Dienstleistungen verrichtet. Dienstleistungen sind dabei Tätigkeiten, die nicht der direkten Erzeugung von Sachgütern, sondern der Verrichtung von Leistungen für Menschen und Einrichtungen dienen (Schraft, Hägele & Wegener, 2004).

Gemäß Duden bedeutet „automatisch": durch Selbststeuerung oder -regelung erfolgend bzw. unwillkürlich, von selbst erfolgend. DIN 19233 beschreibt die Automatisierung als „das Ausrüsten einer Einrichtung, sodass sie ganz oder teilweise ohne Mitwirkung des Menschen bestimmungsgemäß arbeitet."

Das Wort automatisch impliziert, dass der Mensch in die Handlung nicht einbezogen wird. Der Mensch kann evtl. die Automatik starten, danach ist seine Eingriffsmöglichkeit beschränkt. Er kann über Sensoren den Prozess beobachten und die Automatik stoppen oder neue Zielwerte vorgeben. Die gleichzeitige Handlung des Menschen und der Maschine an der automatisch ablaufenden Aktion ist damit jedoch nicht gemeint. Die teilautomatische Arbeit bezieht sich auf Teilfunktionen einer Aufgabe, die automatisch ablaufen.

Automatisierungsgrad

Nach DIN 19233 besitzt eine teilautomatisierte Maschine einen Automatisierungsgrad von größer als 0 und kleiner als 1. Dabei wird der Automatisierungsgrad aus dem Verhältnis der Anzahl der automatisierten Fertigungsschritte zu der Gesamtzahl der Fertigungsschritte ermittelt.

Serviceroboter arbeiten demnach teilweise oder vollständig automatisch. Ihnen kann dementsprechend ein Automatisierungsgrad zugeordnet werden. Die gemeinsame Arbeit des Serviceroboters mit dem Menschen an einer Arbeitsaufgabe ist kein charakteristisches Merkmal eines Serviceroboters. Diese Unterscheidung scheint für die Abgrenzung zum Assistenzroboter wichtig. Allerdings gibt es im Sprachgebrauch Überschneidungen zwischen Assistenzrobotern und Servicerobotern.

Der Begriff des Freiheitsgrades, den wir bereits in Abschnitt 3.5 behandelt haben, ist in der Robotik wichtig. Er beschreibt, wie bei den Gelenken im menschlichen Körper, die unabhängigen Bewegungsmöglichkeiten. Der genaue mechanische Aufbau der wichtigsten Roboter wird in Abschnitt 4.3.3 vorgestellt.

Freiheitsgrad

Die Anzahl der unabhängig voneinander durchführbaren Bewegungen eines mechanischen Körpers in einem Mehrkörpermodell wird durch die Zahl der Freiheitsgrade gekennzeichnet.

Einige weitere wichtige Begriffe, die im Zusammenhang mit Robotersystemen häufig genannt werden, sind „mobile Roboter", „autonome Roboter" und „humanoide Roboter". Gegenwärtig bezieht sich die Autonomie eines Roboters meist auf die eigenständige Navigation von mobilen Robotern. Mobile Roboter können sich zu verschiedenen Orten bewegen.

Autonome Roboter

Wir nennen mobile Roboter mit der Fähigkeit, sich mit Sensoren im Raum selbstständig zu bewegen, autonome Roboter.

Ein autonomer Roboter benötigt keine Führungssysteme, die die Bahn vorgeben. Er fährt selbstständig mit Hilfe von Sensoren und einer eigenen Entscheidungslogik, mit der Fähigkeit, Bahnen zu planen und Hindernissen auszuweichen, zu einem Zielpunkt.

Bei den fahrerlosen Transportsystemen (FTS), die in vielen Werkshallen zum Teiletransport genutzt werden, wird die Führung der fahrbaren Plattformen über im Boden verlegte und vom elektrischen Strom durchflossene Kabel gesteuert. Die Fahrzeuge besitzen in diesem Fall zwei als Antennen wirkende Spulen, in denen Spannungen induziert werden, die für die Bahnregelung genutzt werden.

Die autonome Mobilität erfordert kognitive Fähigkeiten, z. B. die Fähigkeit, auf plötzlich eintreffende Hindernisse reagieren zu können. Aber auch planerische Fähigkeiten müssen vorhanden sein, wenn ein bestimmtes Ziel ohne Umwege und vielleicht mit geringstem Energieaufwand erreicht werden soll.

Humanoide Roboter

Humanoide Roboter sind Robotersysteme, die in ihrem Aussehen und in ihrem Verhalten dem Menschen nachempfunden sind. Im Gegensatz zu Industrierobotern sind die Anforderungen an diese Roboter darauf ausgerichtet, dass Mensch und Maschine im gleichen Arbeitsraum sicher miteinander agieren können.

Die laufenden Roboter mit zwei Armen und zwei Beinen, dem Torso und dem Kopf werden, wegen ihrer Ähnlichkeit zum Menschen, auch als humanoide Roboter bezeichnet. In der folgenden Tab. 1 sind die wesentlichen Anforderungen an humanoide Roboter aufgeführt. Die Tabelle zeigt die Anforderungen: autonome Navigation, Menschenähnlichkeit, Lernfähigkeit, Mobilität, Interaktionsfähigkeit, Sicherheit, Personenerkennung, Spracherkennung und Sprachsynthese, Personenverfolgung, Erkennen und gefühlvolles Greifen von Objekten. In Abb. 59 ist ein relativ einfach aufgebauter Beispiel-Assistenzroboter skizziert. Er besitzt zwei Arme mit je sechs Freiheitsgraden. Der Kopf hat zwei Drehmöglichkeiten. Der Torso kann nach oben und unten bewegt werden, er hat also nur einen Freiheitsgrad. Die rollende Plattform hat drei Freiheitsgrade, sie kann positioniert und orientiert werden. Ein Stereokamerasystem (siehe Abschnitt 5.6.3) dient zur Erkennung von Hindernissen, Personen und Objekten. Weitere Sensoren sind die beiden Laserscanner, mit deren Hilfe er navigieren kann. Deren Wirkungsweise wird in Abschnitt 5.6.2 erklärt. Er kann Geräusche und Sprache über ein Mikrofon aufnehmen und interpretieren. Ein Touchscreen dient der Ein- bzw. Ausgabe von Informationen an den Benutzer.

Es stellt sich die Frage, ob Assistenzroboter und humanoide Roboter voneinander unterschieden werden können oder sollten? Die in Tab. 1 genannten Anforderungen gelten zum Teil auch für

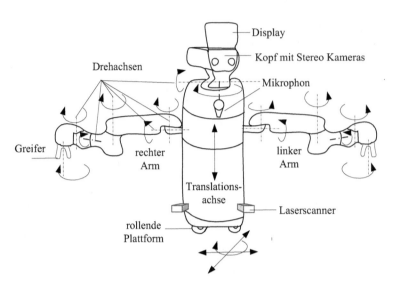

Abb. 59:   Prinzipieller Aufbau eines zweiarmigen Assistenzroboters auf einer rollenden Plattform

Assistenzroboter. Die Menschenähnlichkeit ist bei Assistenzrobotern nicht unbedingt erforderlich. Bei Assistenzrobotern ist die Kooperation mit dem Menschen notwendig, daher sind autonome Navigation, Lernfähigkeit und Kooperationsfähigkeit, Interaktionsfähigkeit und die Sicherheit notwendige Voraussetzungen. Die Notwendigkeit der Beherrschung der Fähigkeiten Personenerkennung, Personenverfolgung, Spracherkennung und das gefühlvolle Greifen hängt von der Art der Assistenzfunktionen, die der Roboter bieten soll, ab. Wir wollen einen Assistenzroboter nach den bisherigen Beschreibungen von Assistenzsystemen wie folgt definieren:

Assistenzroboter

Ein Assistenzroboter ist ein sicheres, autonomes, interaktionsfähiges und nachgiebiges Robotersystem mit maschineller Wahrnehmung und kognitiver Kontrolle, mit der Fähigkeit, schnell verschiedene Aufgaben zu erlernen und situationsabhängige Verhaltensweisen zur Erreichung langfristiger Ziele durchzuführen.

Die Entwicklung und Anwendung von sicheren, leichten Robotern, die eine nachgebende Reaktion auf äußere Kräfte ausüben können, zur Interaktion in unbekannten Umgebungen mit dem Menschen, wird als Soft-Robotics bezeichnet.

Gestik

Die Verwendung von Arm-, Hand-, Finger- oder Kopfgesten kann die sprachliche Aussage verstärken oder ersetzen.

Tab. 1: Anforderungen an humanoide Roboter

Anforderung	Beschreibung
autonome Navigation	Roboter sollen in der Lage sein, eigenständig und unabhängig zu agieren. Sie sollen Hindernissen ausweichen und Ziele eigenständig anlaufen oder anfahren können.
Menschenähnlichkeit	Absenkung der Hemmschwelle beim Umgang mit dem Roboter, humanoide Roboter sollten Gesten und die Mimik des Menschen nachahmen können. Ihr Aufbau sollte dem des Menschen entsprechen.
Lernfähigkeit Kooperationsfähigkeit, d. h. der Roboter soll zusammen mit dem Menschen Aufgaben erledigen	Humanoide Roboter sollen neue Fähigkeiten erwerben können. Die taktile und visuelle Exploration erfordert kognitive Fähigkeiten.
Mobilität	Humanoide Roboter sollten möglichst auch auf unebenem Gelände operieren können.
Interaktionsfähigkeit	Interaktion mit dem Roboter über Sprache, Gestik und Haptik.
Sicherheit	Zum Schutz des Menschen muss das System in einem sicheren Zustand sein. Es sollte bei Auftreten äußerer Kräfte nachgiebig sein und die Oberfläche sollte möglichst aus einem nachgebenden und dämpfenden Material bestehen.
Personenerkennung	Roboter sollen sich in Richtung von erkannten Personen ausrichten können bzw. den Kopf schwenken können Dabei wird die Erkennung der Beine, des ganzen Körpers und des Gesichtes erforderlich. Die Entfernung zur Person muss berechnet werden. Bekannte Personen sollten wiedererkannt werden.
Spracherkennung und Sprachsynthese	Roboter sollten in der Lage sein, Sätze aus einer für den Menschen normalen Entfernung zu verstehen. Außerdem erwarten Bediener, dass sie Sätze bilden können.
Personenverfolgung	Humanoide Roboter sollten in der Lage sein, Personen zu folgen. Die Entfernung zu erkannten Personen muss berechnet werden und bei Bewegung der Personen on-line ermittelt werden.
Erkennen und gefühlvolles Greifen von Objekten	Objekte müssen dreidimensional vermessen und erkannt werden. Der Kopf muss zu den Händen ausgerichtet werden. Die Hände und Finger müssen visuell verfolgt werden. Die Bewegungsgrenzen der Gelenke müssen berücksichtigt werden. Im Sinne einer taktilen Exploration sollten unbekannte Objekte abgefühlt werden können.

Weitere Eigenschaften der menschlichen Kommunikation sind Körpergesten und die Mimik. In der sozialen Interaktion zwischen Menschen gehören Gesten meistens zur Kommunikation. Der Fingerzeig verdeutlicht die Aussage, z. B. beim Erklären einer Richtung, kann aber auch eine verächtliche Aussage (gehobener Mittelfinger) oder eine Warnung (gehobener Zeigefinger) erhärten. Roboter zur sozialen Kommunikation sollten die Gestik erkennen können. Die Mimik wird bei Assistenzsystemen im Auto als wichtiges Indiz zur Müdigkeitserkennung oder Gefahrenerkennung interpretiert. In der Robotik sind Interaktionen über die Mimik bisher selten realisiert.

Mimik

Die Mimik oder das Mienenspiel beruht auf Änderungen des Gesichtsausdrucks, wodurch die sprachliche Aussage betont oder verstärkt werden kann. Auch der Gemütszustand kann durch die Miene verdeutlicht werden.

Beispiele für Assistenzroboter und humanoide Roboter

Mobile Assistenzroboter auf Beinen oder Rollen mit zwei Armen und künstlichen Händen sollen uns in der Zukunft das Leben erleichtern und immer neue Anwendungen werden entdeckt. Die immer älter werdende Gesellschaft benötigt aufgrund der hohen Pflegekosten zukünftig kostengünstige und wirksame Unterstützungsmöglichkeiten für ältere Personen mit eingeschränkter Mobilität. Dadurch entstehen neue Produkte und neue Arbeitsplätze. Diese Assistenzroboter werden auch als sogenannten Personal-Service-Roboter bezeichnet und werden zukünftig diese Lücke schließen.

Personal-Service-Roboter

Personal-Service-Roboter sind Assistenzroboter, sie besitzen eine maschinelle Wahrnehmung und kognitive Fähigkeiten. Sie können auch durch ungeübte Benutzer intuitiv bedient werden. Diese Roboter benötigen eine dem Menschen angepasste Interaktionsfähigkeit. Sie teilen das Arbeitsfeld mit dem Menschen und können mit dem Menschen kommunizieren und zusammenarbeiten.

Der in Abb. 60 links dargestellte Roboter „Rollin' Justin" wurde von der deutschen Versuchsanstalt für Luft- und Raumfahrt (DLR), Institut für Robotik und Mechatronik für Forschungszwecke, z. B. für die mobile zweihändige Manipulation, entwickelt. Er ist zweiarmig ausgeführt und besitzt eine mobile Plattform. Jeder Arm hat sieben Antriebsachsen und in jeder Antriebsachse ist eine Kraft-Momenten-Sensorik integriert, daher kann der Roboter auf äußere Kräfte reagieren und diese durch Ausweichmanöver zu null ausregeln. Es handelt sich um Leichtbauarme, die ca. 13 kg wiegen und im Leerlauf unter 150 W Leistung benötigen. Der Torso, der die beiden Arme hält, hat zusammen mit dem Hals fünf Freiheitsgrade. Jede Hand ist mit zwölf Freiheitsgraden ausgestattet.

Der mobile Roboter Rollin' Justin ist in der Lage, Gegenstände mit einer Masse von bis zu 20 kg vom Boden aufzuheben. Er kann über Tische greifen und Objekte aus einer Höhe von ca. 2 m erreichen. Der gesamte Aufbau erreicht eine Masse von ca. 200 kg, wobei ca. 1,8 kg als

Handgewicht angenommen wurde. Die mobile Plattform kann den Roboter zu verschiedenen Stellen bringen. Aufgrund der Möglichkeit, Lasten zu heben und die Arme dabei auszustrecken, muss die Plattform entsprechend großflächig die Kräfte und Momente übernehmen. Da die Navigation durch enge Türen auch möglich sein soll, besitzen die Räder die Möglichkeit, über ein Parallelogramm-Gestänge aus- und einzufahren. Die Fläche der Plattform im eingefahrenen Zustand beträgt 685 mm × 515 mm. Ausgefahren liegt die Fläche bei 985 mm × 815 mm. Die Plattform besitzt Federn, die bei Belastung nachgeben, sodass sich die Höhe der Plattform ändern kann. Jedes Rad ist omnidirektional (Abschnitt 4.10.3), d. h. in alle Richtungen steuerbar, und ein Feder-Dämpfer-System sorgt für Stabilität bei Fahrten über holprige Strecken und Löcher. Der 48 V Lithium-Polymer-Akku (Kapazität 40 h) kann den Roboter drei Stunden bei einer Leistung von ca. 1 kW antreiben. Die Plattform enthält vier Computer zur Steuerung der Plattform und der Arme, einen Netzwerk-Switch und WLAN-Konnektivität. Die Navigation basiert auf Odometriedaten, die über die Messung der gefahrenen Radwinkel gebildet werden, und auf der Auswertung von zwei Kameras, die nach vorne und links gerichtet sind. Die Änderung der Bilder während der Bewegung als optischer Fluss wird durch die Auswerte-Algorithmen ausgewertet. Photo-Mixer-Device(PMD)-Kameras liefern pro Pixel Tiefeninformationen und sind in Richtung der Hauptrichtungen (vorne, hinten, links und rechts) montiert. Damit kann eine Lokalisierung von Hindernissen, Wänden und Menschen erfolgen. Der Kopf von Rollin' Justin ist mit weiteren zwei Freiheitsgraden ausgestattet. Außerdem ist ein Stereokamerasystem im Kopf integriert.

In der folgenden Abb. 60 rechts ist der Roboter „Toro" des Deutschen Zentrums für Luft- und Raumfahrt (DLR) dargestellt. Er besitzt Leichtbauarme und -Beine mit Kraft- und Momenten-Sensoren. Sein Gewicht beträgt ca. 75 kg bei einer Länge von 175 cm. Er benötigt im Stand-by 250 W elektrische Anschlussleistung, die bei starker Beanspruchung auf ca. 2000 W ansteigen kann. TORO steht für „TOrque controlled humanoid RObot", also kraftgeregelter menschenartiger Roboter. Der Roboter hat eine geringe Fußgröße von nur 19 cm × 9,5 cm. In den Füßen besitzt er Kraft-Momenten-Sensoren, mit deren Hilfe die Stabilität gewährleistet wird.

Die Abb. 61 stellt zwei von der spanischen Firma Pal-Robotics in Barcelona entwickelte Assistenzroboter dar. Der Roboter REEM H fährt auf einer Plattform und besteht aus einem Torso mit zwei Armen mit Händen. Er besitzt 26 Antriebsmotoren und zahlreiche Sensoren, um sicher Menschen zu erkennen und Gefährdungen zu vermeiden. Außerdem ist er mit Laserscanner-Sensoren in seiner Basis(-Plattform) und im Torso ausgestattet. Diese dienen der Navigation und der Lokalisation. Zusätzlich besitzt REM Ultraschall- und Infrarotsensoren, und kann zusammen mit Laserscanner-Sensoren sicher mit Menschen kooperieren. Am Kopf befindet sich ein Stereokamerasystem, mit dem der Roboter Menschen und Objekte identifizieren kann, und ein Stereomikrofon zur Steuerung des Roboters über Stimmen und Geräusche. Aufgrund der aufgenommen Geräuschrichtung ist der Roboter in der Lage, sich in Richtung bestimmter Geräuschquellen auszurichten. Er besitzt ein ansprechendes Design, um auch im sozialen Umfeld mit dem Menschen akzeptiert zu werden. Wichtig ist die autonome Bewegungsmöglichkeit, die die Erkennung von anderen Menschen, also potenziellen Hindernissen, einschließt. Der Roboter kann eine Karte der Umgebung generieren, um sich mit Hilfe seiner Sensoren zu orientieren und Bahnen zu planen. Der Roboter wird z. B. auf Messen oder Ausstellungen eingesetzt, um Besucher zu informieren. Der Roboter wird also z. B. zur Wissensvermittlung im sogenannten Edutainment eingesetzt.

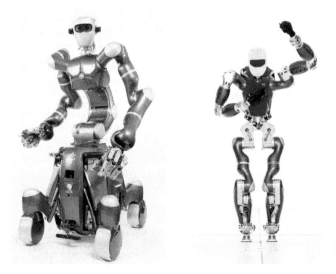

Abb. 60:   Humanoide Roboter des Deutschen Zentrums für Luft- und Raumfahrt links: Rollin' Justin;
            rechts: Roboter Toro (Quelle: Deutsches Zentrum für Luft- und Raumfahrt e. V. Institut für
            Robotik und Mechatronik, Oberpfaffenhofen)

Edutainment

Die Erklärung von Exponaten in Museen in unterhaltender Art und Weise kann mit Assistenzrobotern vorgenommen werden, die den Besucher begleiten, auf Besonderheiten hinweisen und Erklärungen abgeben. Man bezeichnet dieses Anwendungsfeld als Edutainment.

Er besitzt einen Touchscreen, über den der Besucher sich informieren kann. Roboter, die den Menschen helfen sollen, müssen die menschlichen Wege der Kommunikation beherrschen, also die Spracherkennung und die Sprachsteuerung. Aber auch Hand-, Körper- oder Fingergesten und Mimiken des Gesichts sollten dem Roboter vertraut sein. Die Weiterentwicklung des Roboters, der REEM C besitzt zwei Beine und insgesamt 44 Freiheitsgrade der Bewegung. Außerdem besitzt er Kraft-Momenten-Sensoren in den Beinen, über die Belastungen erkannt und der stabile Gang sichergestellt werden kann. Der Roboter hat ein Gewicht von 70 kg und ist 165 cm groß. Die Energie entnimmt er einer Lithium-Ionen-Batterie mit einer Spannung von 48 V. Damit kommt er in der Regel zwei Stunden aus, bevor die Batterie aufgeladen werden muss. Er hat die Möglichkeit, über WiFi mit dem Menschen über Handys etc. zu kommunizieren.

Die Abb. 62 zeigt einen auf zwei Beinen laufenden Roboter, der 58 cm groß ist. Der Körper hat 25 Freiheitsgrade, die über elektrische Motoren und Aktoren betätigt werden. Er enthält ein Sensornetzwerk, das aus zwei Kameras, vier Mikrophonen, einem Ultraschallentfernungsmesser, zwei Infrarotsendern und empfängern, neun taktilen Sensoren und acht Drucksensoren besteht. Er besitzt einen Stimmen-Synthesizer zur Kommunikation. Die Leistung von 27,6 W wird über 1,5 Stunden über eine Batterie geliefert.

Abb. 61: Mobile Assistenzroboter auf zwei Beinen REEM C und auf einer mobilen Plattform REEM
(Quelle: PAL-Robotics S L)

Die Regelung der Gelenkachsen erfolgt mit Hilfe eines Modells, das als Grundlage ein dreidimensionales inverses Pendel besitzt. Mit Hilfe zweier Kameras, die oberhalb der Augen und in Mundnähe untergebracht sind, kann der Roboter Objekte in der Ferne bzw. in der Nähe erkennen. Mit Hilfe einer Bildverarbeitungssoftware können Gesichter und Gestalten erkannt werden. Die vier Mikrofone und die Lautsprecher dienen der Kommunikation über Sprachsteuerung. Eine Lokalisierung der Geräuschquelle erfolgt über Verfahren zur Bestimmung und Auswertung der Tonlaufzeit bis zum Erreichen der vier Mikrofone.

Auf dem Kopf und in den Händen besitzt der Roboter taktile, d. h. auf Kräfte oder Drücke empfindliche Stellen. Zusammen mit den visuellen und auditiven Signalauswerteverfahren können fortschrittliche Mensch-Roboter-Interaktionen entwickelt werden.

Die Ultraschallsensoren können die Entfernungen des Roboters zu Hindernissen im Bereich zwischen 0 und 70 cm feststellen. Allerdings kann der Roboter die Entfernung zu Objekten, die sich näher als 15 cm zu ihm befinden, nicht mehr messen, sondern nur noch die Präsenz feststellen. Der Roboter besitzt eine Konnektivität zu Ethernet und WiFi, sodass er über einen Computer in einem Netzwerk gesteuert werden kann. Mit Hilfe der Infrarot-Schnittstelle können mehrere ähnliche Roboter untereinander kommunizieren oder ein Roboter kann zu Geräten verbunden werden, die IR-Kommunikation ermöglichen.

Einige Entwicklungen im Bereich der Robotertechnik, die als Assistenzroboter Dienste für den Menschen leisten sollen, betreffen auch die Unterstützung und Pflege älterer Personen. Der Care-O-bot® 3 Roboter, der am Fraunhofer-Institut IPA, Stuttgart entwickelt wurde, ist in Abb. 63 dargestellt.

Abb. 62:   Lern- und Spielroboter, zusätzliche Angaben bei (Aldebaran Robotics, 2013)

Care-O-bot® 3 bietet eine neuartige Interaktionsmöglichkeit zwischen dem Roboter und dem Benutzer. An der Vorderseite des Roboters ist ein Tablett, das zwischen dem Menschen und dem Roboter auszutauschende Objekte trägt, angebracht. Das Tablett enthält einen Touchscreen zur Bedienung und klappt bei Nichtgebrauch automatisch ein. Der Roboter kann einfache Gesten erkennen und antwortet mit typischen Reaktionen. Langfristig soll es dem Roboter dadurch ermöglicht werden, Interaktionsszenarien zu unterscheiden und entsprechend zu reagieren. Um neue Bewegungsabläufe zu erlernen, ist zudem die direkte physische Interaktion zwischen Mensch und Roboter möglich. So kann der Mensch den Roboterarm führen, um z. B. den Bewegungsablauf für das Reinigen eines Tisches einzuprogrammieren.

Multimodale Mensch-Maschine-Interaktion

Man nennt die Möglichkeit, mit unterschiedlichen Sinneswahrnehmungen, wie z. B. Sprache und Gestik, mit dem Roboter zu kommunizieren, eine multimodale Mensch-Maschine-Interaktion.

In Abb. 64 ist eine Skizze gezeigt, die den von der Firma Toyota entwickelten persönlichen Roboterassistenten (HSR – Human Support Robot) im prinzipiellen Aufbau darstellen soll. Er soll menschliche Charakteristiken besitzen und sich um Ältere kümmern können. Seine wesentlichen Dienste sind: das Aufheben und das Vom-Regal-Heben. Er kann Schwesterdienste, Medical Care und Haushaltsdienste übernehmen und die Bedienung erfolgt über Stimme oder

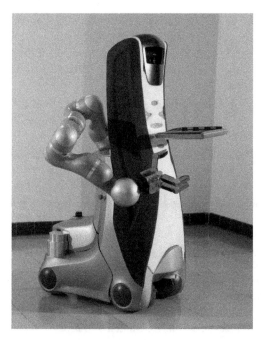

Abb. 63:   Service-Roboter Care-o-bot 3® für die Altenpflege
            (Quelle: Fraunhofer-Institut IPA, Stuttgart)

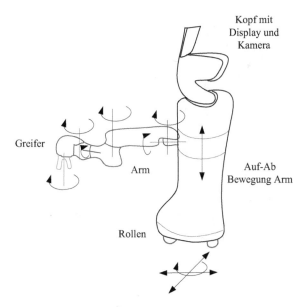

Abb. 64:   Roboter für den Health-Care-Bereich, ähnlich wie der HSR von Toyota

Tablet-PC. Er besitzt einen Leichtbaukörper. Der Roboter hat einen zylindrischen Körper, auf dem ein Kopf sitzt. Der Körper ist 83 cm lang, kann aber um weitere 50 cm ausgefahren werden, wenn der Roboter beispielsweise einen Gegenstand aus einem Schrank nehmen soll. Er hat einen knapp 78 cm langen Arm, mit dem er Objekte mit einem Gewicht von bis zu 1,2 kg und einer Größe von bis zu 13 cm Umfang greifen kann.

Der Einsatz von Assistenzrobotern kann auch im sozialen Bereich nützlich sein. Die Roboter-Robbe Paro wurde bereits Mitte der 1990er Jahre in Japan durch das National Institute of Advanced Industrial Science and Technology (AIST) entwickelt und wird mehr und mehr in der Pflege von kognitiv eingeschränkten Menschen eingesetzt. Die Robbe ist ca. 57 cm lang und 2,7 kg schwer und enthält Aktoren und Sensoren. Sie kann auf Aktionen wie Streicheln oder Berühren reagieren. Dadurch entsteht eine Kommunikation, die Menschen aufheitern, beruhigen, und sprachlich anregen kann. Das Hightech-Fell ist antibakteriell und mit Berührungssensoren ausgestattet. Außerdem besitzt der Körper Lagesensoren, akustische Sensoren sowie Licht- und Hitzesensoren. Zur Bewegung des Kopfes und der Beine werden sieben Motoren verwendet. Paro kann Geräusche lokalisieren und sich in die Richtung des Geräusches ausrichten. Mit Hilfe der Lagesensoren kann erkannt werden, ob er aufgehoben wird. Dann kann er sich an den Menschen anschmiegen. Paros Programme laufen auf Risc-Prozessoren. Sie kennen drei Verhaltensweisen: proaktiv, reaktiv und physiologisch. Er trennt zwei Ebenen der Verhaltensweisen. Reaktives Verhalten tritt schnell nach plötzlichen Ereignissen auf. Auf Paro bezogen erfolgt das Anschmiegen nach dem Hochnehmen als Reaktion. Im Sinnen von proaktiv kann die Robbe sich in Richtung von erkannten Geräuschen ausrichten. Physiologisches Verhalten wird z. B. durch den Rhythmus des Schlafens gekennzeichnet.

Abb. 65:   Roboter-Robbe Paro (Quelle: Beziehungen pflegen GmbH)

Die Wahrnehmung von Informationen über Sensoren ist entscheidend für die Aktion der Robbe. Wir wollen ein anderes Beispiel betrachten. Es wird seit einiger Zeit intensiv daran gearbeitet, in der Bewegung eingeschränkte Personen durch motorische Hilfen zu unterstützen. Assistenzsysteme in der Prothetik sollen dem Menschen beim Aufstehen oder Gehen helfen. Die Hilfen erfordern die Verbindung der Beine und Arme mit einer Stützeinrichtung aus Bändern und Stangen. Man nennt solche Gehhilfen Exoskelette. Die Rehabilitation von querschnittgelähmten, aber auch Schlaganfall- und Multiple-Sklerose-Patienten oder anderen gehbehinderten Menschen soll mit einem Exoskelett erleichtert werden. Man kann diesen Begriff wie folgt beschreiben:

Exoskelett-Assistenzysteme

Als Exoskelett-Assistenzsysteme werden Anzüge oder Handschuhe bezeichnet, die die Bewegungen des Trägers unterstützen bzw. verstärken, indem am Exoskelett Gelenke durch Servomotoren angetrieben werden.

Der Name Exoskelett ist aus der Biologie entnommen. Insekten, wie z. B. Grashüpfer, haben im Gegensatz zum Menschen außen ein Skelett und nicht im Inneren Bereich des Körpers (Endoskelett). Im folgenden Bild ist die Skizze eines Exoskeletts für die unteren Extremitäten, das in Anlehnung an Systeme mit den Namen Ekso, Rex, HAL 5 oder Rewalk dargestellt wird. Der Gehhilfe-Assistent Ekso wiegt 23 kg und ist mit vier Motoren an Beinen und Hüfte, 15 Sensoren in den Füßen und zwei leistungsstarken Batterien ausgestattet. Das Herzstück bildet ein Computer, in den die Daten des Patienten eingegeben werden und der die Länge der Schritte festlegt. Die Elektronik und die Motoren werden in einem Rucksack auf dem Rücken getragen. Mit Krücken, an denen Sensoren sitzen, können die Träger selbst ihre Schritte steuern.

Die Systeme müssen möglichst leicht sein und enthalten daher Komponenten aus dem Leichtbau, auch die stabile, aber nicht störende Befestigung am Körper ist wichtig für die Akzeptanz. Die Batterien sollten möglichst einen Tag das System versorgen können. Die gute Handhabbarkeit erfordert eine ergonomische Konstruktion. Besonders wichtig ist die Mensch-Maschine-Schnittstelle zur Steuerung des Systems. Die Steuerung kann bei weit entwickelten Systemen auch Restfunktionen der Bewegung sensorisch erfassen und zur Steuerung nutzen.

Eine Herstellerfirma gibt drei Trainingsschritte an. Der erste Schritt umfasst die Aktivierung des Schritts über eine Begleitperson, die den Trainierenden überwacht. Im zweiten Schritt aktiviert der Trainierende über Druckschalter an der Krücke selbst, wann die Geh-Unterstützung wirken soll. Im letzten Trainingsschritt wird automatisch die Bewegung und Verlagerung der Hüfte über Sensoren erfasst und ein Schritt ausgeführt. Es handelt sich allerdings um ein nicht selbst durch das Gehirn gesteuertes Laufen, das für den Nutzer noch nachteilig ist. Das System wird gegenwärtig (2014) in Rehabilitationszentren eingesetzt, da es mit ca. 100 000 EUR noch sehr kostspielig für die Individualnutzung ist.

Die Firma Ekso Bionics hat mehrere andere Assistenzsysteme entwickelt, die z. B. das Tragen von Lasten (auch im militärischen Bereich) erleichtern sollen, wie das System HULC (Human Universal Load Carrier). Man kann damit ohne Schwierigkeiten 90 kg tragen. Die Last wird am Körper vorbei gelenkt, dadurch spürt der Träger eine viel geringere Kraftanstrengung. An der Hüfte und an den Knien erfolgt die Kraftunterstützung über ein hydraulisches Antriebssystem, das über Batterien gespeist wird. Bei diesem Assistenzsystem erfolgt die Einleitung von Aktionen aufgrund der Wahrnehmung der Trägerabsichten mit Hilfe von Sensoren. Eine weitere Anwendung zeigt die Abb. 66b). Die Exo-Hand der Firma Festo wird wie ein Handschuh angezogen. Die Bewegungen der Finger werden über Potenziometer erfasst und die Kraft der Finger über Luftdruck verstärkt. Dazu stehen insgesamt acht pneumatische und doppelt wirkende Aktoren zur Verfügung. Die Hand ist der menschlichen Hand in ihrer Form angepasst und die Elemente der Hand werden über selektive Lasersinter-Verfahren hergestellt. Die Fingerbewegung erzeugen beim Greifen Druckkräfte, die über Piezoproportionalventile und Drucksensoren geregelt werden. Der Daumen bewegt sich zur Hand hin und der Zeigefinger kann zusätzlich nach links und rechts geschwenkt werden. Aufgrund der Kompressibilität der Luft ist die Hand äußerst nachgiebig, wenn äußere Kräfte wirken sollten. In einem Zukunftsszenario kann die Hand mit einem Brain-Computer verbunden werden. Am Kopf eines Nutzers der Hand befinden sich Elektroden zur Messung der Elektroenzephalografie-Signale (EEG), über die die Hand bewegt werden soll. Damit können z. B. Schlaganfall-Patienten mit Lähmungserscheinungen lernen, die fehlende Verbindung zwischen Gehirn und Hand wieder aufzubauen (Firma Festo AG & Co. KG, 2012). Weitere Anwendungen sieht die Firma in der Verbindung von Robotik und Orthetik. Die Exo-Hand tragen gleichzeitig ein Roboterarm und ein Bediener. Dazu wird am Roboterarm eine Silikon-Hand aufgebaut und die Exo-Hand darüber befestigt. Der Bediener kann die Roboterhand führen und seine Greifbewegungen werden auf die Roboterhand direkt übertragen.

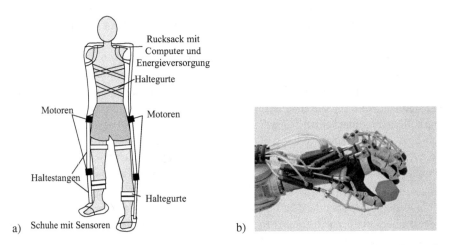

Abb. 66:   Exoskelett Anwendungen: a) Gehhilfe-Assistent, b) Exo-Hand der Firma Festo (Quelle: Firma © Festo AG & Co. KG, alle Rechte vorbehalten)

4.1.1   Produktionsassistenzroboter

Die Flexibilisierung der Produktion hat bereits in den 70er Jahren des letzten Jahrhunderts zur Entwicklung der Industrieroboter geführt. Im Zuge der Automatisierung und aus Kosten- und Qualitätsgründen wurden in der Industrie Robotersysteme für die wiederkehrende Arbeit an vielen Stellen eingeführt. Industrieroboter haben Arme, die aus dem Ellbogen, Oberarm und einer Greifhand bestehen.

Die anfänglichen Einsatzfälle beschränkten sich auf einfache sogenannte Pick-and-Place-Vorgänge, bei denen der Roboter Werkstücke, deren Position exakt bekannt ist, greift, und sie an einer definierten Position im Raum wieder ablegt. Es war das frühe Ziel der Roboterbauer diese für den Menschen monotonen und belastenden Arbeitsgänge zu automatisieren.

Industrieroboter

Industrieroboter sind gemäß der VDI Richtlinie 2860 universal einsetzbare Bewegungs-automaten mit mehreren Achsen, deren Bewegungen programmierbar und gegebenenfalls sensorgeführt werden. Sie sind mit Greifern und Werkzeugen ausgerüstet und können Handhabungs- und/oder Fertigungsaufgaben ausführen.

Nachdem der erfolgreiche Einsatz von Industrierobotern für viele dieser Arbeitsgänge vollzo-gen wurde und die Entwicklung der Rechnertechnik immer schnellere und genauere Bewe-gungsvorgänge ermöglichte, wurden auch schwierigere Arbeitsgänge, wie das Greifen vom laufenden Förderband, untersucht. Bei dieser Anwendung, die in der Industrie häufig anzutref-fen ist, ist es erforderlich, den Roboter beim Greifen mit derselben Geschwindigkeit zu bewegen wie das Förderband. Diese Möglichkeit wird heute standardmäßig von Roboterherstellern angeboten oder kann optional bestellt werden.

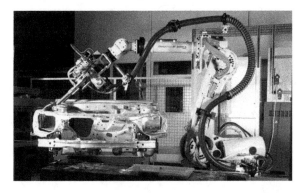

Abb. 67:   Schweißroboter (Quelle: Fanuc Robotics Deutschland GmbH)

Der Einsatz der Roboter unterstützt den Gedanken der flexiblen Automation, d. h. der schnellen Anpassung der Fertigung an neue Anforderungen des Marktes an die herzustellenden Produkte. Industrieroboter werden in großer Stückzahl in komplexen Fertigungslinien, wie z. B. in der Automobilindustrie beim Punktschweißen im Rohbau eingesetzt. Industrieroboter sind bei der Autoproduktion nicht mehr wegzudenken. Die Abb. 67 zeigt einen Roboter mit einer Punktschweißzange, mit deren Hilfe Autokarosserieteile punktweise verschweißt werden. Der Roboter besitzt sechs Antriebsachsen, die in einer kinematischen Kette seriell, also hinterein-ander, angeordnet werden.

Serielle kinematische Kette

Werden jeweils zwei starre Körper durch ein Gelenk mit einem oder mehreren Bewegungs-möglichkeiten nacheinander verbunden, entsteht eine serielle kinematische Kette.

Der Roboter fährt die programmierten Schweißpunkte nacheinander an und schließt an der Fügestelle die Punktschweißzange und startet den Stromfluss. In umfangreichen Standardisierungsmaßnahmen wurden die Anforderungen an Industrieroboter festgelegt, sodass der Roboterbetrieb allgemein als sicher gilt.

Tab. 2:   Normen und Richtlinien, die die Gestaltung von Industrieroboter-Arbeitsplätzen beeinflussen

Normen	Beschreibung
EN ISO 12100-1	Sicherheit von Maschinen, Terminologie
EN ISO 12100-2	Sicherheit von Maschinen, technische Spezifikation
EN 954-1	Sicherheit von Maschinen, sicherheitsbezogene Teile von Steuerungssystemen; ersetzt durch EN ISO 13849-1
EN ISO 13849-1	Sicherheit von Maschinen – Sicherheitsbezogene Teile von Steuerungen – Teil 1: Allgemeine Gestaltungsleitsätze; wird EN 954-1 ersetzten
EN ISO 13849-2	Sicherheit von Maschinen – Sicherheitsbezogene Teile von Steuerungen – Teil 2: Validierung
EN 62061	Sicherheit von Maschinen – Funktionale Sicherheit sicherheitsbezogener elektrischer, elektronischer und programmierbarer elektronischer Systeme
EN 775	Bedienung von Industrierobotern, Sicherheit; wird durch EN ISO 10218-1 ersetzt
EN ISO 10218-2	Industrieroboter – Sicherheitsanforderungen – Teil 2: Robotersysteme und Integration, (ISO 10218-2:2008); deutsche Fassung EN ISO 10218-2:2008
ISO 9787	Bedienung von Industrierobotern; Koordinatensysteme und Bewegungsrichtungen
ISO 9409-1	Bedienung von Industrierobotern, mechanische Schnittstelle
ISO 9283	Industrieroboter – Leistungskenngrößen und zugehörige Prüfmethoden

Die Einsatzfälle typischer Roboter-Applikationen in der Industrie reichen vom Punktschweißen, Kleben, Falzen, Bohren, Palettieren, Kommissionieren bis zum Montieren. Die Einbeziehung des Bedieners während des Betriebs ist nicht vorgesehen. Der Roboter befindet sich in einem durch z. B. Gitterzäune abgesperrten Sicherheitsbereich.

Im industriellen und handwerklichen Umfeld werden immer neue Anwendungen gesucht und gefunden. Der Einsatz der Roboter ist z. B. bei der Montage, der Werkstückbearbeitung oder beim Schweißen vielfach zum Standard geworden.

Die Arbeitsaufgaben der Roboter sind in einen Gesamtablauf der Fertigung integriert. In diesem Ablauf sind weitere Fertigungsmittel wie Förderbänder, Spanner zum Halten zu bearbeitender Werkstücke oder auch Personal für manuelle Tätigkeiten eingebunden. Mit Hilfe der flexiblen Automation ist ein Betrieb in der Lage, sein Produktspektrum schnell auf unterschiedliche Anforderungen umzustellen. Zusammen mit dem CIM(Computer Integrated Manufacturing)-Gedanken der computerintegrierten Fertigung, der es erlaubt, in Datenbanken unterschiedliche Fertigungsprogramme für die zu fertigenden Produkte zu speichern, können auch die Produktionsmittel schnell angepasst werden. Schon frühzeitig wurden spezielle Programmiersysteme für Roboter entwickelt, mit deren Hilfe die schnelle Programmierung neuer Aufgaben erleichtert wird. Die Programmierbarkeit der Roboter war und ist ein wichtiges Gebiet bei der Projektierung einer Roboteranlage.

Die Möglichkeiten der Programmierung und Steuerung der Industrieroboter sind komplex. Sie reichen von der Programmierung am Roboter bis zur virtuellen Planung des Robotereinsatzes mit den Methoden der digitalen Fabrik. Während die Programme bei den einfachen sogenannten Teach-in-Verfahren direkt am Roboter erstellt werden, können bei virtuellen Planungssystemen CAD-Modelle der Werkzeuge, Vorrichtungen und Werkstücke zur Programmerstellung am Computer genutzt werden.

Sollen auch die komplexen und bisher nicht mit Roboter automatisierten Funktionen automatisiert werden, stößt man an Grenzen, da meist die menschliche Wahrnehmung und Entscheidung benötigt wird. Der vollautomatische Einsatz würde, auch wenn er technisch möglich ist, die Kosten sprengen, sodass die Amortisation nicht mehr gegeben ist. Also bleiben diese Arbeitsplätze gegenwärtig dem Menschen vorbehalten, auch wenn einzelne Tätigkeiten durchaus automatisierbar wären. Bei geringen Stückzahlen ist die Handarbeit bis heute günstiger als der Einsatz von Roboter, da der Mensch bisher noch flexibler eingesetzt werden kann. Bei der Mensch-Roboter-Kooperation (MRK) ändert sich die Kostenstruktur. Die Stückkosten sinken gegenüber der manuellen Fertigung.

In aktuellen Forschungs- und Entwicklungsarbeiten werden Assistenzroboter entwickelt, die nicht mehr in Käfigen (Schutzeinrichtungen) eingesperrt sind, sondern mit dem Menschen zusammenarbeiten. Es ergeben sich Vorteile, da die Effizienz der Arbeit durch die parallele und interaktive Arbeit gesteigert werden kann. Falls der Roboter mit dem Menschen einen gemeinsamen Arbeitsraum besitzt, können viele der genannten Normen nicht mehr eingehalten werden. Man nennt diesen Betrieb einen kollaborierenden Roboterbetrieb, der nach DIN EN ISO 10218-1 wie folgt definiert wird.

Kollaborierender Betrieb

Zustand, in dem hierfür konstruierte Roboter innerhalb eines festgelegten Arbeitsraums direkt mit dem Menschen zusammenarbeiten. Der Sicherheitsbereich wird dabei zum Kollaborationsraum.

In dem Bereich, in dem der Mensch mit dem Roboter zusammenarbeiten soll, entsteht ein potenzieller Gefahrenbereich:

Kollaborationsraum

Arbeitsraum innerhalb des geschützten Bereichs, in dem der Roboter und der Mensch während des Produktionsbetriebs gleichzeitig Aufgaben ausführen können

Die spezifischen Stärken des Menschen und des Roboters können gebündelt werden. Die Flexibilität und Anpassungsfähigkeit hinsichtlich Einsatzort, Erfahrung und Wissen des Personals sowie bezüglich Art und Umfang der Aufgabe kann gesteigert werden.

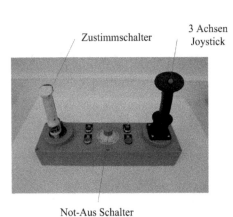
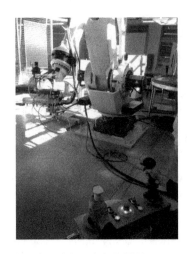

Abb. 68:   Steuerung eines Industrieroboters über einen Joystick (Kunkel, 2013)

Die Abb. 68 stellt den kollaborierenden Betrieb für einen 350 kg Industrieroboter dar. Der Roboter wird vom Bediener über einen Joystick verfahren. Damit befindet sich der Industrieroboter im Manipulatormodus und wird vom Menschen ferngesteuert.

> **Joystick**
>
> Ein Joystick hat ähnliche Aufgaben wie das Steuerhorn eines Flugzeugs. Mit dem Joystick kann die Fernsteuerung eines Objektes im realen oder virtuellen Raum durch die Bewegung eines Hebels, dessen Winkellage über Sensoren gemessen und auf die Motoren des Objekts übertragen wird, durchgeführt werden.

Der Roboter bekommt die Sollwerte für die Bewegungsrichtung über den Joystick, der vom Bediener bewegt wird. Der Bediener muss beide Hände an der Steuereinheit halten. Die Absicherung erfolgt über einen Zustimmschalter, der am linken Haltegriff montiert ist. Über diese Einheit ist es möglich, den Roboter in einem Automatikprogramm zu stoppen und im manuellen Modus den Betrieb weiterzuführen. Nachfolgend kann wieder der Automatikbetrieb aktiviert werden. Ein Anwendungsfall des Systems ist die Montage in der Automobilindustrie. Komplizierte Teilaufgaben in einem Montageprozess werden dann während des Arbeitsablaufs vom Menschen ausgeführt. Anschließend arbeitet der Roboter dann automatisch weiter. Bei Einhaltung aller Sicherheitsvorschriften ist ein kollaborierender Betrieb Roboter–Mensch möglich.

In aktuellen Forschungs- und Entwicklungsarbeiten werden Assistenzroboter entwickelt, die nicht mehr in Käfigen (Schutzeinrichtungen) eingesperrt sind, sondern mit dem Menschen zusammenarbeiten. Wir nennen diese Roboter Produktionsassistenzroboter. Es ergeben sich Vorteile, da die Effizienz der Arbeit durch die parallele und interaktive Arbeit gesteigert werden kann. Die spezifischen Stärken des Menschen und des Roboters können gebündelt werden. Die Flexibilität und Anpassungsfähigkeit hinsichtlich Einsatzort, Erfahrung und Wissen des Personals sowie bezüglich Art und Umfang der Aufgabe kann gesteigert werden. Diese Roboter werden zukünftig durch „Vormachen" einer Arbeit programmiert. Als Einsatzfälle sind sehr unterschiedliche Szenarien denkbar. Sie reichen von Handreichungstätigkeiten bis zur Übernahme komplexer Füge- oder Schweißprozesse.

Produktionsassistenzroboter

Produktionsassistenzroboter sind Robotersysteme, die Teilaufgabe einer Arbeitsaufgabe übernehmen und mit dem Menschen zusammenarbeiten. Sie bilden mit dem Menschen ein Arbeitssystem.

Die Erfahrungen, die bei der Entwicklung der Staubsaugroboter oder auch anderer autonom fahrenden Systeme gemacht wurden, können sinnvoll genutzt werden, um den Roboter mobil arbeiten zu lassen. Die Steuerung von mobilen Plattformen wird in Abschnitt 4.10 ausführlich erläutert.

Abb. 69:   Roboterarm rob@work 3 auf einer mobilen Plattform
            (Quelle: Fraunhofer-Institut IPA, Stuttgart)

Abbildung 69 stellt eine Entwicklung des Fraunhofer-Instituts IPA vor. Ein Leichtbauroboterarm der Firma Universal Robots wird auf eine mobile Plattform (Abschnitt 4.10) montiert und erweitert sowohl die Möglichkeiten des Transportsystems als auch die Mobilität des Roboterarms. Stereokamerasysteme (siehe Abschnitt 5.6.3) und Laserscanner (5.6.2) ermöglichen es dem Roboter, seine Umgebung wahrzunehmen. Der Antrieb der Roboterplattform ist so konstruiert, dass das System in jede Richtung fahren kann. Komplexe Fahrmanöver sind nicht notwendig. Die Plattform enthält weiterhin Fahr-Dreh-Module mit Antrieb, Batterien, einen Motorcontroller für Lenkmanöver, einen 10" Touchscreen, Lautsprecher, Bremsen und einen Industrie-PC. Eine Beispielanwendung des Systems ist das Schweißen. Die Einhaltung einer bestimmten Schweißgeschwindigkeit ist für die Güte des Schweißergebnisses von hoher Bedeutung. Der Assistenzroboter übernimmt die Funktion der Einhaltung der Schweißgeschwindigkeit. Der Mensch behält weitestgehend seine Bewegungsfreiheit. Eine weitere Assistenzfunktion ist z. B. die Überwachung und Korrektur des Schweißwinkels. Beim Schweißprozess braucht sich der Werker nicht um die Einhaltung des Schweißwinkels zu kümmern und wird um diese Arbeit entlastet.

Man kann mindestens vier Klassen von Produktionsassistenzrobotern unterscheiden: „intelligente Werkzeuge", „hochflexible Roboter", „platzminimierte Roboter" sowie „autonome Transportroboter" (Helms & Meyer, 2005).

Die Roboter, die als intelligente Werkzeuge arbeiten, verbinden die Stärken des Menschen, wie z. B. Geschicklichkeit und Entscheidungs- bzw. Anpassungsfähigkeit, mit denen des Roboters, Stärke, Kraft, Ausdauer, Umweltresistenz.

Die hochflexiblen Roboter können in unterschiedlichen Umgebungen und Prozessen verschiedene Aufgaben erfüllen und diese schnell erlernen. Die Mensch-Maschine-Interaktion ist weit entwickelt, sie können über Gesten und Sprache gesteuert werden. Sie können an verschiedenen Orten aufgestellt und schnell eingesetzt werden.

Die platzminimierenden Roboter können den Arbeitsplatz dadurch verringern, dass sie nicht mehr in weiträumigen Schutzgebieten vom Menschen getrennt arbeiten. Es entstehen neue Mischungsformen von manueller und automatischer Arbeit.

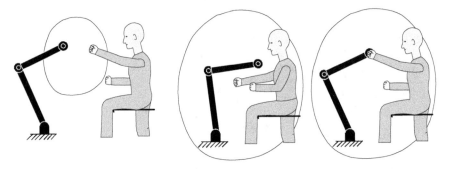

Abb. 70:   Räumliche Anordnung der Arbeitsräume Mensch-Roboter, links: Arbeitsraum des Menschen und des Roboters überschneiden sich; mitte: Mensch arbeitet im gesamten Roboterarbeitsbereich; rechts: Mensch berührt den Roboter

Die Anforderungen, die an einen Assistenzroboter gestellt werden, lassen sich in drei Kriterien aufteilen: Der räumliche Aspekt ist wichtig, denn der Assistent soll mit dem Menschen „eng" zusammenarbeiten. Der Mensch hält sich im Bewegungs- oder sogar Arbeitsbereich des Roboters auf. Gemäß Abb. 70 werden die getrennten Arbeitsräume vom Menschen und Roboter aufgehoben. Dann sind verschiedene Möglichkeiten denkbar. Zuerst kann ein überlappender Arbeitsbereich entstehen. In einer weiteren Steigerung arbeitet der Mensch im gesamten Roboterarbeitsbereich. Die höchste Integration ist gemeinsame Arbeit, bei der es zu Berührungen vom Mensch und Roboter kommt. Dabei kann z. B. der Mensch den Roboter zu einem neuen Ort führen.

Auch der Grad der Mobilität beeinflusst die Assistenzfunktionen, denn der Roboter, der nur an einem Platz fest positioniert ist, verringert die Einsatzmöglichkeiten. Die autonomen Transportroboter bestehen aus einer mobilen Plattform und dem Roboterarm. Natürlich werden auch laufende Roboter zu den autonomen Transportsystemen gezählt. Der Roboter kann in einer Arbeitsumgebung manövrieren und Arbeitsgegenstände transportieren. Temporäre Hindernisse können umfahren werden.

Falls der Roboter an verschiedenen Stellen aufgebaut werden kann, spricht man von einem manuell-ortsflexiblen Robotereinsatz. Die komfortabelste Lösung ist der automatisch-ortsflexible Roboter, der sich seine Bewegungsbahnen selber sucht. Der Grad der Mobilität ist kein Ausschlusskriterium für Assistenzroboter. Auch ein stationär angebrachter Roboter kann eine maschinelle Wahrnehmung besitzen und mit dem Menschen an einer Arbeit zusammenarbeiten. Doch die Ortsflexibilität verbunden mit den genannten Kriterien erweitert die Einsatzmöglichkeiten.

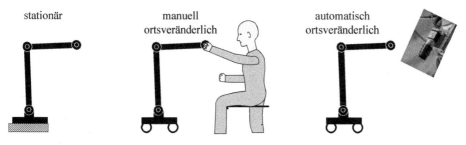

Abb. 71: Grad der Mobilität

Die Assistenzfunktionen können fordern, dass der Roboter und der Mensch am gleichen Werkstück arbeiten und die Bewegungen aufeinander abgestimmt werden müssen. In Abb. 72 sind vier verschiedene Fälle dargestellt. Im ersten Fall sind die Bahnen, die der Roboter-Tool-Center-Point (TCP) fährt, sowohl zeitlich als auch räumlich unterschiedlich zu den Bahnen, die der Mensch bei seinem Arbeitsanteil mit seinen Händen durchfährt. Es hängt von der Arbeitsaufgabe ab, ob diese Zusammenarbeit eine Assistenzfunktion mit maschineller Wahrnehmung ist.

Die zweite Steigerungsstufe hinsichtlich der Gemeinsamkeit der Arbeit ist die Bewegung auf gleichen Bahnen, aber zu verschiedenen Zeitpunkten. Wenn die Bahnen gleich, die Zeiten der Arbeit aber unterschiedlich sind, ergibt sich eine weitere Form der Arbeitsteilung. Die höchste Integration erfolgt bei Bahngleichheit und Zeitgleichheit der Roboter- und Menschbewegungen. In diesem Fall ist bei Zutreffen der anderen Eigenschaften eines Assistenzroboters die Assistenzfunktion weit ausgeprägt.

Die unterschiedliche Ausprägung der genannten Kriterien kennzeichnet die Assistenzrobotersysteme. In den meisten gegenwärtigen Roboteranwendungen ist der Mensch nur bei der Programmierung beteiligt. Getrennte Bewegungsräume und die stationäre Anordnung des Roboters verringern die Flexibilität. Es findet kein gleichzeitiges Arbeiten an derselben Aufgabe statt. Der bahngleiche und zeitgleiche Arbeitsvorgang findet in einer Kooperationszelle statt. In einer Kooperationszelle arbeiten Roboter und Mensch bei der Produktion zusammen.

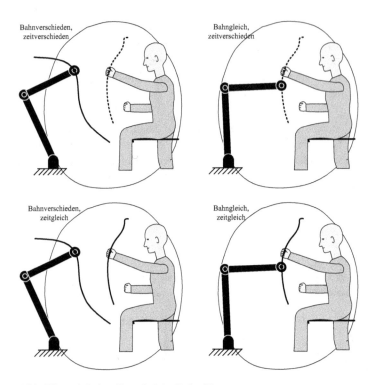

Abb. 72:   Arbeitsteilung bei der Bahnführung

Ebenfalls in demselben Arbeitsraum halten sich Roboter und Werker auf, wenn der Roboter
Hol- und Bringdienste ausführt. Der Roboter ist in diesem Fall automatisch ortsflexibel. Der
Fall, dass der mobile Roboter an verschiedenen Orten als intelligentes Werkzeug fungiert, führt
zum mobilen Assistenzroboter, der in der Abb. 73 links dargestellt ist.

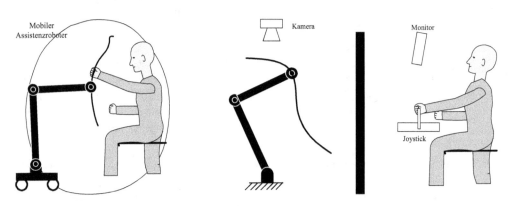

Abb. 73:   Assistenzroboter, links: kollaborierender Betrieb, rechts: Teleroboter durch intelligente Fernsteuerung

Die Teleroboter-Anwendungen sind dadurch gekennzeichnet, dass die Roboterbewegungen und die menschlichen Bewegungen synchronisiert werden. Der Mensch ist der „Meister" (Master) und der Roboter führt als „Sklave" (Slave) die Arbeit aus. Er steuert den Roboter über einen Joystick. Über eine Kamera wird die Roboterszene vom Bediener beobachtet. Auch ein Teleroboter kann ein Assistenzroboter sein, doch in vielen Fällen besitzen Teleroboter keine maschinelle Wahrnehmung. Die Roboterbedienung erfolgt konventionell im Handbetrieb über das Handbediengerät. Im Automatikbetrieb wird der Roboter über ein Programm gesteuert. Der Eingriff des Bedieners während des Prozesses ist in der Regel nicht vorgesehen. Bei dem Einsatz von Assistenzrobotern soll eine enge Interaktion des Menschen mit dem Roboter möglich sein. Es soll daher anhand eines Interaktionsmodells gezeigt werden, welche Softwarefunktionen ein Roboterassistenzsystem enthalten soll.

Das folgende Interaktionsmodell beschreibt die Zusammenarbeit zwischen Mensch und Assistenzroboter an einem Beispiel. Der Mensch und der Roboter montieren/demontieren gemeinsam Teile. Dabei werden Bolzen gefügt. Die Fügebohrungen liegen kompliziert und können nicht automatisch erkannt werden. Der Roboter erkennt und holt die zu fügenden Bolzen. Der Mensch führt den Roboter am Arm in Richtung der Fügebohrung. Der Roboter besitzt eine Aktorik, mit deren Hilfe der Fügevorgang durchgeführt werden kann. Der Mensch führt dazu den Roboterarm, bis das Teil gefügt ist.

Das Roboterassistenzsystem besitzt ein Informationsmanagement für die über verschiedene Sensoren wahrgenommenen Eindrücke und ergänzt die Anzeigen auf dem mobilen Display bezüglich dieser Daten. Es stellt dem Bediener über ein Bedien-Management Bedienungsunterstützungen zur Auswahl bzw. es greift aktiv in den Prozess ein. Das Assistenzsystem enthält eine Automationsmöglichkeit, mit der es automatisch bestimmte Funktionen, wie z. B. die eigentliche Fügearbeit, im Prozess ausführt. Das Assistenzsystem besitzt Sensoren, mit denen es Hindernisse erkennen kann, um zu navigieren und Bewegungen ausführen zu können. Es kann neue Teile holen oder seine Position gegenüber dem Menschen anpassen. Außerdem benötigt es Sensoren, mit deren Hilfe die Anwendung überwacht wird. Es erkennt die Fügebohrung und kann die Fügeoperation automatisch, kraftgeregelt durchführen. Für den kollaborierenden Betrieb mit dem Menschen ist neben der visuellen Schnittstelle, die über Kameras gegeben ist, auch eine haptische Bedienmöglichkeit sinnvoll.

Haptische Bedienung

Die haptische Bedienung erfolgt über Kräfte, die der Bediener über seine Sinnesorgane empfindet.

Die haptische Interaktion vollzieht sich in zwei Richtungen. Einmal kann der Mensch auf den Roboter entweder direkt oder über ein Bedienelement Kräfte und Momente ausüben. Doch auch die Umgebung kann über ein haptisches Bedienelement auf die Hände oder Füße des Bedieners Kräfte und Momente ausüben und dadurch Rückmeldungen vom Prozess geben. Die Abb. 75 zeigt diese Art der Interaktion mit Hilfe eines Blockschaltbildes.

In dem Beispiel bekommt der Mensch eine haptische Rückmeldung über Kräfte am Roboterarm, die auf seine Bedienhand wirken. Er spürt, wenn das Teil gefügt ist.

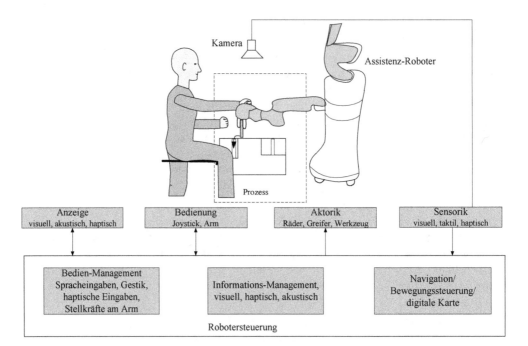

Abb. 74:   Interaktionsmodell zwischen einem Roboterassistenten und dem Bediener

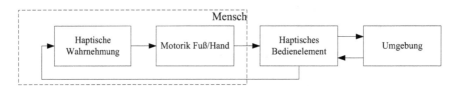

Abb. 75:   Haptische Interaktion Mensch-Roboter

Zusammenfassung

Die Industrieroboter werden seit Jahren in der Automatisierungstechnik zur Handhabung von Lasten oder zur Werkzeugführung eingesetzt. Mobile Roboter können sich mit Hilfe von Sensoren autonom bewegen. Assistenzroboter werden als intelligente Werkzeuge, hochflexible Roboter, die einfach anlernbar sind, platzminimierende Roboter, die mit dem Menschen eng zusammenarbeiten, und autonome Transportroboter ausgeführt. Sie unterscheiden sich im räumlichen Aspekt, im Grad der Mobilität und in der Arbeitsteilung zwischen Mensch und Roboter bei der Bahnführung. Serviceroboter verrichten Dienstleistungen. Sie arbeiten nicht unbedingt mit dem Menschen zusammen an einer Aufgabe. Assistenzroboter ergänzen die Fähigkeiten des Menschen durch die Vorteile des Roboters. Serviceroboter können ferngesteuert, teilautonom oder autonom arbeiten. Assistenzroboter ermöglichen eine Kooperation mit dem Menschen, die entweder seriell oder parallel durchgeführt werden kann.

Kontrollfragen

K51   Geben Sie den Unterschied zwischen einem Service- und einem Assistenzroboter an.

K52   Benennen Sie die vier Klassen von Assistenzrobotern.

K53   Was bedeutet der Automatisierungsgrad?

K54   Sind Personal-Service-Robots Assistenzsysteme?

K55   Wie beschreibt man eine bahngleiche und zeitgleiche Kooperation Mensch-Roboter?

4.1.2   Manipulatoren und Telemanipulatoren

Service- und Assistenzroboter sind abzugrenzen von den Manipulatoren. Mit Manipulatoren können z. B. Werkstücke über Greifarme bewegt werden. Der Manipulator wird ähnlich wie ein Bagger vom Bediener geführt.

Manipulator

Der Begriff Manipulator stammt vom lateinischen Begriff „manus", der Arm bzw. Hand bedeutet. Ein Manipulator ist eine manuell gesteuerte Bewegungsmaschine zum Handhaben materieller Objekte, z. B. Baugruppen, Werkstücke oder Werkzeuge. Telemanipulatoren werden über eine Kameraeinrichtung, die die Arbeitssituation dem Bediener präsentiert, gesteuert.

Mit Manipulatoren können auch in gefährlichen Umgebungen Objekte transportiert werden. Da der Manipulator keine eigenständige Programmiereinheit besitzt und er die Bewegungen nur direkt vom Menschen gesteuert ausführt, handelt es sich nicht um einen Roboter.

Die Abb. 76 zeigt den Aufbau eines über Hydrozylinder angetriebenen Manipulators zum Arbeiten in gefährlichen Umgebungen. Er kann z. B. zum Heben schwerer Lasten im Stahlwerk eingesetzt werden. Das Bild zeigt, wie die Linearbewegung der Hydrozylinder 2 und 3 in eine Rotation der Ausleger gewandelt wird. Der Hydrozylinder 2 dreht den Ausleger 1 um die Drehachse 2. Der Hydrozylinder 3 dreht den Ausleger 2 mit Hilfe der Umlenkstange um die Drehachse 3. Das Parallelogramm-Gestänge sorgt dafür, dass bei beiden Drehungen die Orientierung der Schwenkachse 4 immer genau vertikal bestehen bleibt. Zur Orientierungsänderung des Greifers dienen drei Rotationszylinder, die Drehungen um die Schwenkachse 4, die Neigeachse 5 und die Rollachse 6 bewirken. Der Ölvolumenstrom durch die Hydrozylinder wird über elektrische angesteuerte Proportional- oder Servoventile verändert. Dadurch kann jede Achse mit Hilfe eines Regelkreises genau positioniert werden. Der im folgenden Bild dargestellte Regelkreis kann z. B. für den Hydrozylinder 2 erklärt werden. Der Druck im Kolben des Zylinders wird durch das elektrische Steuersignal beeinflusst. Das Signal berücksichtigt die Regeldifferenz, die zwischen der über ein Potenziometer gemessenen Istposition des Kolbens und der über einen Master-Arm vorgegebenen Sollposition besteht. Der Regler verstärkt das Fehlersignal und verändert dadurch den Öldruck im Zylinder. Durch die Verwendung geeigneter Regler mit Integralanteil kann die vorgegebene Sollposition exakt angefahren werden. Die Sollposition wird bei Manipulatoren nicht über ein Programm automatisch angefahren, sondern durch einen Master-Arm vorgegeben.

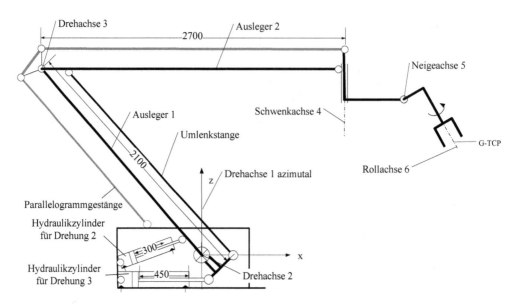

Abb. 76:   Hydraulisch angetriebener Manipulator als Slave-Arm zum Heben schwerer Lasten

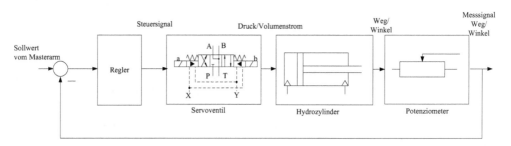

Abb. 77:   Regelkreis einer Achse

Die Bewegungen, die der Bediener über den Master-Arm in einer geschützten Arbeitskabine ausführt, werden auf den Slave-Arm, der sich in der gefährlichen Umgebung befindet, übertragen. Die Bewegungen des Pilotgriffs werden über Potenziometer als elektrische Spannungen erfasst. Die Spannungen werden verstärkt und als Sollwerte an eine Regelkarte für die hydraulischen Antriebe übertragen. Eine Besonderheit des Systems ist die Kraftrückkopplung. Dazu werden die Kräfte in den hydraulischen Schläuchen des Slave-Arms über Drückschläuche erfasst, die zum Master-Arm geführt werden. Dort sind sie an Reaktionszylinder angeschlossen. Die Bewegung des Pilotgriffs durch den Bediener erfordert Kräfte, die von den Lastkräften am Slave-Arm abhängen. Man kann auf diese Weise den Slave-Arm sehr feinfühlig bewegen.

Manipulatoren sind überall dort anzutreffen, wo die menschliche Wahrnehmung und Flexibilität nicht durch künstliche Sensoren und ein Computerprogramm ersetzt werden kann. In der Regel arbeiten Manipulatoren nach dem Master-Slave-Prinzip oder als einfaches Trägersystem.

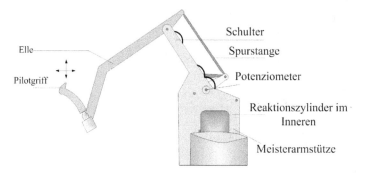

Abb. 78: Master-Arm des hydraulisch angetriebenen Manipulators

---

Master-Slave-Prinzip

Über einen Masterarm, der z. B. aus einem Joystick besteht, führt der Mensch Bewegungen aus. Die Bewegungen werden mit Hilfe von Messsystemen erfasst und über eine Verstärkerschaltung an die Antriebsachsen eines Manipulators übertragen. Der Mensch macht die zu erledigende Arbeit vor und die Maschine ahmt diese Bewegung direkt nach.

Manipulatoren sind in der Regel nicht programmierbar. Allerdings sind sie eng mit dem Bediener verbunden, der die Maschine steuert oder führt. In dem Fall, in dem die Manipulatoren eigene Wahrnehmungsfähigkeiten besitzen und dadurch nicht nur körperlich, sondern auch kognitiv den Bediener unterstützen, kann man sie auch als Assistenzsysteme bezeichnen.

Die Abb. 79 zeigt ein wesentlich komplexeres Telemanipulatorsystem. Das Kamerabild des Arbeitsbereichs wird als Stereobild dreidimensional auf einem Monitor dargestellt und über einen Spiegel dem Betrachter zugeleitet. Mit einer 3D-Brille nimmt der Bediener die Arbeitsszene über einen Monitor war. Er steuert über zwei Master-Arme, die über Ringe mit den Fingern zu bewegen sind, die beiden Manipulatorwerkzeuge. Diese besitzen eigene Regelkreise für die Positionierung, die vom Master vorgegeben wird. Die Bewegungen der beiden Hebel werden auf zwei bewegliche Arme mit Instrumenten übertragen, die damit eine Arbeitsaufgabe ausführen.

4.1.3 Anwendungen von Assistenzrobotern in der Medizin

Die Nutzung von vollautomatisch arbeitenden Robotersystemen in der Medizin erfolgt heute selten. Die Gründe dafür liegen in den unzureichenden kognitiven und sensorischen Fähigkeiten des Roboters im Vergleich zum Menschen. Der Chirurg ist in der Lage, geringe Kräfte, die er mit seinem Instrument auf das Körpergewebe ausübt, zu erfassen und aufgrund seiner Erfahrung die richtige Schlussfolgerung für die weitere Behandlung zu ziehen. Diese dem Roboter noch fehlenden Eigenschaften führten zu Behandlungsproblemen bei der automatischen Präparation von Oberschenkelknochen für die Aufnahme von Prothesen. Bei den in vielen Kliniken durchgeführten Anwendungen wurden mit speziellen Robotersystemen, Hüft- und später

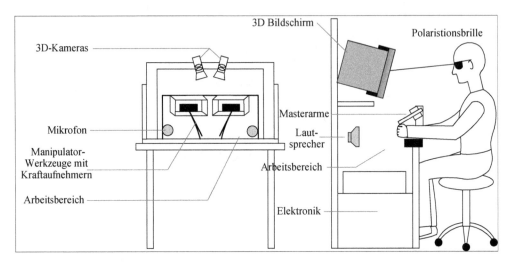

Abb. 79:   Telemanipulator

Knieprothesen implantiert. Der Einsatz der Prothese in den Femur (Oberschenkelknochen) wurde mit Hilfe von Bilddaten der Computertomografie simuliert und optimiert. Anschließend wurden die Fräsbahnen zum Ausfräsen des Knochens zur Aufnahme des Schaftes an den Roboter übertragen. Nachdem der Roboter den Knochen ausgefräst hat, setzt der Chirurg die Prothese ein. Bei einigen Patienten ergaben sich Probleme, die auf die Roboterpräparation zurückgeführt wurden. Daher wurde daran gearbeitet, den Menschen als Entscheidungsträger bei Operationen die Führung von Robotersystemen zu übertragen. Die Genauigkeit des Roboters und die Feinfühligkeit des Menschen, zusammen mit seinen kognitiven Fähigkeiten, stellt eine äußerst sinnvolle Zusammenarbeit dar. Der Chirurg benötigt eine ergonomische Schnittstelle mit Feedback der Kräfte und Visualisierung des Operationsraums zur zielgerichteten Steuerung des Roboters.

Bedeutende Fortschritte wurden bei der Entwicklung und beim Einsatz von Assistenzsystemen in der Medizin gemacht. Die Begriffe der Telepräsenz und der Teleaktion prägen die heutigen medizinischen Roboterassistenzsysteme. Dem Mediziner wird mit Hilfe von optischen und taktilen Sensoren der Eindruck vermittelt, mit seinen Händen direkt am Patienten zu arbeiten, obwohl er nur eine Fernsteuerung durchführt. Der Mensch hat die Empfindung, virtuell im Operationsgebiet präsent zu sein. Die Präsenz wird ergänzt durch die Möglichkeit, Handlungen im Operationsgebiet durchzuführen. Er kann am entfernten Ort operieren, als ob er direkt mit seinen Händen arbeitet. Es ist das Ziel dieser Entwicklung, die Illusion so weit zu treiben, dass der Operateur nicht mehr unterscheiden kann, ob er direkt durch seine Hände und seine Augen die Eindrücke vermittelt bekommt oder durch die technischen Hilfsmittel. Im Folgenden werden zuerst einige Entwicklungen beschrieben, die noch weit entfernt von dem beschriebenen Ziel der Telepräsenz sind, jedoch wichtige Schritte in diese Richtung bedeuteten.

Eine einfache Form des Master-Slave-Prinzips stellen Trägersysteme dar, die beispielsweise für die mechanische Führung von Endoskopen bei medizinischen Eingriffen eingesetzt werden. Der meistverkaufte Manipulator im medizinischen Bereich ist das AESOP-System (Automated

Endoscopic System for Optimal Positioning). Der Arm hat sechs Freiheitsgrade und ist ähnlich einem SCARA-Roboterarm als Horizontalknickarm (siehe Abschnitt 4.3) ausgeführt. Der Arm kann über hydraulische Antriebe vertikal verfahren werden. Das Endoskop ist gelenkig an der Spitze des Arms angebracht und kann manuell bewegt werden. Durch die manuelle Bewegung des Haltearms kann die Richtung des Endoskops verändert werden. Dabei darf das Endoskop nur um den Einstichpunkt durch die Haut geschwenkt werden.

Gesteuert wird AESOP über ein Spracheingabesystem, das die Sprachbefehle mit den in einer eingelernten Sprachdatenbank vorhanden Befehlen vergleicht. Dadurch hat der Chirurg beide Hände frei und kann trotzdem ein optimales Bild des Operationsgebietes wahrnehmen. Die Sprachbefehle „AESOP right", „AESOP left", „AESOP down" etc. bewegen den Roboter mit dem Endoskop. Allerdings ist die Spracheingabe störanfällig gegenüber Hintergrundgeräuschen. Die Praxistauglichkeit des Gerätes ist mit über 1000 Installationen bestätigt. Allerdings wurde die Produktion 2003 beendet. Bei Nachfolgemodellen wird z. B. die Kopfbewegung des Chirurgen erfasst, um die Blickrichtung des Endoskops zu ändern. Dazu trägt der Chirurg ein Kopfband mit einem Infrarotsender. Zur Vermeidung von ungewollten Bewegungen erfolgt die Sicherung der Bewegung des Endoskops über einen Fußschalter. Nur wenn dieser betätigt wird, wird die Kopfbewegung analysiert. Doch auch dieses System konnte sich wirtschaftlich nicht etablieren. Bei weiteren Endoskopsystemen erfolgt die Steuerung der Endoskopbewegung über Fußschalter oder Joysticks.

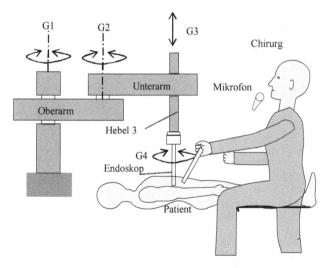

Abb. 80:   Prinzip der Endoskopführung mit Sprachsteuerung, der Manipulator wird vom Chirurgen über Sprache geführt

Gegenwärtig werden in der Medizin mehr und mehr Manipulatoren mit evtl. mehreren Armen zur Führung von chirurgischen Instrumenten bei minimalinvasiven Eingriffen eingesetzt. Die Bedienung der Manipulatorarme, die die medizinischen Instrumente führen, erfolgt interaktiv durch den Operateur. Die Wissensbasis des Operateurs und die Feinfühligkeit des Maschinenarms ergänzen sich vorteilhaft. Die Bedienung der Instrumente erfolgt über dreidimensionale

Ansichten der Behandlungsgebiete, die über Kameras an einem Endoskop bereitgestellt werden. Die Bewegungen der menschlichen Hand werden durch den Telemanipulator nachgeahmt.

Der Chirurg sitzt an einer Konsole und steuert über einen mehrachsigen Joystick die Instrumente über zwei Manipulatorarme mit jeweils sieben Achsen, ein weiterer Arm bewegt das Stereoendoskop. Ein evtl. vorhandenes Zittern des Chirurgen (Tremor) wird durch das System ausgeglichen. Im Gegensatz zum Roboterbetrieb behält der Chirurg bei diesem Manipulatorarm die Kontrolle. Das Manipulatorsystem unterstützt den Arzt bei der Planung und Durchführung von operativen Eingriffen. Es erweitert die Fähigkeiten des Arztes durch die verschiedenen Roboterarme. Wichtig ist, dass der Chirurg sein Gefühl in den Fingern und Händen bei der Operation bewahren kann. Dazu ist es erforderlich, die chirurgischen Instrumente mit einer Kraftrückkopplung auszustatten. Das folgende Bild zeigt diese Möglichkeit im Prinzip. Der Bediener steuert das Gerät über Bediengriffe und beobachtet die Ausführung über einen Monitor. Der Monitor stellt die Arbeitsszene des Roboters dreidimensional dar. Über das haptische Feedback erfolgt die Wiedergabe der Reaktionskräfte bei der Führung der Instrumente, wie aus der Abb. 82 hervorgeht.

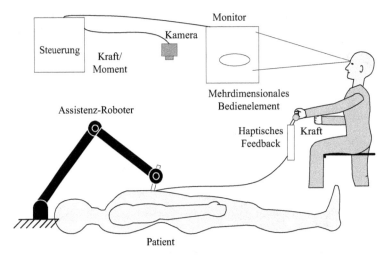

Abb. 81:   Telemanipulator mit multimodalem Interface als Beispiel für haptische Bedienmöglichkeiten

Das Telemanipulatorsystem wird zu einem Assistenzrobotersystem, wenn es eine eigene Wahrnehmung besitzt und an der Aufgabe interaktiv beteiligt ist. Hierzu können haptische Eingabegeräte genutzt werden, die eine Kraftrückmeldung bewirken, wenn man z. B. bestimmte Bereiche mit dem Manipulator erreicht. Dadurch führt das System eigenständige Korrekturbewegungen aus. Man verwendet als Slave-Arme auch Roboterarme, die programmgeführt arbeiten könnten. Als Assistenzsystem in der Medizin werden die Bewegungen aber durch den Operateur über einen Master-Arm vorgegeben. Man nutzt die Entwicklungen der Robotik und Sensorik, um die Telepräsenz und Teleaktion leichter realisieren zu können.

Medizinisches Assistenzrobotersystem

Ein medizinisches Assistenzrobotersystem besteht aus einem Mastersystem mit Fernsteuer-armen und Roboterarmen zur Führung von Operationszangen und dem Endoskop. Es besitzt eine multimodale Benutzerschnittstelle, mit dessen Hilfe der Operateur das Operationsfeld dreidimensional erkennen und Kräfte bei der Bewegung der ferngesteuerten Instrumente erfassen kann.

Ein neues medizinisches Assistenzsystem, das vom Deutschen Zentrum für Luft- und Raum-fahrt (DLR) im Robotik und Mechatronik Zentrum entwickelt wurde, besitzt noch weiter-gehende Möglichkeiten bei der medizinischen Versorgung mit medizinischen Assistenz-manipulatorsystemen. Das System MiroSurge verwendet drei Roboterarme, die über eine Master-Einrichtung mit zwei Master-Armen und einem dreidimensionalen Display gesteuert werden. Zwei joystick-ähnliche Bediengriffe werden zur gleichzeitigen Teleoperation von zwei Roboterarmen eingesetzt. Der dritte Arm bewegt das Endoskop. Das Bild des Stereoendoskops wird auf einem hochauflösenden Monitor dargestellt (Abb. 82), der über eine Polarisationsbrille betrachtet werden kann.

Der Joystick besitzt sechs Freiheitsgrade und einen Freiheitsgrad zum Betätigen des Instru-ments. Der Arbeitsbereich des Bediengriffs umfasst den Bewegungsbereich der menschlichen Hand. Er besitzt einen vollständigen Gravitationsausgleich und ist driftfrei kalibriert. Die Kräfte und Momente am Werkzeug werden in die Bewegung rückgekoppelt. Die Auflösungen der Messsysteme zur Position und Rotation betragen 0,0015 mm bzw. 0,013°. Die Mechanik ist deltaförmig aufgebaut. Die Translation ist vollständig von der Rotation entkoppelt.

Die in Abb. 83 rechts gezeigten Roboterarme sind mit jeweils sieben Achsen ausgestattet. Da-durch besteht die Möglichkeit, bei konstanter Pose des Instrumentes die nicht direkt beteiligten Gelenke zu verfahren. Da drei Roboter verwendet werden, wird eine Kollisionsgefahr dadurch vermieden. Aufgrund der 7-achsigen Ausführung können die Arme ihren Abstand zueinander maximieren, ohne die Instrumentenposition zu verändern. Die kinematische Struktur der Ro-boterarme ist dem menschlichen Arm ähnlich. Sie können bis zu 30 N Last befördern und sind in Leichtbau ausgeführt. Daher beträgt das Gewicht eines Arms weniger als 10 kg. Die Achsen der Roboterarme beinhalten hochintegrierte Kraft-Momenten-Sensoren in jedem Gelenk. Die komplette Antriebselektronik der Servomotoren befindet sich im Inneren der Arme. Die Ver-bindung zur Steuereinheit benötigt nur ein Kabel für Kommunikation und Stromversorgung. Die Vorgabe der Sollwerte der Roboterarme erfolgt allerdings über die Masterarme, sodass eine eigenständige, vom Roboter direkt initiierte und evtl. ungewollte Bewegung am medizinischen Operationsinstrument nicht vorkommen kann. Besonders interessant sind die vom deutschen Zentrum für Luft- und Raumfahrt entwickelten Operationszangen und -werkzeuge. Sie besitzen eigene Freiheitsgrade zur Orientierung der Zange und zur Einstellung des Öffnungswinkels. Außerdem besteht die Möglichkeit, Kraft- und Momenten-Sensoren zwischen Zange und Ge-lenken anzubringen. Damit werden Kräfte und Momente exakt gemessen und zum Masterarm rückgekoppelt.

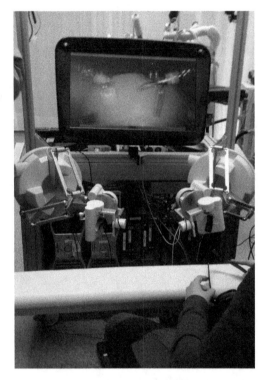

Abb. 82:   Teleoperation zur Manipulation von Slave-Armen mit Hilfe der dreidimensionalen Darstellung des Operationsgebietes (eigenes Foto, aufgenommen im Deutsches Zentrum für Luft-
und Raumfahrt e. V., Institut für Robotik und Mechatronik, Oberpfaffenhofen)

4.2   Anforderungen an Roboterassistenzsysteme

Nachdem in den letzten Abschnitten einige Grundlagen zu Roboterassistenzsystemen vorgestellt wurden, sollen nun Anforderungen an Assistenzsysteme aufgelistet werden.

Die Aufgaben eines Roboterassistenzsystems können sehr vielfältig sein, sie reichen von Pro-
duktionsassistenten über Manipulatorassistenten im Operationssaal bis zum Personal-Service-
Roboter, der als persönliche Hilfe z. B. für Handreichungen gebraucht werden kann. Daher
werden in den folgenden Punkten die Unterschiede herausgearbeitet.

1. Die Industrieroboter sind nicht für die Zusammenarbeit mit dem Menschen ausgerüstet. Sie
    befinden sich in geschlossenen Arbeitsräumen, die vom Menschen während der Arbeit nicht
    betreten werden dürfen. Roboterassistenzsysteme erfordern Strategien zur gemeinsamen
    Arbeit der Roboter mit dem Menschen im gemeinsamen Arbeitsraum.

2. Der Einsatz der Industrieroboter ist auf spezielle Anwendungen begrenzt. Die Program-
    mierung erfordert Fachwissen, sodass nur sachkundige Mitarbeiter Roboter bedienen kön-
    nen. Assistenzroboter erfordern neue Programmiermethoden, die dem Roboteranwender
    ohne Programmierkenntnisse die Nutzung ermöglichen. Eine einfache Programmierung
    verschiedener Roboterarbeiten, z. B. durch „Vormachen", ist anzustreben.

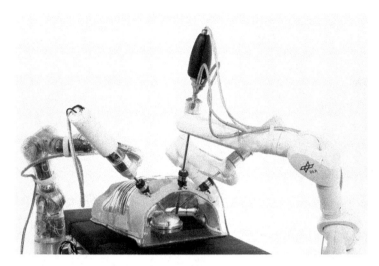

Abb. 83:   Medizinisches Assistenzrobotersystem MiroSurge mit drei Miro-Robotern (Quelle: Deutsches Zentrum für Luft- und Raumfahrt e. V., Institut für Robotik und Mechatronik, Modell einer minimalinvasiven Operation mit drei Trokaren, durch die ein Miro-Roboter ein 3D-Endoskop und zwei Miro-Roboter Operationszangen (Forceps) führen

3. Viele Industrieroboter sind an bestimmten Orten fest verankert oder können nur in wenigen Richtungen entlang spezieller Zusatzachsen verfahren werden. Der Assistenzroboter sollte leicht und transportabel sein, um ihn an verschiedenen Orten aufstellen zu können, um Arbeiten verrichten zu lassen. In einer flexiblen Ausprägung ist der Assistenzroboter mobil, autonom und fähig, zu gewünschten Positionen selbstständig zu navigieren.

4. Der Assistenzroboter sollte nicht nur, wie die meisten Industrieroboter, positionsgeregelt, sondern auch kraft- oder impedanzgeregelt arbeiten. Dadurch ergeben sich neue Formen der Mensch-Maschine-Interaktion. Dazu sind in den Gelenken Kraftregelkreise mit Kraft-Momenten-Sensoren erforderlich. Assistenzroboter sollten bei äußerer Krafteinwirkung durch den Menschen die Kraft durch Ausweichen auf null ausregeln können. Wahlweise sollte die Krafteinwirkung des Roboters auf Werkstücke begrenzt werden können. Über geeignete Auswertestrategien sollte der Roboter in der Lage sein, zielgerichtet die Kräfte auszuwerten, um die Position des Krafteinwirkpunktes zu verändern. Dadurch können z. B. Fügeoperationen ausgeführt werden, bei denen z. B. zwei Zahnräder in Eingriff gebracht werden.

5. Die Interaktionsfähigkeit der Industrieroboter ist sehr begrenzt. Für den Einsatz in modernen Assistenzsystemen ist eine multimodale Interaktionsmöglichkeit vorzusehen.

6. Gegenwärtig ist die Robotersteuerung von Hersteller zu Hersteller unterschiedlich und nicht offen. Der Anwender kann meist nur die vorhandenen Schnittstellen für seine Anwendungen benutzen und nicht, z. B. wie bei einem PC, externe Geräte einfach verbinden. Der Einsatz von Sensoren ist bei den meisten Industrierobotersteuerungen möglich. Meist werden dazu einfache, z. B. serielle Schnittstellen genutzt, die zudem speziell programmiert werden müssen. Es gibt Open-Source-Steuerungsprojekte für Roboteranwendungen, die

Abb. 84:   Fügen von zwei Zahnrädern mit Kraft-Momenten-Sensor

von Entwicklern genutzt werden können. Solche offene Schnittstellen können die Entwicklung von Assistenzrobotern fördern.

7. Die Nutzung von Sensoren, wie z. B. Vision-Systemen, ist in heutigen Robotersteuerungen
    kompliziert. Meist werden spezielle Schnittstellen programmiert und die Robotersteuerung
    und das Vision-System getrennt programmiert. Für zukünftige Assistenzrobotersysteme
    sind Möglichkeiten vorzusehen, die verschiedenen Sensorinformationen zu integrieren.
    Man nennt die Möglichkeit, mehrere Sensorinformationen gemeinsam auszuwerten und
    hinsichtlich einer oder mehrerer, spezieller Wahrnehmung zu interpretieren, eine Sensorfu-
    sion.

8. Die Schnittstellen für Robotersteuerungen, Antriebe, Sensoren, Interaktionsmedien etc.
    werden zukünftig echtzeitfähige auf der Ethernet-Technologie basierende Feldbus-Schnitt-
    stellen sein.

Zusammenfassung

Telemanipulatoren sind keine Roboter, da sie die Bewegungen nicht automatisch nach vorgegebenen Programmen ausführen, sondern manuell vom Bediener gesteuert werden. Einfache
Telemanipulatoren sind auch keine Assistenzsysteme, da sie keine maschinelle Wahrnehmung besitzen. Wichtige Anwendungen der Telemanipulatoren sind bei der Bergung oder
Handhabung in schwer zugänglichen oder kontaminierten Umgebungen und in der Medizin zu
finden. Durch Wahrnehmung über Sensoren können sie zu Assistenzsystemen werden, wenn
sie z. B. in der Lage sind, den Tremor des Chirurgen auszugleichen. Assistenzsysteme werden
auch zur Steuerung komplexer Prozesse eingesetzt. Im Hausbereich entstehen neue Formen
der Assistenzsysteme insbesondere zur Unterstützung hilfebedürftiger älterer Menschen.

Kontrollfragen

K56   Handelt es sich bei Telemanipulatorsystemen um Assistenzroboter?

K57   Ist das automatische Endoskop-Positioniersystem AESOP ein Assistenzroboter oder ein
       Serviceroboter?

K58   Warum ist der Manipulator MiroSurge ein Assistenzsystem?

4.3   Grundaufbau der Industrieroboter

Das folgende Bild zeigt einen Industrieroboter mit sechs Achsen, der z. B. zum Schweißen oder für die Handhabung von Lasten eingesetzt werden kann. Im linken Bild ist der Aufbau skizziert, der zu dem realen Roboter rechts gehört. Am Anschlussflansch kann ein Werkzeug oder ein Greifer montiert werden. Durch die flexible Anpassung an die Arbeitsaufgabe entsteht die Möglichkeit, den Roboter flexibel einzusetzen. Die ehemals manuelle Tätigkeit des Punktschweißens im Rohbau bei der Automobilherstellung wurde durch diese Automatisierung durch den Roboter durchgeführt. Dadurch wurden erhebliche Kostenvorteile in der Produktion erzielt. Der Roboter besteht aus einem beweglichen Unterarm sowie einem beweglichen Oberarm. Als Antriebssysteme werden heute fast ausnahmslos elektrische Motoren verwendet. Die Grundfunktion, die der Roboter ausführt, ist die Einstellung des Werkzeugs oder Greifers in eine vorher berechnete Raumlage, die wir auch Pose nennen.

Roboterpose

Die Roboterpose beschreibt die räumliche Lage der Hand oder des Werkzeugs im Arbeitsraum. Der Begriff Pose beinhaltet die Position und die Orientierung, also die Lage eines Körpers im kartesischen Raum in sechs Freiheitsgraden (VDI-Richtlinie 2681).

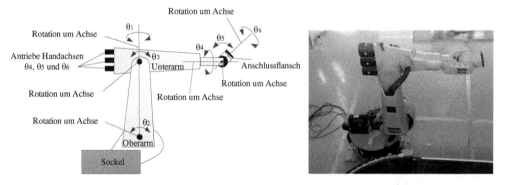

Abb. 85:   Ein Industrieroboter mit sechs Freiheitsgraden, links: Achsen und Drehwinkel, rechts: Beispiel einer Ausführung aus dem Jahre 2000, Kuka KR 125 Roboter

Industrieroboter werden in unterschiedlichen Ausführungen angeboten. Es gibt Roboter, bei denen die Antriebe direkt an der Rotationsachse angebracht sind. Der in Abb. 86 dargestellte Roboter nutzt ein Parallelogramm-Gestänge. Über das Parallelogramm-Gestänge wirkt der Antriebsmotor der Achse 3 auf den Unterarm. Dadurch wird es möglich, den Antriebsmotor für Achse 3 nach unten zu verlegen. Er sitzt auf derselben Achse, auf der der Antriebsmotor der Achse 2 wirkt. Der Antriebsmotor des Unterarms braucht nicht am Unterarm mitbewegt werden. Dadurch kann Gewicht, das mitbewegt werden muss, eingespart werden. Allerdings kann der Roboter dann nicht mehr über Kopf nach hinten geführt werden, was einen Nachteil

Abb. 86:   M900i 350 Roboter, Traglast: 350 kg, Achsen: 6, Reichweite: 2650 mm

darstellt. Diese Art der Roboterantriebe kann z. B. auch bei mobilen Robotern als Beinantrieb verwendet werden (siehe Abschnitt 4.10.7).

Die Wirkungsweise des Parallelogramm-Antriebs geht aus der Abb. 87 hervor. Die Hebel A und A' bewegen sich bei einer Rotation parallel, genauso wie die Hebel B und B'. Daher können sich die Antriebsmotoren des Ober- und des Unterarms auf einer gemeinsamen Drehachse befinden.

Abb. 87:   Parallelogramm-Antrieb, links: Ausgangslage, mitte: Drehung Oberarm, rechts: Drehung Unterarm

Man unterscheidet bei den Industrierobotern die Handachsen von den Positionierachsen. Die Handachsen sind in Abb. 85 mit den Drehwinkeln θ_4, θ_5 und θ_6 gekennzeichnet.

Handachsen

Über die Handachsen kann die räumliche Orientierung des Greifers verändert werden.

Die Abb. 88 zeigt in der oberen Darstellung die Handachsen, die sich in einem Punkt schneiden können, isoliert von den übrigen Achsen. In dem Bild darunter wird ein Fräswerkzeug mit den Handachsen zum Fräsen eines Styropormodells eingestellt. An den Anschlussflansch der Achse 6 wurde ein Fräsmotor mit einer Aufnahme für ein Fräswerkzeug für Styropor montiert. Der dargestellte Roboter fräst aus einem vorbereiteten Styropor-Klotz ein Teil eines Modellfahrzeugs aus.

Zentralhand

Schneiden sich bei einem Roboterarm mit sechs Gelenken die letzten drei Gelenke der kinematischen Kette in einem Punkt, spricht man von einer Zentralhand.

Die historische Entwicklung der Industrieroboter begann circa 1952, als am Massachusetts Institute of Technology die Programmiersprache APT (APT = Automatically Programmed Tools) entwickelt wurde. Es handelt sich um eine Programmiersprache für Werkzeugmaschinen. Die Entwicklung der Halbleiter- und Mikroprozessortechnik führte über die Entwicklung numerisch gesteuerter Werkzeugmaschinen (NC= Numerical Control), die über Lochstreifen programmiert wurde, zur CNC-Technik (CNC=Computerised Numerical Control). Die Programme wurden in elektronische Programmspeicher abgelegt. Die Entwicklung der Werkzeugmaschinensteuerungen forcierte die Entwicklung von Robotern, die zur Flexibilisierung der Produktion beitrugen. 1960 wurde der erste Roboter der Firma UNIMATE entwickelt. Dieser Roboter wurde hydraulisch angetrieben. Circa 1971 erfolgte der erste Robotereinsatz in Deutschland in der Automobilindustrie. Als einer der größten deutschen Roboterhersteller hat die Firma Kuka 1973 ihren ersten Roboter auf den Markt gebracht. Es handelt sich um einen mit sechs elektromechanisch angetriebenen Achsen ausgestatteten Industrieroboter. 1976 entwickelte KUKA den Roboter IR sechs/60. Er hatte ebenfalls sechs elektromechanisch angetriebene Achsen und war mit einer sogenannten Winkelhand ausgerüstet. Die Winkelhand enthält drei Bewegungsachsen, mit denen die Orientierung des Anschlussflansches eingestellt werden kann. Zu dieser Zeit hat Kuka keine eigenen Robotersteuerungen entwickelt. Die Steuerung des Roboters kam von der Firma Siemens.

Der auch heute noch in vielen universitären Labors vorhandene so genannte PUMA(Programmable Universal Machine For Assembly)-Roboter wurde 1978 entwickelt. Der Roboter besteht aus mehreren Körpern, die miteinander über Gelenke verbunden sind. Im nächsten Bild ist der PUMA-Roboter schematisch dargestellt. Der in Abb. 89 dargestellte Roboter besteht aus fünf beweglichen Körpern. Wir wollen die beweglichen Körper vereinfacht als Hebel bezeichnen. Diese Vereinfachung wird genutzt, da im englischen Sprachraum die Roboterarmteile als Link bezeichnet werden (Link = Hebel).

Hebel

Mit Hebel (englisch link) werden die beweglichen und in einer kinematischen Kette angeordneten, als nicht elastisch angesehenen Festkörper des Roboters bezeichnet.

Der Roboterhebel 0 bildet die feste Basis, die am Boden montiert ist. Der Hebel 0 besitzt ein Rotationsgelenk und dreht den gesamten Roboter um die Basis, das heißt bezüglich Hebel 0.

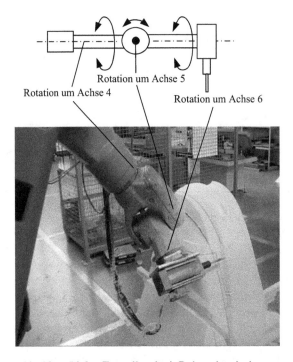

Abb. 88:   Links: Zentralhand mit Roboterhandachsen

Der Hebel 1 enthält ebenfalls einen Rotationsantrieb und dreht den Oberarm (Hebel 2). In ähnlicher Weise dreht der in Hebel 2 untergebrachte Antrieb den Hebel 3 mit der angeschlossenen Hand. Die Hand besteht aus den Körpern (Hebeln) 4 und 5, die ebenfalls als Rotationsgelenke ausgeführt sind. Auch der Hebel 4 enthält eine Antriebsmöglichkeit für den angeschlossenen Hebel 5. Oft besitzen Roboter noch eine sechste Achse, die den an Hebel 5 angebrachten Flansch für die Werkzeugaufnahme dreht. In letzter Zeit werden mehr Roboter mit sieben Achsen gebaut, da diese den Grundfreiheitsgraden des menschlichen Arms mehr entsprechen. Außerdem lassen sich durch die damit eingeführte Redundanz gleiche Posen der Hand in mehreren Roboterstellungen erreichen.

4.3.1   Industrieroboterzelle

Gegenwärtig werden Industrieroboter in abgeschlossenen Zellen betrieben. Ein Schutzzaun oder eine Sicherheitseinrichtung umgibt die gesamte Arbeitszelle, sodass während des Betriebes keine Person in den Arbeitsbereich gelangen kann, ohne dass die Anlage zum Stehen gebracht wird. Ein Betreten der Arbeitszelle ist nur erlaubt, wenn der Roboter nicht im Automatikbetrieb verfahren wird oder steht. Im Testbetrieb können die Roboterachsen mit Hilfe eines Programmierhandgerätes verfahren werden. Dabei ist die maximale Verfahrgeschwindigkeit stark gedrosselt. Der Benutzer muss eine sogenannte Totmann-Taste am Handbediengerät kontinuierlich betätigen, wenn der Roboter verfahren werden soll. Das Programmierhandgerät

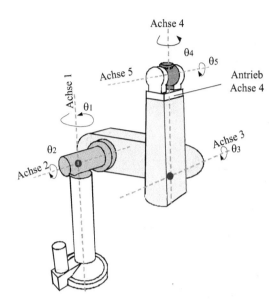

Abb. 89:   Aufbau des PUMA-Roboters der Firma Unimate mit Hebeln und Gelenkachsen

dient auch zur manuellen Bewegung der Achsen des Roboters durch den Einrichter oder Bediener. Es bildet das zentrale Steuerelement für den Inbetriebnehmer und ist mit vielfältigen Funktionen ausgestattet. Ein Bild eines Programmierhandgerätes ist in Abb. 53 dargestellt. Die folgende Abbildung stellt die CAD-Darstellung einer Roboterarbeitszelle dar. Die Darstellung wurde mit dem virtuellen Planungssystem Process Designer sowie der ergänzenden Simulationssoftware Process Simulate der Firma Siemens im Rahmen einer studentischen Projektarbeit am Umwelt-Campus Birkenfeld der Hochschule Trier erstellt (Lörscher, 2014). Das Bild zeigt den Bediener, der die Roboterzelle betreten hat. Dadurch wird ein Sicherheitskreis geöffnet und der Roboter automatisch stillgesetzt. Der Bediener entnimmt ein Teil und spannt es in eine Drehvorrichtung. Assistenzroboter in Leichtbauweise mit integrierten Sensoren würden eine gleichzeitige Arbeit des Bedieners mit dem Roboter, auch ohne einen Schutzzaun, ermöglichen. Neue Sensorsysteme, die zur Überwachung des Roboters dienen, sollen die Zusammenarbeit des Menschen mit dem Roboter möglich machen. Dabei spielen taktile Sensorsysteme eine bedeutende Rolle, denn sie ermöglichen die Detektion von Berührungen zwischen Roboter und Mensch. Als taktile Haut aus leitfähigen Elastomeren umhüllen sie den Roboter und detektieren jede Berührung. Sie beinhalten Dämpfungsschichten, um auch im Fall des Nachlaufens des Roboters nach der Detektion die Kraft zu kompensieren. Weiterhin werden Projektions- und Kameratechniken zur Arbeitsraumüberwachung eingesetzt. Besonders einfach und wirkungsvoll ist die Projektion von Lichtstreifen auf den Boden, um den Arbeitsraum zu kennzeichnen. Im Fall des Übertritts des Lichtstreifens durch den Bediener erkennt eine intelligente Kamera die Gefahr und stoppt die Roboteranlage. Außer einer äußeren Haut können auch Kräfte und Momente im Inneren der Roboterhebel über Kraft-Momenten-Sensoren detektiert werden. Bei Kontakt einer Person mit einem Roboterhebel erkennt die innere Sensorik die Kraft und die Regelung sorgt dafür, dass der Roboter der Kraft nachgibt indem er ausweicht.

Drehvorrichtung Bediener Roboter   Schutzzaun

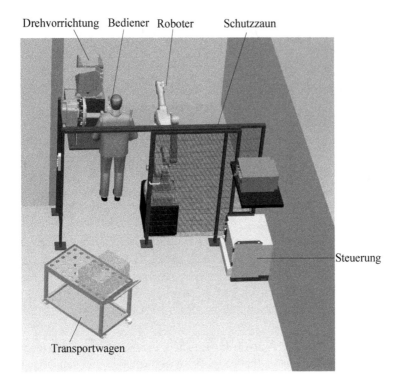

Abb. 90:   Bestandteile einer Roboterzelle, erstellt mit dem Programm Process Designer/Firma Siemens
            (Lörscher, 2014)

Wir wollen das bisher Erlernte zusammenfassen.

Zusammenfassung

In diesem Abschnitt wurden die Industrieroboter als universell einsetzbare und programmierbare Bewegungsautomaten (siehe Definition in Abschnitt 4.1.1) definiert. Sie wurden
im Rahmen der Flexibilisierung der Produktion entwickelt. Industrieroboter bestehen aus,
über Gelenke miteinander verbundenen Festkörpern, die als Hebel bezeichnet werden. Man
unterscheidet die Handachsen von den Positionierachsen. Die Handachsen dienen zur Orientierung der Greiferhand oder des Werkzeugs. Sie schneiden sich meist in einem Punkt. An den
Gelenken sind Elektromotoren angebracht, die den folgenden Roboterarm- oder -hebel meist
rotatorisch antreiben. Auch Parallelogramm-Antriebe werden verwendet, um die Masse der
bewegten Teile zu reduzieren. Industrieroboter arbeiten in einer Roboterzelle, die den Roboter
vom Umfeld abschirmt. Taktile Sensoren in Elastomeren können den Roboter umhüllen und
Kollisionen mit dem Menschen detektieren.

Kontrollfragen

K59   Wie lautet die Definition von Industrierobotern?

K60   Welche Aufgabe haben die Handachsen eines Industrieroboters?

K61   Nennen Sie die Hauptbestandteile einer Roboterzelle.

K62   Welchen Vorteil hat das Parallelogramm-Gestänge?

4.3.2   Robotergelenke

Ein Roboter besteht aus mehreren Körpern (wir nannten die Körper einfach Hebel!), die über Gelenke in Form einer sogenannten kinematischen Kette miteinander verbunden sind. Der konstruktive Aufbau der einzelnen Glieder oder Körper eines Roboters kann sehr unterschiedlich sein. Die Hebel können z. B. aus Gusseisen oder Leichtmetall oder auch aus Kohlefaser verstärkten Kunststoffen bestehen. Die Verbindung zweier Körper zueinander erfolgt über Gelenke. Dabei kann ein Gelenk sehr unterschiedlich aufgebaut sein.

Ein Industrieroboter hat meistens sechs Freiheitsgrade. Damit ist der Roboter in der Lage, ein im Arbeitsraum beliebig positioniertes Objekt mit einer vorgegebenen Orientierung zu ergreifen. Roboter mit mehr als sechs Freiheitsgraden, also z. B. mit sieben Freiheitsgraden, erlauben viel mehr Stellungen des Unter- und Oberarms, um ein Teil mit vorgegebener Orientierung zu ergreifen. Damit kann der Roboter flexibel auf Hindernisse im Arbeitsraum reagieren.

Roboter mit weniger als sechs Freiheitsgraden können Objekte nicht mehr beliebig orientieren. In Abhängigkeit der Arbeitsaufgabe des Roboters können jedoch weniger als sechs Freiheitsgrade ausreichend sein. Für viele Einlegearbeiten in horizontal auf dem Tisch stehenden Paletten reicht es aus, die Teile nur in der Ebene zu verdrehen. Damit reduziert sich die Anzahl der Freiheitsgrade auf vier. Wir unterscheiden prinzipiell Rotationsgelenke und Linear- oder Translationsgelenke. Bei rotatorischen Bewegungen findet die Drehung um eine eindeutige Gelenksachse statt. Man spricht in diesem Fall von einer Rotationsachse. Der veränderliche Drehwinkel der Achse i wird mit θ_i bezeichnet. Falls der Drehwinkel gemessen werden soll, muss eine Angabe über die Null-Grad-Stellung des Roboters gemacht werden. Die zur Messung der Winkel angebrachten Winkelgeber müssen so ausgerichtet werden, dass deren Null-Grad-Stellung mit der durch die Achsanordnung gegebenen Null-Grad-Stellung übereinstimmen. Ein Rotationsgelenk wird in der Regel elektrisch angetrieben. Dazu dient ein bürstenloser Gleichstrommotor (Synchron-Servomotor), dessen Drehzahl über ein Getriebe auf die Drehzahl der Gelenkachse untersetzt wird. Das Last-Motormoment M wird gleichzeitig entsprechend übersetzt. Der Motor muss sowohl die Trägheitsmomente des Hebelarms bzw. des Getriebes als auch die Reibungsmomente zur Beschleunigung des Hebels überwinden.

In der Regel hat ein Gelenk dann nur einen Freiheitsgrad der Bewegung. Die sphärische Gelenkverbindung mit zwei oder drei Freiheitsgraden als Mehrachsgelenk ist in der folgenden Abb. 92 dargestellt. Zylindrische Gelenke kommen bei Scara-Roboter als kombinierte Hub-Drehachse vor. Eine mobile Roboterplattform kann drei Freiheitsgrade in der Ebene besitzen. Man kann diese Kombination als ein ebenes Gelenk ansehen. Zur Skizzierung eines Roboterarmes kann man einheitliche Symbole verwenden, die in der Abb. 93 dargestellt sind. Je nachdem, ob sich der angetriebene Hebel um sich selbst bzw. um die Abtriebsachse dreht, oder ob er sich senkrecht zur Drehachse dreht, spricht man von fluchtenden oder nicht fluchtenden Anordnungen. In der VDI-Richtlinie ist auch dargestellt, wie lineare bewegliche Achsen als Schubgelenk, Teleskopachse oder Verfahrachse aufgebaut werden können.

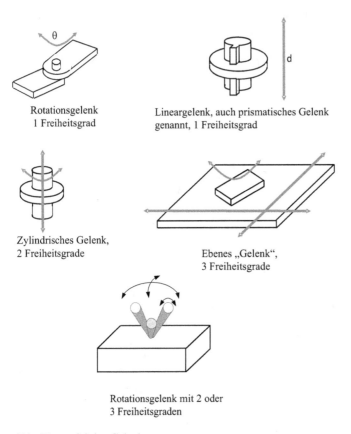

Rotationsgelenk
1 Freiheitsgrad

Lineargelenk, auch prismatisches Gelenk genannt, 1 Freiheitsgrad

Zylindrisches Gelenk,
2 Freiheitsgrade

Ebenes „Gelenk",
3 Freiheitsgrade

Rotationsgelenk mit 2 oder
3 Freiheitsgraden

Abb. 91:   wichtige Gelenktypen

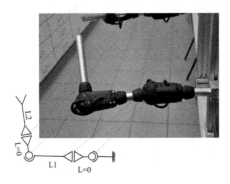

Abb. 92:   links: Roboterarm mit zwei Zweifachgelenken; rechts: Seilantriebe

In dem Fall, dass innerhalb einer kinematischen Kette ein Gelenk mehrere Freiheitsgrade besitzt, wird die symbolische Beschreibung durch eine Skizze schwieriger. In der Abb. 92 ist dieser Fall an einem Roboter mit zwei Zweifachgelenken illustriert. Da in einem Gelenk zwei Freiheitsgrade vorkommen, ist die Strecke zwischen diesen Gelenken $L = 0$. Die Drehungen der Armteile werden über Motoren erzeugt, die Rollen antreiben, über die Seile gespannt sind. Im rechten Bild sind diese Motoren, die über ein Bus-System mit einem Rechner verbunden sind, dargestellt.

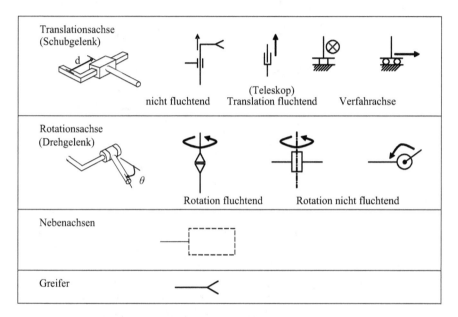

Abb. 93:   Vorstellung der grafischen Elemente zum Zeichnen von Roboterachsen nach VDI 2861

Die in der Industrie häufig verwendeten Achsanordnungen sind in der Übersicht in Abb. 94 dargestellt. Es gibt Roboter, die nur durch Schubgelenke aufgebaut sind. Diese besitzen einen Arbeitsraum, der einem Quader im kartesischen Koordinatensystem entspricht. Roboter, die senkrecht zueinander angeordnete Linearachsen besitzen, werden auch als kartesische Roboter bezeichnet. Bei zylindrischen Robotern ist eine Translationsachse vorhanden, die den Roboter vertikal bewegen kann. Zusätzlich werden zwei Rotationsachsen benötigt, um das Roboterwerkzeug zu positionieren. Beim sphärischen Roboter und beim Horizontalknickarmroboter ist jeweils nur noch eine Translationsachse vorhanden. Der vertikale Knickarmroboter wird nur durch Rotationsantriebe bewegt.

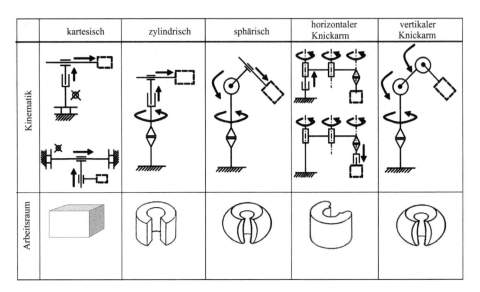

	kartesisch	zylindrisch	sphärisch	horizontaler Knickarm	vertikaler Knickarm
Kinematik					
Arbeitsraum					

Abb. 94:   Grafische Darstellung der Positionierachsen von Industrierobotern

4.3.3   Roboter-Bauformen

Die Anordnung der Positionierachsen entscheidet über den Roboterarbeitsraum. Am letzten Gelenk der kinematischen Kette kann man weitere Handachsen befestigen. Die Kombination von zwei translatorischen Achsen mit einer rotatorischen Achse führt zu einem Gerät, das durch Zylinderkoordinaten beschrieben werden kann. Der in Abb. 95 dargestellte Roboter besitzt diesen Aufbau. Er besitzt zusätzlich eine Handachse. Die Koordinaten $r(t)$, $z(t)$ werden durch zwei doppelt wirkende Hydraulikzylinder verstellt und die beiden Winkel $\varphi(t)$ und $\gamma(t)$ durch zwei hydraulische Schwenkantriebe. Der horizontale hydraulische Arm besitzt die Länge L_0.

Eine weitere Kombination der Antriebsachsen und Roboterhebel bildet einen sphärischen Arbeitsraum, der einem Kugelausschnitt ähnlich ist. Hierbei liegt die Kombination zweier Rotationsachsen mit einem Schubgelenk zur Positionierung der Greifeinheit vor. Zur Orientierung der Greiferhand dienen weitere drei Rotationsachsen als Nebenachsen, die in der Abb. 96 erkennbar sind. Weiterhin ist ein Koordinatensystem im Greifer dargestellt, dessen Orientierung und Lage bei Änderung der Koordinaten ebenfalls geändert wird.

Heute sind vorwiegend die Roboter mit ausschließlich rotatorischen Antrieben anzutreffen. Durch fortlaufenden Anschluss der drehbaren Schulter an die feste Basis, des Oberarms an die Schulter und des Unterarms an den Oberarm entsteht der vertikale Knickarmroboter. Der in Abb. 97 dargestellte Roboter besitzt sechs Bewegungsachsen. In Abb. 85 und 89 wurden bereits Vertikal-Knickarmroboter vorgestellt.

Die kombinierte Bewegungsmöglichkeit mit zwei Freiheitsgraden zwischen zwei Körpern des Roboters, wie z. B. die Schraubbewegung, wird in industriellen Robotern ebenfalls genutzt. Der in Abb. 98 dargestellte Roboter mit vier Bewegungsmöglichkeiten besitzt in den technischen Ausführungen häufig die Dreh-Hub-Spindel für die Antriebe der Gelenke 3 und 4. Dieser sogenannte Horizontal-Knickarmroboter besitzt zwei Hebelarme, deren eingeschlossener Winkel

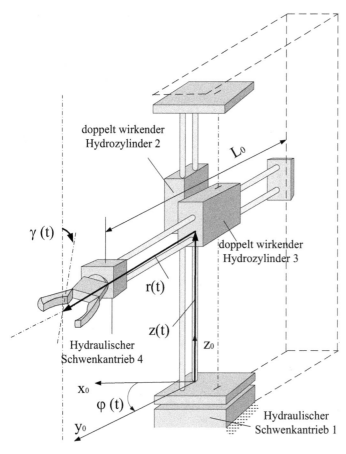

Abb. 95:   Roboter mit zwei rotatorischen und zwei linearen Achsen, die einen zylindrischem Arbeits-
           raum bilden

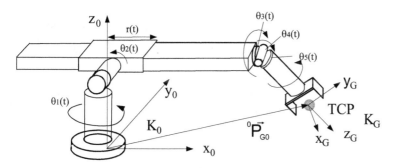

Abb. 96:   Roboter mit Rotationsgelenken sowie einem linearen Freiheitsgrad

über elektrische Antriebe verstellt werden kann. Der im Bild dargestellte Roboter ähnelt dem Aufbau des ausgestreckten menschlichen Arms. Diese Roboter werden SCARA (Selective Compliance Assembly Robot Arm) genannt. Sie können sehr schnell und genau bewegt werden. Die Roboter zeichnen sich durch eine hohe Genauigkeit bei der Positionierung aus. Sie werden für Palettieraufgaben oder Montagearbeiten eingesetzt, bei denen die Massen bis zu ca. 5 kg betragen. Sie können sich sehr schnell bewegen, dadurch können geringe Taktzeiten realisiert werden.

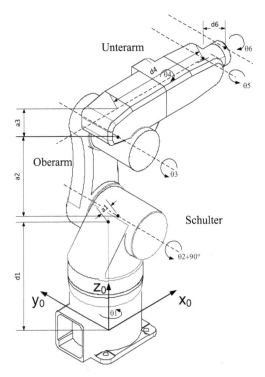

Abb. 97:   Sechs-Achs-Roboter mit vertikalem Knickarm

Mit wachsenden Einsatzzahlen werden sogenannte Parallelroboter eingesetzt, die auch als Deltaroboter, Tripoden oder Hexapoden bezeichnet werden. Die Antriebe arbeiten parallel und verstellen die Plattform, an der der Greifer befestigt wird, elektromotorisch über translatorische oder rotatorische Gelenke. Die Gelenke erreichen aufgrund des geringen Eigengewichtes sehr hohe Geschwindigkeiten (Fanuc M 3i 2000–4000°/s!). Die Wiederholgenauigkeit des M 3i-Roboter liegt bei ±0.1 mm.

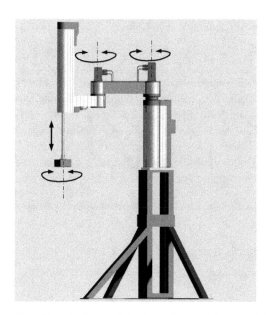

Abb. 98:   Roboter mit horizontalem Knickarm und Dreh-Hub-Spindel,

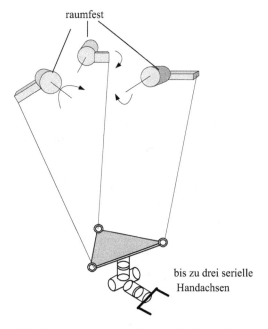

Abb. 99:   Deltaroboter mit rotatorischen Gelenken

Es folgt nun eine Zusammenfassung des letzten Abschnitts.

Zusammenfassung

Im letzten Abschnitt haben wir die möglichen Robotergelenke kennengelernt. Man unterscheidet Rotations- und Translationsgelenke. Außerdem gibt es die Kugelgelenke und die Drehschubgelenke. Die Roboter können kartesisch, zylindrisch, sphärisch oder als horizontaler oder vertikaler Knickarmroboter aufgebaut sein. Die horizontalen Knickarmroboter werden auch als SCARA-Roboter bezeichnet. Neben den seriellen Robotern gibt es parallel kinematische Strukturen, die Hexapod- oder Deltaroboter genannt werden. Wir haben den Aufbau eines Rotationsgelenks mit Getriebe kennengelernt und den Begriff des Freiheitsgrades definiert.

Kontrollfragen

K63   Wie viele Freiheitsgrade hat ein zylindrisches Gelenk?

K64   Wie viele Freiheitsgrade werden benötigt, um ein Objekt im Raum beliebig zu positionieren und zu orientieren?

K65   Was versteht man unter fluchtenden Roboterachsen?

K66   Wie viele Freiheitsgrade hat ein SCARA-Roboter?

4.4   Kenngrößen von Industrierobotern

Industrieroboter werden für unterschiedliche Zwecke in der Industrie eingesetzt. Der Einsatzfall bestimmt in der Regel die Anforderungen an die zu verwendenden Roboter. Zur Beurteilung, welcher Roboter für die jeweilige Aufgabe geeignet ist, gibt es Kenngrößen. Man unterscheidet die geometrischen Kenngrößen, die Belastungskenngrößen, die kinematischen Kenngrößen und die Genauigkeitskenngrößen. In jedem Fall ist zu prüfen, ob der Arbeitsraum des Roboters den benötigten Arbeitsraum abdeckt. Allerdings ist der Arbeitsraum einiger Roboter kompliziert aufgebaut und die erzielbare Genauigkeit in verschiedenen Bereichen des Roboters unterschiedlich. In den Randgebieten des Arbeitsraumes sind die Genauigkeiten der Positionierung des Werkzeugs oder Greifers des Gerätes kleiner als im Zentrum. Ein besonders wichtiges Kriterium für die Auswahl eines Industrieroboters ist die Traglast. Man unterscheidet die Nennlast, bei der die angegebene Genauigkeit des Roboters erreicht werden kann, und die Maximallast, die zwar getragen werden kann, bei der aber nicht mehr mit der höchsten Genauigkeit bei der Positionierung gerechnet werden kann. In industriellen Prozessen spielt die Taktzeit der Produktion eine wichtige Rolle. Daher sind auch die Angaben über die Zykluszeiten von Bedeutung.

4.4.1   Der Tool Center Point (TCP)

Bei Robotern wird meist ein spezieller Punkt im Raum geführt. Dieser Punkt kann die Mitte eines Greifers oder Werkzeugs sein. Bei einem neuen Roboter, der ohne ein Werkzeug geliefert

Tab. 3:   Kenngrößen eines Industrieroboters

geometrische Kenngrößen	Belastungs- kenngrößen	kinematische Kenngrößen	Genauigkeits- kenngrößen
• mechanische Systemgrenzen • Raumaufteilung • Arbeitsbereich	• Nennlast • maximale Nennlast • Maximallast • Nennmoment • Nenn-Massen- trägheitsmoment	• Geschwindigkeit • Beschleunigung • Überschwingweite • Ausschwingzeit • Verfahrzeit • Zykluszeit	• Wiederholgenauigkeit (Position und Orientierung) • Wiederholgenauigkeit (Bahn) • absolute Genauigkeit (Pose-Genauigkeit)

wird, liegt der TCP im Anschlussflansch für das Werkzeug. An dem Anschlussflansch des Roboters am Ende der kinematischen Kette sind Bohrungen, an denen ein Werkzeug oder Greifer montiert werden kann. Dann muss der TCP an die Spitze des Werkzeugs oder in die Mitte der Greiferbacken verlegt werden. Für diese Einstellung gibt es Arbeitsvorgänge im Einrichtbetrieb einer Roboteranlage. Die Planung einer Roboteraufgabe umfasst die Festlegung des TCP.

Tool Center Point (TCP)

Der Tool Center Point (TCP) des Industrieroboters stellt den Werkzeugarbeitspunkt dar, d. h. den Wirkort als Bezugspunkt der Schnittstelle zwischen Werkzeug und Werkstück. Er ist hinsichtlich der Pose des Werkzeuges in Bezug auf den Industrieroboter programmierbar.

Die eigentliche Aufgabe der Industrierobotersteuerung ist es, den TCP auf Bahnkurven im Raum, z. B. auf Geraden oder Kreisbögen, zu führen. Man denkt sich in den TCP ein Koordinatensystem, das Tool- oder Werkzeugkoordinatensystem, dessen Orientierung ebenfalls programmiert, d. h. vorgegeben, werden kann. Daher verbindet man den Begriff TCP und die Orientierung des Koordinatensystems im TCP zu dem Begriff Roboterpose. In Abb. 100 ist ein Roboter dargestellt, der aus einem CAD-Modell einen Modellkopf aus Styropor fräst. Die Spitze des Raspelfräsers ist der Tool Center Point. Im Unterschied zur Abb. 88 steht der Fräser senkrecht zum Flansch.

4.4.2   Positionier- und Wiederholgenauigkeit

Die Pose-Genauigkeit eines Industrieroboters ist ein maßgebendes Kriterium für die erreichbare Genauigkeit, z. B. bei der Positionierung von Werkstücken, und damit auch für die Anwendung eines Roboters überhaupt oder die Auswahl eines bestimmten Robotertyps. Die Bewertung der Pose-Genauigkeit ist in der Norm festgelegt.

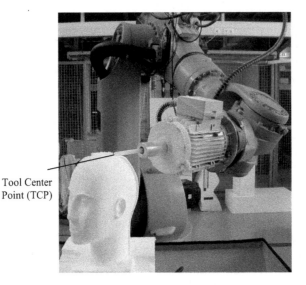

Tool Center
Point (TCP)

Abb. 100:   Roboter fräst einen Modellkopf nach CAD-Daten

Pose-Genauigkeit

Die Pose-Genauigkeit gibt die Abweichung zwischen einer Sollpose und dem Mittelwert der Istposen an, die sich beim Anfahren der Sollpose aus derselben Richtung ergeben.

Die Pose bezieht sich dabei auf die Lage des im TCP befindlichen Koordinatensystems im Raum.

Wiederholgenauigkeit

Die Wiederholgenauigkeit gibt an, wie genau ein Roboter bei mehrfachem Anfahren einer Pose aus der gleichen Richtung positioniert, und ist als die durchschnittliche Abweichung zwischen den Istposen zu bewerten.

In dem Bild ist dargestellt, wie ein Roboter einen Zielpunkt anfahren soll, aber nicht trifft. In mehreren Versuchen zeigt sich, dass die erreichten Punkte um einen Mittelwert streuen. Der Streuradius dient zur Ermittlung der Wiederholgenauigkeit. Die Differenz des Mittelwertes der Messungen der erreichten Zielposition zur Sollpose beschreibt die absolute Genauigkeit. Die Wiederholgenauigkeit kann ohne Kenntnis der genauen Lage des Roboter-Weltkoordinatensystems gemessen werden, da keine Sollpose zum Vergleich herangezogen werden muss.

Man kann eine zahlenmäßige Angabe über die zu erzielende Genauigkeit eines Industrieroboters machen, wenn man eine statistische Auswertung durchführt. Dabei werden vom Roboter fünf verschiedene, bekannte Posen (x_i, y_i, z_i) im Arbeitsraum insgesamt 30 Mal anfahren. Die auftretenden kartesischen Abweichungen zur Sollposition (x_{si}, y_{si}, z_{si}) werden gemessen und

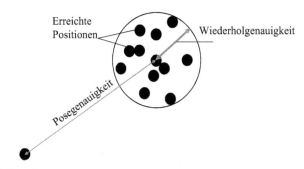

Zielkoordinate

Abb. 101: Unterscheidung der Wiederholgenauigkeit von der Positionier- oder Pose-Genauigkeit eines
Industrieroboters

mit den ermittelten Werten mit Hilfe der folgenden Formeln die absolute Genauigkeit AP_i und
die Wiederholgenauigkeit RP_i berechnet.

$$AP_i = \sqrt{(\bar{x}_i - x_{si})^2 + (\bar{y}_i - y_{si})^2 + (\bar{z}_i - z_{si})^2} \qquad i = 1\ldots 5$$

$$\text{mit:} \quad \bar{x}_i = \frac{1}{n}\sum_{j=1}^{n} x_{ji}, \bar{y}_i = \frac{1}{n}\sum_{j=1}^{n} y_{ji}, \bar{z}_i = \frac{1}{n}\sum_{j=1}^{n} z_{ji} \qquad n = 30$$

$$RP_i = \bar{l}_i + 3S_i; \qquad i = 1\ldots 5$$

$$\text{mit:} \quad \bar{l}_i = \frac{1}{n}\sum_{j=1}^{n} \sqrt{(x_{ji} - \bar{x}_i)^2 + (y_{ji} - \bar{y}_i)^2 + (z_{ji} - \bar{z}_i)^2} \qquad (4.1)$$

$$S_i = \sqrt{\frac{\sum\limits_{j=1}^{n}(l_j - \bar{l}_i)^2}{n-1}}$$

Die Wiederholgenauigkeit RP_i eines Roboters errechnet sich aus dem Mittelwert der Summe
der Abweichungen zwischen den Messpositionen i zur mittleren erreichten Position plus der
dreifachen Standardabweichung.

Die Absolutgenauigkeit AP_i beschreibt den räumlichen Abstand zwischen dem Sollwert und
dem erreichten Istwert des TCPs. AP_i und RP_i beschreiben also die Absolut- und Wiederholgenauigkeit des Roboters für jede einzelne der fünf Messposen. Falls die Sollbahnen für
Roboter über Teach-Punkte ermittelt wurden, d. h. die Programmierung erfolgte durch manuelles Anfahren unter Sichtkontrolle, ist die absolute Genauigkeit von geringer Bedeutung.
Doch sobald Koordinaten von einem externen Berechnungssystem vorgegeben werden, muss
zum genauen Erreichen der Punkte die Absolutgenauigkeit die Anforderungen des Prozesses
erfüllen. Da dieser Fall bei der Vorgabe der Anfahrpunkte durch virtuelle Planungssysteme
oder Bilderkennungssysteme gegeben ist, muss die Genauigkeit ausreichend sein. Anderseits
werden gegenwärtig über 90 % der Anwendungen durch Teach-Verfahren realisiert. Kalibrierte
Roboter erreichen Absolutgenauigkeit, die ungefähr den Werten der Wiederholgenauigkeit

entsprechen, also bei ca. 0,1–0,5 mm liegen, nicht kalibrierte Roboter hingegen erreichen nur Genauigkeiten im Bereich von 2 bis 4 mm.

Im folgenden Bild ist eine Messstation dargestellt, mit der sehr einfach die Genauigkeit eines Roboters vermessen werden kann. Dazu wird ein Messdorn, der am Flansch des Roboters angebracht wird und dessen Spitze als TCP vereinbart wird, mit zwei Kameras vermessen. Der Messdorn am Roboter wird in den Messbereich der beiden Kameras bewegt. Ein Bild des vermessenen Messdorns zeigt Abb. 102 rechts.

 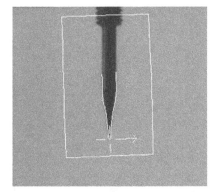

Abb. 102: Vermessung des TCPs, links: Messstation mit zwei Kameras zur Vermessung der Absolutgenauigkeit eines Roboters; rechts: Modellerkennung des Messdorns mit einer Kamera (Beickler, 2014)

Die Kameras sind rechtwinklig zueinander angeordnet. In jedem Bild wird mit Hilfe der Bildverarbeitung nach einem Modell des Dorns gesucht und die Lage des TCP im Bild bestimmt. Die Vermessung der TCP-Position erfolgt für mehrere Orientierungen der Messdornspitze bei gleicher Position. Die Änderung der TCP-Position wird mit einem Programm vermessen und aufgezeichnet. Ein Ergebnis einer Messung mit einem 350 kg schweren Roboter ist, dass trotz gleicher programmierter TCP-Position eine erhebliche Abweichung von bis zu 0,8 mm bei Änderungen der Orientierung des Dorns auftreten kann.

Die Genauigkeit, mit der ein Roboter Positionen einnehmen kann, hängt von vielen Faktoren ab. Ein Einflussfaktor ist die Auflösung der Messsysteme, d. h. in welchen Winkel- oder Positionsabständen werden Messwerte von der Steuerung eingelesen. Die programmierbaren Zielpunkte müssen entsprechend der Auflösung der Messsysteme gewählt werden, denn wenn der zu erreichende Zielpunkt zwischen den zwei programmierbaren Punkten läge, ergibt sich ein systematischer Fehler, der die maximale Genauigkeit begrenzt.

Weitere mögliche Ungenauigkeiten werden durch die mechanischen Verbindungs- und Antriebselemente hervorgerufen. Diese Ungenauigkeiten bedingen eine statistische Verteilung der gemessenen Istpositionen um die programmierten Punkte. Dadurch wird der Genauigkeitswert weiter verschlechtert. Natürlich liegen noch viele andere Einflussmöglichkeiten auf die erreichbare Genauigkeit vor, die in der folgenden Abbildung zusammengefasst sind.

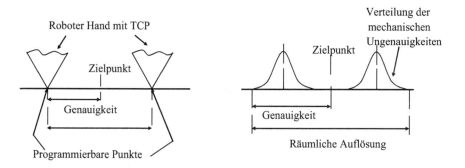

Abb. 103: Zum Begriff der Auflösung eines Messsystems

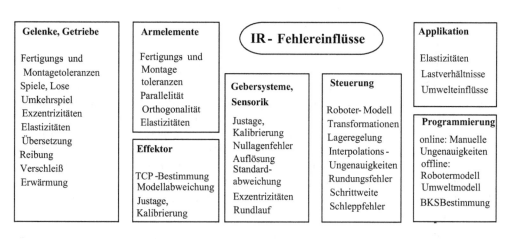

Abb. 104: Einflüsse für Wiederhol- und Pose-Genauigkeit eines Roboters

Diese werden als IR(Industrieroboter)-Fehlereinflüsse bezeichnet und sind in die Bereiche Gelenke und Getriebe, Armelemente (Hebel), Effektor, Gebersysteme und Sensorik, Steuerung, Applikation und Programmierung untergliedert. Es hat sich durch umfangreiche Untersuchungen herausgestellt, dass insbesondere die Nulllagenfehler der eingebauten Winkelmessgeräte einen entscheidenden Einfluss auf die erreichbare Genauigkeit besitzen. Die Nulllagenfehler sind die häufigsten Ursachen für Roboterungenauigkeiten. Das bedeutet, dass die Geber einen falschen Winkel anzeigen, der nicht mit der eingenommenen Roboterlage übereinstimmt. Die Nachjustierung erfolgt über die Einstellung eines Offset-Wertes in den sogenannten Maschinen-Parametern des Roboters.

4.4.3   Robotervermessung

Ein Vorteil der offline erstellten Roboterprogramme ist die Erhöhung der Nutzungszeiten des Roboters. Um die erstellten Programme auf den Roboter zu übertragen, bedarf es einer sehr

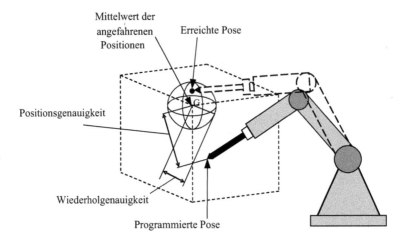

Abb. 105:   Die erreichte Pose weicht von der programmierten Pose stark ab, wenn die Pose-Genauigkeit
schlecht ist

genauen Kalibrierung der Roboter-Arbeitszelle. Die Modellierung der Arbeitszelle im Rechner
muss exakt mit der realen Anordnung übereinstimmen. Falls diese Übereinstimmung nicht ge-
geben ist, müssen die offline erstellten Programme noch an der Roboter-Anlage nachbearbeitet
werden. Dadurch werden die erzielten Vorteile z. T. wieder aufgehoben. Die rein geometrischen
Fehler bei der Umsetzung von offline erstellten Roboterprogrammen beziehen sich auf den
Roboter selber, das Werkzeug und das Werkstück. Der Roboter unterscheidet sich in vielerlei
Hinsicht von dem Computermodell des virtuellen Planungssystems. Der Tool Center Point des
Roboters ist nicht exakt bestimmt worden. Die Lage der Werkstücke, die der Roboter greifen
soll, ist nicht genau bekannt.

Robotervermessung

Die Vermessung eines Roboters hat zum Ziel, die Parameter des kinematischen Modells des
Roboters (z. B. nach der Denavit-Hartenberg-Konvention, die in Abschnitt 4.6.3 erläutert
wird) so an die Realität anzupassen, dass Gelenkwinkelversätze oder Ungenauigkeiten der
Armlängen intern in der Steuerung verrechnet werden.

Je genauer diese Ungenauigkeiten erfasst und softwaremäßig beseitigt werden, umso genauer
kann beispielsweise eine gewünschte Position (z. B. die Position eines am Computer simulier-
ten Modells) in der Realität angefahren werden. Allgemein kann zur Roboter-Kalibrierung der
folgende Ablauf vorgenommen werden.

Über ein parametrisches Modell wird der geometrische Roboteraufbau durch spezielle Parameter und die Gelenkwinkel beschrieben. Einige dieser Parameter werden im Laufe der Kalibrierung modifiziert. In verschiedenen Posen erfolgen Messungen dieser Posen im Bezugskoordinatensystem über ein äußeres Messsystem. Aus den aktuellen Werten der gemessenen Position
(und Orientierung) und der über ein parametrisches Modell berechneten Position (und Orientierung) wird ein Parametersatz nach einem Gütefunktional optimiert. Durch Veränderung der

Parameter (Längen der Hebelarme und Winkelversatz) wird der Abstand zwischen Soll- und Istpose minimiert. Diese Daten werden als Korrekturdaten in die Robotersteuerung übertragen. Zur Validierung der Ergebnisse werden neue Positionen angefahren und extern vermessen. Es existieren verschiedene Möglichkeiten der externen Positionsmessung von Industrierobotern auf der Basis von optischen Messtechniken, wie Lasertracker, Lasertriangulation, Theodoliten, Laserinterferometrie. Auch durch Photogrammetrie können Arbeitsumgebungen hochgenau vermessen werden.

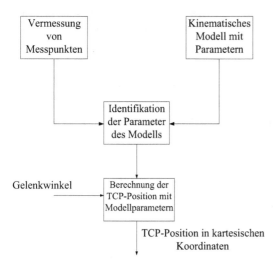

Abb. 106: Robotervermessung

Lasertracker

Der Lasertracker ist eine portables 3D-Messsystem zur effektiven und hochgenauen Vermessung großer Objekte, mit einem Messvolumen von bis zu 70 Metern. Das System misst mit seinem kugelförmigen Spiegelreflektor 3D-Koordinaten. Der Reflektor wird zum Messobjekt geführt und über den zu vermessenden Bereich bewegt. Der Laser folgt der Bewegung des Reflektors. Der externe Sender sendet einen Laserstrahl mit zwei unterschiedlichen Wellenlängen zum Spiegelreflektor. Die Distanz wird mit Hilfe einer Phasenmessung des reflektierten Strahls ermittelt. Der Lasertracker wird optional mit einem Interferometer ausgestattet, welches ein noch präziseres Messergebnis erzielt.

Ein Interferometer ermittelt die Entfernung aus der Anzahl der beobachteten Hell-Dunkel-Übergänge der überlagerten Laserstrahlen. Hochgenaue Drehwinkelgeber bestimmen den horizontalen und vertikalen Winkel des ausgesandten Laserstrahls. Auf diese Weise wird eine eindeutige Raumkoordinate berechnet. Bis zu 1000 Punkte pro Sekunde werden erfasst und somit die Bewegung des Spiegelreflektors „getracked". Die Genauigkeit liegt bei maximal 10 µ Abweichung.

Wir wollen das bisher Erlernte zusammenfassen.

Zusammenfassung

Im letzten Abschnitt wurden Belastungs-, Genauigkeits-, geometrische und kinematische Kenngrößen zur Beurteilung des Einsatzfalles von Industrierobotern angegeben. Die Genauigkeit des Roboters wird auf den Tool Center Point bezogen und in Wiederholgenauigkeit und Pose-Genauigkeit unterschieden. Die Genauigkeit der anfahrbaren Achswinkel hängt u. a. von deren Auflösung und den mechanischen Ungenauigkeiten ab. Die Kalibrierung der Roboter hat entscheidenden Einfluss auf deren Genauigkeit. Zur Roboter-Kalibrierung stehen meist optische Messtechniken, wie Lasertracker, Lasertriangulation, Theodoliten oder Laserinterferometrie zur Verfügung

Kontrollfragen

K67   Welche Kenngrößen zur Auswahl eines Roboters kennen Sie?

K68   Welche Angaben umfasst der Begriff Roboterpose?

K69   Was bedeutet die Wiederholgenauigkeit?

K70   Welche Einflüsse für die Genauigkeit eines Roboters kennen Sie?

K71   Welches Ziel hat die Vermessung eines Roboters?

4.5   Mathematische Beschreibung der Kinematik von Robotern

Die Programmiersysteme von Industrierobotern nutzen mathematische Methoden, um die Sollposen von Robotern in Abhängigkeit der Gelenkwinkel zu errechnen. Die anzufahrenden Punkte im Raum müssen in geeigneten Koordinatensystemen beschrieben werden. Außerdem muss die Orientierung des Werkszeugs in geeigneter Weise beschrieben werden.

4.5.1   Maschinen- oder Gelenkkoordinaten

Die Gelenkkoordinaten sind im Roboter vorhandene innere Koordinatenangaben, die über Messsysteme erzeugt werden.

Die Gelenkwinkel oder Verfahrwege bei translatorischen Achsen legen die Lage des Roboters im Raum fest. Bei rotatorischen Antrieben ist es wichtig, eine Rotationsachse anzugeben. Man kann sagen, dass die Lage des Werkzeugs und seine Orientierung im Raum durch die Festlegung der Gelenkwinkel (oder der Verfahrwege) des Roboters bestimmt werden. Diese Festlegung wird durch ein Koordinatensystem K_G angegeben, das im Tool Center Point (TCP) des Roboters liegt.

In Abb. 96 ist dieses Koordinatensystem am Wirkort des Greifers eingezeichnet worden. Zur Beschreibung des Koordinatensystem K_G wird der Ortsvektor von Raumkoordinatensystem zum Ursprung des Werkzeug-Koordinatensystems benutzt. Allerdings muss die Richtung der Einheitsvektoren der Koordinatenrichtungen x_G, y_G, z_G auch geeignet beschrieben werden.

Wenn die Roboter Gelenkkoordinaten gegeben sind, dann liegt das Koordinatensystem K_G eindeutig fest.

Vorwärts-Koordinatentransformation

Man bezeichnet die Berechnung der Lage des Koordinatensystems des Greifers oder Werkzeugs K_G mit Hilfe der gegebenen Gelenkkoordinaten als Koordinatentransformation oder Vorwärtstransformation.

Der umgekehrte Vorgang, die Berechnung der Gelenkkoordinaten aus den gegebenen Angaben des Koordinatensystems K_G wird inverse Koordinatentransformation oder Rückwärtstransformation bezeichnet und ist komplizierter zu lösen.

Rückwärts-Koordinatentransformation

Durch die Rückwärts-Koordinatentransformation werden die zu einer Pose des Roboters gehörenden Gelenkwinkel ermittelt. Die Rückwärts-Koordinatentransformation ist nicht immer eindeutig!

Ein Roboter nimmt eine eindeutig bestimmte Stellung ein, wenn die Antriebsregelung alle Gelenkwinkel auf bestimmte vorgegebene Werte geregelt hat. Man sagt, der Roboter nimmt dann eine bestimmte Pose ein. Mathematisch wird diese Pose durch den Ortsvektor $^R\vec{P}_{G0}$ und die Orientierung des Koordinatensystems K_G beschrieben. Durch die Gelenkwinkel werden die Orientierung des Werkzeugs (Greifers) und die Position des Werkzeugs festgelegt.

4.5.2 Kartesisches Koordinatensystem

Ein Roboter besteht aus einer Folge von Segmenten, die durch Gelenke miteinander verbunden sind. Jedem Gelenk dieser Kettenstruktur wird ein körperfestes Koordinatensystem zugeordnet. Die Transformation, d. h. die Verschiebung und Verdrehung zwischen zwei aufeinanderfolgenden Koordinatensystemen wird mit mathematischen Methoden beschrieben. Da die mathematischen Methoden auf Koordinatensystemen und Ortsvektoren aufbauen, sollen einige Begriffe im Folgenden erläutert werden.

Ist die Lage zweier Koordinatenachsen bekannt, folgt die Lage der dritten Achse nach der Rechte-Hand-Regel. Die Drehung um die Achsen x, y und z erfolgt nach der Rechtsschraubenregel. Schaut man beispielsweise von der Pfeilspitze zum Ursprung der z-Achse, ist eine positive Drehung um z somit linksdrehend.

Die Richtung der Koordinatenachsen wird durch Einheits- oder Basisvektoren angegeben. Diese Vektoren besitzen den Betrag 1 und sind wie folgt definiert:

$$\vec{x} = \begin{bmatrix} 1 \\ 0 \\ 0 \end{bmatrix}; \quad \vec{y} = \begin{bmatrix} 0 \\ 1 \\ 0 \end{bmatrix}; \quad \vec{z} = \begin{bmatrix} 0 \\ 0 \\ 1 \end{bmatrix} \tag{4.2}$$

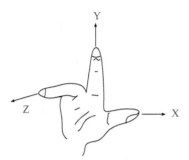

Abb. 107: Kartesisches Koordinatensystem, Rechte-Hand-Regel

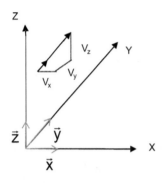

Abb. 108: Vektoren

Zu einem gegebenen Vektor wird durch die folgende Berechnung der Einheitsvektor ermittelt:

$$\vec{V} = \begin{pmatrix} V_x \\ V_y \\ V_z \end{pmatrix}$$

Betrag eines Vektors:

$$|\vec{V}| = \sqrt{V_x^2 + V_y^2 + V_z^2}$$

$$\vec{e}_v = \frac{\vec{V}}{|\vec{V}|} = \begin{pmatrix} V_x/|\vec{V}| \\ V_y/|\vec{V}| \\ V_z/|\vec{V}| \end{pmatrix}$$

$$|\vec{e}_V| = 1$$

Die Einheitsvektoren des kartesischen Koordinatensystems sind orthogonal, da das Skalarprodukt aus jeweils zwei Einheitsvektoren 0 ergibt. Ein solches Koordinatensystem wird Orthonormalsystem genannt. Die Koordinaten eines Ortsvektors, der einen Punkt im Raum beschreibt, hängen von dem betrachteten Koordinatensystem ab. Daher werden den Ortsvektoren Buchstaben links oben vorangestellt, die das jeweilige Bezugskoordinatensystem bezeichnen.

Wir betrachten ein Beispiel in der x-y-Ebene, das die Beschreibung eines Punktes in zwei Koordinatensystemen K_R und K_G verdeutlicht. Die Skizze in Abb. 109 zeigt diese Situation. Ein Punkt P wird durch den Ortsvektor $\vec{p}$ beschrieben, der vom Ursprung des Koordinatensystems K_R bis zu P verläuft. Das Koordinatensystem K_R wird durch die Einheitsvektoren

$$\vec{x}_R = \begin{bmatrix} 1 \\ 0 \\ 0 \end{bmatrix} \quad \vec{y}_R = \begin{bmatrix} 0 \\ 1 \\ 0 \end{bmatrix} ; \quad \vec{z}_R = \begin{bmatrix} 0 \\ 0 \\ 1 \end{bmatrix}$$

beschrieben. Die Einheitsvektoren des Koordinatensystems K_G lauten:

$$\vec{x}_G = \begin{bmatrix} 1 \\ 0 \\ 0 \end{bmatrix} \quad \vec{y}_G = \begin{bmatrix} 0 \\ 1 \\ 0 \end{bmatrix} ; \quad \vec{z}_G = \begin{bmatrix} 0 \\ 0 \\ 1 \end{bmatrix}$$

$$|\vec{x}_G| = |\vec{y}_G| = |\vec{x}_R| = |\vec{y}_R| = 1$$

Damit wird erkennbar, in welchem Koordinatensystem die Koordinaten des Ortsvektors angegeben werden, wird ein oben links angeordneter Index verwendet. Also bedeutet $^G\vec{p}$, dass der Ortsvektor im Koordinatensystem K_G angegeben wird:

$$^G\vec{p} = \begin{bmatrix} ^Gp_x \\ ^Gp_y \end{bmatrix} \quad ^R\vec{p} = \begin{bmatrix} ^Rp_x \\ ^Rp_y \end{bmatrix} \tag{4.3}$$

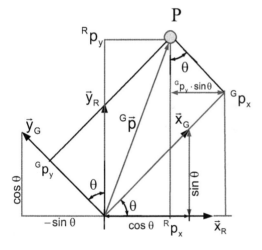

Abb. 109: Rotation von Koordinatensystemen

Die Einheitsvektoren des Koordinatensystems K_G können wir wie folgt ausdrücken:

$$\begin{aligned} \vec{x}_G &= \cos\theta \cdot \vec{x}_R + \sin\theta \cdot \vec{y}_R \\ \vec{y}_G &= -\sin\theta \cdot \vec{x}_R + \cos\theta \cdot \vec{y}_R \end{aligned} \tag{4.4}$$

Der Punkt P kann im Koordinatensystem K_G wie folgt angegeben werden:

$$^G\vec{p} = {}^G p_x \cdot \vec{x}_G + {}^G p_y \cdot \vec{y}_G$$

Mit Hilfe der Abb. 109 finden wir:

$$^R p_x = {}^G p_x \cdot \cos\theta - {}^G p_y \cdot \sin\theta$$
$$^R p_y = {}^G p_x \cdot \sin\theta + {}^G p_y \cdot \cos\theta \tag{4.5}$$

Dieser Ausdruck kann mit Hilfe der Rotationsmatrix $^R R_G$ vereinfacht werden:

$$^R R_G = \begin{bmatrix} \cos\theta & -\sin\theta \\ \sin\theta & \cos\theta \end{bmatrix}$$
$$^R\vec{p} = {}^R R_G \cdot {}^G\vec{p} \tag{4.6}$$

Rotationsmatrix

Die Rotationsmatrix beschreibt die Drehungen eines Koordinatensystems bezüglich eines dazu stationären Koordinatensystems.

Die Rotationsmatrix ist eine orthonormale Matrix, da die Spaltenvektoren senkrecht zueinander stehen und Einheitsvektoren sind. Für orthonormale Matrizen gilt, dass die Transponierte der Matrix gleich der Inversen ist.

Also gilt:

$$^R\vec{p} = {}^R R_G \cdot {}^G\vec{p}$$
$$^G\vec{p} = {}^G R_R \cdot {}^R\vec{p}$$
$$^G R_R = \left(^R R_G\right)^{-1} = \left(^R R_G\right)^T \tag{4.7}$$

Eine Erweiterung der Beschreibung der Punktkoordinaten kann gegeben werden, wenn der Ursprung des Koordinatensystems K_R nicht mit dem Ursprung von K_G übereinstimmt. Die Verschiebung der Koordinatensysteme wird durch den Vektor:

$$^R\vec{p}_{G0} = \begin{bmatrix} ^R p_{G0,x} \\ ^R p_{G0,y} \end{bmatrix} \tag{4.8}$$

ausgedrückt. Damit erhalten wir für den Vektor $^R\vec{p}$:

$$^R\vec{p} = {}^R R_G \cdot {}^G\vec{p} + {}^R\vec{p}_{G0} \tag{4.9}$$

Die Zusammenfassung der beiden Teile der Gleichung ergibt:

$$^R\vec{p} = {}^R R_G \cdot {}^G\vec{p} + {}^R\vec{p}_{G0}$$
$$^R\vec{p} = \begin{bmatrix} \cos\theta & -\sin\theta & ^R p_{G0,x} \\ \sin\theta & \cos\theta & ^R p_{G0,y} \end{bmatrix} \cdot \begin{bmatrix} ^G p_x \\ ^G p_y \\ 1 \end{bmatrix}$$

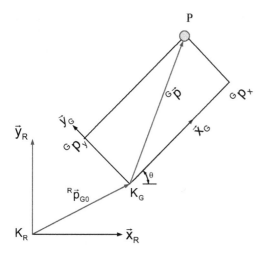

Abb. 110: Rotation und Verschiebung von Koordinatensystemen

Die Darstellung des Vektors

$$^G\vec{p} = \begin{bmatrix} ^G p_x \\ ^G p_y \end{bmatrix}$$

in der Form

$$\begin{bmatrix} ^G p_x \\ ^G p_y \\ 1 \end{bmatrix}$$

wird als homogene Darstellung des Vektors bezeichnet. Wir begnügen uns mit der Vorschrift:

Homogene Transformationsmatrix

Die Erweiterung eines Vektors um eine 1 in der letzten Spalte führt zu einem homogenen Vektor, der zum Unterschied häufig mit einer Tilde gekennzeichnet wird.

Eine kompaktere Form der Gleichung kann wie folgt erhalten werden, wenn auch der Vektor $^R\vec{p}$ in die homogene Form gebracht wird.

$$\begin{bmatrix} ^R p_x \\ ^R p_y \\ 1 \end{bmatrix} = \begin{bmatrix} \cos\theta & -\sin\theta & ^R p_{Go,x} \\ \sin\theta & \cos\theta & ^R p_{Go,y} \\ 0 & 0 & 1 \end{bmatrix} \cdot \begin{bmatrix} ^G p_{G,x} \\ ^G p_{G,y} \\ 1 \end{bmatrix} \qquad (4.10)$$

Man bezeichnet die Matrix

$$^R T_G = \begin{bmatrix} \cos\theta & -\sin\theta & ^R p_{Go,x} \\ \sin\theta & \cos\theta & ^R p_{Go,y} \\ 0 & 0 & 1 \end{bmatrix} \qquad (4.11)$$

als homogene Transformationsmatrix. Sie enthält als Spalten die Einheitsvektoren der Koordinatenachsen des Koordinatensystems G, ausgedrückt in den Koordinaten des Koordinatensystems K_R. Mit dieser Form können auch mehrere nacheinander durchzuführende Transformationen verkettet werden.

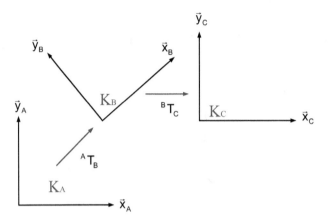

Abb. 111:   Verkettung von Transformationsmatrizen

Die Abb. 111 zeigt drei Koordinatensysteme K_A, K_B und K_C. Weiterhin sind die Transformationsmatrizen $^A T_B$ und $^B T_C$ angedeutet. Man erhält die Transformationsmatrix $^A T_C$ durch die folgende Berechnung:

$$^A T_C = {}^A T_B \cdot {}^B T_C$$

Beispielaufgabe

Gegeben sind zwei Transformationsmatrizen $^R T_A$ und $^R T_B$. Berechnen Sie die Produkt-Transformationsmatrix, die das Koordinatensystem K_C relativ zu K_A beschreibt. Zeichnen Sie die Koordinatensysteme.

$$^R T_A = \begin{bmatrix} 0{,}71 & -0{,}71 & 1 \\ 0{,}71 & 0{,}71 & 1 \\ 0 & 0 & 1 \end{bmatrix}$$

$$^R T_B = \begin{bmatrix} 1 & 0 & 2 \\ 0 & 1 & 2 \\ 0 & 0 & 1 \end{bmatrix}$$

Lösung

Die Produktmatrix $^R T_C$ beschreibt die Lage des Koordinatensystems $\{C\}$ relativ zu $\{R\}$.

$$^R T_C = \begin{bmatrix} 0{,}71 & -0{,}71 & 1 \\ 0{,}71 & 0{,}71 & 1 \\ 0 & 0 & 1 \end{bmatrix} \cdot \begin{bmatrix} 1 & 0 & 2 \\ 0 & 1 & 2 \\ 0 & 0 & 1 \end{bmatrix} = \begin{bmatrix} 0{,}71 & -0{,}71 & 1 \\ 0{,}71 & 0{,}71 & 3{,}83 \\ 0 & 0 & 1 \end{bmatrix}$$

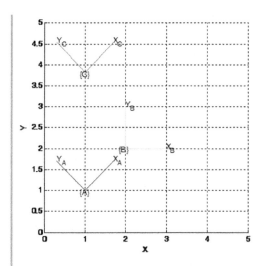

Abb. 112: Verkettung von Koordinatensystemen in 2D (erstellt mit MATLAB)

Die Koordinatensysteme sind in der Abb. 112 eingezeichnet. Man erkennt, dass sich das Koordinatensystem $\{C\}$ ergibt, wenn man ausgehend von dem gedrehten Koordinatensystem K_A die Transformationsmatrix $^R T_B$ anwendet. Die Transformationsvorschrift bezieht sich also auf das Koordinatensystem K_A. Daher können wir auch schreiben:

$$^A T_B = {}^R T_B$$

und es gilt:

$$^C T_B = {}^R T_A \cdot {}^A T_B.$$

Wir betrachten ein weiteres Beispiel, jetzt allerdings in einem dreidimensionalen Koordinatensystem.

Beispielaufgabe

Gegeben sind zwei Koordinatensysteme K_R und K_G und ein Punkt in K_G. Die Koordinatensysteme K_R und K_G sind nicht verdreht.

$$^G \vec{P} = {}^G \begin{bmatrix} p_x \\ p_y \\ p_z \end{bmatrix} = \begin{bmatrix} 3 \\ 5 \\ 4 \end{bmatrix}$$

Der Vektor vom Ursprung von K_R zum Ursprung von K_G hat die folgenden Koordinaten:

$$^R \vec{P}_{G0} = {}^R \begin{bmatrix} p_x \\ p_y \\ p_z \end{bmatrix}_{G0} = \begin{bmatrix} -5 \\ 1 \\ -2 \end{bmatrix}$$

Berechnen Sie die Koordinaten des Punktes in K_R.

Lösung

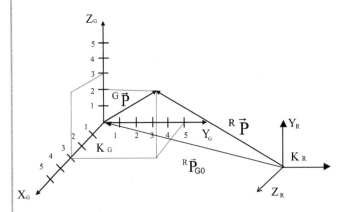

Abb. 113: Beschreibung eines Punktes im Raum durch Ortsvektoren in zwei verschiedenen Koordinatensystemen

Wenn die Lage des zweiten Koordinatensystems relativ zum ersten bekannt ist, gilt die folgende Gleichung:

$$^R\vec{P} = {}^G\vec{P} + {}^R\vec{P}_{G0}$$

Durch eine einfache Umrechnung kann der neue Ortsvektor dann berechnet werden:

$$^G\vec{P} = \begin{bmatrix} p_x \\ p_y \\ p_z \end{bmatrix}^G = \begin{bmatrix} 3 \\ 5 \\ 4 \end{bmatrix}$$

$$^R\vec{P}_{G0} = \begin{bmatrix} p_x \\ p_y \\ p_z \end{bmatrix}^R_{G0} = \begin{bmatrix} -5 \\ 1 \\ -2 \end{bmatrix}$$

$$^R\vec{P} = {}^R\vec{P}_0 + {}^G\vec{P} = \begin{bmatrix} -5 \\ 1 \\ -2 \end{bmatrix} + \begin{bmatrix} 3 \\ 5 \\ 4 \end{bmatrix} = \begin{bmatrix} -2 \\ 6 \\ 2 \end{bmatrix}$$

4.5.3   Beschreibung der Lage eines Koordinatensystems

Man ordnet den Achsen des Roboters Koordinatensysteme zu und beschreibt die Lage der Koordinatensysteme zueinander mit Hilfe der homogenen Transformationsmatrizen.

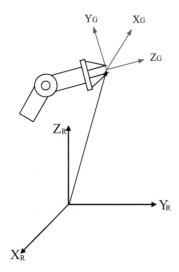

Abb. 114: Roboterkoordinatensysteme

Die Beschreibung der Position und Orientierung des Greifers bezogen auf das Roboterkoordinatensystem können zu drei Translationen und drei Rotationen des Greiferkoordinatensystems gegenüber dem Weltkoordinatensystem zusammengefasst werden.

$$^R\vec{P} = {^R\vec{P}_{G_0}} + {^R R_G} \cdot {^G\vec{P}}$$

Um die Rechnung mit Matrizen zu vereinfachen, werden die dreidimensionale Rotationsbeschreibung und der Verschiebevektor zu einer 4×4-Transformationsmatrix, die auch Frame genannt wird, zusammengefasst.

$$^R T_G = \left[\begin{array}{ccc|c} & ^R R_G & & ^R\vec{P}_{G_0} \\ \hline 0 & 0 & 0 & 1 \end{array} \right]$$

$$^R T_G = \left[\begin{array}{cccc} ^R\vec{x}_G & ^R\vec{y}_G & ^R\vec{z}_G & ^R\vec{P}_{G_0} \\ 0 & 0 & 0 & 1 \end{array} \right]$$

$$^R T_G = \left[\begin{array}{c|c|c|c} ^R X_{G_1} & ^R Y_{G_1} & ^R Z_{G_1} & ^R P_{G_{0_X}} \\ ^R X_{G_2} & ^R Y_{G_2} & ^R Z_{G_2} & ^R P_{G_{0_Y}} \\ ^R X_{G_3} & ^R Y_{G_3} & ^R Z_{G_3} & ^R P_{G_{0_Z}} \\ 0 & 0 & 0 & 1 \end{array} \right]$$

(4.12)

Die Matrix enthält als Spaltenvektoren die Einheitsvektoren der Koordinatenachsen des gedrehten Koordinatensystems. Die letzte Spalte beschreibt die Lage des TCPs. Die Matrix enthält alle Informationen über die Lage und Orientierung von Koordinatensystemen. Da diese Matrix quadratisch ist, kann das stationäre Bewegungsverhalten eines Roboters mittels Matrizenmultiplikation beschrieben werden.

Die Inverse einer homogenen Transformationsmatrix ^RT_G kann wie folgt berechnet werden.

$$\left(^RT_G\right)^{-1} = {}^GT_R = \left[\begin{array}{ccc|c} & R\,R_G^T & & -^RR_G^T \cdot {}^R\vec{P}_{G_0} \\ \hline 0 & 0 & 0 & 1 \end{array}\right] \tag{4.13}$$

Betrachtet man den TCP eines Roboters, kann dessen Position im Roboter-Weltkoordinaten-system oder in den Koordinaten eines beliebigen anderen Koordinatensystems K_i angegeben werden. Die Orientierung des TCPs wird durch die drei Basisvektoren $^R\vec{a}_G$, $^R\vec{s}_G$ und $^R\vec{n}_G$, „Approach", „Sliding" und „Normalenvektor" angegeben. Der „Approach"-Vektor definiert die z-Richtung als Zustellrichtung des Greifers in Richtung des zu ergreifenden Werkstücks. Der „Sliding"-Vektor beschreibt die Richtung, in der der Greifer geöffnet oder geschlossen wird. Der Normalen-Vektor bildet ein orthogonales Koordinatensystem mit den anderen Vek-toren. Die drei Basisvektoren werden bezüglich des Weltkoordinatensystems K_R angegeben. Häufig wird die Indizierung oben links, die das Bezugskoordinatensystem beschreibt, vernach-lässigt. Der Vektor $^R\vec{p}_{G0}$ gibt die Verschiebung des Koordinatenursprungs von K_G relativ zu K_R an.

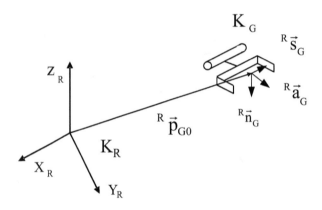

Abb. 115:   Roboter Orientierungsbasisvektoren

Die Darstellung des TCP-Koordinatensystems bezüglich des Koordinatensystems K_R wird in einer homogenen Transformationsmatrix zusammengefasst:

$$^RT_G = \left[\begin{array}{cccc} ^R\vec{n}_G & ^R\vec{s}_G & ^R\vec{a}_G & ^R\vec{p}_{G0} \\ & \vec{0}^T & & 1 \end{array}\right] = \left[\begin{array}{cccc} n_x & s_x & a_x & p_x \\ n_y & s_y & a_y & p_y \\ n_z & z_z & a_z & p_z \\ 0 & 0 & 0 & 1 \end{array}\right]$$

$$^R\vec{n}_G = \left[\begin{array}{ccc} n_x & n_y & n_z \end{array}\right]^T$$

$$^R\vec{s}_G = \left[\begin{array}{ccc} s_x & s_y & s_z \end{array}\right]^T \tag{4.14}$$

$$^R\vec{a}_G = \left[\begin{array}{ccc} a_x & a_y & a_z \end{array}\right]^T$$

$$^R\vec{p}_{G0} = \left[\begin{array}{ccc} p_x & p_y & p_z \end{array}\right]^T$$

$$\vec{0}^T = \left[\begin{array}{ccc} 0 & 0 & 0 \end{array}\right]^T$$

Die Transformationsmatrix fasst die Verschiebung des Koordinatenursprungs der beiden Koordinatensysteme und die Verdrehung der Koordinatensysteme zusammen. Die Transformationsmatrix beschreibt die Lage eines Koordinatensystems. Die Koordinatenumrechnung erfolgt in zwei Schritten:

- Angabe der Koordinaten des Ursprungs des Koordinatensystems K_G in den Koordinaten K_R
- Beschreibung der Rotation des Koordinatensystems K_G gegenüber K_R

Bei der Programmierung von Punkten, die ein Roboter anfahren soll, muss in der Regel eine komplette Transformationsmatrix vorgegeben werden, die der Roboter TCP anfahren kann. Daher müssen Roboterprogrammiersysteme geeignete Befehle zur Beschreibung von Koordinatensystemen besitzen. Die Transformationsmatrix enthält als Untermatrix die 3×3-Rotationsmatrix zur Beschreibung der Verdrehung:

$$
{}^R T_G = \begin{bmatrix} {}^R \vec{n}_G & {}^R \vec{s}_G & {}^R \vec{a}_G & {}^R \vec{p}_{G0} \\ \vec{0}^T & & & 1 \end{bmatrix} = \begin{bmatrix} {}^R R_G & {}^R \vec{p}_{G0} \\ 0^T & 1 \end{bmatrix}
$$

$$
{}^R R_G = \begin{bmatrix} n_x & s_x & a_x \\ n_y & s_y & a_y \\ n_z & z_z & a_z \end{bmatrix} \tag{4.15}
$$

$$
{}^R \vec{x}_G = {}^R \vec{n}_G, \quad {}^R \vec{y}_G = {}^R \vec{s}_G, \quad {}^R \vec{z}_G = {}^R \vec{a}_G
$$

Die Projektion der Einheitsvektoren von K_G auf die Koordinatenachsen von K_R wird in der Rotationsmatrix zusammengefasst. Dabei sind die Spaltenvektoren ${}^R \vec{a}_G$, ${}^R \vec{s}_G$ und ${}^R \vec{n}_G$ die Basisvektoren des im Werkzeug oder Greifers gedachten Koordinatensystems K_G.

Beispielaufgabe

Das folgende Bild zeigt zwei Koordinatensysteme K_R und K_G. Beide Systeme sind um $30°$ verdreht. Allerdings sind die z-Achsen unterschiedlich orientiert. Während die z-Achse des Koordinatensystems K_G aus der Papierebene herauszeigt, ist die z-Achse von K_R durch das Kreuz markiert und zeigt in die Papierebene hinein. Stellen Sie die Rotationsmatrix ${}^R R_G$ auf.

Lösung

Bezogen auf das K_R Koordinatensystem besitzt der Einheitsvektor ${}^R \vec{z}_G$ die Komponenten $(0,-1,0)^T$. Die Komponenten der x_G-Achse, dargestellt im Koordinatensystem K_R, ergeben sich durch die Projektionen auf die Achsen x_R und z_R:

$$
{}^R x_{Gx} = \cos 30°, \quad {}^R x_{Gy} = 0, \quad {}^R x_{Gz} = \sin 30°
$$

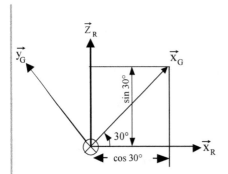

Abb. 116:   Beispiel Rotationsmatrix

$$
{}^{R}R_{G} = \begin{bmatrix} {}^{R}x_{Gx} & {}^{R}y_{Gx} & {}^{R}z_{Gx} \\ {}^{R}x_{Gy} & {}^{R}y_{Gy} & {}^{R}z_{Gy} \\ {}^{R}x_{Gz} & {}^{R}y_{Gz} & {}^{R}z_{Gz} \end{bmatrix} = \begin{bmatrix} \cos 30^{\circ} & -\sin 30^{\circ} & 0 \\ 0 & 0 & -1 \\ \sin 30^{\circ} & \cos 30^{\circ} & 0 \end{bmatrix}
$$

$$
= \begin{bmatrix} \sqrt{\frac{3}{2}} & -\frac{1}{2} & 0 \\ 0 & 0 & -1 \\ \frac{1}{2} & \sqrt{\frac{3}{2}} & 0 \end{bmatrix}
$$

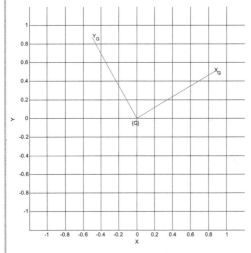

Abb. 117:   Berechnung und Zeichnung des gedrehten Koordinatensystems mit MATLAB

Wird die Rotationsmatrix ${}^{R}R_{G}$ mit einem Vektor multipliziert, der in K_{G} dargestellt ist, erhält man die Komponenten des Vektors im Koordinatensystem K_{R} durch die folgende Gleichung:

$$
{}^{R}\vec{P} = {}^{R}R_{G} \cdot {}^{G}\vec{P} \tag{4.16}
$$

Beispielaufgabe

Im folgenden Beispiel sind die Koordinaten des Punktes ^{G}P gegeben. Geben Sie die Koordinaten des Punktes im Koordinatensystem K_R an.

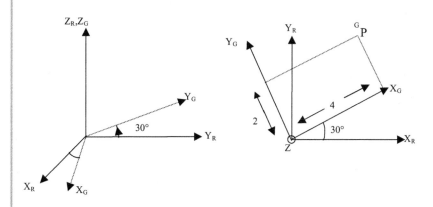

Abb. 118: Beispiel Umrechnung von Punkten

Lösung

Aus dem gegebenen Bild der Koordinatensysteme kann die Rotationsmatrix abgeleitet werden. Damit kann die Umrechnung der Punktkoordinaten in das Koordinatensystem K_R durchgeführt werden, wie die folgende Rechnung demonstriert:

$$^{R}R_G = \begin{bmatrix} \cos 30° & -\sin 30° & 0 \\ \sin 30° & \cos 30° & 0 \\ 0 & 0 & 1 \end{bmatrix} \quad ^{G}\vec{P} = \begin{bmatrix} 4 \\ 2 \\ 0 \end{bmatrix}$$

$$^{R}\vec{P} = \begin{bmatrix} 0{,}866 & -0{,}5 & 0 \\ 0{,}5 & 0{,}866 & 0 \\ 0 & 0 & 1 \end{bmatrix} \cdot \begin{bmatrix} 4 \\ 2 \\ 0 \end{bmatrix} = \begin{bmatrix} 4 \cdot 0{,}866 & -1 \\ 2 & +2 \cdot 0{,}866 \\ 0 & 0 \end{bmatrix} = \begin{bmatrix} 2{,}46 \\ 3{,}72 \\ 0 \end{bmatrix}$$

Im folgenden Bild sind zwei Koordinatensysteme K_A und K_B dargestellt. Das TCP-Koordinatensystem mit den drei beschreibenden Basisvektoren liegt jeweils deckungsgleich mit dem Koordinatensystem K_A oder K_B.

Der Vektor

$$^{R}\vec{p}_{G0} = \begin{bmatrix} p_x & p_y & p_z \end{bmatrix}^{T} = {}^{R}\vec{p}_{A0} = {}^{R}\vec{p}_{B0}$$

ist für beide anzufahrenden Koordinatensysteme identisch. Der Roboter verändert nur seine Orientierung. Das folgende Beispiel zeigt, wie man die Transformationsmatrix $^{R}T_G$ aufstellen kann, wenn die Rotationsmatrix $^{R}R_G$ und der Vektor vom Koordinatenursprung von K_R zum Koordinatenursprung von K_G gegeben sind.

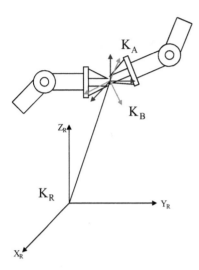

Abb. 119:   Roboter-TCP in zwei unterschiedlichen Orientierungen

Beispielaufgabe

Gegeben Sind die Rotationsmatrix $^R R_G$ und der Vektor $^R \vec{p}_{G0}$.

$$^R R_G = \begin{bmatrix} 0 & 0 & 1 \\ -1 & 0 & 0 \\ 0 & -1 & 0 \end{bmatrix}; \quad ^R \vec{p}_{G0} = \begin{bmatrix} 1 \\ -3 \\ 0 \end{bmatrix}$$

Stellen Sie die homogene Transformationsmatrix $^R T_G$ auf.

Lösung

Die drei Spaltenvektoren $^R \vec{x}_G \quad ^R \vec{y}_G \quad ^R \vec{z}_G$ beschreiben die Lage der Basisvektoren des Koordinatensystems K_G. Der Vektor vom Koordinatenursprung von K_R zum Koordinatenursprung von K_G ist gegeben.

$$^R R_G = \begin{bmatrix} 0 & 0 & 1 \\ -1 & 0 & 0 \\ 0 & -1 & 0 \end{bmatrix} = \begin{bmatrix} ^R \vec{x}_G & ^R \vec{y}_G & ^R \vec{z}_G \end{bmatrix}$$

$$^R \vec{x}_G = \begin{bmatrix} 0 & -1 & 0 \end{bmatrix}^T, \quad ^R \vec{y}_G = \begin{bmatrix} 0 & 0 & -1 \end{bmatrix}^T, \quad ^R \vec{z}_G = \begin{bmatrix} 1 & 0 & 0 \end{bmatrix}^T$$

Damit kann die homogene Transformationsmatrix wie folgt formuliert werden:

$$^R T_G = \begin{bmatrix} 0 & 0 & 1 & 1 \\ -1 & 0 & 0 & -3 \\ 0 & -1 & 0 & 0 \\ 0 & 0 & 0 & 1 \end{bmatrix}$$

4.5.4   Raumkoordinaten

Die Raumkoordinaten beschreiben die Lage (x_G, y_G, z_G) und Orientierung des TCPs anhand eines feststehenden kartesischen Koordinatensystems mit Nullpunkt an der Basis des Knickarmroboters. Dabei wird die Orientierung des Koordinatensystems durch drei Winkel angegeben (α, β, γ). Ein beliebiger Punkt im Raum ist folglich durch die Koordinatenangabe $P(x_G, y_G, z_G, \alpha, \beta, \gamma)$ eindeutig beschrieben.

Die Koordinaten x_G, y_G und z_G ergeben sich durch senkrechte Projektionen des Punktes auf die Achsen des feststehenden Koordinatensystems, die Koordinaten α, β und γ sind die sogenannten Euler-Winkel und beschreiben die Orientierung des Anschlussflansches bzw. des Endeffektors bezüglich der Roboterbasis.

Mittels Raumkoordinaten ist die Lage des Endeffektors für den Anwender leichter nachzuvollziehen als durch Winkelangaben in Maschinenkoordinaten, zumal das kartesische Koordinatensystem oft schon aus anderen Bereichen (z. B. NC-Maschinen) bekannt ist. Bis jetzt wurde eine homogene Transformationsmatrix eingeführt, die die Lage des Greiferkoordinatensystems in Raumkoordinaten beschreibt. Die Umrechnung der drei Orientierungswinkel in die homogene Transformationsmatrix wird im Folgenden gezeigt.

Allerdings müssen Angaben in Raumkoordinaten in der Steuerung mittels der Software zur Koordinatentransformation erst in Gelenkkoordinaten umgerechnet werden und können erst dann an die Regelung zum fortlaufenden Soll- und Istwert-Vergleich sowie zur Ausgabe an die Antriebsverstärker (AV) weitergereicht werden.

Zudem ist die Lage des TCPs und Orientierung des Endeffektors im Raum nicht eindeutig bestimmt, da der Roboter ein und dieselbe Position mit unterschiedlichen Gelenkstellungen erreichen kann.

4.5.5   Orientierungswinkel

Die Orientierung eines Koordinatensystems lässt sich durch Angabe von neun Winkeln beschreiben. Dabei wird jede neue Koordinatenachse durch drei Winkel bezogen auf die alten Koordinatenachsen angegeben.

Die in den folgenden Skizzen eingezeichneten neun Orientierungswinkel beschreiben die Lage der einzelnen Koordinatenachsen jeweils über drei Winkel.

Die Winkel zwischen den Einheitsvektoren eines raumfesten Koordinatensystems und den Einheitsvektoren des im Ursprung O gedrehten Koordinatensystems können mittels der Umkehrfunktion des Kosinus (arccos) berechnet werden.

Diese Winkel werden auch Richtungswinkel und deren Kosinus Richtungskosinus genannt:

$$\cos\alpha_1 = \vec{x}_1 \cdot \vec{x}_0 \quad \cos\beta_1 = \vec{x}_1 \cdot \vec{y}_0$$

$$\Leftrightarrow {}^0R_1 = [\vec{x}_1, \vec{y}_1, \vec{z}_1] = \begin{bmatrix} \cos\alpha_1 & \cos\alpha_2 & \cos\alpha_3 \\ \cos\beta_1 & \cos\beta_2 & \cos\beta_3 \\ \cos\gamma_1 & \cos\gamma_2 & \cos\gamma_3 \end{bmatrix} = \begin{bmatrix} \vec{x}_1 \cdot \vec{x}_0 & \vec{y}_1 \cdot \vec{x}_0 & \vec{z}_1 \cdot \vec{x}_0 \\ \vec{x}_1 \cdot \vec{y}_0 & \vec{y}_1 \cdot \vec{y}_0 & \vec{z}_1 \cdot \vec{y}_0 \\ \vec{x}_1 \cdot \vec{z}_0 & \vec{y}_1 \cdot \vec{z}_0 & \vec{z}_1 \cdot \vec{z}_0 \end{bmatrix}$$

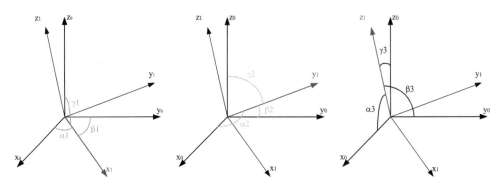

Abb. 120:   Orientierungswinkel

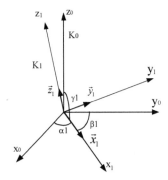

Abb. 121:   Einheitsvektoren und Winkel des zu K_0 gedrehten Koordinatensystems K_1

Die Spaltenvektoren der zugehörigen Rotationsmatrix haben die Länge 1 und beschreiben die Lage der Einheitskoordinatenachsvektoren von Koordinatensystem K_1 relativ zum Ursprungskoordinatensystem K_0.

4.5.6   Rotationen nach Euler

Da die Spaltenvektoren aufeinander senkrecht stehen, reichen zu ihrer Beschreibung drei Winkel aus. Die Rotationen nach Euler beschreiben drei aufeinanderfolgende Drehungen um die Koordinatenachsen des kartesischen Systems.

Euler-Winkel

Die Rotationsmatrix nach Euler beschreibt die Rotation (drei Drehungen) eines Koordinatensystems bezüglich eines raumfesten Basissystems durch drei Winkel. Die erste Drehung erfolgt jeweils um eine raumfeste Achse, während die beiden folgenden Drehungen um die Koordinatenachsen des mitgedrehten Systems erfolgen.

Insgesamt sind somit zwölf unterschiedliche Euler-Rotationen (bestehend aus jeweils drei Drehungen um drei Koordinatenachsen) möglich, wobei zu bemerken ist, dass keine der zwölf Varianten Vor- oder Nachteile aufzuweisen hat. Wir wollen fünf Beispiele angeben:

Raumkoordinatenorientierung z, y', x''

- Drehung um die raumfeste z-Achse um den Winkel α
- Drehung um die sich ergebende y'-Achse um den Winkel β
- Drehung um die sich ergebende x''-Achse um den Winkel γ

Raumkoordinatenorientierung z, x', z''

- Drehung um die raumfeste z-Achse um den Winkel α
- Drehung um die sich ergebende x'-Achse um den Winkel β
- Drehung um die sich ergebende z''-Achse um den Winkel γ

Raumkoordinatenorientierung z, x', y''

- Drehung um die raumfeste z-Achse um den Winkel α
- Drehung um die sich ergebende x'-Achse um den Winkel β
- Drehung um die sich ergebende y''-Achse um den Winkel γ

Raumkoordinatenorientierung y, x', z''

- Drehung um die raumfeste y-Achse um den Winkel α
- Drehung um die sich ergebende x'-Achse um den Winkel β
- Drehung um die sich ergebende z''-Achse um den Winkel γ

Raumkoordinatenorientierung z, y', z''

- Drehung um die raumfeste z-Achse um den Winkel α
- Drehung um die sich ergebende y'-Achse um den Winkel β
- Drehung um die sich ergebende z''-Achse um den Winkel γ

Dieselbe Orientierung des Greifers erhält man, wenn die zuvor beschriebenen Drehungen in umgekehrter Reihenfolge um die raumfesten Achsen erfolgen. Die Rotationen z, y', x'' nach Euler beispielsweise sind folglich identisch mit folgenden nacheinander ablaufenden Drehungen:

- Drehung um die raumfeste x-Achse um den Winkel γ
- Drehung um die raumfeste y-Achse um den Winkel β
- Drehung um die raumfeste z-Achse um den Winkel α

Damit ergeben sich für die Drehung um raumfeste Achsen folglich auch zwölf Varianten, die den zwölf Euler-Varianten entsprechen. Erwähnenswert ist noch die Tatsache, dass mit allen 24 Varianten ein und dieselbe Orientierung des Greifers erreicht werden kann. Dies wird am folgenden Beispiel verdeutlicht.

Multipliziert man die sich durch die drei Rotationswinkel ergebenden Rotationsmatrizen in der richtigen Reihenfolge, erhält man eine Rotationsmatrix. In der folgenden Rechnung wurde die Berechnung des Kosinus mit c und die Berechnung des Sinus eines Winkels mit $s\alpha$, $s\beta$, $s\gamma$ abgekürzt:

$$R_{\text{eul}}(z, y', x'') = \text{rot } z(\alpha) \cdot \text{rot } y'(\beta) \cdot \text{rot } x(\gamma)$$

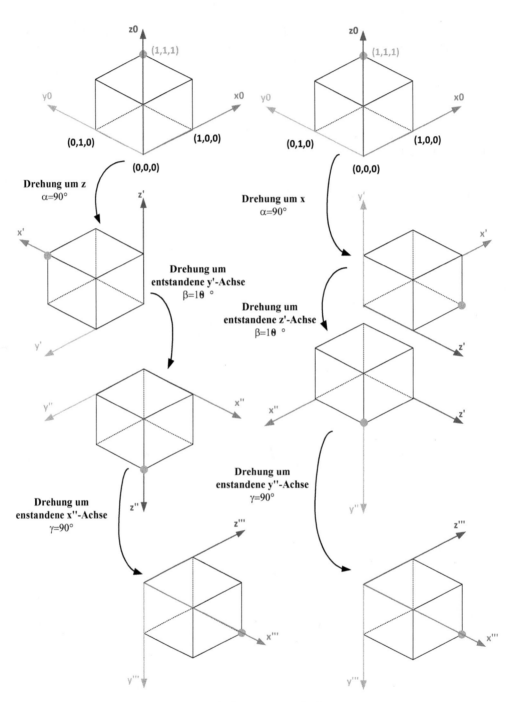

Abb. 122:   Rotation nach Euler, links: (z, y', x''), rechts; (x, z', y'')

$$R_{eul}(z,y',x'') = \begin{bmatrix} c\alpha & -s\alpha & 0 \\ s\alpha & c\alpha & 0 \\ 0 & 0 & 1 \end{bmatrix} \cdot \begin{bmatrix} c\beta & 0 & s\beta \\ 0 & 1 & 0 \\ -s\beta & 0 & c\beta \end{bmatrix} \cdot \begin{bmatrix} 1 & 0 & 0 \\ 0 & c\gamma & -s\gamma \\ 0 & s\gamma & c\gamma \end{bmatrix}$$

$$\Leftrightarrow R_{eul} = \begin{bmatrix} c\alpha \cdot c\beta & c\alpha \cdot s\beta \cdot s\gamma - s\alpha \cdot c\gamma & s\alpha \cdot s\gamma + c\alpha \cdot s\beta \cdot c\gamma \\ s\alpha \cdot c\beta & s\alpha \cdot s\beta \cdot s\gamma + c\alpha \cdot c\gamma & -c\alpha \cdot s\gamma + s\alpha \cdot s\beta \cdot c\gamma \\ -s\beta & c\beta \cdot s\gamma & c\beta \cdot c\gamma \end{bmatrix} \quad (4.17)$$

Für die folgenden Winkel $\alpha = 90°$, $\beta = 180°$, $\gamma = 90°$ ergibt sich die folgende Matrix:

$$R_{eul} = \begin{bmatrix} 0 & 0 & 1 \\ -1 & 0 & 0 \\ 0 & -1 & 0 \end{bmatrix}$$

Die räumliche Darstellung ist in Abb. 122 (links) dargestellt, wobei aus Gründen der Übersichtlichkeit die einzelnen Drehungen räumlich versetzt eingezeichnet sind. In Wirklichkeit beschreibt die Euler-Rotation nur die Drehungen von einem Koordinatensystem B bezüglich A. Informationen über mögliche Translationen sind in der Rotationsmatrix natürlich nicht enthalten. In der Abbildung rechts ist eine Drehung um Euler-Winkel nach der Euler-Definition x, z', y'' dargestellt. Dies verdeutlicht, dass man eine gewünschte Orientierung mit allen zwölf Euler-Varianten berechnen kann.

Wir wollen das bisher Erlernte zusammenfassen.

Zusammenfassung

In der Robotersteuerung sind Programme zur Regelung und Bahnplanung integriert, die über eine mathematische Beschreibung wesentlicher Zusammenhänge gewonnen werden. Die Gelenkkoordinaten sind die Winkel und Wege, die über die Messsysteme ermittelt werden. Ordnet man jedem Gelenkwinkel einen speziellen Wert zu, ergibt sich eine eindeutige Roboterpose. Die Position des Tool Center Points wird in kartesischen Koordinaten gemessen. Die Orientierung des Werkzeugs wird über drei Einheitsvektoren definiert. Mit Hilfe einer homogenen Transformationsmatrix kann die Lage und Orientierung des Werkzeugs kompakt mathematisch dargestellt werden. Die Programmierung des Roboters in Raumkoordinaten entspricht der Vorgabe der Pose des Roboters über eine Transformationsmatrix. Meist wird die Orientierung des Werkzeugs mit Hilfe von Euler-Winkeln angegeben. Man unterscheidet drei Drehungen um drei verschiedene Raumachsen.

Kontrollfragen

K72 Was versteht man unter einer Vorwärtstransformation?

K73 Welche (englischen) Namen haben die Vektoren, mit denen die Orientierung des Greiferkoordinatensystems festgelegt wird?

K74 Wie viele Winkel benötigt man, um die Orientierung eines Koordinatensystems festzulegen?

K75 Wie lässt sich mathematisch eine Rotation von Koordinatensystemen beschreiben?

4.6   Roboter-Kinematik

Die Kinematik ist die Wissenschaft der Bewegung, ohne Berücksichtigung der Belastungen der mechanischen Roboterstruktur, die durch die Bewegungen entstehen. Innerhalb der Wissenschaft über die Bewegungslehre untersucht man die Lage, Geschwindigkeit, Beschleunigung und alle höheren Ordnungsableitungen der Positionsgrößen bezüglich der Zeit.

Die Beziehungen zwischen diesen Bewegungen und den Belastungen und Drehmomenten, die sie auslösen, wird in der Dynamik behandelt.

Um die komplexe Geometrie eines Roboters behandeln zu können, werden Koordinatensysteme an den verschiedenen Teilen der kinematischen Kette angebracht und dann die Beziehung zwischen diesen Koordinatensystemen beschrieben. Das zentrale Thema dieses Abschnitts ist es, eine Methode kennenzulernen, um die Position und Orientierung des Endeffektors bezüglich des raumfesten Basiskoordinatensystems beschreiben zu können.

Einen Roboter kann man sich als Gruppe von Körpern, die in einer Kette mit Gelenken verbunden sind, vorstellen. Diese Körper werden als Hebel (englisch: link) bezeichnet. Gelenke bilden eine Verbindung zwischen einem Nachbarpaar von Hebeln.

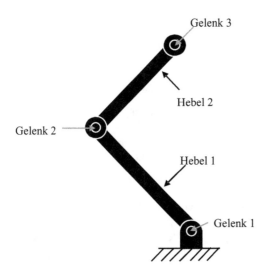

Abb. 123:   Hebel und Gelenke

Die Gelenke sind nummeriert, beginnend mit dem festen Gelenk zwischen den Hebeln 0 und 1, usw., bis zu dem freien Ende des Auslegers, der durch den Hebel n gebildet wird. Zur vereinfachten Ermittlung der kinematischen, mathematischen Gleichungen der kinematischen Kette wird ein Hebel als Starrkörper betrachtet. Elastizitäten des Roboterarms werden also nicht berücksichtigt.

Gelenkachsen werden durch Geraden im Raum beschrieben. Der kürzeste Abstand zwischen zwei Gelenkachsen wird durch die Linie, die durch beide Achsen senkrecht verläuft, gebildet. Dieses beidseitige Lot existiert immer, außer wenn beide Achsen parallel sind, dann gibt es viele beidseitige Lote gleicher Länge. Die folgende Abbildung zeigt Hebel $i-1$ und die beidseitig rechtwinklige Linie zwischen den Gelenkachsen, entlang welcher die Hebellänge, a_{i-1}, gemessen wird.

Der zweite Parameter, der benötigt wird, um die relative Lage der zwei Achsen zu bestimmen, wird als Hebel-Verdrehung bezeichnet. Dieser Winkel wird von der Achse $i-1$ ausgehend bis zur Achse i in Richtung a_{i-1} berechnet und als α_{i-1} bezeichnet. In der Abbildung ist der Winkel zwischen Achse $i-1$ und Achse i dargestellt (die Linien mit der zweifachen Rautenzeichenmarkierung sind parallel).

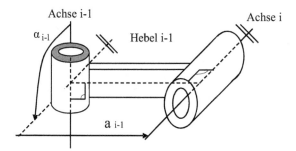

Abb. 124:   Hebelparameter

Ein Sonderfall liegt vor, wenn sich zwei Achsen schneiden. Die Achsen bilden dann einen Raumwinkel. Dieser Winkel ist der Hebelparameter α_{i-1}. Ein weiterer Sonderfall, der häufig vorkommt, ist gegeben, wenn die Achsen parallel liegen. Der Winkelparameter beträgt dann $\alpha_{i-1} = 0°$.

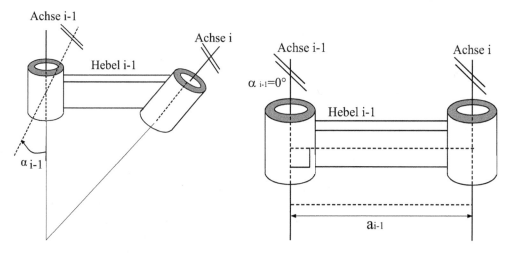

Abb. 125:   Sonderfälle, links: Gelenkachsen schneiden sich, rechts: parallele Achsen

4.6.1   Hebelverbindungen

Man benötigt nur zwei Größen für die Angabe der relativen Lage zweier verbundener Hebel. Eine dieser Größen ist die Variable, die durch den Antriebsmotor eingestellt werden kann.

Hebel innerhalb der kinematischen Kette

Benachbarte Hebel haben immer eine gemeinsame Gelenkachse i. Die vom Hebel i stammende Hebellänge schneidet die Gelenkachse i im Abstand d_i. Dieser Parameter wird als Hebel-Achsversatz bezeichnet und mit d_i abgekürzt. Der zweite Parameter beschreibt die Rotation bezüglich der gemeinsamen Achse zwischen einem Hebel und seinem Nachbarn. Dieser Parameter ist, bei rotatorischen Antrieben, der Gelenkwinkel, θ_i.

Der Hebel-Achsversatz d_i ist im folgenden Bild dargestellt. Der Hebel-Achsversatz d_i ist variabel, wenn Gelenk i prismatisch ist. Der zweite Parameter der Kopplung ist der Winkel, der zwischen einer Verlängerung von a_{i-1} und a_i liegt und bezüglich der Gelenkachse i gemessen wird. Der Name dieses Parameters lautet θ_i. Der Parameter ist für ein drehendes Gelenk variabel.

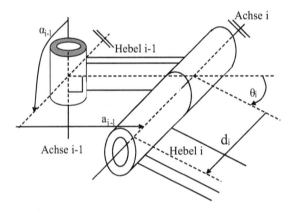

Abb. 126:   Hebelparameter und Hebelgelenkwinkel

Hebelparameter

Jeder Roboterhebel kann durch die vier Angaben, zwei Winkel und zwei Abstände, kinematisch beschrieben werden. Zwei Angaben beschreiben den Hebel selbst und zwei beschreiben die Verbindung des Hebels zu einem benachbarten Hebel. In einem rotatorischen Gelenk wird θ_i als Gelenkvariable bezeichnet und die anderen drei Parameter sind feste Hebelparameter. Für prismatische Gelenke ist d_i die Gelenkvariable und die anderen drei Parameter sind feste Hebelparameter. Die Definition von kinematischen Ketten anhand dieser Vorgehensweise wurde 1955 von den Wissenschaftlern Denavit und Hartenberg entwickelt. Da es sich von der ursprünglichen Form etwas unterscheidet, wird es als modifiziertes Denavit-Hartenberg-Verfahren bezeichnet.

Modifiziertes Denavit-Hartenberg-Verfahren:

Die Beschreibung der Verbindung zweier Glieder einer seriellen kinematischen Kette durch vier Größen wird als Denavit-Hartenberg-Verfahren bezeichnet. Die spezielle Form, mit zwei Hebelparametern, einer Verbindungsvariablen und einem Verbindungsparameter, wird als modifiziertes Verfahren (nach J. Craig) bezeichnet.

Mit diesem Verfahren kann jede kinematische Kette untersucht und die Denavit-Hartenberg-Parameter, die sie beschreiben, bestimmt werden. Für einen 6-achsigen Roboter mit rotatorischen Achsen sind 18 Parameter erforderlich, um die kinematische Kette beschreiben zu können. Für den in Abb. 123 dargestellten Roboter zeigt die folgende Tabelle die beschreibenden Größen. Man beachte die Indizierung der Parameter bzw. Variablen in der Tabelle. Diese beziehen sich auf die jeweilige Gelenkachse i.

Tab. 4: Parameter des Roboters mit drei Gelenken

i	α_{i-1}	a_{i-1} [mm]	θ_i	d_i [mm]
1	$0°$	0	θ_1	0
2	$0°$	a_1	θ_2	0
3	$0°$	a_2	θ_3	0

4.6.2 Festlegung für das Anbringen von Koordinatensystemen an Hebel

Um die Lage jedes Hebels zu seinen Nachbarn zu beschreiben, definiert man ein Koordinatensystem für jeden Hebel. Die Hebelkoordinatensysteme werden durch die Nummer des Hebels gekennzeichnet.

Koordinatensysteme an Hebeln innerhalb der kinematischen Kette

Für die Festlegung der Koordinatensysteme an die Hebel gilt die folgende Vereinbarung: Die z-Achse von Koordinatensystem $i-1$ wird z_{i-1} genannt und ist übereinstimmend mit der Gelenkachse $i-1$. Die Richtung der z_{i-1}-Achse kann willkürlich gewählt werden. Der Ursprung ist dort angeordnet, wo das a_{i-1}-Lot die Gelenkachse $i-1$ schneidet. Die x_{i-1}-Achse verläuft entlang a_{i-1} in die Richtung von Gelenk $i-1$ zu Gelenk i. Im Fall $a_{i-1} = 0$ verläuft die x_{i-1}-Achse senkrecht zur Ebene, die die Achsen z_{i-1} und z_i gemeinsam bilden. Für den Winkel α_{i-1} gibt es nun zwei Möglichkeiten, da die Richtung von x_{i-1} nicht festgelegt ist. Die y_{i-1}-Achse wird durch die Rechte-Hand-Regel bestimmt. Die folgende Abbildung zeigt die Lage des Koordinatensystems $i-1$ und die die Achsen kennzeichnenden Einheitsvektoren.

Koordinatensysteme am ersten und letzten Hebel in der Kette

Das Koordinatensystem, das sich an der Basis des Roboters befindet, wird mit K_0 bezeichnet. Es ist unbeweglich. Die Lage der anderen Koordinatensysteme wird bezüglich dieses Koor-

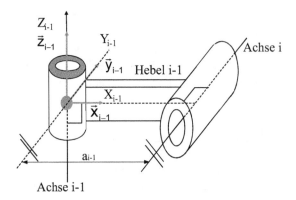

Abb. 127: Koordinatensystem im Hebel $i-1$

dinatensystems angegeben. Da es frei wählbar ist, wird die z_0-Achse entlang der Drehachse 1 angeordnet. Das Koordinatensystem K_0 fällt mit dem Koordinatensystem K_1 zusammen, wenn die Gelenkvariable θ_1 bei einer Rotation 0° beträgt.

Für das letzte Koordinatensystem gilt: Wenn Gelenk n rotatorisch ist, stimmt die Richtung von x_N mit x_{N-1}, bei $\theta_n = 0°$. Der Ursprung von Koordinatensystem K_N wird so gewählt, dass $d_N = 0$ gilt.

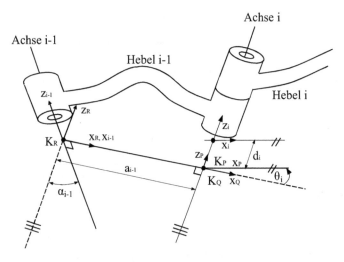

Abb. 128: Koordinatensysteme zur Beschreibung der Lage der Roboterhebel

Zusammenfassung der Hebelparameter

Die Abb. 128 stellt die Hebelparameter und die durch sie gebildeten Zwischen-Koordinatensysteme beim Übergang von Hebel $i-1$ zu Hebel i zusammenfassend dar. Es gelten die folgenden Definitionen der Hebelparameter bzw. Hebelvariablen:

a_{i-1} = die Strecke von z_{i-1} nach z_i entlang der x_{i-1}-Achse gemessen

α_{i-1} = der Winkel der zwischen z_{i-1} und z_i und um die x_{i-1} gemessen

d_i = die Strecke von x_{i-1} nach x_i entlang der z_i-Achse gemessen

θ_i = der Winkel der zwischen x_{i-1} und x_i um die z_i-Achse gemessen

Man wählt gewöhnlich $a_{i-1} > 0$, da a_{i-1} einer Strecke entspricht; dennoch sind α_{i-1}, d_i und θ_i vorzeichenbehaftete Größen. Die dargestellte Vorgehensweise führt nicht zu einer eindeutigen Zuordnung von Koordinatensystemen zu Hebeln. Die Zuordnung der z_{i-1} Achse zur Gelenkachse $i-1$ kann auf zwei Arten erfolgen. Außerdem, im Fall von sich schneidenden Gelenkachsen (z. B. $a_i = 0$), gibt es zwei Auswahlangebote für die Richtung für x_{i-1}, entsprechend der Wahl des Vorzeichens für die Normale zu der Ebene, die z_{i-1} und z_i beinhaltet. Wenn die Achsen $i-1$ und i parallel sind, ist die Wahl des Ursprungs für Koordinatensystem $i-1$ willkürlich.

Es folgt nun eine Zusammenfassung des Verfahrens an einem Beispiel.

Beispielaufgabe

Für den in Abb. 129 dargestellten Roboter sind die Denavit-Hartenberg-Parameter zu bestimmen und die Koordinatensysteme einzutragen.

Lösung

Zuerst werden die Gelenkachsen gekennzeichnet und Linien durch diese Achsen gezeichnet. Dann wird das gemeinsame Lot zwischen benachbarten Gelenkachsen $i-1$ und i bestimmt. An dem Punkt, wo das gemeinsame Lot die $i-1$-te Achse trifft, wird der Hebelkoordinatensystemursprung gelegt. Dann wird die z_{i-1} Achse entlang der $i-1$-ten Gelenkachse gezeichnet.

Die x_{i-1}-Achse wird in Richtung des gemeinsamen Lots der Gelenkachsen $i-1$ und i gezeichnet, oder falls die Achsen sich schneiden, bestimmt man x_{i-1} lotrecht zu der Ebene, die die zwei Achsen enthält.

Die y_{i-1}-Achse wird ergänzt, um ein rechtsgängiges Koordinatensystem zu vervollständigen.

Das Koordinatensystem K_0 wird so festgelegt, dass es gleich dem Koordinatensystem K_1 ist, wenn die erste Gelenkvariable 0 ist.

Parameter der Denavit-Hartenberg-Kinematik des Roboters

i	α_{i-1}	a_{i-1} [mm]	θ_i	d_i [mm]
1	$0°$	0	θ_1	0
2	$-90°$	0	θ_2	d_2
3	$0°$	a_2	θ_3	$-d_3$
4	$90°$	0	θ_4	d_4
5	$-90°$	0	θ_5	0

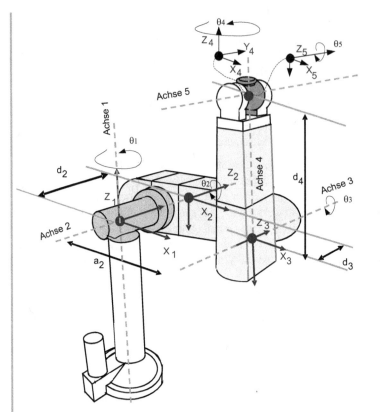

Abb. 129:   Koordinatensysteme und Parameter eines Roboters mit fünf rotatorischen Freiheitsgraden

Ausgehend von der Abbildung können die pro Achse vorhandenen Hebelparameter zur Ermittlung der Transformationsmatrizen genutzt werden. Es folgt ein weiteres Beispiel für einen Roboterarm mit zwei Mehrachsgelenken.

Beispielaufgabe

Erstellen Sie die Tabelle mit den modifizierten Parametern nach der Denavit-Hartenberg-Methode für einen Roboter mit zwei Mehrachsgelenken:

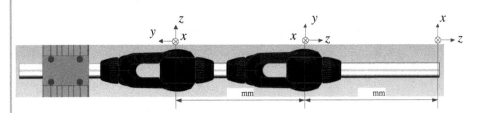

Abb. 130:   Koordinatensysteme und Hebelparameter für einen Roboterarm mit Mehrachsgelenken

Lösung
Parameter nach der Methode Denavit-Hartenberg (modifiziertes Verfahren nach Craig)

i	α_{i-1}	a_{i-1} [mm]	θ_i	d_i [mm]
1	0°	0	θ_1	0
2	90°	0	θ_2	216
3	−90°	0	θ_3	0
4	90°	0	θ_4	230

4.6.3   Beispiele für Transformationstabellen für 6- und 7-Achs-Roboter

Das nächste Beispiel gibt die Parameter des modifizierten Denavit-Hartenberg-Verfahrens für einen 6-Achs-Roboter an, dessen Aufbau typisch für viele Industrieroboter ist. Der Roboteraufbau mit den Parametern ist in Abb. 97 skizziert. Allerdings sind die gewählten Zahlenwerte der Denavit-Hartenberg-Parameter nicht auf einen realen Roboter bezogen, sondern willkürlich gewählt worden. Wir beginnen die Herleitung der Denavit-Hartenberg-Parameter nach der Methode von J. Craig mit der Achse 1. Der Nullpunkt des Koordinatensystems K_1 soll vom Boden betrachtet um 150 mm nach oben verlegt werden. Daher wird der Parameter $d_1 = 150$ gesetzt. In den nächsten beiden Bildern sieht man die Auswirkungen. Im zweiten Bild wurde zusätzlich das Koordinatensystem um die z-Achse verdreht. Dazu kann man dem Winkel θ_1 einen Winkel-Offset von 90° zuweisen.

Tab. 5:   Denavit-Hartenberg-Parameter des ersten Gelenks

i	α_{i-1}	a_{i-1} [mm]	θ_i	d_i [mm]
1	0°	0	θ_1	$d_1 = 150$

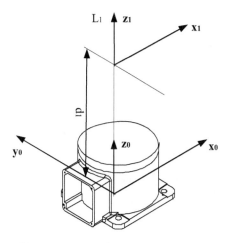

Abb. 131: Entwicklung der Denavit-Hartenberg-Parameter

Tab. 6:   Denavit-Hartenberg-Parameter des ersten Gelenks mit Winkel-Offset

i	α_{i-1}	a_{i-1} [mm]	θ_i	d_i [mm]
1	0°	0	$\theta_1+\mathbf{90°}$	$d_1 = 100$

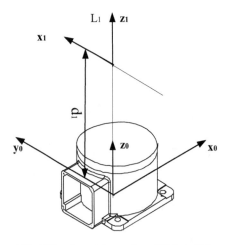

Abb. 132:   Auswirkung eines Winkel-Offsets

Nun soll der zweite Gelenkwinkel ergänzt werden. Dazu wird die Tabelle erweitert. Da die Drehachse senkrecht zur ersten steht, muss die neue z-Achse um die alte x-Achse gedreht werden. Allerdings liegt bei diesem Roboter der Ursprung des zweiten Koordinatensystems nicht genau auf der Verlängerung der alten z-Achse, sondern er ist in der alten x-Richtung um 20 cm versetzt.

Tab. 7:   Erweiterung der Tabelle um die Parameter der zweiten Achse

i	α_{i-1}	a_{i-1} [mm]	θ_i	d_i [mm]
1	0°	0	θ_1	$d_1 = 150$
2	90°	$a_1 = 20$	θ_2	0

Wir wollen nun versuchsweise untersuchen, welche Änderungen herbeigeführt werden müssten, wenn der Ursprung des Koordinatensystems 2 in Richtung der z_2-Achse versetzt wäre. Wir setzen den Parameter d_2 auf den Wert 50 cm.

Tab. 8:   Die Auswirkungen der zusätzlichen Verschiebung in z-Richtung um d_2

i	α_{i-1}	a_{i-1} [mm]	θ_i	d_i [mm]
1	0°	0	θ_1	$d_1 = 150$
2	90°	$a_1 = 20$	θ_2	$d_2 = 50$

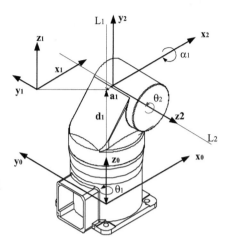

Abb. 133: Konstruktion der Lage des Koordinatensystems 2

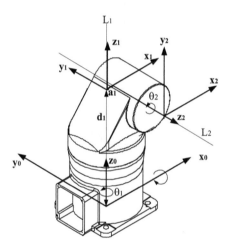

Abb. 134: Versatz des Koordinatensystems 2 in z_2-Richtung

Dadurch wird der Ursprung des Koordinatensystems 2 entlang der Drehachse L_2 verschoben. Für die inverse Koordinatentransformation bedeutet dieser Fall eine Erschwernis, wie noch gezeigt wird. Nun wird der dritte Freiheitsgrad ergänzt. Der Roboter soll den Unterarm horizontal und den Oberarm vertikal angeordnet haben, wenn die Gelenkwinkel alle auf $0°$ eingestellt sind. Daher muss die x-Achse gedreht werden, denn der Parameter a_2 wird in Richtung der x-Achse gezählt. Also wird in der zweiten Tabellenzeile der Winkel θ_2 um den Offset-Wert $+90°$ erweitert. Dadurch ergibt sich die aufrechte Pose des Roboters, in der Ausgangsstellung, in der alle Winkel $0°$ betragen. Die Steuerung rechnet den Offset-Wert intern zu dem Winkel.

Tab. 9:   Ergänzung der Parameter des dritten Gelenkwinkels

i	α_{i-1}	a_{i-1} [mm]	θ_i	d_i [mm]
1	$0°$	0	θ_1	$d_1 = 150$
2	$90°$	$a_1 = 20$	$\theta_2 + 90°$	0
3	**0**	$\mathbf{a_2 = 200}$	**0**	**0**

Der vierte Freiheitsgrad dreht die Handachse, genau wie die Freiheitsgrade 5 und 6. Die Drehachse 4 schneidet allerdings nicht die Drehachse 3, daher muss der senkrechte Abstand a_3 in den Parametern der vierten Achse berücksichtigt werden:

Tab. 10:   Die ersten vier Freiheitsgrade

i	α_{i-1}	a_{i-1} [mm]	θ_i	d_i [mm]
1	$0°$	0	θ_1	$d_1 = 150$
2	$90°$	$a_1 = 20$	$\theta_2 + 90°$	0
3	0	$a_2 = 200$	0	0
4	**90°**	$\mathbf{a_3 = 50}$	**0**	$\mathbf{d_4 = 180}$

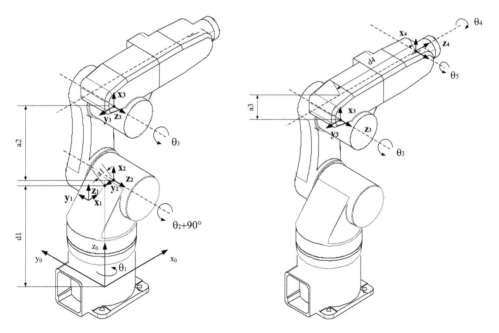

Abb. 135: Denavit-Hartenberg-Parameter, links: Ergänzung der Parameter des dritten Gelenkwinkels, rechts: Ergänzung der Parameter der vierten Achse

Anschließend wird der Gelenkwinkel 5 hinzugefügt, dessen Koordinatensystem K_5 im Ursprung von K_4 angeordnet ist. Zu beachten ist die Verschiebung des Koordinatensystems 6, das am Ende der Flanschplatte liegt. Hier kann ein Greifer oder Werkzeug angeschlossen werden. Nun liegt die vollständige Tabelle mit den Parametern vor.

Tab. 11:   Parameter der Denavit-Hartenberg-Kinematik des Roboters

i	α_{i-1}	a_{i-1} [mm]	θ_i	d_i [mm]
1	0°	$a_0 = 0$	0	$d_1 = 150$
2	90°	$a_1 = 20$	$\theta_2 + 90°$	0
3	0	$a_2 = 200$	0	0
4	90°	$a_3 = 50$	0	$d_4 = 180$
5	−90°	$a_4 = 0$	0	0
6	+90°	$a_5 = 0$	0	$d_6 = 60$

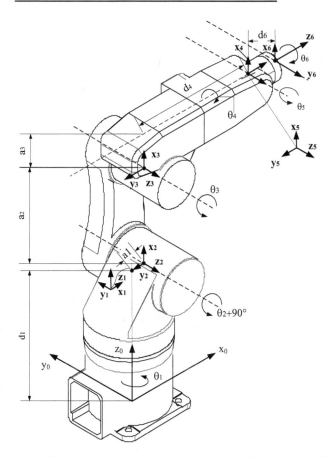

Abb. 136:   Roboter mit sechs Achsen und eingezeichneten Koordinatensystemen sowie Parametern und Gelenkachsen

Im nächsten Beispiel werden die Denavit-Hartenberg-Parameter des in Abb. 85 dargestellten Roboters als Tabelle aufgeführt. Der Parameter a_3 wurde zu 0 angenommen.

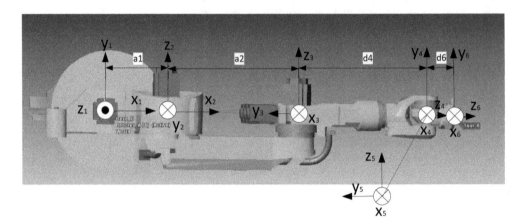

Abb. 137:   Roboter mit zugeordneten Koordinatensystemen in der Draufsicht

Tab. 12:   Parameter der Denavit-Hartenberg-Kinematik des Roboters

i	α_{i-1}	a_{i-1} [mm]	θ_i	d_i [mm]
1	$0°$	0	θ_1	$d_1 = 865$
2	$-90°$	$a_1 = 410$	θ_2	0
3	$0°$	$a_2 = 1000$	$\theta_3 + 90°$	0
4	$90°$	0	θ_4	$d_4 = 1000$
5	$-90°$	0	θ_5	0
6	$90°$	0	θ_6	$d_6 = 210$

Zuletzt soll die Tabelle der Denavit-Hartenberg-Parameter nach Craig für den Miro-Roboter der DLR aufgestellt werden (Hagn, et al., 2008). Der Roboter besitzt sieben Achsen, also hat er einen Freiheitsgrad mehr als die bisher besprochenen Roboter. Er hat eine Schulter mit drei Freiheitsgraden, einen Oberarm, einen Ellbogen mit zwei Freiheitsgraden und das Handgelenk mit zwei Freiheitsgraden. Durch die Freiheitsgrade 5 und 7 können singuläre Stellen entstehen, die für die Roboterführung kritisch sind. Diese wurden über spezielle Verfahren (Null-Space-Optimierung) in der inversen Kinematik berücksichtigt. Auffallend sind die sich schneidenden Achsen 1, 2 und 3 sowie die Achsen 4 und 5 und 6 und 7.

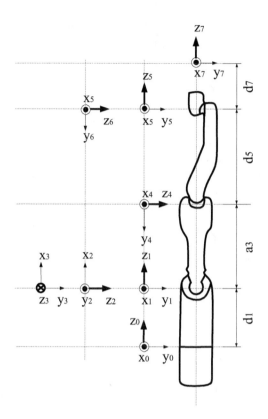

Abb. 138: prinzipieller Aufbau des Leichtbauroboters Miro der DLR, siehe auch Abb. 83

Tab. 13: Tabelle der Denavit-Hartenberg-Parameter in der modifizierten Form für einen 7-Achs-Roboter

i	α_{i-1}	a_{i-1} [mm]	θ_i	d_i [mm]
1	$0°$	0	θ_1	$d_1 = 208$
2	$-90°$	0	$\theta_2 - 90°$	0
3	$90°$	0	θ_3	0
4	$-90°$	$a_2 = 310$	$\theta_4 + 90°$	0
5	$90°$	0	θ_5	$d_5 = 385$
6	$-90°$	0	θ_6	0
7	90	0	0	$d_7 = 200$

4.6.4 Ableitung von Hebeltransformationen

Mit Hilfe der Tabelle der Denavit-Hartenberg-Paramter kann man eine Transformationsbeziehung systematisch ableiten, die die Lage zweier aufeinanderfolgender Koordinatensysteme

innerhalb der kinematischen Kette zueinander mit Hilfe einer homogenen Transformationsmatrix beschreibt. Die Abb. 128 stellt für einen allgemeinen Fall die drei Hebelparameter und
die Hebelvariable sowie Koordinatensysteme dar.

Für einen beliebig festgelegten Roboter wird diese Transformation eine Funktion von nur einer
Variable sein. Die anderen drei Parameter sind durch die mechanische Ausführung fixiert.
Durch die Festlegung eines Koordinatensystems für jeden Hebel wird das kinematische Problem, die Lage des TCPs des Roboters bezüglich des Weltkoordinatensystems zu beschreiben,
in n Teilprobleme zerlegt. Bei der Lösung dieser Teilprobleme wird die Transformationsmatrix $^{i-1}T_i$ berechnet, die die Darstellung des Koordinatensystems i in den Koordinaten von
$i-1$ angibt. Um jedes dieser Teilprobleme zu lösen, wird das Problem weiter in vier Unter-
Teilprobleme gebrochen. Jede dieser vier Transformationen wird eine Funktion von nur einem
Hebelparameter sein. Es wird damit begonnen, drei zwischengeschaltete Koordinatensysteme
namens P, Q und R für jeden Hebel zu bestimmen.

Koordinatensystem R unterscheidet sich von Koordinatensystem $i-1$ nur durch eine Rotation
um α_{i-1}. Koordinatensystem Q unterscheidet sich von R durch eine Translation a_{i-1}. Koordinatensystem P unterscheidet sich von Q durch eine Rotation θ_i und Koordinatensystem i
unterscheidet sich von P durch eine Translation d_i. Ein Punkt P, definiert in Koordinatensystem i wird in den Koordinaten von Koordinatensystem $i-1$, wie folgt beschrieben:

$$^{i-1}P = {}^{i-1}T_R \cdot {}^{R}T_Q \cdot {}^{Q}T_P \cdot {}^{P}T_i \cdot {}^{i}P, \tag{4.18}$$

oder

$$^{i-1}P = {}^{i-1}T_i \cdot {}^{i}P$$

wobei

$$^{i-1}T_i = {}^{i-1}T_R \cdot {}^{R}T_Q \cdot {}^{Q}T_P \cdot {}^{P}T_i.$$

Beim Betrachten jeder dieser Transformationen kann man Rotationen und Translationen feststellen. In der folgenden Formel wurden die Rotationsmatrizen bzw. die Matrizen zur Darstellung von Verschiebungen entlang der Koordinatenachsen als homogene 4×4-Matrizen
dargestellt.

$$^{i-1}T_i = \operatorname{rot} x(\alpha_{i-1}) \cdot \operatorname{transl}(a_{i-1},0,0) \cdot \operatorname{rot} z(\Theta_i) \cdot \operatorname{transl}(0,0,d_i)$$

$$= \begin{bmatrix} 1 & 0 & 0 & 0 \\ 0 & \cos\alpha_{i-1} & -\sin\alpha_{i-1} & 0 \\ 0 & \sin\alpha_{i-1} & \cos\alpha_{i-1} & 0 \\ 0 & 0 & 0 & 1 \end{bmatrix} \cdot \begin{bmatrix} 1 & 0 & 0 & a_{i-1} \\ 0 & 1 & 0 & 0 \\ 0 & 0 & 1 & 0 \\ 0 & 0 & 0 & 1 \end{bmatrix}$$

$$\cdot \begin{bmatrix} \cos\theta_i & -\sin\theta_i & 0 & 0 \\ \sin\theta_i & \cos\theta_i & 0 & 0 \\ 0 & 0 & 1 & 0 \\ 0 & 0 & 0 & 1 \end{bmatrix} \cdot \begin{bmatrix} 1 & 0 & 0 & 0 \\ 0 & 1 & 0 & 0 \\ 0 & 0 & 1 & d_i \\ 0 & 0 & 0 & 1 \end{bmatrix}$$

oder:

$$^{i-1}T_i = \operatorname{Screw}_X(a_{i-1},\alpha_{i-1}) \cdot \operatorname{Screw}_Z(d_i,\theta_i), \tag{4.19}$$

wobei die Bezeichnung Screw $Q(r,\theta)$ für eine Translation entlang einer Achse Q um eine Distanz r, und eine Rotation bezüglich der gleichen Achse um einen Winkel θ steht. Ausmultipliziert erhält man die allgemeine Form von $^{i-1}T_i$, die das Gelenkkoordinatensystem i in den Koordinaten des Koordinatensystems $i-1$ beschreibt:

$$^{i-1}T_i = \begin{bmatrix} c\theta_i & -s\theta_i & 0 & a_{i-1} \\ s\theta_i c\alpha_{i-1} & c\theta_i c\alpha_{i-1} & -s\alpha_{i-1} & -s\alpha_{i-1}d_i \\ s\theta_i s\alpha_{i-1} & c\theta_i s\alpha_{i-1} & c\alpha_{i-1} & c\alpha_{i-1}d_i \\ 0 & 0 & 0 & 1 \end{bmatrix} \qquad (4.20)$$

Beispielaufgabe

Schreiben Sie ein MATLAB Programm als aufrufbare Funktion zur Ausgabe einer homogenen Transformationsmatrix mit Hilfe der Denavit-Hartenberg-Parameter.

Lösung

```
function h=DHTR(the,d,a_1,al_1,off)
the=the+off;
h=[cos(the),-sin(the),0,a_1;
   sin(the)*cos(al_1),cos(the)*cos(al_1),-sin(al_1),-sin(al_1)*d;
   sin(the)*sin(al_1),cos(the)*sin(al_1),cos(al_1),cos(al_1)*d;
   0,0,0,1];
```

Beispielaufgabe

Ermitteln Sie die Transformationsmatrizen des ebenen 2-Achs-Roboters gemäß Abb. 139.

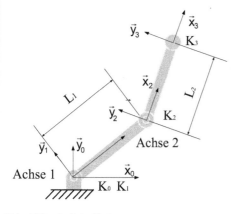

Abb. 139: 2-Achs-Roboter

Die Skizze zeigt die Koordinatensysteme K_0, K_1 und K_3 sowie die Abstände der Ursprünge der Koordinatensysteme K_1 und K_2 sowie K_2 und K_3, L_1 und L_2. Die Tabelle der Denavit-Hartenberg-Parameter ist noch einmal angegeben:

i	α_{i-1}	a_{i-1} [mm]	θ_i	d_i [mm]
1	$0°$	0	θ_1	0
2	$0°$	L_1	θ_2	0
3	$0°$	L_2	θ_3	0

Lösung

Wir setzen nun die bekannten Parameter jeder Zeile der Tabelle mit dem entsprechenden Index i in die Formel (4.20) ein und erhalten die folgenden Transformationsmatrizen:

$$^0T_1 = \begin{bmatrix} c_1 & -s_1 & 0 & 0 \\ s_1 & c_1 & 0 & 0 \\ 0 & 0 & 1 & 0 \\ 0 & 0 & 0 & 1 \end{bmatrix} \quad ^1T_2 = \begin{bmatrix} c_2 & -s_2 & 0 & L_1 \\ s_2 & c_2 & 0 & 0 \\ 0 & 0 & 1 & 0 \\ 0 & 0 & 0 & 1 \end{bmatrix} \quad ^2T_3 = \begin{bmatrix} 1 & 0 & 0 & L_2 \\ 0 & 1 & 0 & 0 \\ 0 & 0 & 1 & 0 \\ 0 & 0 & 0 & 1 \end{bmatrix}$$

Im nächsten Schritt werden die Transformationsmatrizen miteinander multipliziert, um die Lage und Orientierung des Koordinatensystems K_3 bezüglich K_0 zu ermitteln.

$$^0T_3 = {}^0T_1 \cdot {}^1T_2 \cdot {}^2T_3$$

$$^0T_2 = {}^0T_1 \cdot {}^1T_2$$

$$^0T_2 = \begin{bmatrix} c_1 \cdot c_2 - s_1 \cdot s_2 & c_1 \cdot (-s_2) + (-s_1) \cdot c_2 & 0 & c_1 \cdot L1 \\ s_1 \cdot c_2 + c_1 \cdot s_2 & s_1 \cdot (-s_2) + c_1 \cdot c_2 & 0 & s_1 \cdot L1 \\ 0 & 0 & 1 & 0 \\ 0 & 0 & 0 & 1 \end{bmatrix}$$

$$^0T_3 = {}^0T_2 \cdot {}^2T_3$$

$$^0T_3 = \begin{bmatrix} c_1 \cdot c_2 - s_1 \cdot s_2 & c_1 \cdot (-s_2) + (-s_1) \cdot c_2 & 0 & (c_1 \cdot c_2 - s_1 \cdot s_2) \cdot L2 + c_1 \cdot L1 \\ s_1 \cdot c_2 + c_1 \cdot s_2 & s_1 \cdot (-s_2) + c_1 \cdot c_2 & 0 & (s_1 \cdot c_2 + c_1 \cdot s_2) \cdot L2 + s_1 \cdot L1 \\ 0 & 0 & 1 & 0 \\ 0 & 0 & 0 & 1 \end{bmatrix}$$

Mit Hilfe der Additionstheoreme können die Formelausdrücke in der Matrix vereinfacht werden.

$$\sin(\theta_2 \pm \theta_3) = \sin(\theta_2)\cos(\theta_3) \pm \cos(\theta_2)\sin(\theta_3)$$

$$\cos(\theta_2 \pm \theta_3) = \cos(\theta_2)\cos(\theta_3) \mp \sin(\theta_2)\sin(\theta_3)$$

Damit erhält man die gesuchte Transformationsmatrix.

$$^0T_3 = \begin{bmatrix} \cos(\theta_1 + \theta_2) & -\sin(\theta_1 + \theta_2) & 0 & L_2\cos(\theta_1 + \theta_2) + L_1\cos\theta_1 \\ \sin(\theta_1 + \theta_2) & \cos(\theta_1 + \theta_2) & 0 & L_2\sin(\theta_1 + \theta_2) + L_1\sin\theta_1 \\ 0 & 0 & 1 & 0 \\ 0 & 0 & 0 & 1 \end{bmatrix}$$

Beispielaufgabe

Gegeben ist ein Roboter, der in Zylinderkoordinaten mit den Freiheitsgraden $r(t)$-Teilsystem 3, $\varphi(t)$-Teilsystem 1, $z(t)$-Teilsystem 2 und $\gamma(t)$-Teilsystem 4 verfahren werden kann. Es handelt sich um die Seitenansicht und die Draufsicht des in Abb. 95 dargestellten Roboters mit vier Achsen, der hydraulisch angetrieben wird.

Für die Achsen gelten die folgenden Begrenzungen:

$$r_{min} < r(t) < r_{max} \qquad -180° < \varphi(t) < 180°$$

a) Geben Sie die Denavit-Hartenberg-Parameter-Tabelle nach Craig und die Transformationsmatrizen an. Der Winkel φ wird mit einem Offset angegeben!

b) Geben Sie die Transformationsmatrix $^0T_3$ für variable Winkel φ an.

a)

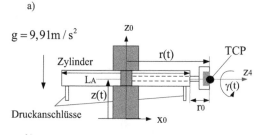

b)

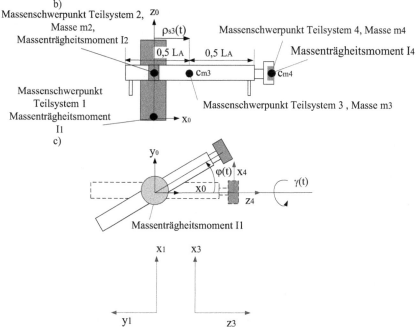

Abb. 140:   Roboter in Zylinderkoordinaten, a) Seitenansicht, b) Massen, c) Draufsicht

Lösung

a)

i	α_{i-1}	a_{i-1} [mm]	θ_i	d_i [mm]
1	$0°$	0	$\theta_1 = \varphi + 90°$	0
2	$0°$	0	$0°$	$z(t)$
3	$90°$	0	$0°$	$r(t)$
4	$0°$	0	$\theta_4 = \gamma$	0

b)

$$^0T_1 = \begin{bmatrix} \cos(\varphi + 90°) & -\sin\varphi + 90° & 0 & 0 \\ \sin\varphi + 90° & \cos\varphi + 90° & 0 & 0 \\ 0 & 0 & 1 & 0 \\ 0 & 0 & 0 & 1 \end{bmatrix}$$

$$^0T_2 = \begin{bmatrix} \cos(\varphi + 90°) & -\sin\varphi + 90° & 0 & 0 \\ \sin\varphi + 90° & \cos\varphi + 90° & 0 & 0 \\ 0 & 0 & 1 & z \\ 0 & 0 & 0 & 1 \end{bmatrix}$$

$$^0T_3 = \begin{bmatrix} \cos\varphi + 90° & -\sin\varphi + 90° & 0 & 0 \\ \sin\varphi + 90° & \cos\varphi + 90° & 0 & 0 \\ 0 & 0 & 1 & z \\ 0 & 0 & 0 & 1 \end{bmatrix} \cdot \begin{bmatrix} 1 & 0 & 0 & 0 \\ 0 & 0 & -1 & -r \\ 0 & 1 & 0 & 0 \\ 0 & 0 & 0 & 1 \end{bmatrix}$$

$$^0T_3 = \begin{bmatrix} \cos(\varphi + 90°) & 0 & \sin(\varphi + 90°) & -r \cdot \sin(\varphi + 90°) \\ \sin(\varphi + 90°) & 0 & -\cos(\varphi + 90°) & -r \cdot \cos(\varphi + 90°) \\ 0 & 1 & 0 & z \\ 0 & 0 & 0 & 1 \end{bmatrix}$$

Beispielaufgabe

Bestimmen Sie die Transformationsmatrizen $^0T_1$, $^1T_2$, $^2T_3$, $^3T_4$, $^4T_5$ und $^5T_6$ des 6-Achs-Roboters aus Abb. 136.

Lösung

Mit Hilfe der bekannten Denavit-Hartenberg-Matrizen können wir die Transformationsmatrizen der Vorwärtstransformation nach der Formel (4.20) für den Roboter mit den Parametern der Tab. 13 berechnen.

$$^0T_1 = \begin{bmatrix} c\theta_1 & -s\theta_1 & 0 & 0 \\ s\theta_1 & c\theta_1 & 0 & 0 \\ 0 & 0 & 0 & d_1 \\ 0 & 0 & 1 & 1 \end{bmatrix} \tag{4.21}$$

$$^1T_2 = \begin{bmatrix} c\theta_2 & -s\theta_2 & 0 & 0 \\ 0 & 0 & -1 & 0 \\ s\theta_2 & c\theta_2 & 0 & 0 \\ 0 & 0 & 0 & 1 \end{bmatrix} \tag{4.22}$$

$$^2T_3 = \begin{bmatrix} c\theta_3 & -s\theta_3 & 0 & a_2 \\ s\theta_3 & c\theta_3 & 0 & 0 \\ 0 & 0 & 1 & 0 \\ 0 & 0 & 0 & 1 \end{bmatrix} \tag{4.23}$$

$$^3T_4 = \begin{bmatrix} c\theta_4 & -s\theta_4 & 0 & a_3 \\ 0 & 0 & -1 & -d_4 \\ s\theta_4 & c\theta_4 & 0 & 0 \\ 0 & 0 & 0 & 1 \end{bmatrix} \tag{4.24}$$

$$^4T_5 = \begin{bmatrix} c\theta_5 & -s\theta_5 & 0 & 0 \\ 0 & 0 & -1 & 0 \\ -s\theta_5 & -c\theta_5 & 0 & 0 \\ 0 & 0 & 0 & 1 \end{bmatrix} \tag{4.25}$$

$$^5T_6 = \begin{bmatrix} c\theta_6 & -s\theta_6 & 0 & 0 \\ 0 & 0 & -1 & -d_6 \\ s\theta_6 & c\theta_6 & 0 & 0 \\ 0 & 0 & 0 & 1 \end{bmatrix} \tag{4.26}$$

Beispielaufgabe

Schreiben Sie ein MATLAB-Programm zur grafischen Visualisierung der Lage des Roboters im Weltkoordinatensystem, wenn alle Winkel auf 0 eingestellt sind.

Lösung

```
% Roboter nach Craig
% L dh = (THETA, D, A, ALPHA, OFFSET)
clear all
th1=0
th2=0
th3=0
th4=0
th5=0
th6=0
T10=DHTR(th1,150, 0, 0, 0 )
T21=DHTR(th2,0,20,pi/2,pi/2)
T20=T10*T21
T32=DHTR(th3,0,200, 0,0)
T30=T20*T32
T43=DHTR(th4,180,50, pi/2,0)
T40=T30*T43
```

```
T54=DHTR(th5,0,0, -pi/2,0)
T50=T40*T54
T65=DHTR(th6,60,0, pi/2,0)
T60=T40*T54
xg=[0,T10(1,4),T20(1,4),T30(1,4),T40(1,4),T50(1,4),T60(1,4)]
yg=[0,T10(2,4),T20(2,4),T30(2,4),T40(2,4),T50(2,4),T60(2,4)]
zg=[0,T10(3,4),T20(3,4),T30(3,4),T40(3,4),T50(3,4),T60(3,4)]
plot3(xg,yg,zg)
grid on
axis equal
```

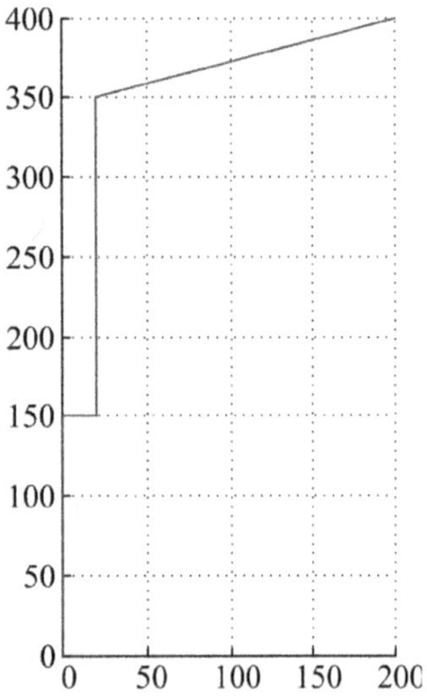

Abb. 141:   Simulation der Roboterstellung

Wir wollen das bisher Erlernte zusammenfassen.

Zusammenfassung

Die Transformationsmatrizen können für jeden Roboterfreiheitsgrad mit nur drei Parametern und einer Variablen bestimmt werden. Dazu verwendet man das Verfahren nach Denavit & Hartenberg. Man ordnet jedem Gelenk eine Gelenkachse zu und identifiziert den Schnittpunkt von Gelenkachsen. Diese stellen die Nullpunkte von Gelenkkoordinatensystemen dar. Sonderfälle bedürfen einer eigenen Behandlung. Die Hebelparameter ergeben sich aus der konstruktiven Gestaltung des Roboters. Man erhält für zwei benachbarte Gelenkachsen vier Teiltransformationen, die jeweils einen Gelenkparameter bzw. die Gelenkvariable, also den Gelenkwinkel, enthalten. Die Multiplikation dieser vier Transformationsmatrizen führt zur Transformationsmatrix, die die Hebelstellung bezüglich des vorhergehenden Gelenkkoordinatensystems angibt.

Kontrollfragen

K76 Was gibt der Gelenk-Freiheitsgrad an?

K77 Wie viele Parameter benötigt man, um die Lage zweier benachbarter Hebel eines Roboters mathematisch eindeutig zu beschreiben?

K78 Welcher Unterschied besteht zwischen den Gelenkparametern und den Gelenkvariablen?

K79 Wie viele Transformationsmatrizen werden benötigt, um die Koordinatensysteme in den Gelenken eines 6-Achs-Roboters bis zum Flansch des Greiferanschlusses eindeutig beschreiben zu können?

4.7 Inverse Transformationen

Im vorherigen Kapitel untersuchten wir das Problem der Berechnung der Position und der Orientierung des vom Roboter bewegten Greifers oder Werkzeuges, wobei die Gelenkwinkel des Manipulators gegeben waren. In diesem Kapitel untersuchen wir das schwierigere Problem: Wenn die gewünschte Position und Orientierung des Werkzeuges gegeben sind, wie berechnen wir die Lage der Gelenkwinkel, mit denen diese gewünschte Pose des Werkzeugs erreicht werden kann? Während der letzte Abschnitt sich auf die direkte Kinematik spezialisierte, ist hier der Schwerpunkt die inverse Roboterkinematik. Wir fassen die sechs Gelenkwinkel zu einem Vektor $\vec{\theta}$ zusammen.

$$\vec{\theta} = [\theta_1, \theta_2, \theta_3, \theta_4, \theta_5, \theta_6]^T \tag{4.27}$$

Man kann die Positionskoordinaten x_T, y_T, z_T, die die Lage des Ursprungs des Tool-Koordinatensystems beschreiben, zusammen mit drei Orientierungswinkeln, die die Orientierung des Tool-Koordinatensystems beschreiben, zu einem Vektor zusammenfassen.

$$^0\vec{P}_T = [x_T, y_T, z_T, \alpha, \beta, \gamma]^T$$

Anschaulich kann man dann schreiben:

$$^0\vec{P}_T = T(\vec{\theta}) \tag{4.28}$$

Es handelt sich um die Vorwärtstransformation, während die Gleichung,

$$\vec{\theta} = T^{-1}(^0\vec{P}_T) \tag{4.29}$$

die Rückwärtstransformation oder die inverse Transformation beschreiben soll. Man kommt über die angegebenen Beziehungen aber nicht ohne Weiteres zu Formeln, die nutzbar sind, um die Gelenkwinkel zu berechnen. Daher beschreibt man die Lage des Tool-Koordinatensystems über eine homogene Transformationsmatrix ^0T_T. Diese Transformationsmatrix geht aus der Transformationsbeziehung ^0T_T durch die folgende Gleichung hervor:

$$^0T_T = {}^0T_6 \cdot {}^6T_T \tag{4.30}$$

Die Matrix ^6T_T berücksichtigt die Verschiebung des Flansch-Koordinatensystems K_6.

$$^6T_T = \begin{bmatrix} 1 & 0 & 0 & 0 \\ 0 & 1 & 0 & 0 \\ 0 & 0 & 1 & d_T \\ 0 & 0 & 0 & 1 \end{bmatrix}$$

Das folgende Bild verdeutlicht die Verschiebung des Tool-Koordinatensystems anhand des PUMA-Roboters, der in Abb. 129 mit fünf Freiheitsgraden dargestellt ist.

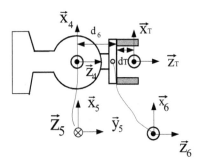

Abb. 142:   PUMA-Roboter mit Denavit-Hartenberg-Parameter (modifiziert nach Craig)

Es wurde das Koordinatensystem K_6 ergänzt. Der Mittelpunkt des Greifers liegt im Abstand dT in Richtung Z_6. Die Vorgabe des Tool-Koordinatensystems durch den Anwender erfordert die Besetzung der folgenden Transformationsmatrix mit konkreten Zahlenwerten.

$$^0T_T = \begin{bmatrix} r_{11} & r_{12} & r_{13} & x_T \\ r_{21} & r_{22} & r_{23} & y_T \\ r_{31} & r_{32} & r_{33} & z_T \\ 0 & 0 & 0 & 1 \end{bmatrix} \tag{4.31}$$

Ausgehend von der Transformationsmatrix kann man versuchen, die Gelenkwinkel zu bestimmen. Man muss allerdings beachten, dass es bei einem Roboter mit weniger als sechs Freiheitsgraden nicht möglich ist, alle Elemente der Matrix (4.31) beliebig vorzugeben.

4.7.1   Lösbarkeit der inversen Kinematik

Das Problem der Lösung der kinematischen Gleichungen eines Manipulators ist nichtlinear. Falls die Transformationsmatrix ^0T_N gegeben ist, versucht man, die Werte von $\theta_1, \theta_2, \ldots, \theta_n$ zu berechnen.

Für den 6-achsigen Roboter mit Rotationsgelenken lautet die Aufgabenstellung: Gegeben sind die Elemente der Transformationsmatrix $^0T_6$, also 16 numerische Werte (von denen vier trivial sind), zu suchen sind sechs Gelenkwinkel θ_1 bis θ_6. Für den Fall eines Armes mit sechs Freiheitsgraden erhalten wir zwölf Gleichungen und sechs Unbekannte. Jedoch sind

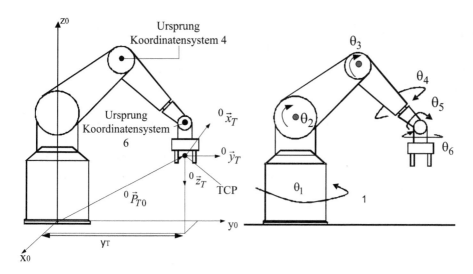

Abb. 143: Berechnung der Gelenkwinkel aus der gegebenen Roboterpose

von den neun Gleichungen, die aus dem Rotationsmatrixanteil von $^0T_6$ entspringen, nur drei Gleichungen unabhängig. Diese ergeben mit den drei Gleichungen des Positionsvektoranteils von $^0T_6$ sechs Gleichungen mit sechs Unbekannten. Diese Gleichungen sind nichtlineare, transzendente Gleichungen, die nur schwer zu lösen sein können. Wie bei allen nichtlinearen Gleichungen müssen wir uns mit der Existenz von Lösungen, vielfachen Lösungen und der Lösungsmethode beschäftigen. Die Frage, ob Lösungen vorhanden sind oder nicht, lässt die Frage nach dem Arbeitsraum des Manipulators aufkommen. Grob gesagt ist der Arbeitsraum der Raum, den der Endeffektor des Manipulators erreichen kann. Wenn ein Roboter weniger als sechs Freiheitsgrade hat, kann er nicht allgemeine Zielpositionen und Orientierungen im 3D-Raum erreichen. Wenn eine Lösung existiert, muss der bestimmte Zielpunkt innerhalb dieses Arbeitsraumes liegen. Manchmal ist es nützlich, sich zwei Definitionen für den Arbeitsraum zu überlegen:

Vollständiger Arbeitsraum

Der vollständige Arbeitsraum ist der Raum, den der Roboter-Endeffektor mit allen Orientierungen erreichen kann.

Das heißt, dass der Endeffektor an jedem Punkt in dem vollständigen Arbeitsraum willkürlich orientiert werden kann.

Erreichbarer Arbeitsraum

Der erreichbare Arbeitsraum ist der Raum, den der Roboter in mindestens einer Orientierung erreichen kann. Offensichtlich ist der vollständige Arbeitsraum eine Teilmenge des erreichbaren Arbeitsraumes.

Betrachten wir den Arbeitsraum des Zwei-Gelenk-Manipulators. Wenn $l_1 = l_2$, dann besteht der erreichbare Arbeitsraum aus einer Scheibe mit dem Radius $2 \cdot l_1$. Der vollständige Arbeitsraum besteht aus nur einem einzigen Punkt, dem Ursprung bei $x = 0$ und $y = 0$! Wenn $l_1 \neq l_2$, dann gibt es keinen vollständigen Arbeitsraum, und der erreichbare Arbeitsraum wird ein Ring mit dem Außenradius $l_1 + l_2$ und mit dem Innenradius $|l_1 - l_2|$.

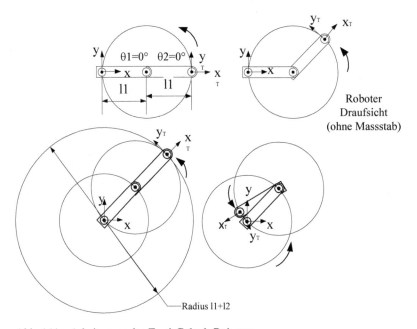

Abb. 144: Arbeitsraum des Zwei-Gelenk-Roboters

Innerhalb des erreichbaren Arbeitsraumes gibt es zwei mögliche Orientierungen des Endeffektors. Auf den Grenzen des Arbeitsraumes gibt es nur eine mögliche Orientierung. Diese Überlegungen des Arbeitsraumes für den Zwei-Gelenk-Manipulator gehen davon aus, dass die Gelenke um 360° rotieren können. Dies trifft für realistische Mechanismen nicht zu. Wenn durch Gelenkbegrenzungen nur eine Teilmenge von 360° erreichbar ist, dann ist der Arbeitsraum offensichtlich entsprechend reduziert, z. B. wenn der Gelenkwinkel 1 des Zwei-Gelenk-Roboters zwar im vollen Bereich von 0° bis 360° schwenken kann, aber der zweite Hebel nur einen Teilwinkelbereich erreichen kann: $0 \leq \theta_2 \leq 180°$, dann hat der erreichbare Arbeitsraum das gleiche Aussehen, aber es ist nur eine Orientierung an jedem Punkt erreichbar.

Liegt die Zielposition außerhalb des Arbeitsbereiches, existiert keine Lösung. Liegt die Ziel-position auf der Hülle des Arbeitsraumes, gibt es eine Lösung. Wenn die Zielposition innerhalb des Arbeitsraumes liegt, gibt es in der Regel mehrere Lösungen. In den sogenannten singulären Armstellungen gibt es unendlich viele Lösungen. In der Regel gibt es mehrere Gelenkstellun-gen, die zur selben Effektor-Stellung führen. Die Lösung ist also nicht eindeutig. Nicht alle mathematischen (prinzipiell erreichbaren) Lösungen sind auch mechanisch realisierbar, z. B. durch Beschränkung der Gelenkwinkel oder Kollision mit dem Roboter selbst oder mit anderen Objekten.

Für die inverse Transformation gibt es kein allgemein anwendbares Verfahren. Aufgrund der exakten Bahnführung muss die Berechnung eventuell in wenigen Millisekunden erfolgen. Es werden also schnelle Rechnersysteme benötigt. Häufig werden die Handachsen als Zentralhand ausgeführt.

In diesem Fall ist eine analytische Lösung der nichtlinearen Rückwärtstransformation möglich.

Beispielaufgabe

Gegeben ist ein Roboter mit zwei Hebelarmen und zwei Gelenken. Für die Winkel θ_1 und θ_2 gelten die folgenden Beschränkungen:

$$0° \leq \theta_1 \leq 360° \qquad 0° \leq \theta_2 \leq 360°.$$

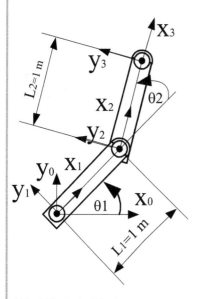

Abb. 145: Beispielroboter

Gegeben sind drei Transformationsmatrizen, die drei Posen des Roboters angeben.

a) $\quad {}^0T_2 = \begin{bmatrix} 0 & -1 & 0 & 0,7 \\ 1 & 0 & 0 & ? \\ 0 & 0 & 1 & 0 \\ 0 & 0 & 0 & 1 \end{bmatrix}$
b) $\quad {}^0T_3 = \begin{bmatrix} 0.707 & -0.707 & 0 & \sqrt{2} \\ 0.707 & 0.707 & 0 & ? \\ 0 & 0 & 1 & 0 \\ 0 & 0 & 0 & 1 \end{bmatrix}$

c) $\quad {}^0T_2 = \begin{bmatrix} 1 & 0 & 0 & 0 \\ 0 & 1 & 0 & ? \\ 0 & 0 & 1 & 0 \\ 0 & 0 & 0 & 1 \end{bmatrix}$

Ergänzen Sie die folgenden Transformationsmatrizen, indem Sie die Fragezeichen durch die richtigen Zahlen ersetzen. Skizzieren Sie alle möglichen Posen des Roboters, die zu den Transformationsmatrizen gehören, maßstäblich und ermitteln Sie die zu den Transformationsmatrizen gehörenden Gelenkwinkel.

Lösung

Zu a)

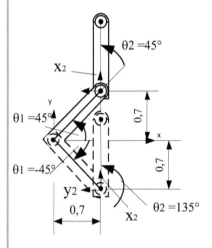

Abb. 146:   zu Lösung a)

$${}^0T_2 = \begin{bmatrix} 0 & -1 & 0 & 0,7 \\ 1 & 0 & 0 & 0,7 \\ 0 & 0 & 1 & 0 \\ 0 & 0 & 0 & 1 \end{bmatrix} \quad \text{oder} \quad {}^0T_2 = \begin{bmatrix} 0 & -1 & 0 & 0,7 \\ 1 & 0 & 0 & -0,7 \\ 0 & 0 & 1 & 0 \\ 0 & 0 & 0 & 1 \end{bmatrix}$$

Zu b)

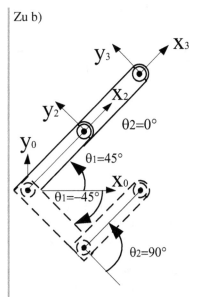

Abb. 147: zu Lösung b)

$$^0T_3 = \begin{bmatrix} 0.707 & -0.707 & 0 & \sqrt{2} \\ 0.707 & 0.707 & 0 & \sqrt{2} \\ 0 & 0 & 1 & 0 \\ 0 & 0 & 0 & 1 \end{bmatrix} \quad \text{oder} \quad {}^0T_3 = \begin{bmatrix} 0.707 & -0.707 & 0 & \sqrt{2} \\ 0.707 & 0.707 & 0 & 0 \\ 0 & 0 & 1 & 0 \\ 0 & 0 & 0 & 1 \end{bmatrix}$$

Zu c)

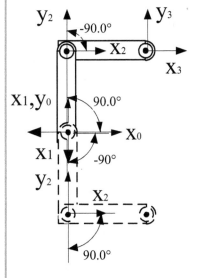

Abb. 148: zu Lösung c)

$$
{}^{0}T_2 = \begin{bmatrix} 1 & 0 & 0 & 0 \\ 0 & 1 & 0 & 1 \\ 0 & 0 & 1 & 0 \\ 0 & 0 & 0 & 1 \end{bmatrix} \quad \text{oder} \quad {}^{0}T_2 = \begin{bmatrix} 1 & 0 & 0 & 0 \\ 0 & 1 & 0 & -1 \\ 0 & 0 & 1 & 0 \\ 0 & 0 & 0 & 1 \end{bmatrix}
$$

4.7.2   Mehrdeutigkeiten

Die Anzahl der Möglichkeiten zur Einstellung derselben Pose (Position und Orientierung des Werkzeugs) hängt von der Anzahl der Gelenke des Roboters ab. Außerdem hängt sie von den Werten der Verbindungsparameter (α_i, a_i und d_i) ab. Die mathematischen Gleichungen zur Berechnung der Gelenkwinkel haben mehrdeutige Lösungen. Zum Beispiel kann der in Abb. 129 abgebildete Roboter bestimmte Ziele, d. h. bestimmte Posen, mit acht verschiedenen Gelenkwinkelkombinationen erreichen. Die folgende Abbildung zeigt vier Lösungen (eines ähnlichen Roboters, simuliert mit dem Programm Famos von carat robotics), welche die Hand mit derselben Position und Orientierungen platzieren. Die ersten beiden Abbildungen zeigen den Roboter in zwei Konfigurationen, bei denen der Achswinkel 3 einmal positiv und einmal negativ ist. Wir erkennen, dass in den Abb. 151 und Abb. 152 der Roboter den Winkel θ_1 um 180° geschwenkt hat. Das entspricht, verglichen mit dem menschlichen Greifen, in etwa dem Fall, dass man sich umdreht und über den Kopf nach hinten einen Gegenstand ergreifen will.

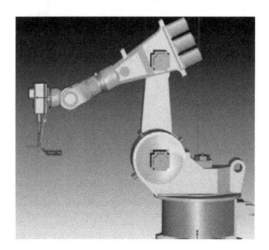

Abb. 149: Der Winkel $\theta_3 = 115°$ ist positiv, $\theta_1 = 0°$

Abb. 150: Der Winkel $\theta_3 = -115°$ ist negativ, $\theta_1 = 0°$

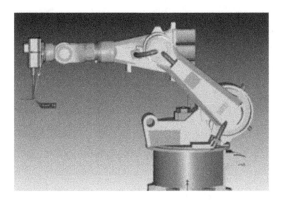

Abb. 151: Überkopfbereich, $\theta_1 = 180°$

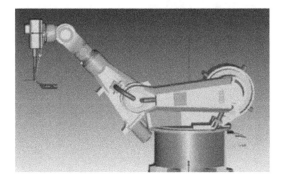

Abb. 152: Überkopfbereich (Konfiguration ist wegen Überschreitung der Achsbegrenzung nicht erreich-
           bar!), $\theta_1 = 180°$

Für jede abgebildete Lösung gibt es eine andere Lösung, in welcher die letzten drei Gelenke zu einer alternativen Konfiguration gemäß den folgenden Formeln „umklappen":

$$\theta_4' = \theta_4 + 180°,$$
$$\theta_5' = -\theta_5, \tag{4.32}$$
$$\theta_6' = \theta_6 + 180°.$$

So können insgesamt acht Lösungen für eine einzige Pose existieren. Wegen Begrenzungen in den Achsgelenken sind einige dieser acht Lösungen technisch nicht immer möglich. Im Allgemeinen gilt, je mehr Verbindungsparameter ungleich null vorhanden sind, desto mehr Lösungen gibt es, um eine bestimmte Pose zu erreichen.

4.7.3   Planarer Zwei-Gelenk-Roboter

Die analytische Lösung kann algebraisch oder geometrisch erfolgen. Bei der geometrischen Lösung wird versucht, die räumliche Geometrie des Arms in verschiedene ebene Probleme zu zerlegen. Bei dem Beispiel kann die Orientierung und die Position des TCPs durch die Werte der Transformationsmatrix $^0T_3$ vorgegeben werden.

Der Punkt mit den Koordinaten x_T und y_T sei gegeben. Es gilt dann im Dreieck A, B, P

$$\text{Kosinussatz:} \quad c^2 = L_1^2 + L_2^2 - 2 \cdot L_1 \cdot L_2 \cdot \cos\gamma = x_T^2 + y_T^2$$
$$\rightarrow \gamma = \arccos\left(\frac{L_1^2 + L_2^2 - c^2}{2 \cdot L_1 \cdot L_2}\right),$$

Mit der Bedingung

$$L_1 + L_2 \leq c$$

folgt:

$$\theta_{21} = (180° - \gamma) \quad \theta_{22} = -(180° - \gamma) \tag{4.33}$$

Mit Hilfe des Kosinussatzes kann man den folgenden Zusammenhang aufstellen:

$$L_2^2 = L_1^2 + c^2 - 2 \cdot L_1 \cdot c \cdot \cos\alpha$$
$$\alpha = \arccos\left(\frac{L_1^2 + c^2 - L_2^2}{2 \cdot L_1 \cdot c}\right)$$
$$\tan(\alpha + \theta_1) = \frac{y}{x}$$
$$\theta_{11} = \text{atan2}\left(\frac{y}{x}\right) - \alpha, \quad \theta_2 > 0 \tag{4.34}$$
$$\quad \text{oder}$$
$$\theta_{12} = \text{atan2}\left(\frac{y}{x}\right) + 2\alpha, \quad \theta_2 < 0$$

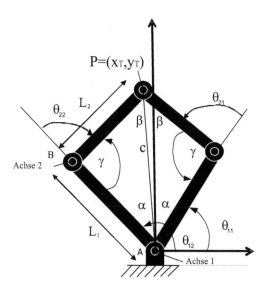

Abb. 153:   Skizze der geometrischen Anordnung

Es ergeben sich jeweils zwei Lösungen für die Gelenkwinkel θ_1 und θ_2, die in den dargestellten Formeln mit θ_{11}, θ_{12} bzw. θ_{21}, θ_{22} bezeichnet wurden.

Die Rücktransformation kann auch mit Hilfe der Transformationsmatrizen ohne Bezug zur Geometrie des Roboters, rein analytisch erfolgen. Dazu betrachten wir die folgende Transformationsmatrix $^0T_3$, die die Lage und Orientierung des Koordinatensystems K_3 (siehe Abb. 145) bezüglich des Koordinatensystems K_0 beschreibt:

$$^0T_3 = \begin{bmatrix} \cos(\theta_1 + \theta_2) & -\sin(\theta_1 + \theta_2) & 0 & L_2 \cos(\theta_1 + \theta_2) + L_1 \cos\theta_1 \\ \sin(\theta_1 + \theta_2) & \cos(\theta_1 + \theta_2) & 0 & L_2 \sin(\theta_1 + \theta_2) + L_1 \sin\theta_1 \\ 0 & 0 & 1 & 0 \\ 0 & 0 & 0 & 1 \end{bmatrix} \qquad (4.35)$$

Wir wollen den Roboter mit dem TCP auf eine vorgegebene Position x_T, y_T fahren und die zugehörigen Gelenkwinkel berechnen. Dazu setzen wir die Elemente (4,1) und (4,2) gleich den vorgegebenen Werten:

$$\begin{aligned} x_T &= l_1 c_1 + l_2 c_{12} \\ y_T &= l_1 s_1 + l_2 s_{12} \end{aligned} \qquad (4.36)$$

Nun werden die beiden Formeln quadriert und addiert:

$$x_T^2 + y_T^2 = l_2^2 + l_1^2 + 2 l_1 l_2 c_2$$

mit

$$c_{12} = c_1 c_2 - s_1 s_2$$

$$s_{12} = c_1 s_2 + s_1 c_2$$

$$c_2 = \frac{x_T^2 + y_T^2 - l_2^2 - l_1^2}{2 l_1 l_2}$$

c_2 muss zwischen -1 und 1 liegen!

$$s_2 = \pm \sqrt{1 - c_2^2}$$

$$\theta_2 = \text{atan2}(s_2, c_2).$$

Für den Winkel θ_2 gibt es zwei Lösungen. Die eine Lösung führt zu einer Stellung des Roboters mit dem Ellbogen nach oben In der anderen Pose ist der Ellbogen unten. Da nun ein Winkel bekannt ist, können die Gleichungen (4.36) wie folgt umgeformt werden:

$$x_T = l_1 c_1 + l_2 (c_1 c_2 - s_1 s_2)$$

$$y_T = l_1 s_1 + l_2 (c_1 s_2 + s_1 c_2)$$

$$x_T = (l_1 + l_2 c_2) c_1 - l_2 s_2 s_1$$

$$y_T = (l_1 + l_2 c_2) s_1 + l_2 s_2 c_1$$

$$k_1 = l_1 + l_2 c_2, \quad k_2 = l_2 s_2$$

$$x_T = k_1 c_1 - k_2 s_1$$

$$y_T = k_1 s_1 + k_2 c_1$$

Durch diese Umformungen entsteht ein lösbares Gleichungssystem für den Winkel θ_1. Die Ausdrücke k_1 und k_2 sind bekannt. Diese Art der Lösung transzendenter Gleichungen erfolgt in der Robotik häufig. Man kann einen Wechsel der Variablen durchführen. Die neuen Variablen r und γ führen zu Ausdrücken, die über die Additionstheoreme zu den Lösungen des Winkels θ_1 führen.

$$r = \sqrt{k_1^2 + k_2^2}, \quad \gamma = \text{atan2}(k_2, k_1)$$

$$k_1 = r \cos \gamma, \quad k_2 = r \sin \gamma$$

$$\cos \gamma \cos \theta_1 - \sin \gamma \sin \theta_1 = \frac{x_T}{r}$$

$$\cos \gamma \sin \theta_1 - \sin \gamma \cos \theta_1 = \frac{y_T}{r}$$

oder

$$\cos(\gamma + \theta_1) = \frac{x_T}{r} \quad \sin(\gamma + \theta_1) = \frac{y_T}{r}$$

$$\gamma + \theta_1 = \text{atan2}\left(\frac{y_T}{r}, \frac{x_T}{r}\right)$$

$$\theta_1 = \text{atan2}(y_T, x_T) - \text{atan2}(k_2, k_1)$$

Auch für den Winkel θ_1 gibt es zwei Lösungen, da ja die neuen Variablen r und γ, je nach der Wahl der Lösung, für den Winkel θ_2 unterschiedliche Werte besitzen.

Beispielaufgabe

Gegeben ist die Skizze eines Roboters mit zwei Achsen.

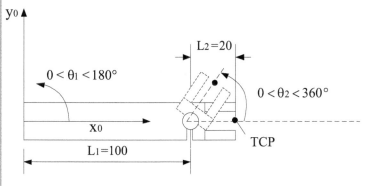

Abb. 154: 2-Achs-Roboter mit Zahlenangaben zu den Bewegungsbereichen

a) Tragen Sie die zugehörigen Denavit-Hartenberg-Parameter nach Craig in eine Tabelle ein.
b) Geben Sie die Transformationsmatrix $^0T_3$ an.
c) Berechnen Sie die Winkel θ_1 und θ_2, wenn die Lage des TCPs durch die folgende Transformationsmatrix gegeben ist:

$$^0T_3 = \begin{bmatrix} 0.393 & -0.92 & 0 & 73.656 \\ 0.92 & 0.393 & 0 & 76.32 \\ 0 & 0 & 1 & 0 \\ 0 & 0 & 0 & 1 \end{bmatrix}$$

Lösung
Zu a)

i	α_{i-1}	a_{i-1} [mm]	θ_i	d_i [mm]
1	0°	0	θ_1	0
2	0°	100	θ_2	0
3	0°	20	0°	0

Zu b)

$$^0T_1 = \begin{bmatrix} c_1 & -s_1 & 0 & 0 \\ s_1 & c_1 & 0 & 0 \\ 0 & 0 & 1 & 0 \\ 0 & 0 & 0 & 1 \end{bmatrix}$$

$$^1T_2 = \begin{bmatrix} c_2 & -s_2 & 0 & L_1 \\ s_2 & c_2 & 0 & 0 \\ 0 & 0 & 1 & 0 \\ 0 & 0 & 0 & 1 \end{bmatrix}$$

$$^2T_3 = \begin{bmatrix} 1 & 0 & 0 & L_2 \\ 0 & 1 & 0 & 0 \\ 0 & 0 & 1 & 0 \\ 0 & 0 & 0 & 1 \end{bmatrix}$$

$$^0T_3 = {}^0T_1 \cdot {}^1T_2 \cdot {}^2T_3$$
$$^0T_2 = {}^0T_1 \cdot {}^1T_2$$

$$^0T_2 = \begin{bmatrix} c_1 \cdot c_2 - s_1 \cdot s_2 & c_1 \cdot (-s_2) + (-s_1) \cdot c_2 & 0 & c_1 \cdot L_1 \\ s_1 \cdot c_2 + c_1 \cdot s_2 & s_1 \cdot (-s_2) + c_1 \cdot c_2 & 0 & s_1 \cdot L_1 \\ 0 & 0 & 1 & 0 \\ 0 & 0 & 0 & 1 \end{bmatrix}$$

$$^0T_3 = {}^0T_2 \cdot {}^2T_3$$

$$^0T_3 = \begin{bmatrix} c_1 \cdot c_2 - s_1 \cdot s_2 & c_1 \cdot (-s_2) + (-s_1) \cdot c_2 & 0 & (c_1 \cdot c_2 - s_1 \cdot s_2) \cdot L_2 + c_1 \cdot L_1 \\ s_1 \cdot c_2 + c_1 \cdot s_2 & s_1 \cdot (-s_2) + c_1 \cdot c_2 & 0 & (s_1 \cdot c_2 + c_1 \cdot s_2) \cdot L_2 + s_1 \cdot L_1 \\ 0 & 0 & 1 & 0 \\ 0 & 0 & 0 & 1 \end{bmatrix}$$

Zu c)

$$c_2 = \frac{x_f^2 + y_f^2 - l_2^2 - l_1^2}{2 \cdot l_1 \cdot l_2} = \frac{(73,656)^2 + (76,32)^2 - (100)^2 - (20)^2}{2 \cdot 100 \cdot 20} = 0,21$$

$$s_2 = \pm\sqrt{1 - c_2^2} = \pm\sqrt{1 - (0,21)^2} = \pm 0,977$$

$$\Rightarrow \theta_2 = \arctan(s_2, c_2)$$

$$\theta_{21} = \arctan\left(\frac{0,977}{0,21}\right) = 77,86°$$

$$\theta_{22} = \arctan\left(\frac{-0.977}{0,21}\right) = -77,86°$$

$$k_1 = l_1 + l_2 \cdot c_2 = 100 + 20 \cdot 0{,}21 = 104{,}2$$

$$k_2 = l_2 \cdot s_2 = 20 \cdot 0{,}977 = \pm 19{,}55$$

$$\theta_1 = \text{atan2}(y,x) - \text{atan2}(k_2, k_1)$$

$$\theta_{11} = \text{atan2}\left(\frac{76{,}32}{73{,}656}\right) - \text{atan2}\left(\frac{19{,}55}{104{,}2}\right) = 46° - 10{,}62° = 35{,}39°$$

$$\theta_{12} = \text{atan2}\left(\frac{76{,}32}{73{,}656}\right) - \text{atan2}\left(\frac{-19{,}55}{104{,}2}\right) = 46° + 10{,}62° = 56{,}63°$$

4.7.4 Inverse Koordinatentransformation eines 6-Achs-Roboters

Wir wollen nun die sechs Winkel θ_1–θ_6 für einen 6-Achs-Roboter ermitteln, wobei die Pose des Roboters vorgegeben wird. Das bedeutet, dass sowohl die Orientierung des Tool-Koordinatensystems als auch die Lage des Koordinatenursprungs des Tool-Koordinatensystems gegeben sind: Die Rücktransformation kann numerisch, analytisch oder geometrisch erfolgen. Wir wollen die anschaulichere, geometrische Lösung für die Bestimmung der ersten drei Gelenkwinkel θ_1–θ_3 eines Beispielroboters erarbeiten. Dazu benutzen wir den in Abb. 136 dargestellten Roboter und vernachlässigen das Maß a_1! Weiterhin wird die Zielpose durch die Transformationsmatrix (4.31) vorgegeben. Die vierte Spalte der Matrix wird mit $^0\vec{p}_{60}$ bezeichnet und bezeichnet den Vektor vom Ursprung des Koordinatensystems K_0 zum Koordinatensystem K_6. Wir wollen den Fall betrachten, bei dem noch kein Werkzeug am Flansch angeschlossen ist, deshalb wird die Zielpose durch das Koordinatensystem K_6 festgelegt. Entsprechend passen wir die Indizierung der Transformationsmatrix an.

$$^0T_6 = \begin{bmatrix} ^0\vec{x}_6 & ^0\vec{y}_6 & ^0\vec{z}_6 & ^0\vec{P}_{60} \\ 0 & 0 & 0 & 1 \end{bmatrix}$$

$$^0\vec{p}_{60} = \begin{bmatrix} p_{60x} \\ p_{60y} \\ p_{60z} \end{bmatrix}, \quad \vec{z}_6 = \begin{bmatrix} z_{6x} \\ z_{6y} \\ z_{6z} \end{bmatrix} \tag{4.37}$$

Nun definieren wir den Vektor $^0\vec{P}_{40}$, der vom Ursprung des Weltkoordinatensystems zum Ursprung des Koordinatensystems K_4 zeigt.

$$^0\vec{P}_{40} = {}^0\vec{p}_{60} - d_6 \cdot {}^0\vec{z}_6 \tag{4.38}$$

Damit sind wir in der Lage, den ersten möglichen Winkel für θ_1 auszurechnen:

$$\theta_{11} = \text{atan2}(^0\vec{P}_{40y}, {}^0\vec{P}_{40x}) \tag{4.39}$$

Zur Berechnung des Winkels θ_3 bieten sich die Dreiecke ABC oder $AB'C$ an (siehe Abb. 155). Ist der Winkel φ bekannt, kann θ_3 ermittelt werden, denn α ist ja durch die bekannten Strecken

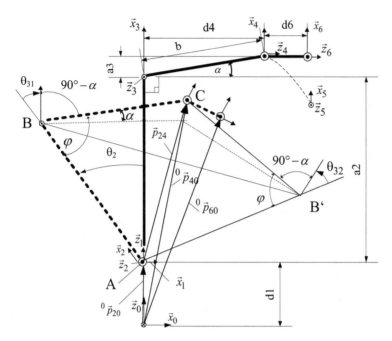

Abb. 155: Zur Berechnung der Winkel θ_1 und θ_3

a_3 und d_4 berechenbar. Allerdings benötigen wir den Richtungsvektor $\vec{p}_{24}$. Betrachten wir die in Abb. 155 eingezeichneten Vektoren, finden wir die folgende Beziehung:

$$\vec{p}_{24} = {}^0\vec{p}_{40} - {}^0\vec{p}_{20} \tag{4.40}$$

Der Vektor ${}^0\vec{p}_{20}$ entspricht der vierten Spalte der Transformationsmatrix ${}^0T_2$ und ist unabhängig von den Gelenkwinkeln. Auch der Vektor ${}^0\vec{P}_{40}$ ist bekannt. Damit kann der Winkel φ berechnet werden:

Kosinussatz im Dreieck ABC:

$$|\vec{P}_{24}|^2 = a_2^2 + a_3^2 + d_4^2 - 2 \cdot a_2 \cdot \sqrt{a_3^2 + d_4^2} \cdot \cos(\varphi)$$

$$\varphi = \arccos\left(\frac{P_{24,x}^2 + P_{24,y}^2 + P_{24,z}^2 - a_2^2 - a_3^2 - d_4^2}{-2 \cdot a_2 \cdot \sqrt{a_3^2 + d_4^2}} \right)$$

Auch der Winkel α ist leicht ermittelbar, sodass die beiden Lösungen für θ_3, θ_{31} und θ_{32}, berechnet werden können:

$$\alpha = \arctan\left(\frac{a_3}{d_4}\right)$$

$$\theta_{31} = -(180° - \varphi - (90° - \alpha))$$

bzw.

$$\theta_{32} = (180° - \varphi - (90° - \alpha)) \tag{4.41}$$

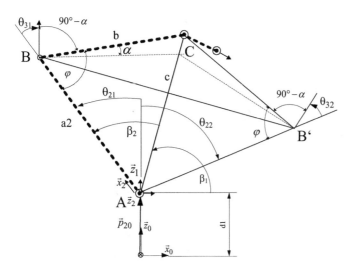

Abb. 156: Zur Berechnung des Winkels θ_2

Im nächsten Schritt wird eine Berechnungsformel für den Winkel θ_2 gesucht. Dazu betrachten wir Abb. 156. Die Berechnung erfolgt über die Hilfswinkel β_1 und β_2.

Die Transformation des Vektors $^0\vec{p}_{24}$ in das Koordinatensystem K_1 gelingt mit Hilfe des bekannten Winkels θ_1. Die Inverse einer homogenen Transformationsmatrix ist gleich seiner transponierten Matrix:

$$^1\vec{p}_{24} = {}^1T_0 \cdot {}^0\vec{p}_{24}$$

$$^0T_1 = \begin{bmatrix} c\theta_1 & -s\theta_1 & 0 & 0 \\ s\theta_1 & c\theta_1 & 0 & 0 \\ 0 & 0 & 1 & d_1 \\ 0 & 0 & 0 & 1 \end{bmatrix} \quad \rightarrow \quad {}^1T_0 = \begin{bmatrix} c\theta_1 & s\theta_1 & 0 & 0 \\ -s\theta_1 & c\theta_1 & 0 & 0 \\ 0 & 0 & 1 & 0 \\ 0 & 0 & d_1 & 0 \end{bmatrix}$$

Mit Hilfe der Koordinaten von $^1\vec{p}_{24}$ kann der Winkel β_1 berechnet werden. Nun betrachten wir das Dreieck A, B, C und wenden den Kosinussatz an, um den Winkel β_2 zu berechnen.

$$b = \sqrt{a_3^2 + d_4^2}$$

$$\beta_1 = \text{atan2}\left({}^1p_{24z}, \sqrt{{}^1p_{24y}^2 + {}^1p_{24x}^2}\right),$$

$$\beta_2 = \arccos \frac{b^2 - a_2^2 - c^2}{-2 \cdot a_2 \cdot c}, \tag{4.42}$$

$$\theta_{21} = (\beta_1 + \beta_2) - 90°$$

bzw.

$$\theta_{22} = (\beta_1 - \beta_2) - 90°$$

Auch hier erhalten wir zwei Lösungen, die zweite Lösung kann über das Dreieck A, B' und C ähnlich gewonnen werden.

Auch für den Winkel θ_1 gibt es eine zweite Lösung $\theta_{12} = \theta_{11} + 180°$. Im folgenden Bild ist der Roboter mit den Gelenkwinkeleinstellungen $\theta_1 = 180°$, $\theta_2 = 0°$, $\theta_3 = 0°$ gestrichelt dargestellt. Soll aus dieser Konfiguration heraus die ursprüngliche, mit $\theta_1 = 0°$ gegebene Konfiguration erreicht werden, müssen die Gelenkwinkel θ_2, θ_3 wie folgt korrigiert werden:

$$\theta'_{12} = \theta_{11} + 180°$$
$$\theta'_{21} = -\theta_{21}$$
$$\theta'_{31} = 180° - 2 \cdot \alpha - \theta_{31}$$

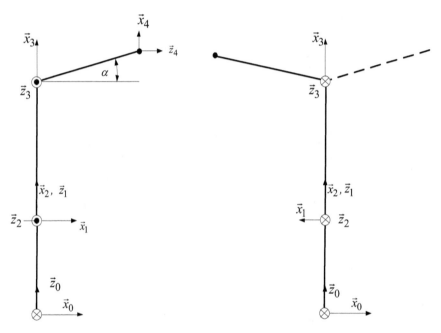

Abb. 157: 6-Achs-Roboter bis zum Ende des Unterarms gezeichnet, links: mit dem Gelenkwinkel $\theta_1 = 0°$, rechts: $\theta_1 = 180°$ und gestrichelt die Lage unter a)

Wir wollen die Berechnung an einem Zahlenbeispiel üben.

Beispielaufgabe

Gegeben ist der folgende 6-Achs-Roboter mit den in der Skizze eingetragenen Maßangaben.

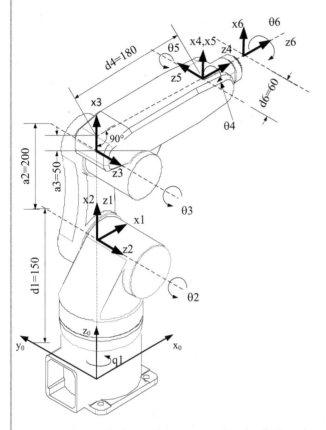

Abb. 158: 6-Achs-Roboter mit Längenangaben für die Berechnung

Eine bestimmte Pose für die Transformationsmatrix ist bekannt:

$$
{}^{0}T_6 = \begin{bmatrix} 0,823 & 0,3 & 0,475 & 65 \\ 0,268 & -0,95 & 0,155 & 21 \\ 0,5 & 0 & -0,866 & 290 \\ 0 & 0 & 0 & 1 \end{bmatrix}
$$

a) Berechnen Sie den Vektor ${}^{0}\vec{P}_{40}$ vom Ursprung des Basiskoordinatensystems (KS0) zu Gelenk 4. Bestimmen Sie mit ausführlicher Rechnung hiermit den Gelenkwinkel θ_1 in Winkelgrad.

b) Nun soll noch der Gelenkwinkel θ_3 berechnet werden. Geben Sie den Vektor ${}^{0}\vec{P}_{24}$ in Weltkoordinaten an. Berechnen Sie die Hilfswinkel α und φ. Bestimmen Sie jetzt θ_3.

Lösung

Zu a)

Approach-Vektor (3. Spalte von $^0T_6$):

$$^0\vec{z}_6 = \begin{bmatrix} 0,475 \\ 0,155 \\ -0,866 \end{bmatrix}$$

Zielposition (4. Spalte von $^0T_6$):

$$^0\vec{p}_6 = \begin{bmatrix} 65 \\ 21 \\ 290 \end{bmatrix}$$

$$^0\vec{P}_{04} = {}^0\vec{p}_6 - d_6 \cdot {}^0\vec{z}_6 = \begin{bmatrix} 65 \\ 21 \\ 290 \end{bmatrix} - 60 \cdot \begin{bmatrix} 0,475 \\ 0,155 \\ -0,866 \end{bmatrix} = \begin{bmatrix} 36 \\ 11,7 \\ 342 \end{bmatrix}$$

$$\theta_1 = \text{atan2} \left({}^0\vec{P}_{40y}, {}^0\vec{P}_{40x} \right) = \text{atan2} \left(\frac{11,7}{36} \right) = 18°$$

Zu b)

$$\Leftrightarrow {}^0\vec{P}_{24} = {}^0\vec{P}_{04} - \begin{bmatrix} 0 \\ 0 \\ d_1 \end{bmatrix}$$

$$^0\vec{P}_{24} = \begin{bmatrix} 36 \\ 11,7 \\ 342 \end{bmatrix} - \begin{bmatrix} 0 \\ 0 \\ 150 \end{bmatrix} = \begin{bmatrix} 36 \\ 11,7 \\ 192 \end{bmatrix}$$

Kosinussatz im Dreieck ABC:

$$|{}^0\vec{P}_{24}|^2 = a_2^2 + a_3^2 + d_4^2 - 2 \cdot a_2 \cdot \sqrt{a_3^2 + d_4^2} \cdot \cos(\varphi)$$

$$\varphi = \arccos \left(\frac{{}^0P_{24x}^2 + {}^0P_{24y}^2 + {}^0P_{24z}^2 - a_2^2 - a_3^2 - d_4^2}{-2 \cdot a_2 \cdot \sqrt{a_3^2 + d_4^2}} \right)$$

$$\varphi = \arccos \left(\frac{36^2 + 11,7^2 + 192^2 - 200^2 - 50^2 - 180^2}{-2 \cdot 200 \cdot \sqrt{50^2 + 180^2}} \right)$$

$$\varphi = \arccos(0,49) = 60,67°$$

$$\alpha = \arctan \left(\frac{a_3}{d_4} \right) = \arctan \left(\frac{50}{180} \right) = 15,55°$$

$$\theta_{31} = -(180° - \varphi - (90° - \alpha)) = -(180° - 60,67° + 15,55° - 90°) = \underline{\underline{-45°}}$$

bzw:

$$\theta_{32} = (180° - \varphi - (90° - \alpha)) = (180° - 60,67° + 15,55° - 90°) = \underline{\underline{45°}}$$

Nun fehlen noch Berechnungsformeln für die Winkel θ_4, θ_5, θ_6. Dazu nutzen wir die Transformationsmatrizen nach Formel (4.21) bis (4.26). Da die Winkel θ_1, θ_2, θ_3 bekannt sind, ist auch die Transformationsmatrix $^0T_3 = {}^0T_1 \cdot {}^1T_2 \cdot {}^2T_3$ bekannt. Daraus kann die Rotationsmatrix $^0R_3$ abgeleitet werden.

$$^0R_3 = \begin{bmatrix} c\theta_1 & -s\theta_1 & 0 \\ s\theta_1 & c\theta_1 & 0 \\ 0 & 0 & 1 \end{bmatrix} \cdot \begin{bmatrix} c\theta_2 & -s\theta_2 & 0 \\ 0 & 0 & -1 \\ s\theta_2 & c\theta_2 & 0 \end{bmatrix} \cdot \begin{bmatrix} c\theta_3 & -s\theta_3 & 0 \\ s\theta_3 & c\theta_3 & 0 \\ 0 & 0 & 1 \end{bmatrix}$$

$$^0R_3 = \begin{bmatrix} c\theta_1 c\theta_2 & -c\theta_1 s\theta_2 & s\theta_1 \\ s\theta_1 c\theta_2 & -s\theta_1 s\theta_2 & -c\theta_1 \\ s\theta_2 & c\theta_2 & 0 \end{bmatrix} \cdot \begin{bmatrix} c\theta_3 & -s\theta_3 & 0 \\ s\theta_3 & c\theta_3 & 0 \\ 0 & 0 & 1 \end{bmatrix} \tag{4.43}$$

$$^0R_3 = \begin{bmatrix} c\theta_1 c\theta_2 c\theta_3 - c\theta_1 s\theta_2 s\theta_3 & -c\theta_1 c\theta_2 s\theta_3 - c\theta_1 s\theta_2 c\theta_3 & s\theta_1 \\ s\theta_1 c\theta_2 c\theta_3 - s\theta_1 s\theta_2 s\theta_3 & -s\theta_1 c\theta_2 s\theta_3 - s\theta_1 s\theta_2 c\theta_3 & -c\theta_1 \\ s\theta_2 c\theta_3 + c\theta_2 s\theta_3 & -s\theta_2 s\theta_3 + c\theta_2 c\theta_3 & 0 \end{bmatrix}$$

Die Rotationsmatrix $^0R_6$ kann aus der vorgegebenen Transformationsmatrix $^0T_6$ ermittelt werden:

$$^0T_6 = {}^0T_3 {}^3T_6 = \begin{bmatrix} r_{11} & r_{12} & r_{13} & p_x \\ r_{21} & r_{22} & r_{23} & p_y \\ r_{31} & r_{32} & r_{33} & p_z \\ 0 & 0 & 0 & 1 \end{bmatrix}$$

$$^0R_6 = \begin{bmatrix} r_{11} & r_{12} & r_{13} \\ r_{21} & r_{22} & r_{23} \\ r_{31} & r_{32} & r_{33} \end{bmatrix} \tag{4.44}$$

Mit der folgenden Formelumstellung kann ein Ausdruck für die unbekannte Rotationsmatrix $^3R_6$ aus den bekannten Rotationsmatrizen $^0R_3$ und $^0R_6$ aufgestellt werden. Dabei muss beachtet werden, dass die Inverse einer orthonormalen Matrix gleich der Transponierten ist:

$$^0R_6 = {}^0R_3 \cdot {}^3R_6$$
$$^3R_6 = ({}^0R_3)^T \cdot {}^0R_6 \tag{4.45}$$

Einerseits gilt für die Matrix $({}^0R_3)^T$:

$$({}^0R_3)^{-1} = \begin{bmatrix} c\theta_1 c\theta_2 c\theta_3 - c\theta_1 s\theta_2 s\theta_3 & s\theta_1 c\theta_2 c\theta_3 - s\theta_1 s\theta_2 s\theta_3 & s\theta_2 c\theta_3 + c\theta_2 s\theta_3 \\ -c\theta_1 c\theta_2 s\theta_3 - c\theta_1 s\theta_2 c\theta_3 & -s\theta_1 c\theta_2 s\theta_3 - s\theta_1 s\theta_2 c\theta_3 & -s\theta_2 s\theta_3 + c\theta_2 c\theta_3 \\ s\theta_1 & -c\theta_1 & 0 \end{bmatrix}$$

Andererseits gilt für die unbekannte Rotationsmatrix $^3R_6$ mit Hilfe der Transformationsmatrizen (4.24) bis (4.26):

$$^3R_6 = \begin{bmatrix} c\theta_4 & -s\theta_4 & 0 \\ 0 & 0 & -1 \\ s\theta_4 & c\theta_4 & 0 \end{bmatrix} \cdot \begin{bmatrix} c\theta_5 & -s\theta_5 & 0 \\ 0 & 0 & 1 \\ -s\theta_5 & -c\theta_5 & 0 \end{bmatrix} \cdot \begin{bmatrix} c\theta_6 & -s\theta_6 & 0 \\ 0 & 0 & -1 \\ s\theta_6 & c\theta_6 & 0 \end{bmatrix}$$

$$^3R_6 = \begin{bmatrix} c\theta_4 c\theta_5 c\theta_6 - s\theta_4 s\theta_6 & -c\theta_4 c\theta_5 s\theta_6 - s\theta_4 c\theta_6 & -c\theta_4(-s\theta_5) \\ s\theta_5 c\theta_6 & -s\theta_5 s\theta_6 & -c\theta_5 \\ s\theta_4 c\theta_5 c\theta_6 + c\theta_4 s\theta_6 & -s\theta_4 c\theta_5 s\theta_6 + c\theta_4 c\theta_6 & s\theta_4 s\theta_5 \end{bmatrix}$$

(4.46)

Die rechte Seite der Gleichung (4.45) lautet dann:

$$(^0R_3)^T \cdot {}^0R_6 = \begin{bmatrix} c\theta_1 c\theta_2 c\theta_3 - c\theta_1 s\theta_2 s\theta_3 & s\theta_1 c\theta_2 c\theta_3 - s\theta_1 s\theta_2 s\theta_3 & s\theta_2 c\theta_3 + c\theta_2 s\theta_3 \\ -c\theta_1 c\theta_2 s\theta_3 - c\theta_1 s\theta_2 c\theta_3 & -s\theta_1 c\theta_2 s\theta_3 - s\theta_1 s\theta_2 c\theta_3 & -s\theta_2 s\theta_3 + c\theta_2 c\theta_3 \\ s\theta_1 & -c\theta_1 & 0 \end{bmatrix}$$

$$\cdot \begin{bmatrix} r_{11} & r_{12} & r_{13} \\ r_{21} & r_{22} & r_{23} \\ r_{31} & r_{32} & r_{33} \end{bmatrix}$$

$$^3R_6 = (^0R_3)^T \cdot {}^0R_6 = \begin{bmatrix} k_{11} & k_{12} & k_{13} \\ k_{21} & k_{22} & k_{23} \\ k_{31} & k_{32} & k_{33} \end{bmatrix} \tag{4.47}$$

Die Elemente der Matrix (4.47) berechnen sich wie folgt:

$$k_{11} = (c\theta_1 c\theta_2 c\theta_3 - c\theta_1 s\theta_2 s\theta_3)r_{11} + (s\theta_1 c\theta_2 c\theta_3 - s\theta_1 s\theta_2 s\theta_3)r_{21}$$
$$\qquad + (s\theta_2 c\theta_3 + c\theta_2 s\theta_3)r_{31}$$
$$k_{21} = (-c\theta_1 c\theta_2 s\theta_3 - c\theta_1 s\theta_2 c\theta_3)r_{11} + (-s\theta_1 c\theta_2 s\theta_3 - s\theta_1 s\theta_2 c\theta_3)r_{21}$$
$$\qquad + (-s\theta_2 s\theta_3 + c\theta_2 c\theta_3)r_{31}$$
$$k_{31} = s\theta_1 r_{11} - c\theta_1 r_{21}$$
$$k_{12} = (c\theta_1 c\theta_2 c\theta_3 - c\theta_1 s\theta_2 s\theta_3)r_{12} + (s\theta_1 c\theta_2 c\theta_3 - s\theta_1 s\theta_2 s\theta_3)r_{22}$$
$$\qquad + (s\theta_2 c\theta_3 + c\theta_2 s\theta_3)r_{32}$$
$$k_{22} = (-c\theta_1 c\theta_2 s\theta_3 - c\theta_1 s\theta_2 c\theta_3)r_{12} + (-s\theta_1 c\theta_2 s\theta_3 - s\theta_1 s\theta_2 c\theta_3)r_{22}$$
$$\qquad + (-s\theta_2 s\theta_3 + c\theta_2 c\theta_3)r_{32}$$
$$k_{32} = s\theta_1 r_{12} - c\theta_1 r_{22}$$
$$k_{13} = (c\theta_1 c\theta_2 c\theta_3 - c\theta_1 s\theta_2 s\theta_3)r_{13} + (s\theta_1 c\theta_2 c\theta_3 - s\theta_1 s\theta_2 s\theta_3)r_{23}$$
$$\qquad + (s\theta_2 c\theta_3 + c\theta_2 s\theta_3)r_{33}$$
$$k_{23} = (-c\theta_1 c\theta_2 s\theta_3 - c\theta_1 s\theta_2 c\theta_3)r_{13} + (-s\theta_1 c\theta_2 s\theta_3 - s\theta_1 s\theta_2 c\theta_3)r_{23}$$
$$\qquad + (-s\theta_2 s\theta_3 + c\theta_2 c\theta_3)r_{33}$$
$$k_{33} = s\theta_1 r_{12} - c\theta_1 r_{23}$$

Vergleicht man die Elemente der Matrizen (4.46) und (4.47), findet man Berechnungsformeln für die Winkel θ_4, θ_5, θ_6:

$$\theta_{51} = \text{atan2}\left(\frac{\sqrt{1 - k_{23}^2}}{-k_{23}}\right)$$

$$\theta_{52} = \text{atan2}\left(\frac{-\sqrt{1 - k_{23}^2}}{-k_{23}}\right)$$

$$\theta_{41} = \text{atan2}\left(\frac{k_{33}}{k_{13}}\right) \quad \forall \sin\theta_5 \neq 0 \tag{4.48}$$

$$\theta_{42} = \text{atan2}\left(\frac{k_{33}}{k_{13}}\right) + 180° \quad \forall \sin\theta_5 \neq 0$$

$$\theta_{61} = \text{atan2}\left(\frac{k_{22}}{-k_{21}}\right) \quad \forall \sin\theta_5 \neq 0$$

$$\theta_{62} = \text{atan2}\left(\frac{k_{22}}{-k_{21}}\right) + 180° \quad \forall \sin\theta_5 \neq 0$$

4.7.5 Inverse Transformation mit Näherungsverfahren

Für das inverse kinematische Problem lässt sich nicht immer eine analytische Lösung finden. Dann kommen numerische Verfahren beziehungsweise Näherungsverfahren zum Einsatz. Am Beispiel des einfachen Roboters mit zwei Drehgelenken soll eines der numerischen Verfahren vorgestellt werden. Der Roboter soll ausgehend von einer Startposition $\vec{P}_{\text{Start}} = \vec{P}(0)$ zu einem Zielpunkt $\vec{P}_{\text{Ziel}} = \vec{P}(N)$ in N Schritten auf einer Geraden geführt werden. Die zu den Bahnpunkten gehörenden Winkelwerte θ_1 und θ_2 sind gesucht.

Für die Position des TCPs im Koordinatensystem K_0 gelten die Gleichungen:

$$\begin{aligned} x_T &= L_1 \cdot \cos(\theta_1) + L_2 \cdot \cos(\theta_1 + \theta_2) = f_1(\theta_1, \theta_2) \\ y_T &= L_1 \cdot \sin(\theta_1) + L_2 \cdot \sin(\theta_1 + \theta_2) = f_2(\theta_1, \theta_2) \end{aligned} \tag{4.49}$$

Wir fassen die beiden Gelenkwinkel θ_1 und θ_2 zu einem Vektor $\vec{\theta} = \left[\begin{smallmatrix} \theta_1 \\ \theta_2 \end{smallmatrix}\right]$ zusammen. Damit können wir verkürzt schreiben:

$$\vec{P} = \vec{F}(\vec{\theta})$$

Dabei gilt für den Vektor $\vec{F}(\vec{\theta})$:

$$\vec{F}(\vec{\theta}) = \begin{bmatrix} f_1(\vec{\theta}) \\ f_2(\vec{\theta}) \end{bmatrix} \tag{4.50}$$

Mit Hilfe der Jacobi-Matrix $J(\vec{\theta})$, die die partiellen Ableitungen der Funktion $\vec{F}(\vec{\theta})$ nach den Elementen θ_1 und θ_2 im Weltkoordinatensystem enthält, gilt für kleine Änderungen des

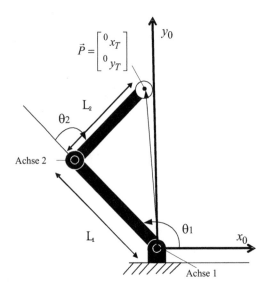

Abb. 159: Zwei-Achs-Roboter

Vektors $\vec{P}, d\vec{P}$ bei kleinen Änderungen von $\vec{\theta}, d\vec{\theta}$:

$$d\vec{P} = J(\vec{\theta}) \cdot d\vec{\theta}$$

$$\begin{bmatrix} dx_T \\ dy_T \end{bmatrix} = \begin{bmatrix} \dfrac{\partial f_1}{\partial \theta_1} & \dfrac{\partial f_1}{\partial \theta_2} \\ \dfrac{\partial f_2}{\partial \theta_1} & \dfrac{\partial f_2}{\partial \theta_2} \end{bmatrix}_{\theta_1,\theta_2} \cdot \begin{bmatrix} d\theta_1 \\ d\theta_2 \end{bmatrix} \tag{4.51}$$

Dividiert kann die letzte Gleichung durch die differenzielle Zeit dt, erhält man eine Zuordnung der Achsgeschwindigkeiten zu den Geschwindigkeiten des TCPs im Weltkoordinatensystem:

$$v(t) = \frac{d\vec{P}}{dt} = J(\vec{\theta}) \cdot \frac{d\vec{\theta}}{dt}$$

$$v(t) = J(\vec{\theta}) \cdot \dot{\vec{\theta}}$$

Wir wollen die Geschwindigkeit zu bestimmten Zeitpunkten k im Abstand einer Taktzeit T betrachten. Die aktuellen Werte von x_T und y_T werden mit dem Index k angegeben, die inkrementellen Änderungen werden durch die vorangeschrittenen Werte mit dem Index $k+1$ gekennzeichnet. Die Geschwindigkeit zum Zeitpunkt $t = (k+1) \cdot T$ nennen wir $v(k+1)$:

$$v(k+1) \approx \begin{bmatrix} \dfrac{x_T(k+1) - x_T(k)}{T} \\ \dfrac{y_T(k+1) - y_T(k)}{T} \end{bmatrix}$$

Die Achsgeschwindigkeit zu diesem Zeitpunkt sei $\dot{\vec{\theta}}(k+1)$:

$$\dot{\vec{\theta}}(k+1) \approx \begin{bmatrix} \frac{\theta_1(k+1)-\theta_1(k)}{T} \\ \frac{\theta_2(k+1)-\theta_2(k)}{T} \end{bmatrix}$$

Die Umstellung der Gleichung (4.51) nach $\dot{\vec{\theta}}(k+1)$ ergibt:

$$\dot{\vec{\theta}}(k+1) = [J(\vec{\theta}(k))]^{-1} \cdot v(k+1)$$

Mit den Zusammenfassungen

$$d\vec{P}(k+1) = \begin{bmatrix} dx_T(k+1) \\ dy_T(k+1) \end{bmatrix}$$

und

$$dx_T(k+1) = x_T(k+1) - x_T(k) = f_1\big(\vec{\theta}(k+1)\big) - f_1\big(\vec{\theta}(k)\big)$$
$$dy_T(k+1) = y_T(k+1) - y_T(k) = f_2\big(\vec{\theta}(k+1)\big) - f_2\big(\vec{\theta}(k)\big)$$

und den Winkeländerungen

$$d\theta_1(k+1) = \theta_1(k+1) - \theta_1(k)$$
$$d\theta_2(k+1) = \theta_2(k+1) - \theta_2(k)$$

kann eine Berechnungsformel für die inkrementelle Winkeländerung der Gelenkwinkel aufgestellt werden:

$$d\vec{\theta}(k+1) = [J(\vec{\theta}(k))]^{-1} \cdot d\vec{P}(k+1)$$

Ausgehend von einem Anfangspunkt mit den Koordinaten $x_T(0), y_T(0)$ und den zugehörigen Gelenkkoordinaten $\theta_1(0)$ und $\theta_2(0)$ ermittelt man für jeden Zeittakt die Jacobi-Matrix J und ihre Inverse. Ausgehend von den im vorherigen Rechenschritt ermittelten Koordinaten $x_T(k), y_T(k)$, werden die Koordinaten $x_T(k+1), y_T(k+1)$, die auf einer Bahn zum Zielpunkt liegen, berechnet. In der Regel sollen alle berechneten Punkte auf einer Geraden liegen. Durch das Näherungsverfahren kann es aber sein, dass die berechneten Werte nicht genau auf der Bahn liegen. Dann muss $d\vec{P}(k+1)$ ausgehend von dem vorherigen durch Vorwärtstransformationen $\vec{P}(k) = \vec{F}(\vec{\theta}(k))$ gefundenen Koordinatenwert $\vec{P}(k)$ in Richtung Zielpunkt berechnet werden. Die Punkte dürfen nicht zu weit auseinanderliegen, weil sonst die Näherungen ungenau werden. Wir wollen diese Vorgehensweise an einem kleinen Beispiel üben.

Beispielaufgabe

Stellen Sie die Jacobi-Matrix und deren Inverse für den Zwei-Achs-Roboter auf.

Lösung

Für den Roboter mit zwei Gelenken ist die Jacobi-Matrix leicht zu berechnen:

$$J = \begin{bmatrix} -L_1 \sin\theta_1 - L_2 \sin(\theta_1 + \theta_2) & -L_2 \sin(\theta_1 + \theta_2) \\ L_1 \cos\theta_1 + L_2 \cos(\theta_1 + \theta_2) & L_2 \cos(\theta_1 + \theta_2) \end{bmatrix}$$

Für die Inverse gilt:

$$J^{-1} = \frac{1}{J_D} \cdot J^T_{adj}$$

Dabei ist J_D die Determinante der Jacobi-Matrix und J^T_{adj} deren Adjunkte:

$$\begin{bmatrix} -L_1 \sin\theta_1 - L_2 \sin(\theta_1 + \theta_2) & -L_2 \sin(\theta_1 + \theta_2) \\ L_1 \cos\theta_1 + L_2 \cos(\theta_1 + \theta_2) & L_2 \cos(\theta_1 + \theta_2) \end{bmatrix}$$

$$J_D = (-L_1 \sin\theta_1 - L_2 \sin(\theta_1 + \theta_2)) \cdot L_2 \cos(\theta_1 + \theta_2) +$$
$$(L_1 \cos\theta_1 + L_2 \cos(\theta_1 + \theta_2)) \cdot (L_2 \sin(\theta_1 + \theta_2))$$
$$J_D = -L_1 \cdot L_2 \cdot (\sin\theta_1 \cdot \cos(\theta_1 + \theta_2) - \cos\theta_1 \cdot \sin(\theta_1 + \theta_2))$$
$$J_D = -L_1 \cdot L_2 \cdot (\sin(\theta_1 - (\theta_1 + \theta_2)))$$
$$J_D = L_1 \cdot L_2 \cdot \sin\theta_2$$

$$J^T_{adj} = \begin{bmatrix} L_2 \cos(\theta_1 + \theta_2) & L_2 \sin(\theta_1 + \theta_2) \\ -L_1 \cos\theta_1 - L_2 \cos(\theta_1 + \theta_2) & -L_1 \sin\theta_1 - L_2 \sin(\theta_1 + \theta_2) \end{bmatrix}$$

Für den 2-Achs-Roboter folgt für die Inverse der Jacobi-Matrix:

$$J^{-1} = \frac{1}{J_D} \begin{bmatrix} L_2 \cos(\theta_1 + \theta_2) & L_2 \sin(\theta_1 + \theta_2) \\ -L_1 \cos\theta_1 - L_2 \cos(\theta_1 + \theta_2) & -L_1 \sin\theta_1 - L_2 \sin(\theta_1 + \theta_2) \end{bmatrix}$$

Daraus folgt, dass die Inverse der Jacobi-Matrix nur berechenbar ist, wenn ihre Determinante ungleich Null ist. Für den 2-Achs-Roboter sind die Inversen der Jacobi-Matrix für die Winkel $\theta_2 = 0°$ und $\theta_2 = 180°$ nicht berechenbar. Wenn der Winkel θ_2 Null wird, ist der Arm ausgestreckt und eine Bewegung kann nur senkrecht zum Arm erfolgen. Man sagt, der Roboter hat einen Freiheitsgrad verloren!

Bei den meisten Robotern kann die Determinante für bestimmte Gelenkwinkel-Kombinationen null werden. Diese Stellen werden als Singularitäten bezeichnet. Am Arbeitsraumrand, d. h. wenn die einzelnen Hebelarme voll ausgestreckt sind, entstehen Singularitäten. Aber auch wenn zwei Hebel in einer Linie liegen, entstehen Singularitäten. Das ist beim 6-Achs-Roboter z. B. der Fall, wenn der Winkel θ_5 gleich null ist. In den Singularitäten verliert der Roboter einen

Freiheitsgrad, da jede Änderung der Winkel θ_4 oder θ_6 die gleiche Änderung der Roboterhand zur Folge hat.

Wir wollen ein Beispiel behandeln.

Beispielaufgabe

Ein Roboter mit zwei Gelenken in der Ebene hat die Hebellängen $L_1 = 4$ und $L_2 = 3$. Die Einheiten spielen dabei keine Rolle. Der Roboter soll den Punkt

$$\vec{P}_{\text{Ziel}} = \vec{P}(\vec{\theta}(10)) = \begin{bmatrix} 4 \\ 3 \end{bmatrix}$$

auf einer Geraden erreichen. Die Bahn wird in zehn gleiche Abschnitte zerlegt. Die Ausgangswinkel betragen:

$$\vec{\theta}(0) = \begin{bmatrix} \theta_1(0) = 10° \\ \theta_2(0) = 30° \end{bmatrix}.$$

Berechnen Sie für $k = 0,1,2$ die Gelenkwinkel und prüfen Sie, ob der Roboter auf der vorgegebenen Bahnkurve geführt wird.

Lösung

Aufgrund der bekannten Transformationsvorschrift kann die Lage des TCPs bei $k = 0$ berechnet werden:

$${}^0T_3 = \begin{bmatrix} \cos(\theta_1 + \theta_2) & -\sin(\theta_1 + \theta_2) & 0 & L_2\cos(\theta_1 + \theta_2) + L_1\cos\theta_1 \\ \sin(\theta_1 + \theta_2) & \cos(\theta_1 + \theta_2) & 0 & L_2\sin(\theta_1 + \theta_2) + L_1\sin\theta_1 \\ 0 & 0 & 1 & 0 \\ 0 & 0 & 0 & 1 \end{bmatrix}$$

Zu den gegebenen Winkeln gehört die folgende Anfangsposition des TCPs:

$$x(0) = x_0 = L_1 \cdot \cos(\theta_1(0)) + L_2 \cdot \cos(\theta_1(0) + \theta_2(0)) = 6{,}237$$

$$y(0) = y_0 = L_1 \cdot \sin(\theta_1(0)) + L_2 \cdot \sin(\theta_1(0) + \theta_2(0)) = 2{,}623$$

$$\vec{P}_{\text{Start}} = \vec{P}(\vec{\theta}(0)) = \begin{bmatrix} 6{,}237 \\ 2{,}623 \end{bmatrix}$$

Für die Bahnabschnitte im ersten und zweiten Schritt gilt, bezogen auf den berechneten Ausgangspunkt:

$$dx_T(10) = x_T(10) - x_T(0) = 4 - 6{,}237 = -2{,}237$$

$$dx_T(1) = x_T(1) - x_T(0) = \frac{-2{,}237}{10} = -0{,}2237$$

$$x_T(1) = x_T(0) + dx_T(1) = 6{,}237 - 0{,}2237 = 6{,}013$$

$$x_T(2) = x_T(1) + dx_T(1) = 6{,}013 - 0{,}2237 = 5{,}789$$

Die Steigung der Geraden kann über den Anfangs- und Endpunkt berechnet werden.

$$m = \frac{y_T(10) - y_T(0)}{x_T(10) - x_T(0)} = \frac{3 - 2{,}623}{-2{,}237} = -0{,}1685$$

Im nächsten Schritt werden die y-Koordinaten der Sollbahnpunkte berechnet:

$$y_T(1) = y_T(0) + m \cdot dx_T(1) = 2{,}623 + 0{,}1685 \cdot 0{,}2237 = 2{,}661$$

$$y_T(2) = y_T(1) + m \cdot dx_T(1) = 2{,}661 + 0{,}0377 = 2{,}698$$

$$y_T(3) = y_T(2) + m \cdot dx_T(1) = 2{,}698 + 0{,}0377 = 2{,}736$$

$$\ldots$$

$$y_T(10) = y_T(9) + m \cdot dx_T(1) = 3{,}037$$

$$dy_T(1) = y_T(1) - y_T(0) = \frac{0{,}4}{10} = 0{,}0414$$

Für die inverse Jacobi-Matrix gilt im ersten Schritt:

$$J_D(0) = L_1 \cdot L_2 \cdot \sin\theta_2(0) = 6$$

$$J^{-1}(0) = \frac{1}{6} \cdot \begin{bmatrix} 3 \cdot \cos 40° & 3 \cdot \sin 40° \\ -4 \cdot \cos 10° - 3 \cdot \cos 40° & -4 \cdot \sin 10° - 3 \cdot \sin 40° \end{bmatrix}$$

$$J^{-1}(0) = \begin{bmatrix} 0{,}3830 & 0{,}3214 \\ -1{,}0396 & -0{,}4372 \end{bmatrix}$$

Damit kann der nächste Winkelvektor $\vec{\theta}(1)$ berechnet werden:

$$\begin{bmatrix} \theta_1(1) \\ \theta_2(1) \end{bmatrix}_{\text{in rad}} = \begin{bmatrix} \theta_1(0) \\ \theta_2(0) \end{bmatrix}_{\text{in rad}} + \begin{bmatrix} 0{,}3830 & 0{,}3214 \\ -1{,}0396 & -0{,}4372 \end{bmatrix} \cdot \begin{bmatrix} dx_T(1) \\ dy_T(1) \end{bmatrix}$$

$$\begin{bmatrix} \theta_1(1) \\ \theta_2(1) \end{bmatrix}_{\text{in rad}} = \begin{bmatrix} 0{,}174 \\ 0{,}524 \end{bmatrix}_{\text{in rad}} + \begin{bmatrix} 0{,}3830 & 0{,}3214 \\ -1{,}0396 & -0{,}4372 \end{bmatrix} \cdot \begin{bmatrix} -0{,}2237 \\ 0{,}0414 \end{bmatrix} = \begin{bmatrix} 0{,}101 \\ 0{,}739 \end{bmatrix}$$

$$\begin{bmatrix} \theta_1(1) \\ \theta_2(1) \end{bmatrix} = \begin{bmatrix} 5{,}784° \\ 42{,}381° \end{bmatrix}$$

Mit diesen Winkelwerten wird nun die zugehörige TCP-Position $\vec{P}(1) = \vec{F}(\vec{\theta}(1))$ des Roboters berechnet. Diese besitzt die Koordinaten:

$$x(1) = L_1 \cdot \cos(\theta_1(1)) + L_2 \cdot \cos(\theta_1(1) + \theta_2(1)) = 5{,}985$$

$$y(1) = L_1 \cdot \sin(\theta_1(1)) + L_2 \cdot \sin(\theta_1(1) + \theta_2(1)) = 2{,}641$$

$$\vec{P}(\vec{\theta}(1)) = \begin{bmatrix} 5{,}981 \\ 2{,}638 \end{bmatrix}$$

Die Position liegt nicht exakt auf der vorgegebenen Geraden. Ausgehend von diesem Punkt wird die Differenz in x-Richtung zum nächsten Bahnpunkt bestimmt:

$$dx_T(2) = x_T(2) - x(1) = 5{,}789 - 5{,}981 = -0{,}192$$

Die Differenz der Soll-y-Koordinaten im nächsten Schritt und der Ist-y-Koordinate ergibt:

$$dy_T(2) = y_T(2) - y(1) = 2{,}698 - 2{,}638 = 0{,}06$$

Es müssen nun die Determinante der Jacobi-Matrix und deren Inverse neu berechnet werden:

$$J_D(1) = L_1 \cdot L_2 \cdot \sin(\theta_2(1)) = 8{,}05$$

$$J^{-1}(1) = \frac{1}{8{,}05} \cdot \begin{bmatrix} 3 \cdot \cos(42{,}125° + 5{,}901°) & 3 \cdot \sin 48{,}026° \\ -4 \cdot \cos 5{,}901° - 3 \cdot \cos 48{,}026° & -4 \cdot \sin 5{,}901° - 3 \cdot \sin 48{,}026° \end{bmatrix}$$

$$J^{-1}(1) = \begin{bmatrix} 0{,}249 & 0{,}27 \\ -0{,}744 & -0{,}328 \end{bmatrix}$$

Damit kann der Vektor $\vec{\theta}(2)$ berechnet werden.

$$\begin{bmatrix} \theta_1(2) \\ \theta_2(2) \end{bmatrix}_{\text{in rad}} = \begin{bmatrix} \theta_1(1) \\ \theta_2(1) \end{bmatrix}_{\text{in rad}} + \begin{bmatrix} 0{,}249 & 0{,}27 \\ -0{,}744 & -0{,}328 \end{bmatrix} \cdot \begin{bmatrix} dx_T(1) \\ dy_T(1) \end{bmatrix}$$

$$\begin{bmatrix} \theta_1(2) \\ \theta_2(2) \end{bmatrix}_{\text{in rad}} = \begin{bmatrix} 0{,}103 \\ 0{,}735 \end{bmatrix}_{\text{in rad}} + \begin{bmatrix} 0{,}249 & 0{,}27 \\ -0{,}744 & -0{,}328 \end{bmatrix} \cdot \begin{bmatrix} -0{,}192 \\ 0{,}06 \end{bmatrix} = \begin{bmatrix} 0{,}071 \\ 0{,}858 \end{bmatrix}$$

$$\begin{bmatrix} \theta_1(2) \\ \theta_2(2) \end{bmatrix} = \begin{bmatrix} 4{,}06° \\ 49{,}169° \end{bmatrix}$$

Das Verfahren wird normalerweise mit einem Rechner ausgeführt. Das folgende Bild zeigt zwei Bahnen. Die obere ist die Sollbahn, die untere die berechnete Istbahn des Roboters. Es wurden nur zehn Stützstellen genutzt. Die Berechnung erfolgt mit MATLAB.

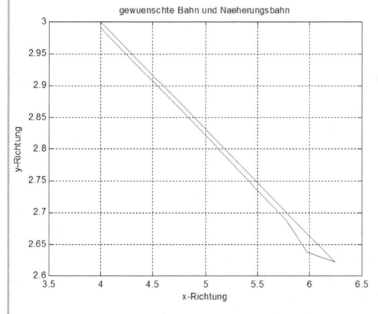

Abb. 160: Numerisch berechnete Istbahnkurve und Sollbahnkurve

Wir wollen das bisher Erlernte zusammenfassen.

Zusammenfassung

Eine wichtige Aufgabe der Robotersteuerung ist die Berechnung der zu einer vorgegebenen kartesischen Roboterposition und Orientierung zugehörigen Gelenkwinkel. Man bezeichnet diese Aufgabe als die inverse Transformation. Das Problem ist nicht eindeutig lösbar. Zu einer Roboterpose gibt es für einen Roboter, bei dem sich die Handachsen schneiden, acht verschiedene Kombinationen der Gelenkwinkel. Es gibt kein allgemeingültiges analytisches Verfahren zur Berechnung der Gelenkwinkel. Eine Methode wurde für einen Roboter mit sechs Achsen erläutert. Weiterhin kann die inverse Transformation numerisch gelöst werden.

Kontrollfragen

K80   Was versteht man unter der inversen Kinematik?

K81   Was ist der Unterschied zwischen dem vollständigen und dem erreichbaren Arbeitsraum eines Industrieroboters?

K82   Wie viele (theoretisch) mögliche Robotergelenkwinkel-Kombinationen kann es bei einem 6-Achs-Roboter geben, um ein Objekt in einer gegebenen Position und Orientierung zu ergreifen?

4.8   Robotersteuerung

Damit eine vorgegebene Winkellage der Achsen angefahren werden kann, muss ein Lageregelkreis für jede Achse des Roboters aufgebaut werden. Dabei wird die Ist-Winkellage über ein Winkelmesssystem erfasst und mit einem Sollwert für den Gelenkwinkel verglichen (Abb. 161). Die evtl. vorhandene Regelabweichung zwischen dem Sollwert und dem Istwert wird durch den Regler in ein Stellmoment umgeformt, das über den Strom des Antriebs aufgebaut wird. Dadurch erfolgt eine Beschleunigung oder Abbremsung der Achse, bis der Sollwert genau genug erreicht wird.

Mit Hilfe des Programmiersystems erstellt der Anwender ein Programm, mit dem in der Regel eine Folge von Sollposen vorgegeben wird. Die Sollwerte für die Gelenkwinkel werden aus den Sollposen über eine inverse Koordinatentransformation ermittelt. Dabei müssen die vom Bediener vorgegebenen Raumpositionen über eine Koordinatentransformationsrechnung in die Gelenkwinkel umgerechnet werden. Diese werden an die Gelenkregelkreise als Sollwertfolge übertragen.

Das Programmiersystem für eine Roboteranlage erlaubt die Programmierung von Anweisungen zur Bewegung, zur Ablaufkontrolle, zum Datenaustausch und zur Behandlung von Unterbrechungen in Echtzeit aufgrund besonderer Ereignisse in der Roboterzelle. Das Programmiersystem stellt die Schnittstelle zwischen dem Bediener und der Robotersteuerung dar. Es stellt Möglichkeiten der Bedienung und Programmierung zur Verfügung. Der Bediener erstellt ein Programm, das die Arbeitsaufgabe lösen soll. Das Programm wird an die Robotersteuerung übertragen. Diese arbeitet das Programm zeilenweise ab, wobei die Abarbeitung vorauseilend

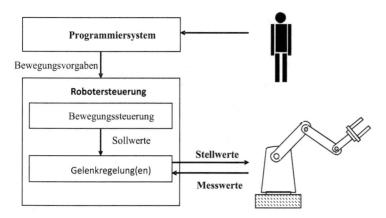

Abb. 161: Die Robotersteuerung bewirkt unter anderem die Regelung der Gelenkachsen

geschieht. Es werden einige Programmzeilen im Voraus durch die Robotersteuerung analysiert. Die aktuelle Abarbeitung einer Programmzeile mit einem Fahrbefehl hinkt der Programmauswertung gewollt hinterher. Dadurch wird gewährleistet, dass für einen Bewegungssatz alle Informationen vorliegen und die Bewegung durchgeführt werden kann. Man nennt diese Technik einen Satzvorlauf. Die Bewegungssteuerung hat vielfältige Aufgaben zu erledigen. Sie muss u. a. dafür sorgen, dass die programmierten Bahnkurven eingehalten werden. Dazu regelt sie die Antriebskräfte der Motoren über Regelkreise, die über interne Sensoren die Achswinkel oder Verfahrwege messen.

4.8.1 Messsysteme für die Gelenkwinkel

Man verwendet unterschiedliche Winkel- oder Wegmesssysteme. Wir wollen die weitverbreiteten Inkrementalgeber und Resolvermesssysteme einführend erklären.

Inkrementalgeber

Ein Inkrementalgeber mit einer Zählschaltung zählt impulsförmige Signale. Die Signale werden über einen Photodetektor bei der Drehung einer geschlitzten Scheibe, wie sie in der Abb. 162 abgebildet ist, erzeugt. Dabei dreht sich die Schlitzscheibe vor einer Lichtquelle. Hinter der Scheibe entsteht ein wechselnder Hell-Dunkel-Übergang. Inkrementale Weggeber für drehende Bewegungen besitzen Strichmaßstäbe auf Scheiben. Nach der Signalformung werden die Hell-Dunkel-Übergänge gezählt. Diese entsprechen einem definierten Winkelwert.

Es werden zwei um eine viertel Periode versetzt angeordnete Fotodetektoren genutzt. Dadurch entstehen zwei Signalverläufe U_1 und U_2, die in Abb. 163 dargestellt sind. Jede Spannungsveränderung wird über ein D-Glied differenziert. Die Zahl der Impulse ist viermal größer als die Periode. Dadurch entsteht eine Vervierfachung der Maßstabteilung. Bei der Bewegung nach rechts hat U_4 dieselbe Polarität wie U_1 (Richtungserkennung). Inkrementalgeber benötigen ein

Abb. 162: Winkelgeber bestehend aus einer geschlitzten Scheibe. Durch die Schlitze wird ein Licht-
           strahl auf einen lichtempfindlichen Halbleiter geschickt. Aus den entstehenden Hell-Dunkel-
           Wechseln, die durch den lichtempfindlichen Halbleiter erkannt werden, wird der durchfahrene
           Winkel durch Addieren (Subtrahieren) der Wechsel ermittelt.

Referenzsignal. Das Signal wird auch über einen Hell-Dunkel-Übergang erzeugt. Dazu befindet
sich in einem bestimmten Radius entlang des Umfangs nur ein Schlitz, der in einer definierten
Lage einen sogenannten Nullimpuls erzeugt.

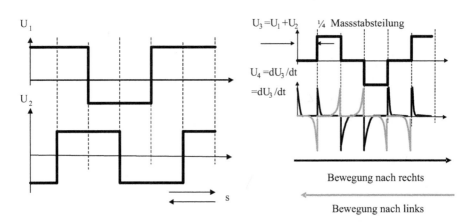

Abb. 163: Man verwendet in Inkrementalgebern zwei Fotodetektoren, die um eine viertel Periode ver-
           setzt zueinander angeordnet sind.

Die Messung des Drehwinkels über ein Resolvermesssystem ist in Abb. 164 veranschaulicht.
Resolver arbeiten absolut, d. h. sie sind in der Lage, durch Messung zweier Spannungen einen
zugehörigen Winkelwert auszugeben. Der Aufbau ähnelt einem elektrischen Generator. Das
Messsystem enthält eine rotierende Spule, die von außen induktiv mit einer Wechselspannung
hoher Frequenz erregt wird. Je nach der Winkellage des Rotors entstehen in den festen Sta-

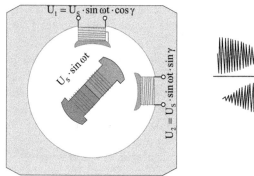
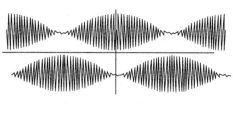

Abb. 164: Prinzip eines Resolvermesssystems, links: mechanischer Aufbau, rechts: Zeitverlauf der Spannungen U_1 und U_2

torspulen unterschiedliche Amplituden der Wechselspannung. Das Verhältnis der induzierten Spannungen in den Statorspannungen ist dem Drehwinkel proportional.

4.8.2 Regelung der Roboterachsen

Roboterachsen werden meist über elektrische Motoren als Aktoren verfahren. Als Motoren werden oft bürstenlose Gleichstromantriebe verwendet, die zwar als Synchronmotor arbeiten, deren Magnetfeld aber über die Rotorlage gesteuert wird. Die Regelung der Winkellage einer Roboterachse erfolgt mit Hilfe eines Mikrorechners über einen Kaskadenregelkreis. Der Regler vergleicht den Sollwinkelverlauf mit dem gemessenen Istwert. Daraus wird der Sollwert eines unterlagerten Drehzahlreglers berechnet. Dieser berücksichtigt die Istdrehzahl, die aus dem Winkelmesssystem durch die Berechnung der Zeitableitung in zeitdiskreter Weise rekonstruiert wird. Der Ausgang des Drehzahlreglers wird zum Sollwert des inneren Stromregelkreises des Motors, der den Sollwert mit dem gemessenen Istwert des Stroms vergleicht. Dadurch wird der Kaskadenregelkreis gebildet, der in Abb. 165 dargestellt ist.

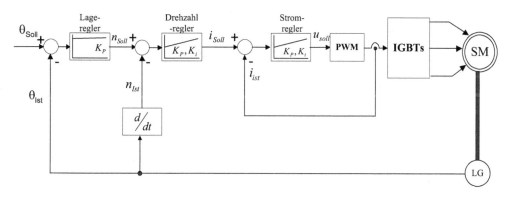

Abb. 165: Kaskadenregelung einer Roboterachse

Der Drehzahlregelkreis enthält gelegentlich eine Drehzahlvorsteuerung, um die Regelabweichung der Drehzahl zu reduzieren. Dazu wird die Solldrehzahl aus der Sollwinkelgeschwindigkeit der Achse durch Differentiation berechnet.

Die Auslegung der Regelung berücksichtigt meist nicht, dass der Roboter durch ein nichtlineares Modell beschrieben werden kann. Mit Hilfe nichtlinearer Regelungsstrategien, die die Kompensation der Nichtlinearitäten beinhalten, können verbesserte Regelungen entwickelt werden. Es ist erforderlich, ein mathematisch-physikalisches Modell der Ursache-Wirkungs-Zusammenhänge in den Roboterachsen zu entwickeln. Dabei ist Ursache der Bewegung ein Drehmoment, das durch die Elektromotoren der Antriebsachsen entwickelt wird. Wir wollen das nichtlineare, dynamische Robotermodell an einem Beispiel entwickeln und erläutern.

Dynamisches Robotermodell

Die Dynamik beschreibt, wie Kräfte und Momente auf Körper wirken. Dazu werden meist mit Hilfe der Methode nach Lagrange oder mit Hilfe der Newton-Euler-Gleichungen nichtlineare Bewegungs-Differenzialgleichungen aufgestellt und analytisch oder numerisch gelöst.

Dazu betrachten wir den Roboter mit vier Freiheitsgraden, der in Abb. 95 dargestellt ist. Die Skizze der vier Teilsysteme des Roboters in der Draufsicht und der Seitenansicht zeigt die Abb. 140. In der zu der Abbildung gehörenden Aufgabe wurden die Vorwärtstransformationsmatrizen hergeleitet.

Zu diesem Roboter kann man mit dem Verfahren nach Newton-Euler (Craig, 2006) oder mit Hilfe des Lagrange-Verfahrens die sogenannten Bewegungs-Differenzialgleichungen aufstellen. Das Lagrange-Verfahren wollen wir an diesem Beispielroboter beschreiben. Das Lagrange-Verfahren geht nicht von den Kräften und Momenten aus, sondern vom Energieinhalt des Systems. Mit Hilfe des Lagrange'schen Formalismus (Craig, 2006) können nach der Auswertung der folgenden Gleichungen die Bewegungs-Differenzialgleichungen aufgestellt werden. Man ermittelt zuerst die Gesamtenergie des Mehrkörpersystems im raumfesten Koordinatensystem, indem man Ausdrücke für die potenzielle U_i und kinetische Energie T_i der n einzelnen Körper in Abhängigkeit der verallgemeinerten Koordinaten, die bei Robotern durch die Gelenkwinkel- oder Gelenkwege gegeben sind, aufstellt. Die Gelenkwinkel (oder auch Gelenkwege) werden in dem folgenden Ausdruck mit $\theta_i(t)$ bezeichnet. Dann werden die Energien der (in diesem Beispiel $n = 4$) Teilsysteme addiert.

$$T = \sum_{i=1}^{n} T_i$$

$$U = \sum_{i=1}^{n} U_i$$

Im nächsten Schritt berechnet man die Lagrange-Funktion $L = T - U$ und wendet die folgenden Berechnungsvorschriften an.

$$\frac{d}{dt}\left(\frac{\partial L}{\partial \dot{\theta}_i(t)}\right) - \frac{\partial L}{\partial \theta_i} = Q_i \qquad (4.52)$$

Auf der rechten Seite der Gleichungen steht für die Teilsysteme 1 und 4 das erforderliche Antriebsmoment und für die Teilsysteme 2 und 3 die erforderliche Antriebskraft zur Ausführung der Bewegung.

Lagrange-Formalismus

Der Lagrange-Formalismus wurde 1788 von Joseph Louis Lagrange entwickelt, um die Dynamik eines Systems durch eine einzige skalare Funktion, die Lagrange-Funktion L, beschreiben zu können. Darauf werden die Lagrange-Gleichungen angewandt, um die Bewegungsgleichungen zu erhalten.

Das erste Teilsystem des Beispielroboters mit dem Freiheitsgrad $\varphi(t)$ kann sich mit der Winkelgeschwindigkeit

$$|\omega(t)| = \left| \frac{d\varphi(t)}{dt} \right|$$

um die z-Achse des raumfesten Koordinatensystems z_0 drehen. Es besitzt ein konstantes Massenträgheitsmoment I_1. Sein Massenschwerpunkt sei im Ursprung des Bezugskoordinatensystems K_0. Das Teilsystem wird isoliert betrachtet, d. h. eine Translation findet nicht statt und das Teilsystem besitzt nur eine kinetische Energie aufgrund seiner Rotation während der Bewegung. Der translatorische Freiheitsgrad $z(t)$ des Teilsystems 2 besitzt die Masse m_2 und das Massenträgheitsmoment I_2. Der radiale Freiheitsgrad des Teilsystems 3 besitzt die verallgemeinerte Koordinate $r(t)$. Die Definition der verallgemeinerten Koordinaten kann in Abschnitt 4.10.1 nachgelesen werden. Diese verändert die Lage des Massenschwerpunktes c_{m3}. Die Masse des Teilsystems 3 sei m_3. Der Abstand des Schwerpunktes vom Ursprung beträgt:

$$\rho_{s3}(t) = r(t) - r_0 - 0{,}5 \cdot L_A$$
$$R_0 = r_0 + 0{,}5 \cdot L_A$$

Das Teilsystem bewirkt eine Rotation um den Winkel $\gamma(t)$. Es besitzt die Masse m_4 und das Massenträgheitsmoment I_4.

Jeder Körper i, ($i = 1,2,3,4$) enthält bezogen auf seinen Schwerpunkt einen kinetischen Energieanteil T_i aufgrund der Drehung mit der Winkelgeschwindigkeit ω_i sowie aufgrund der Schwerpunktgeschwindigkeit v_{si}. Bezogen auf das betrachtete Robotersystem gilt:

$$
\begin{aligned}
T_1 &= \frac{1}{2} \cdot m_1 \cdot v_{s1}^2 + \frac{1}{2} \cdot I_1 \cdot \omega_1^2 \\[4pt]
T_2 &= \frac{1}{2} \cdot m_2 \cdot v_{s2}^2 + \frac{1}{2} \cdot I_2 \cdot \omega_2^2 \\[4pt]
T_3 &= \frac{1}{2} \cdot m_3 \cdot v_{s3}^2 + \frac{1}{2} \cdot I_3 \cdot \omega_3^2 \\[4pt]
T_4 &= \frac{1}{2} \cdot m_4 \cdot v_{s4}^2 + \frac{1}{2} \cdot I_4 \cdot \omega_4^2
\end{aligned}
\tag{4.53}
$$

Die Schwerpunktgeschwindigkeiten der Teilsysteme können wie folgt angegeben werden:

$$v_{s1} = 0$$

$$v_{s2} = \dot{z}(t)$$

$$v_{s3} = \dot{r}(t) + \dot{z}(t) + \omega_1 \cdot \rho_{s3}(t)$$

$$v_{s4} = \dot{r}(t) + \dot{z}(t) + \omega_1 \cdot r(t)$$

Die Winkelgeschwindigkeiten betragen:

$$\omega_1 = \omega_2 = \omega_3 = \frac{d\varphi}{dt}$$

$$\omega_4 = \frac{d\gamma}{dt}$$

Der kinetische Energieinhalt der beiden Teilsysteme kann damit wie folgt angegeben werden:

$$T_1 = \frac{1}{2} \cdot I_1 \cdot \dot{\varphi}(t)^2$$

$$T_2 = \frac{1}{2} \cdot m_2 \cdot \dot{z}(t)^2 + \frac{1}{2} \cdot I_2 \cdot \dot{\varphi}(t)^2$$

$$T_3 = \frac{1}{2} \cdot m_3 \cdot (\dot{r}(t)^2 + \dot{z}(t)^2 + (r(t) - R_0)^2 \cdot \dot{\varphi}(t)^2)$$

$$T_4 = \frac{1}{2} \cdot m_4 \cdot (\dot{r}(t)^2 + \dot{z}(t)^2 + r(t)^2 \cdot \dot{\varphi}(t)^2) + \frac{1}{2} \cdot I_4 \cdot \dot{\gamma}(t)^2$$

(4.54)

Die potenzielle Energieänderung wird als Änderung von einem Bezugspunkt angegeben und durch die vertikale Bewegung der Teilsysteme 2, 3 und 4 in der Koordinatenrichtung $z(t)$ verursacht. Als Ergebnis erhält man für die gesamte kinetische Energie T und potenzielle Energie U des Roboters den folgenden Ausdruck:

$$T = \frac{1}{2} \left\{ (m_3 + m_4) \cdot \dot{r}(t)^2 + (m_2 + m_3 + m_4) \cdot \dot{z}(t)^2 \right\} +$$

$$\frac{1}{2} \left\{ (I_2 + I_1) \cdot \dot{\varphi}(t)^2 + [m_3 \cdot (r(t) - R_o)^2 + m_4 \cdot r(t)^2) \cdot \dot{\varphi}(t)^2 + I_4 \cdot \dot{\gamma}(t)^2] \right\}$$

$$U = (m_2 + m_3 + m_4) \cdot g \cdot z(t)$$

$$L = T - U = \frac{1}{2} \left\{ (m_3 + m_4) \cdot \dot{r}(t)^2 + (m_2 + m_3 + m_4) \cdot \dot{z}(t)^2 \right\}$$

$$+ \frac{1}{2} \left\{ (I_2 + I_1) \cdot \dot{\varphi}(t)^2 + [m_3 \cdot (r(t) - R_o)^2 + m_4 \cdot r(t)^2) \cdot \dot{\varphi}(t)^2 + I_4 \cdot \dot{\gamma}(t)^2] \right\}$$

$$- (m_2 + m_3 + m_4) \cdot g \cdot z(t)$$

(4.55)

Nun wendet man den Lagrange-Formalismus zuerst für den Freiheitsgrad 1 an. Die verallgemeinerte Koordinate ist der Rotationswinkel $\psi_1(t) = \varphi(t)$.

$$\frac{\partial L}{\partial \dot{\varphi}} = (m_3 \cdot (r(t) - R_0)^2 + m_4 \cdot r(t)^2) \cdot \dot{\varphi}(t) + (I_1 + I_2) \cdot \dot{\varphi}(t)$$

$$\frac{d}{dt}\left(\frac{\partial L}{\partial \dot{\varphi}}\right) = (I_1 + I_2) \cdot \ddot{\varphi}(t) + (m_3 \cdot 2\,(r(t) - R_0) \cdot \dot{r}(t) + 2\,m_4 \cdot r(t) \cdot \dot{r}(t)) \cdot \dot{\varphi}(t)$$

$$+ (m_3 \cdot (r(t) - R_0)^2 + m_4 \cdot r(t)^2) \cdot \ddot{\varphi}(t) \qquad (4.56)$$

Entsprechend gilt für den Freiheitsgrad 3 die Translation in radialer Richtung:

$$\frac{\partial L}{\partial \dot{r}} = (m_3 + m_4) \cdot \dot{r}(t)$$

$$\frac{d}{dt}\left(\frac{\partial L}{\partial \dot{r}}\right) = (m_3 + m_4) \cdot \ddot{r}(t) \qquad (4.57)$$

$$\frac{\partial L}{\partial r} = (m_3 \cdot (r(t) - R_0) + m_4 \cdot r(t)) \cdot \dot{\varphi}(t)^2$$

Analog geht man für die beiden restlichen Freiheitsgrade vor und erhält die folgenden vier Bewegungsdifferenzialgleichungen:

$$(I_2 + I_1 + m_3 \cdot [r(t) - R_o]^2 + m_4 \cdot r(t)^2) \cdot \ddot{\varphi}(t)$$

$$+ 2 \cdot (m_3 \cdot [r(t) - R_o] + m_4 \cdot r(t)) \cdot \dot{r}(t) \cdot \dot{\varphi}(t) = Q_1$$

$$(m_2 + m_3 + m_4) \cdot \ddot{z}(t) + (m_2 + m_3 + m_4) \cdot g = Q_2 \qquad (4.58)$$

$$(m_3 + m_4) \cdot \ddot{r}(t) - (m_3 \cdot [r(t) - R_o] + m_4 \cdot r(t)) \cdot \dot{\varphi}(t)^2 = Q_3$$

$$I_4 \cdot \ddot{\gamma}(t) = Q_4.$$

Aus den Gleichungen erkennt man, dass es sich um ein gekoppeltes, nichtlineares Differenzialgleichungssystem handelt. Das Massenträgheitsmoment der Drehachse des Freiheitsgrads $\psi_1(t) = \varphi(t)$,

$$I^* = (I_2 + I_1 + m_3 \cdot [r(t) - R_o]^2 + m_4 \cdot r^2(t)),$$

ist mit veränderlichem $r(t)$ variabel.

Ausgehend von den Gleichungen wird ein Blockschaltbild für den Signalfluss für die Freiheitsgrade $r(t)$ und $\varphi(t)$ aufgestellt, das im folgenden Bild zu sehen ist. Das Blockschaltbild dient in der Regelungstechnik zur Unterstützung beim Verständnis der Wirkungen in der Regelstrecke und zum Reglerentwurf. Für die beiden Freiheitsgrade $z(t)$ und $\gamma(t)$ kann man analog vorgehen.

Das Blockschaltbild enthält Koppelfunktionen $f_3(t)$ und $g_1(t)$,

$$f_3(t) = (m_3 \cdot [r(t) - R_o] + m_4 \cdot r(t)) \cdot \dot{\varphi}(t)^2$$

$$g_1(t) = 2 \cdot (m_3 \cdot [r(t) - R_o] + m_4 \cdot r(t)) \cdot \dot{r}(t) \cdot \dot{\varphi}(t),$$

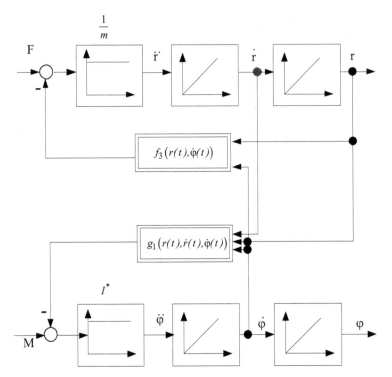

Abb. 166: Struktur des Signalflusses eines Roboters mit einer prismatischen und einer rotatorischen
Achse

die in den doppelt umrandeten Kästen als nichtlineare Funktionen, die von r und φ abhängen
und durch die Geschwindigkeiten der Rotation und Translation beeinflusst werden, dargestellt
sind.

Beispielaufgabe

Erstellen Sie ein Simulationsprogramm mit dem Programm WINFACT/Boris zur Ermittlung
der zeitlichen Verläufe des Radius $r(t)$ und des Winkels $\varphi(t)$ von $t = 0$ s bis $t = 1$ s bei
Aufschaltung eines Kraftsprungs für den radialen Freiheitsgrad von $F = 10$ N. Dabei sei
das Moment $M = 0$ Nm. Anschließend soll ein Momentensprung von $M = 9$ Nm ausgeübt
werden. In diesem Fall gilt $F = 0$ N. Die folgenden Daten des Roboters sind gegeben:

$$\rho_{s3}(t) = r(t) - r_0 - 0{,}5 \cdot L_A$$
$$R_0 = r_0 + 0{,}5 \cdot L_A$$
$$L_A = 590 \, \text{mm}$$
$$r_0 = 250 \, \text{mm}$$

$$m_2 = 11{,}25\,\text{kg}$$

$$m_3 = 4{,}25\,\text{kg}$$

$$m_4 = 7{,}5\,\text{kg}$$

$$I_1 = 4000\,\text{kg} \cdot \text{mm}^2$$

$$I_2 = 3000\,\text{kg} \cdot \text{mm}^2$$

$$I_4 = 300\,\text{kg} \cdot \text{mm}^2$$

Der radiale Freiheitsgrad befindet sich zu Anfang ($t = 0\,\text{s}$) bei $r(0) = 600\,\text{mm}$ und der rotatorische Freiheitsgrad bei $\varphi(0) = 0°$. Für den radialen Freiheitsgrad gelten die Begrenzungen $0 < r < 745\,\text{mm}$.

Lösung

Mit dem Programm WINFACT/Boris wurde das folgende grafische Simulationsprogramm erstellt. Die Simulation ergab in Abb. 167 d) auch eine Bewegung des radialen Freiheits-grades!

Die Simulationsergebnisse zeigen, dass die Bewegung des radialen Freiheitsgrades $r(t)$ kein Moment auf den Freiheitsgrad $\varphi(t)$ ausübt, da sich der Winkel nicht ändert. Im Fall des Momentensprungs wird jedoch auch der Freiheitsgrad $r(t)$ ausgelenkt, da eine Zentrifugalkraft entsteht.

a)

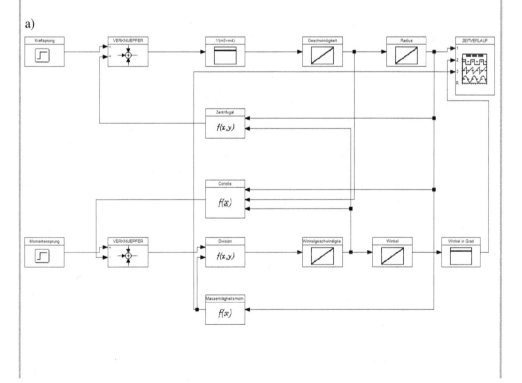

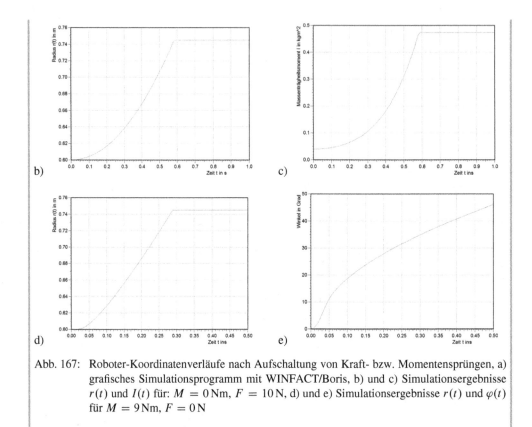

Abb. 167: Roboter-Koordinatenverläufe nach Aufschaltung von Kraft- bzw. Momentensprüngen, a) grafisches Simulationsprogramm mit WINFACT/Boris, b) und c) Simulationsergebnisse $r(t)$ und $I(t)$ für: $M = 0\,\mathrm{Nm}$, $F = 10\,\mathrm{N}$, d) und e) Simulationsergebnisse $r(t)$ und $\varphi(t)$ für $M = 9\,\mathrm{Nm}$, $F = 0\,\mathrm{N}$

Die dargestellte Herleitung der Bewegungsdifferenzialgleichungen vernachlässigt die in der Realität immer vorhandene Reibung.

Fortschrittliche Regelungskonzepte berücksichtigen die gegenseitige Beeinflussung der Achsen, indem sie versuchen, die Koppelterme zu reduzieren oder vollständig zu kompensieren. Eine Methode ist die modellbasierte Regelung. Das Konzept nach (Craig, 2006) soll kurz beschrieben werden. Man geht von einem Roboter mit n Bewegungsachsen aus, die gemessenen Winkel- bzw. Positionswerte seien in dem Vektor

$$\vec{\theta} = \left[\theta_1, \theta_2, \ldots, \theta_n \right],$$

zusammengefasst. Die Gelenkwinkelgeschwindigkeiten werden durch

$$\dot{\vec{\theta}} = \left[\dot{\theta}_1, \dot{\theta}_2, \ldots, \dot{\theta}_n \right]$$

repräsentiert. Außerdem werden die Vektoren der Führungsgrößen der Winkel/Positionen, Geschwindigkeiten und Beschleunigungen berücksichtigt. Die allgemeine Struktur der Regelung ist in Abb. 168 dargestellt.

Man beschreibt den Roboter durch ein Modell, das durch eine nichtlineare Vektor-Differenzialgleichung, die zusätzlich einen Gravitationsterm und einen Reibungsterm enthält, gegeben ist:

$$M(\vec{\theta})\ddot{\vec{\theta}} + V(\vec{\theta},\dot{\vec{\theta}}) + G(\vec{\theta}) + R(\vec{\theta},\dot{\vec{\theta}}) = \vec{Q}(t) \tag{4.59}$$

$n \times n$ Massenmatrix $M(\vec{\theta})$

$n \times 1$ Vektor der Zentrifugalkräfte und Coriolis Terme $V(\vec{\theta},\dot{\vec{\theta}})$

$n \times 1$ Vektor der Gravitationsterme $G(\vec{\theta})$

$n \times 1$ Vektor der Reibungssterme $R(\vec{\theta},\dot{\vec{\theta}})$

$n \times 1$ Vektor der Antriebsmomente $\vec{Q}$

Für den betrachteten Beispielroboter mit zwei Freiheitsgraden $\vec{\theta} = \begin{bmatrix} \theta_1 & \theta_2 \end{bmatrix}^T$ und den Antriebsmomenten $\vec{Q}(t) = \begin{bmatrix} M & F \end{bmatrix}^T$ kann man die folgenden Ausdrücke für die Massenmatrix $M(\vec{\theta})$ und den Vektor der Coriolis-Terme $V(\vec{\theta},\dot{\vec{\theta}})$ aufstellen:

$$\theta_1(t) = r(t), \quad \theta_2(t) = \varphi(t)$$

$$M(\vec{\theta}) = \begin{bmatrix} m & 0 \\ 0 & (m(\theta_1(t) - R_0)^2 + I) \end{bmatrix} \tag{4.60}$$

$$V(\vec{\theta},\dot{\vec{\theta}}) = \begin{bmatrix} (m \cdot (\theta_1(t) + L)) \cdot \dot{\theta}_2(t)^2 \\ 2 \cdot m(\theta_1(t) - R_0) \cdot \dot{\theta}_1(t) \cdot \dot{\theta}_2(t) \end{bmatrix} \tag{4.61}$$

Wie in (Craig, 2006) vorgeschlagen, wird ein modellbasiertes Regelgesetz mit einem Ansatz der folgenden Form gewählt:

$$\vec{Q} = \alpha \vec{Q}' + \beta \tag{4.62}$$

Es ist das Ziel, über einen Modellansatz die Kopplungen zwischen den Achsen, die durch die Zentrifugalkräfte und Coriolismomente entstehen, zu kompensieren. Darin ist

$$\alpha = M(\vec{\theta})$$

eine $n \times n$ Matrix und

$$\beta = V(\vec{\theta},\dot{\vec{\theta}}) + G(\vec{\theta}) + R(\vec{\theta},\dot{\vec{\theta}})$$

ein $n \times 1$ Vektor.

Für den Beispielroboter gilt für α die Gleichung (4.60) und für β Gleichung (4.61). Der Regelfehler sei $\vec{E} = \vec{W} - \vec{\theta}$, dabei ist $\vec{W}$ der Vektor der Sollwertverläufe der einzelnen Achsen, und K_V und K_P sind $n \times n$ Diagonalmatrizen mit konstanten Werten.

In dem Servo-Regelgesetz werden die Abweichungen $\vec{E}$ der Gelenkwinkel bzw. Gelenkwege vom Sollwert und die Abweichungen des Verlaufs der Drehzahlen bzw. Lineargeschwindigkeiten von der Solldrehzahl bzw. Sollgeschwindigkeit bewertet. Zusätzlich enthält das Gesetz den Vektor der Soll-Beschleunigungsverläufe $\ddot{\vec{W}}$. Es lautet:

$$\vec{Q}' = \ddot{\vec{W}} + K_V \cdot \dot{\vec{E}} + K_P \cdot \vec{E} \tag{4.63}$$

Man setzt die Gleichung (4.63) in (4.62) ein. Zusammen mit (4.59) erhält man die Vektor-Differenzialgleichung des Regelfehlers:

$$\ddot{\vec{E}}(t) + K_V \cdot \dot{\vec{E}}(t) + K_P \cdot \vec{E}(t) = 0 \qquad\qquad (4.64)$$

Der Regelfehler strebt nach Ablauf der Einschwingzeit für lange Zeiten t gegen null. Das ermittelte Regelgesetz setzt eine genaue Kenntnis der Parameter des Industrieroboters voraus, d. h. das dynamische Modell muss exakt bekannt sein. Außerdem müssen die Sollverläufe der Wege, Winkel, Drehzahlen, Geschwindigkeiten und Beschleunigungen bekannt sein. Die Modellberechnung muss im Zyklustakt der Robotersteuerung also sehr schnell erfolgen. Damit kann das Blockschaltbild des geregelten Robotersystems wie folgt gezeichnet werden.

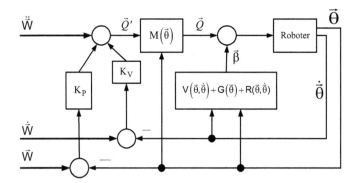

Abb. 168:   modellbasierte Regelung eines Roboters nach (Craig, 2006)

4.8.3   Steuerungsarten

Wir wollen nun ein Verfahren vorstellen, mit dem die Sollwert-Vektoren $\vec{\theta}_S, \dot{\vec{\theta}}_S, \ddot{\vec{\theta}}_S$ berechnet werden können. Dazu gibt der Bediener vor, auf welcher Bahn die Sollwerte der Gelenk-winkel miteinander verbunden werden sollen. Es stehen meist Geraden oder Kreisabschnitte zur Auswahl. Die einfachste Möglichkeit besteht darin, die Punkte auf beliebigem Weg an-zufahren. Man nennt diese Verfahrensmethode Punkt-zu-Punkt-Bewegung (Point to Point = PTP-Bewegung). Die räumliche Bahn des Roboter-TCPs ist dabei im Voraus nicht genau bekannt. Dabei unterscheidet man, ob es erforderlich ist, dass alle an der Bewegung beteiligten Roboterachsen sich synchron bewegen sollen, oder ob es ausreicht, dass die Achsen ohne zeitlichen Zusammenhang, also asynchron, bewegt werden sollen. Man unterscheidet also eine synchrone von einer asynchronen PTP-Bewegung. Bei der synchronen Bewegung kommen alle Achsen gleichzeitig im Zielpunkt an.

Gelenkwinkeltrajektorien

Bei der Programmierung werden die Geschwindigkeit und Beschleunigungen, die die Achsen erreichen sollen, vom Bediener festgelegt. Die Robotersteuerung prüft, ob diese Werte technisch realisierbar sind und errechnet aus den Punkten Folgen von eng aneinander liegenden Achswinkeln, Achswinkelgeschwindigkeiten und Achswinkelbeschleunigungen pro Achse, die nacheinander als Sollwerte an die Achsregelkreise vorgegeben werden.

Der Ablauf der Bewegung kann sich in drei Phasen gliedern, die im folgenden Bild in den Zeiträumen t_b–t_0, t_v–t_b, t_f–t_v ablaufen. In der ersten Phase beschleunigt die Roboterachse mit der konstanten Beschleunigung $\ddot{\theta}$ auf die programmierte Geschwindigkeit $\dot{\theta}_{max}$, in der zweiten Phase wird mit der programmierten Geschwindigkeit $\dot{\theta}_{max}$ und der Beschleunigung null gefahren und in der dritten Phase wird auf die Endgeschwindigkeit 0 mit der negativen Beschleunigung $-\ddot{\theta}_{max}$ abgebremst.

Die Maximalgeschwindigkeit und die Maximalbeschleunigung hängen über die Beschleunigungszeit voneinander ab. Gibt man beide Werte vor, lässt sich die Beschleunigungszeit t_b berechnen. Wir gehen davon aus, dass die Beschleunigungszeit und die Abbremszeit gleich groß sind. Daraus folgt der Zeitpunkt t_v, bei dem die Bremsphase beginnt. Während der Beschleunigung kann der Geschwindigkeitsverlauf durch die Integration der Beschleunigung berechnet werden.

$$\dot{\theta}_{max} = \ddot{\theta}_{max} \cdot t_b \rightarrow t_b = \frac{\dot{\theta}_{max}}{\ddot{\theta}}$$

$$t_v = t_f - t_b$$

$$\dot{\theta}(t) = \dot{\theta}(0) + \int_0^t \ddot{\theta}(t)dt$$

Die dunkle Fläche in Abb. 169 entspricht dem folgenden Integral:

$$\theta(t) - \theta(t_0) = \int_{t_0}^{t_f} \dot{\theta}(t)dt \tag{4.65}$$

Die Integration entspricht der Flächenberechnung, woraus der folgende Zusammenhang folgt.

$$\theta_f - \theta_0 = \dot{\theta}_{max} \cdot t_v = \dot{\theta}_{max} \cdot (t_f - t_b)$$

Durch Umstellung der Formel nach t_f erhält man einen Ausdruck für t_f, die Endzeit der Bewegung.

$$t_f = \frac{\theta_f}{\dot{\theta}_{max}} + t_b = \frac{\theta_f}{\dot{\theta}_{max}} + \frac{\dot{\theta}_{max}}{\ddot{\theta}} \tag{4.66}$$

Die Integration der Geschwindigkeit führt zu den Zeitfunktionen des Winkelverlaufs für die drei Zeitintervalle.

$$a = \ddot{\theta}_{max}$$

$$
\begin{aligned}
\theta(t) &= \theta_0 + a \cdot \frac{t^2}{2} & t_0 < t < t_b \\
\theta(t) &= \theta_b + a \cdot t_b \cdot (t - t_b) & t_b < t < t_V \\
\theta(t) &= \theta_V + \dot{\theta}_{max} \cdot (t - t_V) - a \cdot \frac{(t - t_V)^2}{2} & t_V < t < t_f
\end{aligned}
\tag{4.67}
$$

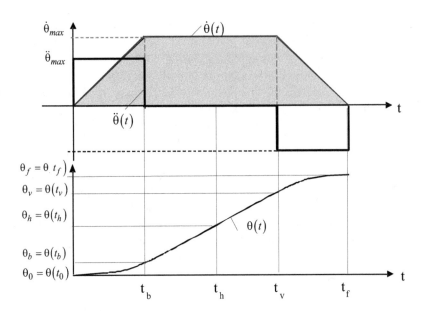

Abb. 169: Geschwindigkeitsrampen und Beschleunigungssprünge zur Bewegung einer Gelenkachse zwischen den Werten θ_0 und θ_f

Mit den vorgegebenen Werten der maximalen Beschleunigung und des Anfangs- und Endwinkels kann man eine Formel finden, mit der geprüft wird, ob die Bewegung überhaupt realisierbar ist. θ_b sei der Wert des Gelenkwinkels am Ende der Beschleunigungsphase. θ_h sei der Wert des Gelenkwinkels, nachdem die Hälfte der Fahrzeit vergangen ist.

$$\ddot{\theta} t_b = \frac{\theta_h - \theta_b}{t_h - t_b}; \quad \theta_h = \theta_0 + \frac{\theta_f - \theta_0}{2}, \quad t_h = \frac{t_f}{2}$$

Daraus folgt:

$$\theta_b = \theta_h - \ddot{\theta} t_b (t_h - t_b)$$

Für den erreichten Winkel nach Ablauf der Beschleunigungsphase gilt ebenfalls:

$$\theta_b = \theta_0 + \frac{1}{2} \ddot{\theta} t_b^2$$

Setzt man die beiden letzten Formeln gleich, erhält man eine quadratische Gleichung, die nach t_b aufgelöst werden kann:

$$t_b = \frac{t_f}{2} - \frac{\sqrt{\ddot{\theta}_{max}^2 \cdot t_f^2 - 4\ddot{\theta}_{max}(\theta_f - \theta_0)}}{2\ddot{\theta}_{max}} \tag{4.68}$$

Damit der Radikand nicht negativ wird, muss die maximale Beschleunigung die folgende Ungleichung erfüllen:

$$\ddot{\theta}_{max} \geq \frac{4(\theta_f - \theta_0)}{t_f^2}$$

Falls das Gleichheitszeichen in der obigen Gleichung gilt, entfällt die Bewegung mit konstanter Geschwindigkeit! Die Programmierung der drei Funktionen (4.67) mit dem Programm MATLAB ergibt mit einem Anwendungsbeispiel die folgenden Kurvenzüge (Abb. 170).

Falls der Roboter N Achsen besitzt und alle Achsen gleichzeitig ihren jeweiligen Zielwert erreichen sollen, bestimmt man mit (4.66) die Endzeiten $t_{f,i}$ pro Achse und wählt die Achse mit der längsten Fahrzeit $t_{f,max}$ als Leitachse.

$$\Delta \theta_i = |\theta_{f,i} - \theta_{0,i}|$$

$$\dot{\theta}_{max,i}, \ddot{\theta}_{max,i}, \rightarrow t_{f,i} = \frac{\Delta \theta_i}{\dot{\theta}_{max,i}} + \frac{\dot{\theta}_{max,i}}{\ddot{\theta}_{max,i}}$$

$$i - 1,2,3\ldots,N, \quad N: \text{Anzahl der Achsen}$$

Die Geschwindigkeiten der anderen Achsen werden dann entsprechend der folgenden Berechnung, die mit Hilfe der Gleichung (4.66) gewonnen wird, angepasst:

$$t_{f,max} = \frac{\theta_{f,i}}{\dot{\theta}_{max,i}} + \frac{\dot{\theta}_{max,i}}{\ddot{\theta}_i} \Rightarrow$$

$$\dot{\theta}_{max,i}^2 - \dot{\theta}_{max,i} \cdot \ddot{\theta}_{max,i} \cdot t_{f,max} + \theta_{f,i} \cdot \ddot{\theta}_{max,i} = 0 \tag{4.69}$$

$$\dot{\theta}_{max,i} = \frac{\ddot{\theta}_{max,i} \cdot t_{f,max}}{2} \pm \sqrt{\frac{(\ddot{\theta}_{max,i} \cdot t_{f,max})^2}{4} - \theta_{f,i} \cdot \ddot{\theta}_{max,i}}$$

In der Regel ist nur einer der Werte sinnvoll. Die Beschleunigungszeiten und die Bremszeitpunkte der Achsen werden mit der neuen maximalen Geschwindigkeit und der gegebenen Beschleunigung pro Achse berechnet.

$$t_{b,i} = \frac{\dot{\theta}_{max,i}}{\ddot{\theta}_i}$$

$$t_{v,i} = t_{f,max} - t_{b,i}$$

Sollen nicht nur die Endzeiten t_f für alle Achsen gleich sein, sondern auch die Beschleunigungs- und Bremszeiten, müssen auch die Beschleunigungen angepasst werden. In dem Fall entsteht eine vollsynchrone Bewegung. Aus den Daten der Leitachse übernimmt man $t_{b,max}$ und $t_{v,max}$ und rechnet die Achsbeschleunigungen neu aus. Man geht wieder von der

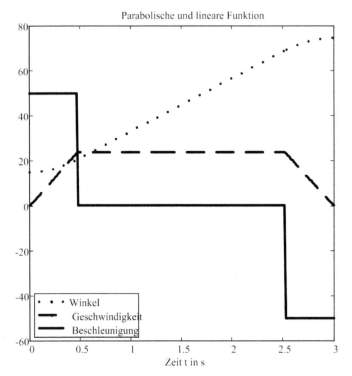

Abb. 170: Zeitfunktionen der Beschleunigung, Geschwindigkeit und des Winkel für ein Beispiel mit
           einer Bewegung von $\theta_0 = 15°$ nach $\theta_f = 75°$ mit der Beschleunigung $\ddot{\theta}_{max} = 50°/s^2$ in
           der Zeit $t_f - t_0 = 3\,s$

Integralbeziehung der schraffierten Fläche aus:

$$\theta_{f,i} - \theta_{0,i} = \dot{\theta}_{max,i} \cdot t_{v,max}$$

$$\dot{\theta}_{max,i} = \frac{\theta_{f,i} - \theta_{0,i}}{t_{v,max}};$$

$$\ddot{\theta}_{max,i} = \frac{\dot{\theta}_{max,i}}{t_{b,max}}$$

(4.70)

Der Roboterprogrammierer legt in seinem Programm fest, ob jeder programmierte Punkt genau
angefahren werden soll, oder ob es ausreicht, nur in die Nähe des Punktes zu kommen und
dabei die Geschwindigkeit der Achsen nicht zu verändern. Dadurch können Bahnen schneller
durchfahren werden und es wird die Gesamtfahrzeit verkürzt. Man bezeichnet diese Verfahrart
als Überschleifen. Die Abb. 171 zeigt die Auswirkung des Überschleifens auf die Bahnfahrt.
Bei der PTP-Bewegung wird die Bewegung auf keiner definierten Bahn ausgeführt und beim
Überschleifen werden die programmierten Bahnpunkte auch nicht genau erreicht. Man kann
in der Programmiersprache z. B. einen Überschleifradius angeben, der angibt, in welcher Nähe
zum programmierten Bahnpunkt bereits auf den folgenden Punkt zugefahren werden soll.

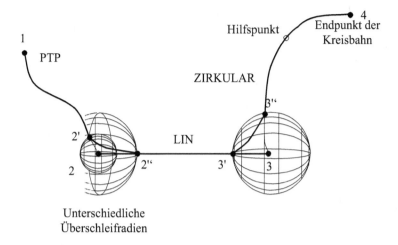

Abb. 171: Überschleifen von Punkten

Überschleiftrajektorien

Für die Überschleifbewegung einer Achse sollen die Berechnungsformeln ebenfalls angegeben werden. Zur Veranschaulichung dient die Abb. 172. Die Beschleunigung während des Überschleifens beim Punkt j sei $\ddot{\theta} = \ddot{\theta}_j$ und sei für alle Punkte gleich, d. h. während des Überschleifens kann nur das Vorzeichen der Beschleunigung einer Achse geändert werden. Gegeben sind vier zu überschleifende Gelenkwinkel: θ_i, θ_j, θ_k, θ_l und die jeweiligen Zeiten für die Bewegung zwischen zwei Punkten: t_{dij}, t_{djk}, t_{dkl}. Berechnet werden können die Überleitzeiten t_i, t_j, t_k. Gesondert betrachtet werden der erste und der letzte Punkt. Die Geschwindigkeit zur Bewegung vom Winkel θ_j zum Winkel θ_k in der gegebenen Zeit t_{djk} sei $\dot{\theta}_{jk}$. Das folgende Verfahren ist z. B. auch in (Craig, 2006) vorgestellt worden.

$$\dot{\theta}_{jk} = \frac{\theta_k - \theta_j}{t_{djk}} \tag{4.71}$$

Bezogen auf zum Überschleifpunkt k benachbarte Bahnsegmente ergibt sich die erforderliche Beschleunigung. Die Signum-Funktion berücksichtigt das richtige Vorzeichen.

$$\ddot{\theta}_k = \text{sign}(\dot{\theta}_{kl} - \dot{\theta}_{jk}) \cdot |\ddot{\theta}| \tag{4.72}$$

Die Zeit zum Überschleifen des Winkels θ_k sei t_k. Diese Zeit hängt von den Geschwindigkeitsunterschieden der Bewegungsphasen vor Erreichen des Überschleifpunktes θ_k und der Geschwindigkeit auf dem folgenden Bewegungsabschnitt und der gegebenen Beschleunigung ab:

$$t_k = \frac{\dot{\theta}_{kl} - \dot{\theta}_{jk}}{\ddot{\theta}_k} \tag{4.73}$$

Damit bleibt für den Bewegungsabschnitt mit konstanter Geschwindigkeit auf der Strecke von θ_j nach θ_k die Zeit t_{jk} übrig:

$$t_{jk} = t_{djk} - \frac{1}{2}t_j - \frac{1}{2}t_k \qquad (4.74)$$

Ein Sonderfall muss im ersten Bewegungsabschnitt beachtet werden: Ausgehend von der Beschleunigung, $\ddot{\theta}_1 = \text{sign}(\theta_2 - \theta_1) \cdot |\ddot{\theta}_1|$ und der gegebenen Fahrzeit t_{d12} kann die Überschleifzeit t_1 berechnet werden:

$$t_1 = t_{d12} - \sqrt{t_{d12}^2 - \frac{2(\theta_2 - \theta_1)}{\ddot{\theta}_1}} \qquad (4.75)$$

Daraus folgt die Bahngeschwindigkeit $\dot{\theta}_{12}$:

$$\dot{\theta}_{12} = \frac{\theta_2 - \theta_1}{t_{d12} - \frac{1}{2}t_1} = \ddot{\theta}_1 t_1 \quad \text{mit} \quad \ddot{\theta}_1 = \text{sign}(\theta_2 - \theta_1)|\ddot{\theta}_1| \qquad (4.76)$$

Ähnlich geht man zur Berechnung der letzten Überschleifzeit t_n und der Geschwindigkeit $\dot{\theta}_{(n-1)n}$ vor, die zum Zielpunkt mit der Geschwindigkeit null führt.

$$\dot{\theta}_{n-1,n} = \frac{\theta_{n-1} - \theta_n}{t_{d,n-1,n} - \frac{1}{2}t_n} = \ddot{\theta}_n t_n \quad \text{mit} \quad \ddot{\theta}_1 = \text{sign}(\theta_{n-1} - \theta_n)|\ddot{\theta}_n|$$

$$t_n = t_{d,n-1,n} - \sqrt{t_{d,n-1,n}^2 - \frac{2(\theta_n - \theta_{n-1})}{\ddot{\theta}_n}}$$

$$\dot{\theta}_{n-1,n} = \frac{\theta_n - \theta_{n-1}}{t_{d,n-1,n} - \frac{1}{2}t_n} = \ddot{\theta}_1 t_1$$

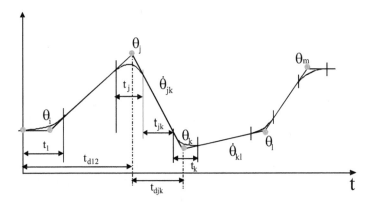

Abb. 172: Überschleifen in Anlehnung an (Craig, 2006)

Abschließend zu dem Abschnitt Trajektorienberechnung soll eine Beispielaufgabe den Stoff vertiefen.

Beispielaufgabe

Gegeben ist ein Ausschnitt einer Trajektorie eines Robotergelenkes. Der Betrag der Beschleunigung beträgt für die Überleitzonen $5°/s^2$. Zum Zeitpunkt $t = 0\,s$ beträgt die Geschwindigkeit $\dot{\theta}_0 = 0°/s$. Die Winkelwerte des Start- und Zielpunktes sowie der Überschleifpunkte sind gegeben.

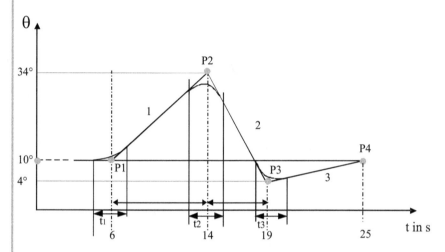

Abb. 173: Trajektorienverläufe zur Beispielaufgabe

a) Berechnen Sie die Geschwindigkeiten des Gelenks auf den linearen Bahnabschnitten 1 und 2.

b) Geben Sie die Beschleunigungen mit Vorzeichen in den Überleitzeiten um die Punkte 2 und 3 an.

c) Berechnen Sie die Überleitzeit t_1 und t_2.

Lösung

zu a)

$$\ddot{\theta}_1 = \text{sign}(\theta_2 - \theta_1)|\ddot{\theta}_1| = +2°/s^2$$

$$t_1 = t_{d12} - \sqrt{t_{d12}^2 - \frac{2(\theta_2 - \theta_1)}{\ddot{\theta}_1}} = 8\,s - \sqrt{(8s)^2 - \frac{2 \cdot (34° - 10°)}{5\frac{°}{s^2}}} = 0,62\,s$$

$$\dot{\theta}_{12} = \frac{\theta_2 - \theta_1}{t_{d12} - \frac{1}{2}t_1} = \frac{24°}{8\,s - 0,31\,s} = 3,12°/s = \ddot{\theta}_1 t_1 = 5°/s^2 \cdot 0,62s \quad = 3,1°/s$$

$$\dot{\theta}_{23} = \frac{P3 - P2}{t_3 - t_2} = \frac{4° - 34°}{19\,s - 14\,s} = -6°/s$$

$$\dot{\theta}_{34} = \frac{P4 - P3}{t_4 - t_3} = \frac{10° - 4°}{21\,s - 15\,s} = 1°/s$$

zu b)

$$\ddot{\theta}_{12} = -5°/s^2$$

$$\ddot{\theta}_{23} = +5°/s^2$$

zu c)

$$t_{1\ddot{u}} = \frac{\dot{\theta}_{23} - \dot{\theta}_{12}}{\ddot{\theta}_{12}} = \frac{(-6-3)°/s}{-5°/s^2} = 1,8\,\text{s},$$

$$t_{2\ddot{u}} = \frac{\dot{\theta}_{34} - \dot{\theta}_{23}}{\ddot{\theta}_{23}} = \frac{(1-(-6))°/s}{5°/s^2} = 1,4\,\text{s}$$

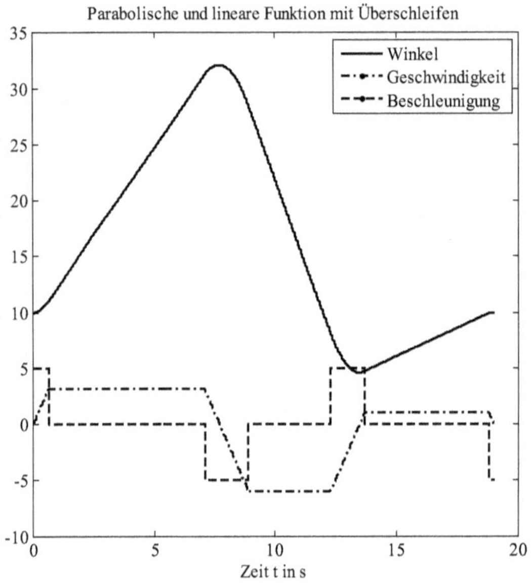

Abb. 174: Simulation der Trajektorien mit MATLAB

Führt der Roboter sein Werkzeug auf Geraden im Raum, die zwei Punkte miteinander verbinden, spricht man von einer Linear-Interpolation. Ausgehend vom aktuellen angefahrenen Punkt der Werkzeugspitze wird der nächste Punkt festgelegt und mit Hilfe einer Programmieranweisung festgelegt, dass eine Fahrt auf einer Geraden durchgeführt werden soll. Die Programmiersprachen für Industrieroboter bieten dazu Sprachsymbole wie MOVES LOC[1] für die Fahrt auf der Geraden oder MOVE für die PTP-Bewegung (Sprache „V+" der Robotersteuerungen der Firma Adept).

In anderen Sprachen lauten die Befehle z. B. einfach nur LIN {x,y,z,a,b,c} (Firma Kuka) oder PTP {a1,a2,a3,a4,a5,a6}. Im ersten Fall erfolgt die Bewegung mit Linear-Interpolation, im zweiten Fall mit einer Achs-Interpolation. Die Bewegung auf einem Kreisabschnitt ist ebenfalls in vielen Programmiersystemen vorgesehen. Diese Bewegungsart wird als Zirkular-Interpolation bezeichnet. Der letzte programmierte Punkt ist der Ausgangspunkt der folgenden Bewegung. In der nächsten Anweisung stehen dann ein Hilfspunkt und der Zielpunkt, die zusammen mit dem Ausgangspunkt einen Kreis oder Kreisbogen definieren. Der Abschnitt des Kreises vom Ausgangspunkt zum Zielpunkt wird dann gefahren.

In der Abb. 171 sind die programmierten Bahnpunkte die Punkte 1, 2, 3, 4. Die Punkte $2'$, $2''$, $3'$ und $3''$ werden durch die Überschleifprogrammierung aufgrund des gegebenen Überschleifradius automatisch berechnet.

Das fertige Programm wird im automatischen Ablauf so abgearbeitet, dass Bahnkurven berechnet werden, auf denen ein Bezugspunkt der Roboteranlage, z. B. die Austrittsdüse einer Klebepistole, bewegt wird. Viele Programmiersysteme bieten umfangreiche Möglichkeiten zur Auswahl von Bezugskoordinatensystemen und zur Aktionskontrolle während der Bewegung des Roboters. Damit können z. B. Schaltaktionen an bestimmten Bahnpositionen durchgeführt werden. Als ein Beispiel soll das Auftragen von Kleb- oder Dichtstoffen genannt werden. Das Auftragen kann sowohl an bestimmten Positionen der Bahn als auch zu bestimmten Zeiten nach Beginn der Bewegung auf einer Bahn erfolgen.

Man kann die Programmierverfahren von Industrierobotern in Online- oder Offline-Verfahren einteilen. Dabei wird bei den Online-Verfahren der Roboter für die Programmierung benötigt, während bei den Offline-Verfahren ausschließlich am PC oder Bediengerät programmiert wird. Die Offline-Verfahren mit Grafikunterstützung werden als virtuelle Planungssysteme bezeichnet.

4.8.4 Programmierverfahren

Die meisten Robotersysteme werden durch eine Art Vormachen der Aufgabestellung programmiert, bei der der Programmierer Punkte und Bahnen, die der Roboter fahren soll, in einem Lernzyklus manuell über ein Handbediengerät durchfährt und wesentliche Bahnpunkte abspeichert. Das Teach-in ist das am häufigsten angewandte Programmierverfahren bei Industrierobotern. Mittels einer Tastatur (Programmierhandgerät) wird der IR in einem kartesischen Koordinatensystem oder auch achsspezifisch an die Sollposition herangefahren, die meistens über Musterwerkstücke bestimmt und dann in Form eines lesbaren Programms abgelegt werden. Ein Programmierhandgerät ist in Abb. 53 dargestellt.

Teach-in-Verfahren

Die Programmierung von Anfahrpunkten des Roboters mit dem Programmierhandgerät nennt man teachen. Das Verfahren wird als Teach-in-Verfahren bezeichnet. Dabei steuert man manuell den Roboter zu den betreffenden Punkten und speichert die Raumkoordinaten und die Orientierung des TCPs durch Drücken einer Taste.

Diese Verfahren erlauben eine direkte Überprüfung der anzufahrenden Positionen. Allerdings werden die erzielbaren Genauigkeiten dadurch begrenzt, dass der Roboter manuell auf Sicht an die Zielpunkte gefahren wird. Moderne Lernverfahren erlauben allerdings auch die Eintragung bekannter Zielpunktkoordinaten. Dabei erfolgt die manuelle Steuerung des TCPs im

Regelkreis und evtl. Fehler der absoluten Genauigkeit wirken sich nicht aus. Die absolute Genauigkeit interessiert dabei nicht, denn die genaue Lage des gespeicherten Punktes im Roboter-Weltkoordinatensystem ist unerheblich. Wichtig ist, dass der Roboter eine gute Wiederholgenauigkeit besitzt.

Bei der Play-Back-Programmierung wird der Roboterarm entweder direkt oder über einen Masterarm entlang der zu verfahrenden Bahnen geführt und in einem bestimmten, von der Schnelligkeit des Rechnersystems abhängigen Takt werden über die Messsysteme die Bahnpunkte eingelesen und abgespeichert. Die gesamte Bewegung kann so festgehalten und jederzeit, eventuell mit höherer Geschwindigkeit, wiederholt werden. Beim Playback ohne eigenen Antrieb führt der Programmierer den Roboter „an der Hand", wobei dessen Bremsen gelöst sind oder eine Kraftregelung aktiv ist. Diese Bewegung wird von der Steuerung registriert und gespeichert. In Abb. 175 ist ein Vorgang dargestellt, bei der ein Roboterwerkzeug manuell vom Bediener geführt wird und die Bahn gespeichert wird.

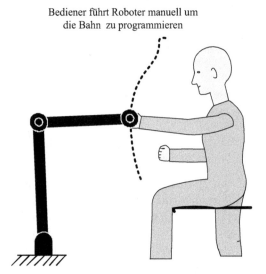

Abb. 175:   Teachen von Bahnen durch Vormachen beim Playback-Verfahren

Bei den Lernverfahren muss der Roboter als greifer- oder werkzeugführendes Gerät bei der Programmierarbeit benutzt werden. In dieser Zeit fällt der Roboter für die Produktion aus. Daher gab es bereits in den 80er Jahren des letzten Jahrhunderts Bestrebungen, die Programmierung der Roboter im Büro durchzuführen. Die Vorstellung der Roboterplaner ist es, dass der Roboter sein Programm weiter abarbeitet und der Programmierer für ein neues Produkt die neuen Roboterbahnen im Büro plant. Die Entwicklung der Offline-Programmiersysteme für Industrieroboter war als neue Produktidee der Hersteller geboren worden. Als Folge entwickelten viele Herstellerfirmen von Robotern auch Steuerungen und Softwaresysteme zur Programmierung. In den meisten Fällen kann man mit den herstellerabhängigen Roboterplanungssystemen auch nur die von der Firma verkauften, eigenen Roboter programmieren. Es gibt einfache textuelle Programmiersysteme, mit denen die Programmierung der Arbeitsaufgabe unterstützt wird, aber die Bewegungen des Roboters nicht visualisiert werden. Diese Systeme unterstützen den Bediener, bieten jedoch keine Unterstützung bei der Überprüfung der dreidimensionalen Bewegungen des Roboters. Die textuellen Verfahren werden auch in Kombination mit den Lernverfahren angeboten. Unter textueller Programmierung versteht man die symbolische Beschreibung von Operationen und Daten in Form von Zeichenfolgen, d. h. der Programmierer erstellt einen lesbaren Text in einer bestimmten Programmiersprache, der von einem Programm (Compiler) gelesen und codiert werden muss. Vielfach wird dabei auch eine Syntaxüberprüfung durchgeführt.

Die Vorteile der textuellen Programmierung bestehen darin, dass die Programme leicht zu lesen und zu ändern sind, dass Daten als Variable dargestellt werden können und dass die zu programmierenden Roboterzellen, wegen der Umprogrammierung der laufenden Anlage, nicht stillgelegt werden müssen. Dies führt jedoch zu dem Problem der Ermittlung der konkreten Positionen und Orientierungen, die vom Roboter angefahren werden müssen. Die Posen müssen bekannt sein, um sie im Programm verwenden zu können. Leider stimmen Posen, die über CAD-Systeme ermittelt werden, in der Praxis nur ungenügend mit den realen Posen der Anlage überein.

Daher nutzt man die textuelle Programmierung häufig zur Erstellung des Programmgerüsts. Die geometrischen Daten werden dann mit teach-in-ähnlichen Verfahren nachfolgend gewonnen. Es findet also meist keine vollständige textuelle Programmierung statt. Die Punkte werden als Variable in eine Punktedatei abgelegt und in einem anschließenden Lernvorgang definiert. Beim Lernen können die Punktekoordinaten dann aus CAD-Systemen in die Punktedatei geladen werden. Es ist auch möglich, die Zielpunkte manuell, d. h. im Einrichtbetrieb anzufahren und in die Punktedatei abzuspeichern. Es handelt sich also um ein kombiniertes Lern- und Programmierverfahren.

4.8.5   Basiskoordinatensysteme

Ein vom Anwender selbst definiertes, sogenanntes Basiskoordinatensystem, das auch Werkstückkoordinatensystem genannt werden kann, ermöglicht ein werkstückbezogenes Verfahren des Roboters. Das Basiskoordinatensystem wird als Bezugssystem für die Beschreibung der Lage des Werkstücks herangezogen. Die Programmierung des Roboters erfolgt im Basiskoordinatensystem.

Es hat als Bezugskoordinatensystem das Weltkoordinatensystem. Durch eine Veränderung des Basiskoordinatensystems können z. B. mehrere gleiche Werkstücke an verschiedenen Orten mit demselben Programm bearbeitet werden. Im folgenden Bild ist ein Beispiel dargestellt. Es zeigt eine Palette, die mit Rundteilen bestückt werden soll. Die Positionen der Palettennester werden relativ zu dem dargestellten Koordinatensystem programmiert.

Basiskoordinatensysteme kann man leicht mit einer Robotersteuerung erzeugen. Dazu stehen spezielle menü-geführte Funktionen zur Verfügung. Man fährt durch manuelles Verfahren der Roboterachsen mit dem Handbediengerät den TCP auf den Ursprung des neuen gewünschten Koordinatensystems und speichert diesen Punkt. Danach fährt man einen beliebigen Punkt an, der auf der x-Achse des neuen Basiskoordinatensystems liegen soll. Zuletzt wird ein Punkt in der x-y-Ebene des Basiskoordinatensystems angefahren und gespeichert.

Online		Kombinierte Verfahren	Offline	
Teach-In	Play-Back		Textuelle Programmierung	Virtuelle Planung
Verfahren des Roboters über Handbediengerät Speichern der Positionen Anwahl von Koordinaten-systemen Speichern von Zusaztfunktionen	Vormachen einer Bahn mit manueller Führung des Roboters Eingabe von technologischen Informationen	Erstellung des Handhabungs-ablaufs offline Ergänzung um Positionsangaben vor Ort online	Beschreibung des Handhabungs-ablaufs mit Hilfe einer Programmier-sprache	Interaktive grafik-geführte Eingabe der Bewegungs-bahn am Bild-schirm Grafische Simulation der Bahn Automatische Programm-erzeugung Übertragung der Bahn in die Steuerung

Abb. 176: Programmiermethoden

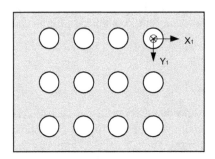

Abb. 177: Das Basiskoordinatensystem liegt in der oberen rechten Ecke der Palette.

Koordinatensysteme in Robotersystemen werden auch als Frame (frame = Rahmen) bezeichnet. Mit der folgenden Rechnung wird mit Hilfe der angefahrenen und abgespeicherten drei
Punkte ein Frame erzeugt, das das Basiskoordinatensystem repräsentiert. Abbildung 178 stellt
ein Werkstück dar, das ein Koordinatensystem enthält, das parallel zu den Werkstückkanten
liegt. Weiterhin sind drei markierte Punkte $P1$, $P2$ und $P3$ eingezeichnet, deren Koordinaten
durch Anfahren des TCPs mit dem Programmierhandgerät ermittelt wurden. In der folgenden
Abb. 179 sind die Ortsvektoren $\vec{r}_1$, $\vec{r}_2$, $\vec{r}_3$ zu den Punkten eingetragen. Mit diesen Ortsvektoren
werden drei neue Vektoren berechnet. Der Vektor $\vec{x}_r$ wird durch die Differenz der Ortsvektoren zweier Punkte gebildet und definiert die x-Richtung des neuen Koordinatensystems.
Ein weiterer Differenzvektor wird aus den Ortsvektoren zu Punkt 3 und Punkt 1 gebildet.

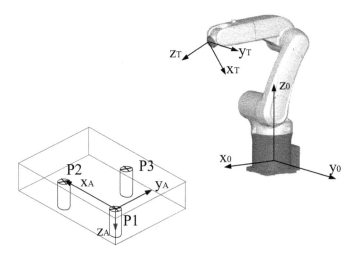

Abb. 178: Einmessen eines Basiskoordinatensystems

Das Vektorprodukt der beiden Differenzvektoren $\vec{x}_r x \vec{u}_r$ steht senkrecht auf der durch beide Vektoren aufgespannten Ebene und beschreibt die Richtung der z-Achse des neuen Basiskoordinatensystems.

$$\vec{x}_r = \vec{r}_2 - \vec{r}_1$$
$$\vec{u}_r = \vec{r}_3 - \vec{r}_1$$
$$\vec{r}_z = \vec{x}_r x \vec{u}_r$$

Daraus lassen sich drei Einheitsvektoren berechnen, die die Orientierung des neuen Koordinatensystems beschreiben. Der Einheitsvektor in z- und x-Richtung wird durch die Division durch den jeweiligen Betrag ermittelt. Es fehlt noch der Einheitsvektor in y-Richtung, der sich aber wieder aus dem Kreuzprodukt der nun bekannten Einheitsvektoren für die x- und die y-Richtung aufstellen lässt.

$$\vec{e}_{r_x} = \frac{\vec{x}_r}{|\vec{x}_r|}$$
$$\vec{e}_{r_z} = \frac{\vec{r}_z}{|\vec{r}_z|}$$
$$\vec{e}_{r_y} = \vec{e}_{r_z} x \vec{e}_{r_x}$$

Der Ortsvektor $\vec{r}_1$ bildet den Koordinatensystemursprung, sodass man die folgende Transformationsmatrix aufstellen kann:

$$^0T_A = \begin{bmatrix} \vec{e}_{r_x} & \vec{e}_{r_y} & \vec{e}_{r_z} & \vec{r}_1 \\ 0 & 0 & 0 & 1 \end{bmatrix}$$

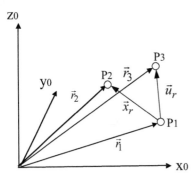

Abb. 179: Festlegung dreier Punkte

Beispielaufgabe

In Roboter-Programmiersprachen werden Basiskoordinatensysteme benutzt.

a) Nennen Sie ein Beispiel für die vorteilhafte Verwendung von Basiskoordinatensystemen.

b) Wie erfolgt die Vermessung von Basiskoordinatensystemen mit der 3-Punkt-Methode in der Roboter-Programmiersprache?

c) Gegeben sind drei Punkte im Roboter-Weltkoordinatensystem, die alle vom Roboter-TCP angefahren werden können (siehe Skizze). Geben Sie den Einheitsvektor an, der von Punkt 1 in Richtung Punkt 2 zeigt.

d) Berechnen Sie über die drei in der Skizze gegebenen Punkte eine homogene Transformationsmatrix zur Beschreibung eines neuen Koordinatensystems mit dem Ursprung in $P1$. Die x-Achse verläuft von $P1$ nach $P2$! Die z-Achse zeigt in Richtung Z_{Welt}.

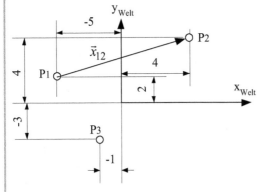

Alle z-Koordinaten seien null!

Abb. 180:   Aufgabe Basiskoordinatensystem

e) Ein Punkt, dessen Koordinaten in dem neuen Koordinatensystems gegeben sind, hat die Koordinaten:

$$\vec{r} = \begin{pmatrix} 1 \\ 2 \\ 0 \end{pmatrix}$$

Berechnen Sie die Koordinaten des Punktes in den Weltkoordinaten.

Lösung

a) Wird das Basiskoordinatensystem z. B. bei der Bestückung von Paletten eingesetzt, müssen die einzelnen Punkte in der Palette nicht in Weltkoordinaten umgerechnet werden.

b) 1. Ursprung anfahren, 2. Punkt auf der x-Achse anfahren, 3. Punkt auf der x-y-Ebene anfahren

c)

$$\vec{P}_{12} = \vec{P}_2 - \vec{P}_1 = \begin{bmatrix} 4 \\ 4 \\ 0 \end{bmatrix} - \begin{bmatrix} -5 \\ 2 \\ 0 \end{bmatrix} = \begin{bmatrix} 9 \\ 2 \\ 0 \end{bmatrix}$$

$$\vec{e}_{P12} = \frac{\vec{x}}{|\vec{x}|} = \frac{\begin{bmatrix} 9 \\ 2 \\ 0 \end{bmatrix}}{\sqrt{9^2 + 2^2 + 0^2}} = \frac{\begin{bmatrix} 9 \\ 2 \\ 0 \end{bmatrix}}{\sqrt{85}} = \begin{bmatrix} 0,976 \\ 0,217 \\ 0 \end{bmatrix}$$

d)

$$\vec{P}_{13} = \vec{P}_3 - \vec{P}_1 = \begin{bmatrix} -1 \\ -3 \\ 0 \end{bmatrix} - \begin{bmatrix} -5 \\ 2 \\ 0 \end{bmatrix} = \begin{bmatrix} 4 \\ -5 \\ 0 \end{bmatrix}$$

$$\vec{P}_Z = \vec{P}_{13} \times \vec{P}_{12} = \begin{bmatrix} 4 \\ -5 \\ 0 \end{bmatrix} \times \begin{bmatrix} 9 \\ 2 \\ 0 \end{bmatrix} = \begin{bmatrix} -5 \cdot 0 - 0 \cdot 2 \\ 0 \cdot 9 - 4 \cdot 0 \\ 4 \cdot 2 - (-5) \cdot 9 \end{bmatrix} = \begin{bmatrix} 0 \\ 0 \\ 53 \end{bmatrix}$$

$$\vec{e}_z = \frac{\vec{P}_Z}{|\vec{P}_Z|} = \frac{1}{\sqrt{0^2 + 0^2 + 53^2}} \cdot \begin{bmatrix} 0 \\ 0 \\ 53 \end{bmatrix} = \begin{bmatrix} 0 \\ 0 \\ 1 \end{bmatrix}$$

$$\vec{e}_y = \vec{e}_z \times \vec{e}_x = \begin{bmatrix} 0 \\ 0 \\ 1 \end{bmatrix} \times \begin{bmatrix} 0,976 \\ 0,217 \\ 0 \end{bmatrix} = \begin{bmatrix} 0 \cdot 0 - 1 \cdot 0,217 \\ 0,976 \cdot 1 - 0 \cdot 0 \\ 0,217 \cdot 0 - 0,976 \cdot 0 \end{bmatrix} = \begin{bmatrix} -0,217 \\ 0,976 \\ 0 \end{bmatrix}$$

$$^{\text{Welt}}T_R = \begin{bmatrix} \vec{e}_x & \vec{e}_y & \vec{e}_z & \vec{r}_{P1} \\ 0 & 0 & 0 & 1 \end{bmatrix} = \begin{bmatrix} 0,976 & -0,217 & 0 & -5 \\ 0,217 & 0,976 & 0 & 2 \\ 0 & 0 & 1 & 0 \\ 0 & 0 & 0 & 1 \end{bmatrix}$$

e)

$$^{\text{Welt}}T_R \cdot \vec{r} = \begin{bmatrix} 0,976 & -0,217 & 0 & -5 \\ 0,217 & 0,976 & 0 & 2 \\ 0 & 0 & 1 & 0 \\ 0 & 0 & 0 & 1 \end{bmatrix} \cdot \begin{bmatrix} 1 \\ 2 \\ 0 \\ 1 \end{bmatrix} = \begin{bmatrix} -4,241 \\ 4,17 \\ 0 \\ 1 \end{bmatrix}$$

4.8.6   Roboter-Programmiersprache: Beispiel V+

Die textuelle Programmierung erfolgt meist mit Hilfe einer speziell entwickelten Hochsprache. Die verschiedenen Hersteller von Industrierobotern bieten unterschiedliche Systeme an. Jede Steuerung wurde auf die Bedürfnisse der von den jeweiligen Herstellern angebotenen Roboter zugeschnitten. Wir wollen als ein Beispiel die Sprache V+ der Firma Adept Technology Inc. vorstellen. Adept V+ ist die Kombination aus Echtzeit-Multitasking-Betriebssystem und Programmiersprache. Die Bedienung der Robotersteuerung erfolgt mit Hilfe eines PCs, der wie die Robotersteuerung an ein Netzwerk (Ethernet) angeschlossen ist. Über ein spezielles Programm mit Terminalbetrieb wird die Verbindung vom PC zur Steuerung aufgebaut. Damit kann das Betriebssystem bedient und es können Daten und Programme verwaltet und geändert werden. Die File-Struktur der Robotersteuerung entspricht allerdings nicht der unter Windows-Betriebssystemen bekannten Struktur. Die Bedienung des Roboters und die Programmierung erfolgen in einem kommandozeilenbasierten Betrieb. In der Kommandozeile können auch einzelne Befehle zur Steuerung des Roboters und zur Abfrage seiner Positionen (z. B. HERE-Befehl) gestartet werden. Der sogenannte SEE-Editor dient zur Erstellung von Textdateien mit Programmen sowie zum Test der Programme. Das datenbankbasierte PC-Programmiersystem AIM bietet einen wesentlich erhöhten (aber auch viel komplizierter zu bedienenden) Komfort.

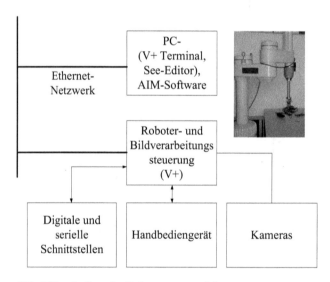

Abb. 181:   Aufbau des Robotersystems Adept

Das Betriebssystem V+ mit der in Abb. 181 dargestellten Struktur steuert alle Abläufe auf Systemebene, wie z. B. die Ein-/Ausgangsverwaltung, die Programmausführung, das Task- und Speichermanagement und die Dateiverwaltung. Als Programmiersprache verfügt V+ über einen umfangreichen Befehlsvorrat und hat sich über Jahrzehnte zu einer leistungs- starken, sicheren und berechenbaren Roboter-Programmiersprache entwickelt. Die Sprache bietet zusätzlich Integrationen von Bildverarbeitungssystemen und Kraft-Momenten-Sensoren. Sprachelemente sind Integer-, Real- oder String-Variablen, mehrdimensionale Felder, Transformationen, Precison-Points, die die Gelenkwinkel enthalten, Kontrollstrukturen, Interrupt-Verwaltung und Programmierung und Fahrbefehle. Das folgende Beispiel zeigt eine Möglichkeit zur Programmierung einer Roboterpose. Der Befehl zur Definition der Roboterpose lautet:

```
SET loc[1] = TRANS(X,Y,Z,y,p,r)
```

Dabei wird eine Location-Variable (loc[1]) als eindimensionales Feld vereinbart und der Variablen werden die zugehörigen Werte für die Position des mit dem Greifer-Koordinatensystemursprungs anzufahrenden Raumpunktes X, Y, Z zugewiesen. Die Orientierung des Koordinatensystems wird durch die Angabe der Winkel yaw (y), pitch (p) und roll (r) festgelegt. Dabei bedeutet yaw = Rotation um die „alte" Z-Achse, pitch = Rotation um die „neue" Y-Achse, roll = Rotation um die „neue" Z-Achse im Gegenuhrzeigersinn, also mathematisch-positivem Drehsinn. Die Transformationen beruhen auf Euler-Winkel in der Folge z, y', z''. Das folgende Beispiel stellt die rotierten Koordinatensysteme dar, die sich ergeben, wenn die folgenden Euler-Winkel vorgegeben werden:
- Drehung um die raumfeste z-Achse um den Winkel $\alpha = 0°$
- Drehung um die sich ergebende y'-Achse um den Winkel $\beta = 80°$
- Drehung um die sich ergebende z''-Achse um den Winkel $\gamma = 90°$

Tab. 14:   Befehle in der Roboter-Programmiersprache V+

SET p1 = TRANS(p1,..,p6)	Weist der Punktvariablen p1 die Koordinaten und Drehwinkel p1–p6 als Werte zu.
SET p2 = p1: t	Definiert den Punkt p2 relativ zu p1, verschoben um die Transformation t.
HERE p oder HERE #pick	Weist der Location p die aktuelle Location des TCP als Wert zu bzw. werden die Gelenkwinkel der Variablen p zugewiesen
SET pal = FRME(loc_1,loc_2,loc_3,origin)	Definition eines neuen Koordinatensystems (frame), loc_1 und loc_2 definieren die x-Achse, loc_3 steht senkrecht auf der x-Achse, origin ist der Ursprung des neu definierten frames
TYPE "t"	Gibt den Text t im Monitorfenster aus.
PROMPT "t", $in bzw. PROMPT "t", in	Gibt den Text t im Monitorfenster aus und erwartet die Eingabe $in oder in
CALL pn	Ruft das Unterprogramm pn auf.
OPEN	Öffnet den Greifer (falls vorhanden) während der nächsten Bewegung des Roboters.
CLOSE	Schließt den Greifer (falls vorhanden).

Wir wollen einige der Befehle der Programmiersprache vorstellen. In der Tab. 16 ist die Syntax zu einigen Befehlen und deren Erklärung dargestellt. Der erste Befehl beschreibt, wie eine Punktvariable definiert wird. Der Name p1 steht als Stellvertreter für einen beliebigen Namen. Die drei ersten Übergabe-Parameter des Befehls geben die Position an, wo der Punkt liegt. Die drei weiteren Parameter sind Euler-Winkel zur Angabe der Orientierung der Hand des Greifers in dem Punkt. Durch die sechs Parameter wird ein Koordinatensystem im Arbeitsraum des Roboters beschrieben, das nach dem Anfahren des Punktes mit dem Greifer-Koordinatensystem in Deckung gebracht wird. Precision-Variablen sind genauer als Location-Variablen, denn in der Precision-Variablen werden die Gelenkwinkel direkt nach Einlesen der Winkelmesssensoren abgespeichert. In der Location-Variablen sind die mathematischen Vorwärtstransformationen vorgenommen worden, deren Berechnung z. B. mathematische Rundungsfehler enthält!

Über das „: "- Zeichen, werden Location-Variablen relativ zu einem Koordinatensystem festgelegt. Mit diesem Befehl können Koordinaten und Orientierungen relativ zu einem vorher definierten Koordinatensystem beschrieben werden. Der Frame-Befehl erzeugt ein Koordinatensystem ausgehend von drei vorgegebenen Positionen. Der Ursprung des neuen Koordinatensystems kann getrennt angegeben werden. Die Übergabeparameter des Befehls enthalten also Transformationen, von denen aber nur die Positionsdaten ausgewertet werden! In Abb. 182 ist ein Beispiel dargestellt. Das Koordinatensystem K_B liegt relativ zum Tischkoordinatensystem K_T und es gilt die Transformationsmatrix $^T T_B$. Der Tisch wird durch die Transformationsmatrix $^R T_T$ im Roboter-Raum-Koordinatensystem beschrieben.

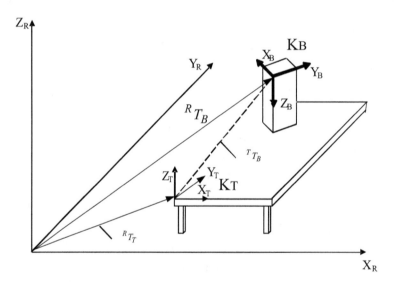

Abb. 182: Beispiel verschiedener Koordinatensysteme

Es gilt mathematisch die Transformationsgleichung, die die Lage und Orientierung des Koordinatensystems K_B relativ zu dem Koordinatensystem K_R beschreibt:

$$^R T_B = {^R T_T} \cdot {^T T_B}$$

Im Programm wird über den folgenden Befehl das Koordinatensystem K_T relativ zu K_R beschrieben.

```
SET p=TRANS(xT,yT,zT,aT,bT,gT)
```

Sind die Koordinaten und Euler-Winkel von Koordinatensystem K_B relativ zu K_T bekannt, kann auch das Koordinatensystem K_B relativ zu K_R angegeben werden:

```
SET w=p:TRANS(xB,yB,zB,aB,bB,gB)
```

Besonders einfach lassen sich die Anfahrpunkte des Roboters bestimmen, wenn der Roboter über das Handbediengerät manuell zu einem Punkt gefahren wird. Dann kann man mit dem `HERE` p-Befehl eine neue Location-Variable (im Beispiel mit dem Namen p) erzeugen, die genau in dem angefahrenen Punkt liegt. Mit den Anweisungen `TYPE` und `PROMPT` kann man auf dem PC-Monitor einfache Dialoge mit dem Benutzer der Roboteranlage aufbauen. Auch Unterprogramme können geschrieben, verwaltet und aufgerufen werden. Ein Beispiel ist im folgenden Listing gezeigt.

```
;-------------------------------------------------;
; Hauptmenue ;
;-------------------------------------------------;
10 TYPE
TYPE
TYPE
TYPE "(0) Programm verlassen"
TYPE
TYPE "(1) Roboterarm aus dem Kamerasichtfeld bewegen"
TYPE
TYPE "(2) Kamera-Live-Bild"
TYPE
TYPE "(3) Neues Palettenmodell erstellen"
TYPE
PROMPT "Antwort: ", antw
CASE antw OF
VALUE 0:
GOTO 30
VALUE 1:
Moves psicher
GOTO 10
VALUE 2:
TYPE "Live-Bild"
VDISPLAY (2) -1 ;Kamera live schalten
GOTO 10
VALUE 3:
CALL mod_sp()
GOTO 10
ANY
TYPE "Falsche Eingabe !!!"
GOTO 10
END
```

Die Fahrbefehle untergliedern sich in Achsbewegungen (`JMOVE`) und Bahnbewegungen (`MOVE`) mit vorgegebener Geschwindigkeit und einstellbaren Beschleunigungsprofilen. Zur senkrechten (in Weltkoordinaten gemessen!) Ein- und Ausfahrt in Palettennester können die

Befehle APPROS (Approach) und DEPART verwendet werden. Zu diesen Befehlen können Einzelheiten den folgenden Programmierbeispielen entnommen werden.

Wie in jeder Programmiersprache stehen auch in V+ Kontrollstrukturen zur Verfügung, mit deren Hilfe Programmschleifen gebildet oder bestimmte Variable abgefragt werden können.

Wir wollen die Verwendung der Befehle in einem Programm an einem Beispiel üben.

Beispielaufgabe

Ein Scara-Roboter Adept One soll Teile von einem Förderband greifen und auf einer Palette ablegen. Der Aufbau des Roboters mit Welt- und Tool-Koordinatensystem ist nachfolgend dargestellt. Darunter ist die Lage des Förderbands und der Palette skizziert. Die Skizze ist nicht maßstäblich. Eine Kamera über dem Förderband erkennt die Teile und liefert die Positionen P_1, P_2 und P_3 in Weltkoordinaten. Der Ortsvektor

$$\vec{\mathrm{Pal}} = \begin{bmatrix} 200 \\ 200 \\ 250 \end{bmatrix}$$

soll den Ursprung eines neuen für die Leiterplatte gültigen Koordinatensystems $X_{\mathrm{Pal}}, Y_{\mathrm{Pal}}, Z_{\mathrm{Pal}}$ definieren. Alle Einheiten seien mm.

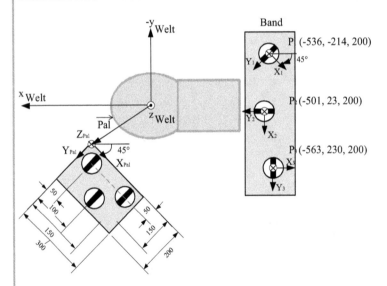

Abb. 183:   Draufsicht

Schreiben Sie ein Programm in der Programmiersprache V+, mit dem die Teile durch einen Roboter vom Band auf die Palette befördert werden können. Beachten Sie dabei die Orientierung der Teile. Lösen Sie dazu folgende Teilaufgaben.

a) Definieren Sie das neue Koordinatensystem Pal (über drei Punkte) als Frame.
b) Definieren Sie die Greifpositionen auf dem Band in Weltkoordinaten als Pose.
c) Definieren Sie nun die Zielkoordinaten bezüglich des Koordinatensystems Pal.

Tab. 15:   Fahrbefehle in V+

`SPEED n`	Setzt die Fahrgeschwindigkeit des Roboters für den nächsten Fahrbefehl auf einen bestimmten Prozentsatz n der Maximalgeschwindigkeit herab.
`SPEED n ALWAYS`	Wirkung wie oben, jedoch mit n als für die gesamte Programmlaufzeit gültigen Standardwert.
`MOVE p`	Roboter fährt mit seinem TCP den Punkt p auf einer interpolierten Bahn an.
`MOVES p`	Roboter fährt mit seinem TCP den Punkt p auf einer geraden Linie an.
`JMOVE jt1,..,jt6`	Bewegt die einzelnen Achsen des Roboters in die Stellung, die den Werten `jt1–jt6` entspricht. Diese werden, abhängig von der Art der Achse, als Winkel (in °) oder als Längenwert (in mm) interpretiert.
`APPRO p, n`	Roboter fährt mit seinem TCP auf einer interpolierten Bahn n mm über den Punkt p.
`APPROS p, n`	Roboter fährt mit seinem TCP auf einer geraden Linie n mm über den Punkt p.
`DEPART n`	Roboter entfernt sich mit seinem TCP auf einer interpolierten Bahn um n mm von Punkt p.
`DEPARTS n`	Roboter entfernt sich mit seinem TCP auf einer geraden Linie um n mm von Punkt p.

Tab. 16:   Kontrollstruktur-Befehle in V+

`GOTO Label`	Springe von der aktuellen Programmzeile zu der mit „`label`" gekennzeichneten Zeile

`IF Bedingung THEN`
`  Anweisungsfolge`
`END`
	Führe die Anweisungsfolge aus, falls die Bedingung erfüllt ist.

`CASE x OF`
`  VALUE v1 : Anweisungsfolge`
`  VALUE vn : Anweisungsfolge`
`  ANY Anweisungsfolge`
`END`
	Die `CASE`-Funktion arbeitet wie eine `IF`-Funktion für mehr als zwei Werte. Nimmt die Variable x einen der Werte `v1–vn` an, so wird die entsprechende Anweisungsfolge ausgeführt, ansonsten die Anweisungsfolge des `ANY`-Zweiges.

`DO Anweisungsfolge` `UNTIL Bedingung`	Die Anweisungsfolge im Schleifenrumpf wird so lange wiederholt, bis die Bedingung erfüllt ist.

`FOR Zählvariable = Anfangswert`
`TO Endwert STEP Schrittweite`
`  Anweisungsfolge`
`END`
	Die Anweisungsfolge im Schleifenrumpf wird so lange wiederholt, wie die Zählvariable zwischen Anfangswert und Endwert liegt. Nach jedem Schleifendurchlauf wird sie um den Wert schrittweite verändert (dies ist optional, Standardwert ist 1).

`WHILE Bedingung DO`
`  Anweisungsfolge`
`END`
	Die Anweisungsfolge im Schleifenrumpf wird so lange wiederholt, wie die Bedingung erfüllt ist.

d) Schreiben Sie eine For-Schleife, in welcher die Teile vom Band gegriffen und auf der Palette abgelegt werden. Beim Greifen und Ablegen soll der Roboter erst 50 mm über der Zielposition positioniert werden und dann die Position anfahren. Auch nach dem Ablegen muss der Roboter sich erst ein Stück nach oben entfernen, um Kollisionen zu vermeiden.

Lösung

a)

```
SET Loc_1=TRANS(200, 200, 250, 0°, 0°, 0°)
SET Loc_2=TRANS(200-300cos(45°),200+300sin(45°),250,0°,0°, 0°)
SET Loc_3=TRANS(200+200sin(45°),200+200cos(45°),250,0°,0°, 0°)
SET Pal=FRAME(Loc_1,Loc_2,Loc_3,Loc_1)
```

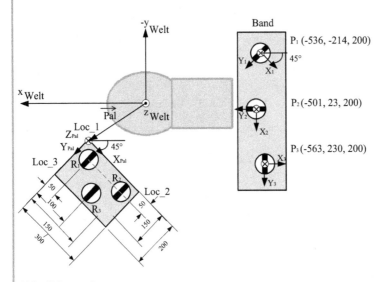

Abb. 184:   zur Lösung

b)

```
SET P1=TRANS(-536, -214, 200, 0°, 180°, 45°)
SET P2=TRANS(-501, 23, 200, 0°, 180°, 90°)
SET P3=TRANS(-563, 230, 200, 0°, 180°, 0°)
```

c)

```
SET T1=TRANS(50, 50, 0, 0°, 0°, 0°)
SET T2=TRANS(150, 50, 0, 0°, 0°, 0°)
SET T3=TRANS(100, 150, 0, 0°, 0°, 0°)
SET R1=Pal:T1
SET R2=Pal:T2
SET R3=Pal:T3
```

d)

```
FOR i=1 TO 3
APRO P[i], 50
OPEN
MOVES P[i]
CLOSE
DEPART 50
APRO R[i]
MOVES R[i]
OPEN
DEPART 50
END
```

Beispielaufgabe

Ein Scara-Roboter Adept One soll Teile von einer Palette greifen und auf einer Zielpalette ablegen. Der Aufbau des Roboters mit Welt- und Tool-Koordinatensystem ist in Abb. 98 dargestellt. Weiterhin sind Ansichten des Roboters sowie der Paletten mit Maßangaben skizziert. Die Skizze ist nicht maßstäblich. Alle Einheiten seien mm. Schreiben Sie ein Programm in der Programmiersprache V+, mit dem die Rundteile aus der Palette entnommen und in die Zielpalette abgelegt werden können. Beachten Sie dabei die Orientierung der Teile. Lösen Sie dazu folgende Teilaufgaben.

a) Definieren Sie die Paletten-Koordinatensysteme Pal1 und Pal2, deren Achsen mit x1, y1 und x2 bzw. y2 bezeichnet sind, über die jeweils mit 1, 2 und 3 bezeichneten Punkte als Frame. Auf den Ursprung der Paletten-Koordinatensysteme zeigen die Vektoren $\vec{P}_1$ und $\vec{P}_2$.

b) Schreiben Sie ein Programm, mit dem die Teile aus der Palette gegriffen und auf der Zielpalette abgelegt werden. Beim Greifen und Ablegen soll der Roboter erst 50 mm über der Zielposition positioniert werden und dann die Position anfahren. Auch nach dem Ablegen muss der Roboter sich erst ein Stück nach oben entfernen, um Kollisionen zu vermeiden.

Lösung:

```
SET loc_11=TRANS(290,300,0,0,0,0)
SET loc_12=TRANS(290,340,0,0,0,0)
SET loc_13=TRANS(200,340,0,0,0,0)
SET loc_21=TRANS(-200,-10,0,0,0,0)
SET loc_22=TRANS(-240,-10,0,0,0,0)
SET loc_23=TRANS(-240,-100,0,0,0,0)
SET p_1=TRANS(200,300,0,0,0,0)
SET p_2=TRANS(-200,-100,0,0,0,0)
SET pal_1=FRAME(loc_12,loc_13,loc_11,p_1)
SET pal_2=FRAME(loc_21,loc_22,loc_23,p_2)
PROGRAMM palette()
a=30
b=20
```

```
FOR i=0 TO 2 STEP 1
    FOR j=0 TO 3 STEP 1
        APPRO pal_1:TRANS(-a*j,-b*i,0,180,180,0),50
        OPEN
        MOVES pal_1:TRANS(-a*j,-b*i,0,180,180,0),11
        CLOSE
        DEPART 50
        APPRO pal_2:TRANS(b*i,a*j,0, 0, 0,0),50
        MOVES pal_2:TRANS(b*i,a*j,0, 0, 0,0),11
        OPEN
        DEPART 50
        CLOSE
    END
END
END
```

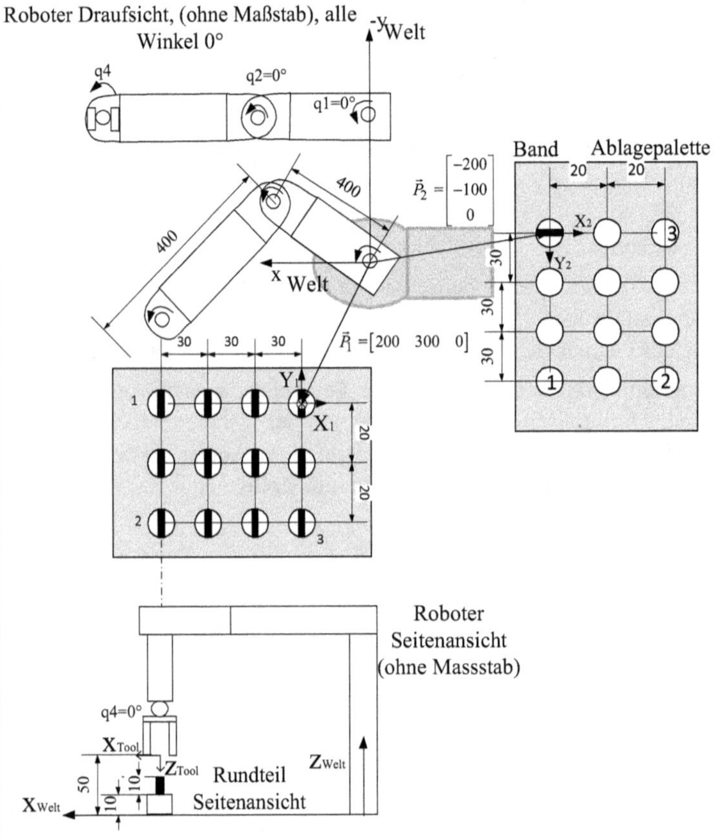

Abb. 185: Beispielaufgabe

4.8.7 Virtuelle Planungssysteme: Beispiel FAMOS Robotic

Die in den beiden letzten Beispielen dargestellten Programmiermethoden werden als textuelle Programmierung bezeichnet. Auch das Adept-System kann mit Offline-Programmiersystemen textuell programmiert werden. Dazu dient ein PC-Programm, das auf einer Datenbank basiert. Mit Hilfe des Programms, das u. a. die Module MotionWare und VisionWare enthält, können standardisierte Module, z. B. zum Anfahren von Punkten, Palettieren, Erkennen von Teilen mit Kameras oder für die Inspektion von Teilen mit Kameras, erstellt werden und als Sequenz miteinander verknüpft werden. Der Benutzer muss die Bedienung des Programmiersystems erlernen, er erstellt die Module und Sequenzen mit vorgefertigten Strukturen, aber in der Regel keine V+ Programme. Eine Besonderheit ist die Integration des Vision-Systems in das Programmierkonzept.

Die Produktentwicklung mit räumlichen dreidimensional-darstellenden Methoden der computerunterstützten Konstruktion (CAD) zur Herstellung industrieller Stückgüter, wie z. B. Kraftfahrzeuge oder deren Komponenten, hat sich erfolgreich in vielen Betrieben durchgesetzt. Die Weiterentwicklung der Planungsmethoden hat das Ziel, auch Funktionen und Bewegungen von Bauteilen zu simulieren. Es ist das Ziel einiger Hersteller, Möglichkeiten zu bieten, das komplette Produkt, sowohl in seinem Aufbau als auch in seinen Funktionen in einem dreidimensionalen, virtuellen Raum zu erkunden. Doch nicht nur das zu entwickelnde Produkt soll vorab möglichst realistisch mit dem Rechner zugänglich gemacht werden, auch der Fertigungsablauf zur Produktion der Produkte soll virtuell geplant werden. Mittlerweile sind Planungssysteme zur Simulation von Fertigungsabläufen entwickelt worden, die Fertigungsabläufe mit einer erstaunlichen Detailtreue visualisieren können. Die Fertigung mit Industrierobotern bietet eine einfache und schnelle Möglichkeit des Programmwechsels auf ein neues Produkt und wird daher als wichtiger Baustein in die Simulation der Abläufe einbezogen.

Doch auch das Zusammenspiel Mensch-Maschine kann mit Hilfe geeigneter „Mensch-Modelle" virtuell geplant werden. Dabei können realistische Belastungssituationen geprüft und gesundheitliche Gefahren für den Menschen aufgespürt werden. Während die einfacheren virtuellen Planungssysteme nur die Roboterarbeitszelle als Programmierumgebung erlauben, gibt es komplexere Systeme, bei denen verkettete Anlagen mit in die Simulationsbetrachtungen integriert werden können.

Da in komplexen Fertigungssystemen mehrere Roboter entlang von Produktionslinien neben anderen Produktionsmitteln, wie. z. B. Förderbändern, Spannvorrichtungen, Schweißautomaten etc., eingesetzt werden, wird gefordert, den gesamten Prozess in einer digitalen Art im Rechner zu visualisieren und den Ablauf zu simulieren. Dadurch werden in der Planungsphase von Produktionsabläufen Fertigungsprobleme frühzeitig erkannt und behoben. Die Programme für die Fertigungsmittel fallen bei dieser Art der Programmierung nebenbei an. Die während der CAD-Simulation gewählten Abläufe können durch geeignete Programme in die Programmiersprache der benutzten Robotersteuerung übersetzt werden. Nach dem Laden der Programme soll die Übertragung der geplanten Abläufe auf die reale Fertigungslinie möglich werden. Natürlich ist die Wahl des geeigneten virtuellen Planungs- und Programmiersystems abhängig von der Art der Aufgabe, die mit Hilfe des Roboters gelöst werden soll. Es ist einsichtig, dass für die Programmierung eines einzelnen Roboters andere Erfordernisse gelten als für die Programmierung einer kompletten Fertigungslinie.

Es soll im Folgenden an einem Beispiel dargestellt werden, wie die Erzeugung von Roboterbahnen mit einem Planungssystem durchgeführt werden kann. Bei dem Planungssystem handelt es sich um das System FAMOS Robotic der Firma Carat robotic innovation GmbH. Damit können Bahnen mit Hilfe von 3D-CAD-Modellen auf oder über Werkstücken erzeugt werden. Es gibt eine Roboter-Bibliothek, aus denen der geeignete Roboter zu wählen ist. Alle in der Arbeitszelle verwendeten Elemente, wie Vorrichtungen, Greifer etc., müssen als CAD-Modell vorliegen. Greifer oder Werkzeuge können an dem Roboterflansch „montiert" werden und der TCP an den gewünschten Bezugspunkt versetzt werden. Die Roboterbewegungen können in Echtzeit simuliert und in 3D animiert werden. Dabei können Kollisionen festgestellt werden. Mit einem geeigneten, auf die Steuerung angepassten Übersetzungsprogramm, das auch als Postprozessor bezeichnet wird, können Roboterprogramme erstellt werden. Diese werden über eine Schnittstelle, z. B. Ethernet, auf die Robotersteuerung geladen und im Testbetrieb erprobt.

Die Aufgabenstellung besteht darin, einen Roboter zum Reinigen von Gießkokillen zum Gießen von Waschtischarmaturen zu programmieren. Nach dem Gießen von Metall (Messing) sind sie verschmutzt und müssen gereinigt werden. Die Gießkokillen sind in Abb. 186 links verschmutzt und rechts gereinigt dargestellt. Die Reinigung erfolgt mit einem neuartigen Sprühverfahren. Dabei werden kleine Schneepartikel aus flüssigem CO_2 erzeugt und unter Hochdruck auf die Oberfläche gesprüht. Der Roboter soll die Sprühpistole in geeignetem Abstand zur Kokille und mit vorgegebener Geschwindigkeit führen. Die Programmierung des Roboters erfolgt über ein virtuelles Planungssystem. Die CAD-Modelle des Roboters, der Sprühpistole, eines Abstands- und Befestigungshalters und der Vorrichtung mit den zwei Kokillenhälften liegen vor. Es müssen sämtliche Positions- und Orientierungsdaten der relevanten Komponenten in der realen Arbeitszelle bekannt sein.

Abb. 186: Reinigen von Kokillen mit einem Roboter, links: reale Kokillenhälfte, rechts: gereinigte Gießkokillen

In einem Versuchsaufbau wurden die unteren und oberen Gießkokillenhälften an einer Vorrichtung montiert, die in Abb. 188 als 3D-CAD-Modell zu sehen sind. Durch die verwendete Sprühpistole (Abb. 187) strömt unter hohem Druck Luft mit beigemischten Schneepartikeln auf die Kokille. Auch die Sprühpistole und deren Halterung müssen als CAD-Modell abgebildet werden. Alle geladenen Objekte werden zuerst im Ursprung der Simulation (Welt-KS „World") eingefügt und müssen an die gewünschte Stelle versetzt werden. Dazu gehören außerdem das Kokillengestell und die zwei Kokillen.

Ausschlaggebend für das exakte Anfahren der Bahnpunkte ist die korrekte Festlegung des TCPs. Dazu muss das Werkzeug (bzw. der TCP) in der realen Anlage eingemessen werden bzw. dessen Positions- und Orientierungsdaten bekannt sein.

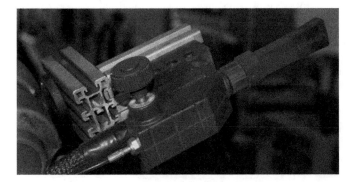

Abb. 187: Sprühpistole für das Schneestrahlreinigen

In FAMOS wird eine Palette von Robotertypen zur Verfügung gestellt. In dem Projekt wird der Roboter IRB 2400 16 M200 mit der Robotersteuerung ABB S4C ausgewählt. Der entsprechende Postprozessor ist automatisch angewählt.

Abb. 188: Roboter mit Sprühpistole und Vorrichtung mit den beiden Kokillen, links: reale Anordnung, rechts virtuelle Arbeitszelle

Es sollen die Reinigungsbahnen auf den Kokillen programmiert werden. Da in diesem Beispiel auf einer Kokille zweimal die gleiche Bahn erstellt werden muss (nur spiegelverkehrt), werden zunächst nur Bahnpunkte auf einer Kokillenhälfte programmiert und dieser Pfad anschließen gespiegelt. Diese beiden Bahnen auf der oberen Kokille werden anschließend wiederum durch eine Spiegelung auf die untere Kokille abgebildet. Dadurch erspart man sich einerseits einen erheblichen Programmieraufwand und andererseits ist gewährleistet, dass alle Gussformen mit identischen Bahnen versehen sind. Bei Bedarf können nun Änderungen in der bestehenden Bahngeometrie vorgenommen werden. D. h. es können einzelne Punkte aus dem bestehenden Pfad entfernt oder deren Lage und Orientierungen verändert werden.

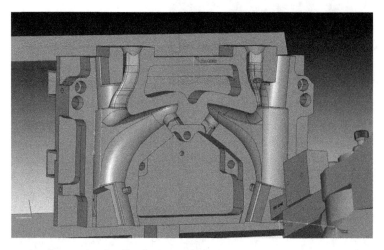

Abb. 189:   CAD-Modell einer Kokille mit Bahnpunkten

Im Beispiel der Kokillenreinigung soll nicht senkrecht entlang der bisher erstellten Kontur gereinigt bzw. gesprüht werden, sondern es soll die in Umlaufrichtung rechts angrenzenden Innenfläche der Gussform gereinigt werden. Der Sprühstrahl soll dabei auch nicht senkrecht zur Kokillenoberfläche, sondern in einem bestimmten Winkel auf die zu reinigende Fläche treffen. Die Orientierung eines Bahnpunktes legt fest, in welchem Winkel der Roboter die Position anfährt. Das Koordinatensystem des TCPs muss mit dem Koordinatensystem des Punktes in Deckung gebracht werden. Es muss also die Orientierung der Punkte so beeinflusst werden, dass sie auch anfahrbar sind! Bei bestimmten Anwendungen, wie z. B. Fräsarbeiten, ist es sinnvoll, die jeweiligen Bahnen mit einem An- und einem Abfahrweg zu versehen. D. h., vor dem ersten und nach dem letzten Punkt einer Bahn wird jeweils ein weiterer Punkt mit definierter Richtung und Distanz zum bezogenen Punkt gesetzt. Damit kann sichergestellt werden, von welcher Richtung der erste Punkt der Bahn angefahren wird und in welche Richtung das Werkzeug von der Bahn wegbewegt wird.

Ist der Bewegungsablauf der erzeugten Bahnen zufriedenstellend, so können anschließend eine Reihe von Einstellungen vorgenommen werden, die Einfluss auf das Bewegungsverhalten des Roboters haben (z. B. Geschwindigkeit, Beschleunigung). In dem Beispiel werden die Signale zur Ansteuerung der Reinigungsdüse gesetzt. Dazu wird ein digitaler Ausgang verwendet, der als Parameter hinzugefügt werden muss.

Die CAD-Kalibrierung dient der Korrektur des räumlichen Verhältnisses von Roboterposition zu Werkstückposition. Die CAD-Modelle und damit letztendlich auch die Bahnpunkte wurden bis jetzt anhand von vorgegebenen Daten positioniert. Diese Daten entstammen z. B. aus den Konstruktionsdaten der Roboteranlage. Dabei muss natürlich mit Abweichungen gerechnet werden. Die reale Position des Bauteils muss also noch eingemessen werden. Dazu werden am Werkstück drei Punkte ausgemessen, d. h. es werden die Koordinaten der Punkte relativ zum Roboterursprung bestimmt. Die offensichtliche Vorgehensweise ist hier, mit einer am Roboter montierten, ausgemessenen Spitze die Punkte anzufahren und die Positionen vom Teach-Panel abzulesen. Es wird zunächst die obere Kokille und anschließend die untere kalibriert.

Letztendlich soll aus dem Projekt auch ein Roboterprogramm erzeugt werden. Hierzu muss die FAMOS-Volllizenz aktiv sein und somit auch die Nutzung des erforderlichen Postprozessors (hier: ABB Rapid Postprozessor V 1.5.7).

Das Roboterprogramm ist nun bereit, um einem Testlauf an der Anlage unterzogen zu werden. Es ist hierbei besonders zu beachten, dass trotz aller Mühe und Sorgfalt, die auf eine Simulation gelegt wird, nicht garantiert werden kann, dass das Roboterprogramm an der realen Anlage kollisionsfrei ausgeführt wird. Das erzeugte Programm sollte auf der realen Steuerung zuerst im langsamen Einrichtmodus überprüft werden.

Wir wollen das bisher Erlernte zusammenfassen.

Zusammenfassung

Im letzten Abschnitt haben wir die Programmierung von Industrierobotern behandelt. Die Point to Point(PTP)-Programmierung erfordert für jede Achse die Angabe eines anzufahrenden Sollwinkels oder bei Linear-Achsen einer Sollposition. Die Bewegung kann in drei Phasen erfolgen. Neben der PTP-Bewegung kann die Bahn auch linear oder zirkular programmiert werden. Falls ein Punkt nicht genau angefahren werden soll, wird dieser Punkt in der Betriebsart Überschleifen programmiert. Der Überschleifradius bestimmt, bei welcher Position vor Erreichen eines programmierten Zwischenpunktes auf die Bahn zum nächsten Zielpunkt übergeleitet wird. Es gibt Online- und Offline-Programmierverfahren. Die Teach-in-Programmierung erfolgt meist online, indem der Roboter mit dem Programmierhandgerät manuell zur Zielposition gefahren wird und dieser Punkt dann in das Programm übernommen wird. Mit den meisten Programmiersprachen wird mit einem Editor textuell das Programm erstellt. Dazu stehen neben Ein- und Ausgabeanweisungen, Kontrollstrukturen und Bewegungsanweisungen zur Verfügung. Virtuelle Planungssysteme dienen der Programmierung des Roboters über ein 3D-CAD-Modell.

Kontrollfragen

K83 Welcher Unterschied besteht zwischen einer synchronen und einer asynchronen PTP-Bewegung?

K84 Was versteht man unter Überschleifen?

K85 Welche Steuerungsarten kennen Sie?

K86 Was ist ein virtuelles Planungssystem und welche Vorteile bietet es?

4.9   Robotersteuerung mit Hilfe von Sensoren

Viele Roboteranwendungen im industriellen Umfeld erfordern sensorische Fähigkeiten der Roboter. Daher wird bereits lange an der Entwicklung fühlender und sehender Roboter gearbeitet. Die Verwendung von Kamerasystemen zur Erkennung und Prüfung von Werkstücken ist besonders weit entwickelt und hat sich in vielen Anwendungen als robust genug für den Industriealltag erwiesen. Die Sensoren der Roboter unterteilt man in interne und externe Sensoren. Während die internen Sensoren die Gelenkwinkel oder Gelenkpositionen, die Beschleunigung und die Geschwindigkeit oder Drehzahl erfassen, messen externe Sensoren z. B. die Lage von Werkstücken über Kameras. Diese Sensoren fallen in die Gruppe der visuellen Sensoren, in Anlehnung an das menschliche Auge. Zu dieser Gruppe gehören auch die Positionssensoren, wie z. B. GPS. Die Messung der eigenen Positionen kann auch über Lasersensoren erfolgen. Man nennt diese Gruppe auch nichttaktile externe Sensoren. Roboter können auch taktile Sensoren nutzen. Wie der Mensch Kräfte erfassen kann und über die Finger und die Hand Gegenstände ertasten kann, befähigen diese Sensoren den Roboter, in Kontakt mit der Umgebung zu treten. Die Kraft-Momenten-Sensoren können an der Handwurzel angebracht sein. Damit werden Kräfte auf den Greifer erfasst. Die Sensoren können aber auch im Antriebsstrang jedes Gelenks untergebracht sein. Auf diese Weise können Kräfte auf alle Armteile ausgewertet werden.

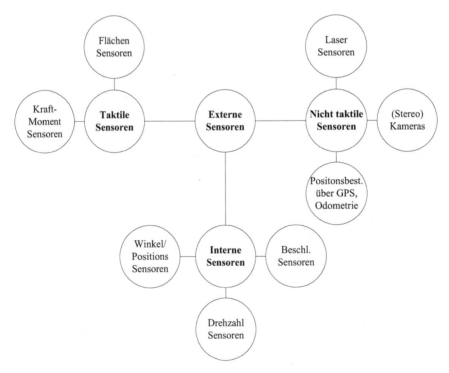

Abb. 190: Robotersensoren

4.9.1   Robot-Vision-Systeme

Neben der Programmierung der Roboter ist die Fähigkeit des Roboters, Entscheidungen selbstständig zu treffen, ein wichtiger Aspekt zur Erhöhung der Flexibilität des Robotereinsatzes.
Daher werden in Verbindung mit Roboteranlagen Systeme mit optischen Sensoren, sogenannte
Robot-Vision-Systeme eingesetzt, die in der Lage sind, Kamerabilder online auszuwerten.
Die Bilder werden z. B. von Teilen, die auf einem Förderband in den Roboterarbeitsbereich
gelangen, aufgenommen. In einem vorab durchgeführten Einlernverfahren werden Muster der
zu erkennenden Teile trainiert. Diese Muster werden in den online aufgenommenen Kamerabildern gesucht. Falls eine ausreichend große Übereinstimmung gefunden wurde, erfolgt die
Entscheidung, welches Teil erkannt wurde. Zusätzlich können die genaue Lage des Teils und
dessen Orientierung aus den Bilddaten berechnet werden.

Wir sehen im folgenden Bild einen Industrieroboter, der runde Teile mit einem Stege aus einer
Palette, die über ein Förderband in den Arbeitsraum des Roboters gelangt, herausnehmen soll.
Sowohl die genaue Lage der über das Förderband transportierten Palette als auch die Lage
und Orientierung der einzelnen Teile sind unbekannt. Daher wird die Lage der Palette über
eine Kamera, die sich oberhalb des Förderbands befindet und an ein Bildverarbeitungssystem
angeschlossen ist, ermittelt. Der Roboter fährt nachfolgend mit einer mitgeführten Kamera zum
ersten Palettennest. Über diese Kamera werden die genauen Lage- und Orientierungsdaten
des Rundteils berechnet und der Greifer z. T. gesteuert. Die Kameras werden durch eigene
Koordinatensysteme beschrieben.

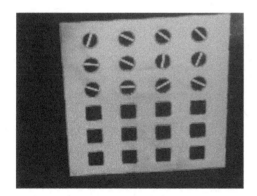 

Abb. 191:   Einsatz eines Industrieroboters mit Vision-System beim Palettieren mit einer mitgeführten,
            mobilen Kamera, links: Bild der raumfesten Kamera, rechts: Roboter mit einer mitgeführten
            Kamera

Über mathematische Verfahren ermittelt man Transformationsmatrizen, mit deren Hilfe Koordinaten, die sich auf erkannte Punkte im Kamerakoordinatensystem beziehen, in das Roboterkoordinatensystem umgerechnet werden. Ein einfaches Verfahren zur Ermittlung der
Transformationsmatrix soll vorgestellt und an einem Beispiel geübt werden. Ausgangspunkt
ist die Anordnung in Abb. 192 links. Es wird ein Arbeitskoordinatensystem K_A durch die Vermessung von drei Kalibrierpunkten aufgestellt. Die Messpunkte sind die Mittelpunkte der im

Bild rechts dargestellten Kalibrierscheiben. Die Lage dieser drei Scheiben wird einmal über die Kamera berechnet. Damit liegen die Koordinaten der drei Punkte im Koordinatensystem K_V vor. Außerdem wird die Lage der drei Scheiben durch Anfahren der Punkte mit dem TCP des Roboters im Koordinatensystem K_R ermittelt. Es liegen nun die folgenden drei Ortsvektoren einmal im Kamera- und einmal im Roboterkoordinatensystem vor: ${}^V\vec{r}_1, {}^V\vec{r}_2, {}^V\vec{r}_3, {}^R\vec{r}_1, {}^R\vec{r}_2, {}^R\vec{r}_3$. Die Ortsvektoren ${}^V\vec{r}_1$ bzw. ${}^R\vec{r}_1$ zeigen zum Ursprung des zu berechnenden Arbeitskoordinatensystems. Die x-Achse des Arbeitskoordinatensystems bezüglich des Koordinatensystems K_V wird über die Richtung von Punkt 1 zu Punkt 2 festgelegt. Über die Ortsvektoren $\vec{x}_{vA}, \vec{y}_{vA}$ erfolgt die Festlegung einer Ebene. Die z-Achse des Arbeitskoordinatensystems steht senkrecht auf dieser Ebene.

$$\vec{x}_{vA} = {}^V\vec{r}_2 - {}^V\vec{r}_1;$$
$$\vec{y}_{vA} = {}^V\vec{r}_3 - {}^V\vec{r}_1; \tag{4.77}$$
$$\vec{z}_{vA} = \vec{x}_{vA} x \vec{y}_{vA}$$

Damit können die Einheitsvektoren der Koordinatenachsen berechnet werden. Auch die Transformationsmatrix ${}^V T_A$ ist damit aufstellbar:

$$\vec{e}_{vx} = \frac{\vec{x}_{vA}}{|\vec{x}_{vA}|}; \vec{e}_{vz} = \frac{\vec{z}_{vA}}{|\vec{z}_{vA}|}; \vec{e}_{vy} = \vec{e}_{vz} x \vec{e}_{vx}$$
$${}^V T_A = \begin{bmatrix} \vec{e}_{vx} & \vec{e}_{vy} & \vec{e}_{vz} & {}^V\vec{r}_1 \\ 0 & 0 & 0 & 1 \end{bmatrix} \tag{4.78}$$

Der gleiche Weg wird nun mit den im Roboterkoordinatensystem bestimmten Punkten beschritten und die Transformationsmatrix ${}^R T_A$ aufgestellt:

$$\vec{x}_{rA} = {}^R\vec{r}_2 - {}^R\vec{r}_1; \quad \vec{y}_{rA} = {}^R\vec{r}_3 - {}^R\vec{r}_1; \quad \vec{z}_{rA} = \vec{x}_{rA} x \vec{y}_{rA}$$
$$\vec{e}_{rx} = \frac{\vec{x}_{rA}}{|\vec{x}_{rA}|}; \quad \vec{e}_{rz} = \frac{\vec{z}_{rA}}{|\vec{z}_{rA}|}; \vec{e}_{ry} = \vec{e}_{rz} x \vec{e}_{rx} \tag{4.79}$$
$${}^R T_A = \begin{bmatrix} \vec{e}_{rx} & \vec{e}_{ry} & \vec{e}_{rz} & {}^R\vec{r}_1 \\ 0 & 0 & 0 & 1 \end{bmatrix}$$

Ein mit der Kamera gemessener Punkt ${}^V P$ kann über eine Transformationsmatrix ${}^R T_V$ in das Roboterkoordinatensystem überführt werden.

$${}^R\vec{P}_V = {}^R T_V \cdot {}^V\vec{P} = {}^R T_A \cdot {}^A T_V \cdot {}^V\vec{P} \tag{4.80}$$

Diese Matrix ${}^R T_V$ wird durch die Verkettung der Transformationsmatrizen ${}^R T_A, {}^A T_V$ ermittelt. Die in (4.78) aufgestellte Matrix ${}^V T_A$ muss invertiert werden.

$${}^R T_V = {}^R T_A \cdot {}^A T_V$$
$$\left({}^V T_A\right)^{-1} = {}^A T_V \tag{4.81}$$

Wir wollen die Ermittlung der Transformationsmatrix ${}^R T_V$ nach diesem Verfahren an einem Beispiel üben.

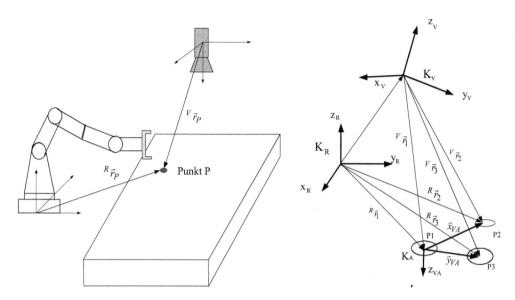

Abb. 192: Kamera- und Roboterkoordinatensystem; links: Ausgangslage; rechts: drei Kalibrierscheiben und eingezeichnete Vektoren

Beispielaufgabe

Im folgenden Bild sind drei Punkte in den Koordinatensystemen K_R und K_V dargestellt. Stellen Sie mit den gegebenen Punkten die Transformationsmatrix $^R T_V$ auf.

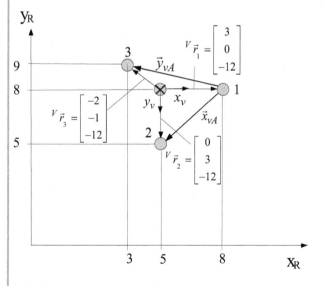

Abb. 193: Beispiel zur Transformation

Lösung

Es handelt sich um die folgenden Punkte:

$$V\vec{r}_1 = \begin{pmatrix} 3 \\ 0 \\ -12 \end{pmatrix} \quad V\vec{r}_2 = \begin{pmatrix} 0 \\ 3 \\ -12 \end{pmatrix} \quad V\vec{r}_3 = \begin{pmatrix} -2 \\ -1 \\ -12 \end{pmatrix}$$

$$R\vec{r}_1 = \begin{pmatrix} 8 \\ 8 \\ 0 \end{pmatrix} \quad R\vec{r}_2 = \begin{pmatrix} 5 \\ 5 \\ 0 \end{pmatrix} \quad R\vec{r}_3 = \begin{pmatrix} 3 \\ 9 \\ 0 \end{pmatrix}$$

Zuerst werden die Richtungsvektoren im Kamerakoordinatensystem bestimmt:

$$\vec{x}_{vA} = V\vec{r}_2 - V\vec{r}_1 = \begin{pmatrix} -3 \\ -3 \\ 0 \end{pmatrix} \quad \vec{y}_{vA} = V\vec{r}_3 - V\vec{r}_1 = \begin{pmatrix} -5 \\ 1 \\ 0 \end{pmatrix}$$

$$\vec{z}_{VA} = \vec{x}_{vA} \times \vec{y}_{vA} = \begin{bmatrix} x_{vA_2} \cdot y_{vA_3} - x_{vA_3} \cdot y_{vA_2} \\ x_{vA_3} \cdot y_{vA_1} - x_{vA_1} \cdot y_{vA_3} \\ x_{vA_1} \cdot y_{vA_2} - x_{vA_2} \cdot y_{vA_1} \end{bmatrix}$$

$$= \begin{bmatrix} 0 - 0 \\ 0 - 0 \\ -3 \cdot 1 - (-5) \cdot (-)3 \end{bmatrix} = \begin{bmatrix} 0 \\ 0 \\ -15 - 3 \end{bmatrix} = \begin{bmatrix} 0 \\ 0 \\ -18 \end{bmatrix}$$

Nun müssen die Einheitsvektoren berechnet werden:

$$\vec{e}_{vx} = \frac{x_v}{|\vec{x}_v|} = \begin{bmatrix} \frac{-3}{\sqrt{18}} \\ \frac{-3}{\sqrt{18}} \\ 0 \end{bmatrix}; \quad \vec{e}_{vz} = \begin{bmatrix} 0 \\ 0 \\ -1 \end{bmatrix}$$

$$\vec{e}_{vy} = \vec{e}_{vz} \times \vec{e}_{vx} = \begin{bmatrix} e_{vzy} \cdot e_{vxz} - e_{vzz} \cdot e_{vxy} \\ e_{vzz} \cdot e_{vxx} - e_{vzx} \cdot e_{vxz} \\ e_{vzx} \cdot e_{vxy} - e_{yzy} \cdot e_{vxx} \end{bmatrix} = \begin{bmatrix} 0 - (-)1 \cdot (-)\frac{3}{\sqrt{18}} \\ -1 \cdot (-)\frac{3}{\sqrt{18}} - 0 \\ 0 - 0 \end{bmatrix} = \begin{bmatrix} \frac{-3}{\sqrt{18}} \\ \frac{3}{\sqrt{18}} \\ 0 \end{bmatrix}$$

Jetzt kann die Transformationsmatrix aufgestellt werden, die die Lage des Arbeitskoordinatensystems bezüglich des Kamerakoordinatensystems angibt:

$$V_{RA} = \begin{pmatrix} \frac{-3}{\sqrt{18}} & \frac{-3}{\sqrt{18}} & 0 \\ \frac{-3}{\sqrt{18}} & \frac{3}{\sqrt{18}} & 0 \\ 0 & 0 & -1 \end{pmatrix}; \quad V\vec{r}_1 = \begin{pmatrix} 3 \\ 0 \\ -12 \end{pmatrix}$$

$$V_{R_A^T} = \begin{pmatrix} \frac{-3}{\sqrt{18}} & \frac{-3}{\sqrt{18}} & 0 \\ \frac{-3}{\sqrt{18}} & \frac{3}{\sqrt{18}} & 0 \\ 0 & 0 & -1 \end{pmatrix}$$

$$V_{TA} = \begin{pmatrix} \frac{-3}{\sqrt{18}} & \frac{-3}{\sqrt{18}} & 0 & 3 \\ \frac{-3}{\sqrt{18}} & \frac{3}{\sqrt{18}} & 0 & 0 \\ 0 & 0 & -1 & -12 \\ 0 & 0 & 0 & 1 \end{pmatrix}$$

Diese Matrix muss invertiert werden:

$$^A T_V = \begin{bmatrix} \frac{-3}{\sqrt{18}} & \frac{-3}{\sqrt{18}} & 0 & \frac{9}{\sqrt{18}} \\ \frac{-3}{\sqrt{18}} & \frac{3}{\sqrt{18}} & 0 & -\frac{9}{\sqrt{18}} \\ 0 & 0 & 1 & -12 \\ 0 & 0 & 0 & 1 \end{bmatrix}$$

Genau so wird mit den drei Punkten im Roboterkoordinatensystem verfahren:

$$\vec{x}_{rA} = ^R \vec{r}_2 - ^R \vec{r}_1 = \begin{bmatrix} -3 \\ -3 \\ 0 \end{bmatrix} \qquad \vec{y}_{rA} = ^R \vec{r}_3 - ^R \vec{r}_1 = \begin{bmatrix} -5 \\ 1 \\ 0 \end{bmatrix}$$

$$\vec{z}_{rA} = \vec{x}_{rA} \times \vec{y}_{rA} = \begin{bmatrix} y_{rA_2} \cdot x_{rA_3} - y_{rA_3} \cdot x_{rA_2} \\ y_{rA_3} \cdot x_{rA_1} - y_{rA_1} \cdot y_{rA_3} \\ y_{rA_1} \cdot x_{rA_2} - y_{rA_2} \cdot x_{rA_1} \end{bmatrix} = \begin{bmatrix} 1 \cdot 0 - 0 \cdot (-)3 \\ 0 \cdot (-)3 - (-)5 \cdot 0 \\ -5 \cdot (-)3 - 1 \cdot (-)3 \end{bmatrix}$$

$$= \begin{bmatrix} 0 \\ 0 \\ 15 + 3 \end{bmatrix} = \begin{bmatrix} 0 \\ 0 \\ -18 \end{bmatrix}$$

Einheitsvektoren:

$$\vec{e}_{RX} = \frac{\vec{x}_r}{|\vec{x}_r|} = \begin{pmatrix} \frac{-3}{\sqrt{18}} \\ \frac{-3}{\sqrt{18}} \\ 0 \end{pmatrix} ; \qquad \vec{e}_{Ry} = \begin{bmatrix} \frac{-3}{\sqrt{18}} \\ \frac{-3}{\sqrt{18}} \\ 0 \end{bmatrix} ; \qquad \vec{e}_{Rz} = \begin{bmatrix} 0 \\ 0 \\ -1 \end{bmatrix}$$

Transformationsmatrix, die die Lage des Arbeitskoordinatensystems im Roboterkoordinatensystem angibt:

$$^R T_A = \begin{bmatrix} \frac{-3}{\sqrt{18}} & \frac{-3}{\sqrt{18}} & 0 & 8 \\ \frac{-3}{\sqrt{18}} & \frac{3}{\sqrt{18}} & 0 & 8 \\ 0 & 0 & -1 & 0 \\ 0 & 0 & 0 & 1 \end{bmatrix}$$

Jetzt werden die Matrizen verkettet und die Transformationsmatrix $^R T_V$ ermittelt.

$$^R T_V = {}^R T_A \cdot {}^A T_V = \begin{bmatrix} \frac{-3}{\sqrt{18}} & \frac{-3}{\sqrt{18}} & 0 & 8 \\ \frac{-3}{\sqrt{18}} & \frac{3}{\sqrt{18}} & 0 & 8 \\ 0 & 0 & -1 & 0 \\ 0 & 0 & 0 & 1 \end{bmatrix} \cdot \begin{bmatrix} \frac{-3}{\sqrt{18}} & \frac{-3}{\sqrt{18}} & 0 & \frac{9}{\sqrt{18}} \\ \frac{-3}{\sqrt{18}} & \frac{3}{\sqrt{18}} & 0 & \frac{9}{\sqrt{18}} \\ 0 & 0 & -1 & -12 \\ 0 & 0 & 0 & 1 \end{bmatrix}$$

$$^R T_V = \begin{bmatrix} 1 & 0 & 0 & \frac{-27}{18} - \frac{27}{18} + 8 \\ 0 & 1 & 0 & \frac{-27}{18} + \frac{27}{18} + 8 \\ 0 & 0 & 1 & 12 \\ 0 & 0 & 0 & 1 \end{bmatrix} = \begin{bmatrix} 1 & 0 & 0 & 5 \\ 0 & 1 & 0 & 8 \\ 0 & 0 & 1 & 12 \\ 0 & 0 & 0 & 1 \end{bmatrix}$$

Man kann bereits an der Lage der Koordinatensysteme erkennen, dass das Kamerakoordinatensystem parallel zum Roboterkoordinatensystem liegt.

Falls die Kamera vom Roboter mitgeführt wird, ist zu unterscheiden, ob sie sich am Greiferflansch befindet oder an einem Armteil, das in der kinematischen Kette davorliegt. Der Roboter in Abb. 191 ist mit einer Kamera ausgerüstet, die stationär im Koordinatensystem K_3 angeordnet ist. Die Kameradaten erkannter Objekte müssen von diesem Koordinatensystem in das Roboter-Weltkoordinatensystem transformiert werden. Im nächsten Bild ist die Kamera mit dem beweglichen Flanschkoordinatensystem verbunden. Falls die Transformationsmatrix ^6T_V bekannt ist, können die gemessenen Objektpunktdaten in das Koordinatensystem K_6 und nachfolgend in das Koordinatensystem K_R übertragen werden. In der Regel ist am Flansch ein Werkzeug, z. B. ein Greifer, befestigt, dessen Koordinatensystem K_G relativ zu K_6 vermessen wurde und damit bekannt ist. Damit ist die Transformationsmatrix ^RT_G bekannt.

Nun wird ein markanter Punkt P mit dem Werkzeug angefahren. Damit ist der Vektor Vektor $^R\vec{r}$ bekannt. Im nächsten Schritt wird die Kamera in die verschiedenen Stellungen so positioniert, dass der markante Punkt im Bild scharf erkannt werden kann. Man erhält die drei Vektoren $^V\vec{r}_1, {}^V\vec{r}_2, {}^V\vec{r}_3$.

In den drei Bildaufnahmestellungen gilt jeweils für den vermessenen, markanten Punkt:

$$^R\vec{r} = {}^RT_6 \cdot {}^6\vec{r}_i, \quad i = 1,2,3$$

Damit erhält man durch Umformung drei Vektoren, die die Lage des Punktes im Koordinatensystem K_6 angeben:

$$^6\vec{r}_i = {}^6T_R \cdot {}^R\vec{r}, \quad i = 1,2,3$$

Die Invertierung der Transformationsmatrix $^RT_6$ muss für die jeweilige Pose des Roboters durchgeführt werden und ist leicht möglich. Mit den bekannten sechs Vektoren kann wieder, wie bei der raumfesten Kamera, ein Arbeitskoordinatensystem berechnet werden und die gemessenen Objektpunktkoordinaten können in das Koordinatensystem K_6 transformiert werden.

Die umgerechneten Positionsdaten müssen über eine geeignete Schnittstelle an die Robotersteuerung übertragen werden. Es gibt nur wenige Robotersteuerungen mit integrierten Bildverarbeitungssystemen, bei denen die Schnittstellenproblematik entfällt. Diese Systeme bieten auch spezielle Befehle in der Robotersteuerung an, mit deren Hilfe die Kameraerkennung gestartet und die Ergebnisse direkt genutzt werden können.

In einem Roboter-Programm erfolgt an einer bestimmten Stelle die Anweisung zur Bildaufnahme an das Bildverarbeitungssystem. Der Befehl könnte z. B. lauten: „Erkenne und greife Teil A." Die Sensordaten, die über ein Bildverarbeitungssystem geliefert werden, müssen in der Robotersteuerung verarbeitet werden. In einer Berechnung werden Sollwerte in den Roboterkoordinaten gebildet, die über inverse Koordinatentransformation in Gelenk-Sollwerte umgerechnet werden. Die interne Gelenkwinkelregelung sorgt dafür, dass diese Sollwerte auch genau genug angefahren werden, wie in Abb. 195 dargestellt ist.

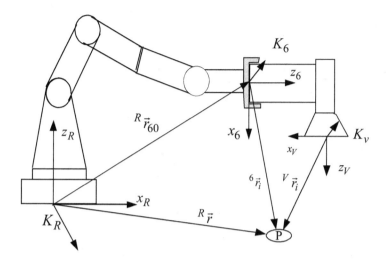

Abb. 194: Kamerakoordinatensystem K_V ist relativ zu K_6 fest

4.9.2 Beispiel: Teileerkennung vom Band

Der Einsatz der Bildverarbeitungssysteme zur Roboterführung wird heute in der Industrierobotik zur Führung des Roboters nicht nur in der Montage, sondern auch z. B. bei der Materialbearbeitung erfolgreich durchgeführt.

In einer Gießerei werden Waschtischarmaturen aus Messing hergestellt. Dazu fließt flüssiges Metall in eine Gießkokille und erstarrt. Die Waschtischarmaturen fallen aus einem Gießautomaten auf einen Vibrationsförderer. Das Gießen kann nicht auf das Endmaß erfolgen, da der Zulauf des flüssigen Metalls in die Gießkokille ebenfalls erstarrt. Dadurch entsteht der sogenannte Anguss. Damit die Gießform vollständig gefüllt ist, wird das flüssige Material zusätzlich in eine Kammer, die sich oberhalb der Gießform befindet, gefördert, sodass sichergestellt ist, dass das flüssige Metall alle Bereiche der Form erreichen kann. An der Roharmatur bildet sich dadurch ein sogenannter Steiger. Die in der Abb. 196 rechts dargestellten Roharmaturen werden durch die Säge von dem Steiger befreit werden. Der Roboter nimmt die Roharmaturen von einem Rüttelförderer und führt sie exakt an das Kreissägeblatt.

Die Erkennung der Waschtischarmaturen auf dem Förderer erfolgt über eine Kamera, die oberhalb der Fördereinrichtung angebracht ist und deren Bilder von einem Vision-System ausgewertet werden. Durch die Beleuchtung werden die Konturen hervorgehoben und der zum Greifen freie Arbeitsraum kann mit Hilfe der raumfesten Kamera ermittelt werden. Abbildung 198 zeigt ein Kamerabild, in dem zu erkennen ist, dass sich zwei Armaturen fast berühren. Das Vision-System muss entscheiden, welches Teil kollisionsfrei ergriffen werden kann. Dazu dienen zwei rechteckige Messfenster, die die Greiferbacken symbolisieren. Nur wenn sich innerhalb dieser Messfenster kein anderes Objekt befindet, entscheidet das Vision-System, dass das Teil ergriffen werden darf. Durch die Verwendung des Robot-Vision-Systems können über 50 unterschiedliche Teile voneinander unterschieden und exakt gesägt werden.

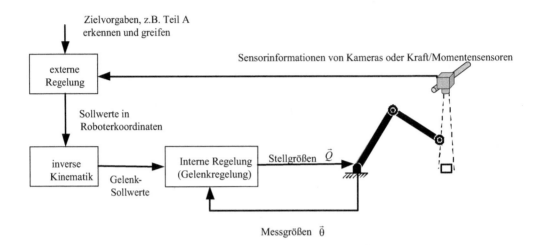

Abb. 195:   Regelung mit interner und externer Regelschleife

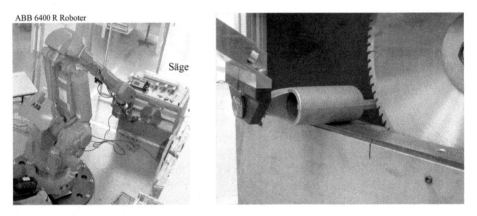

Abb. 196:   Entwicklung eines Roboters zum Sägen von Waschtischarmaturen

Nachdem das Teil ergriffen wurde, erfolgt eine zusätzliche Vermessung, um die Lage des Teils im Greifer zu bestimmen, da ja beim Greifvorgang das Teil evtl. falsch gegriffen werden kann. Dazu wird mit einer zusätzlichen, im Raum fest montierten Kamera eine Detailaufnahme der ergriffenen Armatur gemacht und ausgewertet.

4.9.3   Beispiel: Kameraunterstützte Demontage

Mit sensorunterstützten Roboterassistenten kann zukünftig das Recycling von Elektro- und Elektronikprodukten, wie z. B. Elektromotoren oder Computerfestplatten, wirtschaftlicher erfolgen. Ein Beispiel für eine Baugruppe eines Elektromotors, die wiederverwendet werden kann, ist der Permanentmagnet-Rotor mit Magneten aus Neodym–Eisen–Bor-Legierungen.

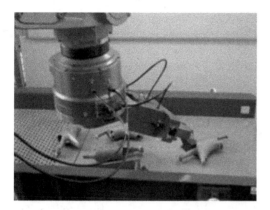

Abb. 197: Greifen von Waschtischarmaturen, Vermessung mit zusätzlicher Kamera

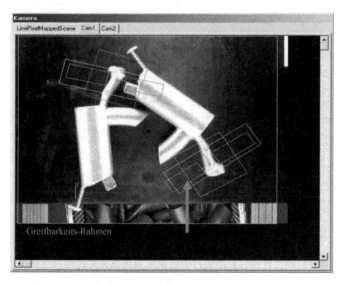

Abb. 198: Erkennung der Waschtischarmaturen über ein Vision-System, Erkennung der Teile auf dem Förderband

Dieser wird kaum durch den Betrieb geschädigt. Der Rotor kann so relativ leicht wiederverwendet werden. Die Magnete des Rotors werden zunächst entmagnetisiert, z. B. in einem stetig abnehmenden Wechselfeld, und anschließend neu magnetisiert, ohne dass man die Magnete vom Rotor abtrennen muss.

Die gegenwärtige Struktur des Recyclings von Elektromotoren ist durch schrott-verarbeitende Betriebe gekennzeichnet, die z. B. Elektromotoren manuell ausschlachten, grob trennen und an Betriebe zum stofflichen Recycling abgeben. Dabei können zwar einige Rohstoffe weitergenutzt werden, die Produktion der neuen Motoren erfordert allerdings die erneute Herstellung aller Einzelteile, wobei ein erheblicher Energie- und Arbeitseinsatz erforderlich wird. Wichtige und teure Bestandteile, wie beispielsweise die Magnete vieler moderner Synchronantriebe, gehen dabei verloren. Eine Automatisierung des Demontagevorgangs ist bis heute meist nicht wirtschaftlich sinnvoll. Durch die Verpflichtung zur Rücknahme alter Elektromotoren könnte das bestehende Recyclingsystem verbessert werden. Die Hersteller können ihre Produkte direkt vom Käufer zurückbekommen und dem Produktrecycling zuführen. Dadurch entstehen Sammlungen von Produkten, deren Aufbau und Konstruktion der Herstellerfirma natürlich bekannt ist. Die Kenntnis der Produkte, Einzelteile und Verbindungstechniken erleichtert die Entwicklung von automatisierten Demontage- und Reinigungsverfahren. Die Bauteile, die durch den Betrieb keine oder nur geringe Beanspruchungen erfahren haben, können für neue Produkte direkt wiederverwendet werden. Ein solches Konzept kann zukünftig erhebliche Kosteneinsparungen erbringen. Insbesondere erleichtert die recyclinggerechte Konstruktion die Demontage. Mit zusätzlichen Informationen zur Demontage auf einem Produktdatenträger können Recyclingfirmen die Demontage und Aufbereitung automatisiert durchführen. Die notwendigen Demontagewerkzeuge, Drehmomente zum Lösen von Schraubverbindungen, Schraubkopfgrößen und -formen etc. werden auf dem Datenträger codiert. Die Baugruppen können dann nach zu entwickelnden Reinigungs-, Prüf- und Einstellarbeiten in den Produktionsablauf integriert werden.

Aufgrund der Beeinträchtigung der gesammelten Altprodukte ist davon auszugehen, dass in vielen Fällen eine vollautomatische Lösung einen zu großen Aufwand erforderlich macht. Daher können Assistenzroboter, die für die Zusammenarbeit mit dem Menschen ausgelegt sind, eine bedeutende Rolle spielen. Der lernende Assistenzroboter verfügt über geeignete Werkzeuge und Strategien, um die wesentlichen Objektverbindungen automatisch zu trennen. In unklaren Situationen greift der Mensch ein und führt den Roboter über eine Handsteuerung und zeigt dem Roboter den Weg zur Lösung des Problems. Der Roboter speichert das Lösungsschema in einer Datenbank und wendet es bei Bedarf nachfolgend an.

Als Beispiel dient der, in der folgenden Abbildung dargestellte, Synchron-Getriebemotor. Im Gehäuse sind die Statorwicklung des Motors, der gelagerte Rotor mit Permanentmagneten und dem Antriebsritzel für das Getriebe, das zweistufige Stirnradgetriebe mit Lagern und Schmieröl untergebracht. Als Verbindungen können kraftschlüssige Pressverbindungen, wie z. B. Schrauben, formschlüssige Verbindungen, wie z. B. Passfederverbindungen, und stoffschlüssige Verbindungen, z. B. Klebe- oder Schweißverbindungen, vorkommen. Um das Gehäuse zu öffnen, sind zuerst einige Schrauben zu entfernen. Die Erkennung der Schraubköpfe über eine Kamera wird dadurch erschwert, dass die Schrauben in der Motorfarbe lackiert sind. In einem Industrieprojekt an der Hochschule Trier – Umwelt-Campus Birkenfeld wird intensiv an der Assistenzroboter-gestützten Demontage von Elektromotoren gearbeitet. Einige Ergebnisse werden im Folgenden präsentiert (Bartscherer, 2013) (Emrich, 2014).

Die Lage und die Orientierung des Motors werden zuerst über eine raumfeste Kamera, die oberhalb des Roboters angebracht wurde, erkannt. Mit Hilfe einer Datenbank werden die Positionen der Schrauben ermittelt und an die Steuerung des Roboters übertragen. Nachfolgend fährt der Roboter eine am Roboterflansch befestigte Kamera zu jeder einzelnen Schraube, um eine Detailaufnahme des Schraubkopfes auszuwerten. Damit ist die genaue Position der Schraube bekannt. Außerdem kann mit Hilfe der Bildverarbeitung festgestellt werden, ob eine Schraube beschädigt ist. In diesem Fall wird der Bediener das System mit Hilfe einer manuellen Roboterführung im Sinne der Assistenzroboter führen.

Abb. 199: Demontage von Elektromotoren, links: Elektromotor mit Getriebe, vorbereitet zum Recycling, rechts: Sicherungsring

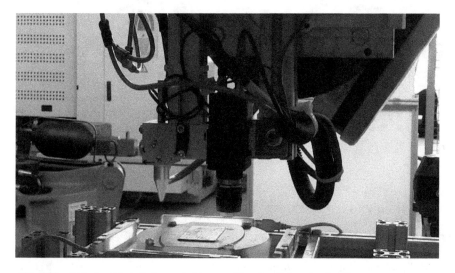

Abb. 200: Roboter fährt die bewegte Kamera über den Schraubenkopf

Falls die Schraube nicht beschädigt ist, wird im nächsten Schritt ein Schraubwerkzeug über die gemessene Schraubenkopfposition verfahren. Der Schrauber fährt, gesteuert über einen Abstandssensor, auf den Schraubkopf und greift Drehmoment-gesteuert und formschlüssig mit der Stecknuss den Schraubkopf. Nachfolgend wird die Schraube Drehmoment-gesteuert gelöst. Nachdem alle Schrauben gelöst sind, werden die Schrauben und danach der Deckel des Gehäuses mit einem Greifer entfernt.

Eine der weiteren Aufgaben bei der Demontage ist die Entfernung der Sicherungsringe, die z. B. die axiale Sicherung von Wellen bewirken. In Abb. 199 ist rechts ein Sicherungsring erkennbar, der entfernt werden muss, um die Rotorwelle eines Elektromotors aus dem Gehäuse herausziehen zu können.

Die Lage des Rings und seine Orientierung werden über ein Kamerasystem, das am Anschlussflansch des Roboters befestigt ist (Abb. 201 links), ermittelt und an die Robotersteuerung

übergeben. Zur Entfernung des Sicherungsrings wurde ein Werkzeug mit zwei konisch ver-
laufenden Dornen entwickelt. Der Abstand der Dorne kann über einen am Flansch des Roboters angebrachten Zusatzelektromotor genau auf den gemessenen Abstand verstellt werden
(Abb. 201 rechts).

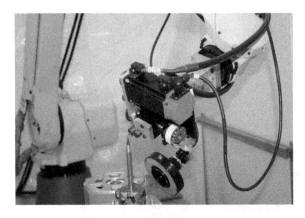 

Abb. 201: Demontage von Sicherungsringen, links: Roboter mit Zusatzachse und Kamera mit Ring-
leuchte beim Kalibriervorgang, rechts: Der Abstand der Ösen des Sicherungsrings wird mit
der Zusatzachse eingestellt und der Ring vom Roboter entfernt. Man erkennt ein Federelement
zur Messung der Kontaktkraft.

4.9.4   Fügehilfen und Kraft-Momenten-Regelungen

Das Fügen von Bauteilen in Bohrungen mit engen Toleranzen, wie z. B. bei dem im letzten
Abschnitt besprochenen Positionierproblem zum Fügen der Dorne in die Ösen des Sicherungs-
ringes, kann zu Problemen führen, wenn die Genauigkeit des Roboters unzureichend ist. In
diesen Fällen kann ohne eine aktive oder passive Nachgiebigkeit in der Struktur des Roboters
eine unvorhergesehene Kontaktsituation entstehen, die zu einem Stopp der Roboteranlage
führen kann. Eine einfache, passive, d. h. nicht angetriebene, Fügehilfe ist in der Abb. 201
rechts dargestellt. Sie besteht aus einer Feder, die beim eventuellen Auftreffen der Dorne des
Werkzeugs auf die Sicherungsringoberfläche zusammengedrückt wird. Ein Abstandssensor
misst die Wegveränderung der Feder und die Robotersteuerung kann eine Ausweichstrategie
einschlagen. Die Position des Roboters durch den Kontakt kann infolge der Nachgiebigkeit der
Struktur angepasst werden.

Alternativ können Kraft-Momenten-Sensoren genutzt werden, um die Fügekräfte zu ermitteln
und durch eine Regelung auszugleichen. Verschiedene Hersteller von Robotersteuerungen
bieten spezielle Sensorschnittstellen an, die es erlauben, Kraft-Momenten-Sensoren in der
Handwurzel des Roboters unterzubringen und damit während des Greifprozesses Belastungs-
zustände zu messen. Ein Beispiel zeigt die Abb. 84. Man nennt diese Technik Force-Feedback.
Die Kraft-Momenten-Sensoren enthalten elastische Elemente, deren Auslenkungen über Sensoren erfasst werden. Die Auslenkungen sind den Kräften proportional.

Elastische Bauelemente

Die Verformung von elastischen Bauteilen (z. B. Federn) beim Auftreten einer äußeren Last ist reversibel, d. h. die ursprüngliche Form wird nach dem Verschwinden der Last wieder eingenommen.

Abhängig von der Art und Weise, wie ein Roboter und seine Umgebung in Wechselwirkung zueinander treten, unterscheidet man, ob ein Roboter seine Umgebung beeinflusst oder auf die Umgebungseinflüsse reagiert. Aufgaben mit ausgeprägtem Kontakt und einer mechanischen Kopplung zur Umgebung können aufgrund der Aufgabe gewünscht sein (z. B. Fräsen, Bearbeiten).

Aufgaben mit potenziellem Kontakt sind z. B. die Montage oder Demontage, das Schrauben oder Entschrauben, das Befestigen oder das Lösen. Die genaue Positionierung ist für die Lösung der Aufgabe notwendig. Aufgrund der Prozessungenauigkeit und der Ungenauigkeit der Aktorik/Sensorik entstehen ein Kontakt und damit eine Reaktionskraft. In diesen Fällen sollte der Roboter eine Nachgiebigkeit besitzen. Die Nachgiebigkeit wird als die Fähigkeit des Roboters aufgefasst, den Kontaktkräften entgegenzuwirken.

Man unterscheidet die Regelung der Kontaktkraft und die Regelung der Roboternachgiebigkeit und die Kombination beider Verfahren. Ausgehend vom Roboter werden Kräfte über die Motoren, Getriebe und Glieder übertragen. Zwischen den Elementen können Dämpfer und Federelemente angebracht sein. Auch der Endeffektor mit der Last und das an der Arbeitsaufgabe beteiligte Werkstück übertragen Kräfte. Mit Hilfe verschiedener Sensoren, die beispielsweise direkt an den Abtriebswellen der Motoren angebracht sind, können die Kräfte und Momente in der Struktur des Roboters erfasst werden.

Die aktive Regelung umfasst die Kraftrückkopplung und wird mit der Absicht verwendet, eine gewünschte Kontaktkraft oder eine aufgabenspezifische Roboternachgiebigkeit zu erzielen. Der Regler der Nachgiebigkeit ermittelt, ausgehend von der gemessenen Kontaktkraft, eine gewünschte Abweichung vom Positions-Sollwert. Dadurch verändert sich die Roboter-Position relativ zum Kontaktpunkt. Auf diese Weise wird die Kraft indirekt über die Nachgiebigkeit des Roboters geregelt.

Zusammenfassung

Sensoren erweitern die Fähigkeiten von Robotern. Es gibt taktile und visuell wirkende Sensoren, die einfach oder komplex aufgebaut sein können. Zu den nichttaktil wirkenden Sensoren gehören die Bildverarbeitungssysteme. Mit Hilfe von Kameras, die auf das Roboterkoordinatensystem kalibriert werden müssen, können Objekte erkannt oder vermessen werden. Die Kraft-Momenten-Sensoren erlauben die Berücksichtigung von einwirkenden Kräften auf den Roboter, z. B. zum Ausgleich dieser Kräfte durch eine Bewegung. Es können aber auch Bearbeitungsaufgaben mit vorgegebenem Kraft-Momenten-Verlauf durchgeführt werden.

4.10   Mobilität von Robotern

In diesem Abschnitt sollen einige Grundlagen zu mobilen Robotern erläutert werden. Wir wollen zuerst die fahrerlosen Transportsysteme (FTS) von den mobilen Robotern unterscheiden. Die fahrerlosen Transportsysteme bewegen sich meist in Produktionshallen automatisch und haben die Aufgabe, Arbeitsplätze und Arbeitslinien mit Material zu versorgen. Dabei werden sie häufig entlang von Induktionsschleifen, die im Fußboden eingelassen sind, geführt. Es gibt aber auch autonome, fahrerlose Transportsysteme, die selbstständig anhand bestimmter sogenannter Landmarken navigieren können. Fahrerlose Transportsysteme können als mobile Werkbank zur Montage benutzt werden. Sie kommen fertig bestückt mit zu montierenden Teilen zu den Montageplätzen, wo komplizierte Montagearbeiten manuell erledigt werden. Anschließend fahren sie zu einer nächsten Arbeitsstation. Dadurch erspart man die Be-und Entladung des Materials auf separate Arbeitsplätze. Die Energieversorgung der FTS erfolgt oft über Akkus. In neueren Systemen werden auch berührungslose Energieübertragungssysteme über Stromkabel, die im Fußboden verlaufen, verwendet. Das Aufladen entfällt und das Gewicht der Akkus wird eingespart.

Fahrerlose Transportsysteme

Mit fahrerlosen Transportsystemen werden Arbeitsplätze in der Produktion verkettet. Sie fahren autonom oder über Leiteinrichtungen, die meist im Fußboden verlegt sind. Die Steuerung, d. h. das Anhalten bei Hindernissen und am Ziel erfolgt automatisch.

Die Unterscheidung des fahrerlosen Transportsystems vom Roboter besteht darin, dass Roboterarme und Greifer oder Werkzeuge fehlen und keine Arbeiten durch sie ausgeführt werden.

Assistenzroboter besitzen Arme und Hände und sollen mit dem Menschen zusammenarbeiten können. Die Mobilität des Assistenzroboters bestimmt seine Anwendungsmöglichkeiten und seine Akzeptanz durch den Menschen. Die Mobilität kennzeichnet die Möglichkeiten der Bewegung. Sie kann sich auf einzelne Arme oder auf die Fortbewegung über Rollen oder Beine beziehen. Während sich in der Evolution das Laufen mit Beinen durchgesetzt hat, sind viele mobile Roboter mit rollenden Plattformen bestückt.

Wir wollen jedoch das Thema rollende Roboter vertiefen, da diese technisch ausgereifter sind als Roboter, die auf Beinen laufen. In diesem Zusammenhang ist der Begriff des Freiheitsgrades der Bewegung wichtig.

4.10.1   Freiheitsgrade mobiler Systeme

Die Anzahl der Freiheitsgrade definiert die minimale Anzahl von Translationen und Rotationen zur vollständigen Beschreibung der Stellung oder der Lage eines Objektes im Raum. Frei im dreidimensionalen Raum bewegliche Objekte besitzen den Freiheitsgrad: $f = 6$ (drei Translationen und drei Rotation).

Die Bewegung eines Zuges auf Schienen ist durch einen Freiheitsgrad gekennzeichnet. Dazu benötigt der Zug einen Aktuator, nämlich den Antriebsmotor. Die Schienenrichtung kann als verallgemeinerte Koordinate bezeichnet werden.

Verallgemeinerte Koordinaten

Die verallgemeinerten Koordinaten beschreiben eindeutig die Lage von Punkten oder Körpern im Raum und entsprechen der Anzahl der Freiheitsgrade. Ein ebenes, mathematisches Pendel bewegt sich z. B. auf einer Bahn in der x-y-Ebene, die nur durch den Pendelwinkel als verallgemeinerte Koordinate beschrieben werden kann. Die Seillänge stellt die Zwangsbedingung dar, denn sie ist mit den x- und y-Koordinaten des Pendels verkoppelt. Man kann also eine Gleichung mit den Koordinaten des Systems formulieren.

Der Zug kann jeden Wert der Koordinate prinzipiell anfahren. Er kann allerdings nicht jede mögliche Position im Raum erreichen, denn in die Höhe kann er nur aufgrund einer Bergfahrt gelangen. Auch kann er nicht seitlich fahren, denn die Schiene begrenzt seine Bewegungsmöglichkeiten. Man unterscheidet den sogenannten Konfigurationsraum (Bewegung entlang der Schiene) und den möglichen Aufgabenraum. Bezüglich des Aufgabenraumes ist der Zug beschränkt, bezüglich des Konfigurationsraumes nicht. Auch ein Auto kann nicht beliebige Posen des Aufgabenraumes erreichen. Aber in der Ebene ist es dennoch durch geschicktes Manövrieren möglich, beliebige Posen zu erreichen. Die Einschränkung liegt in der Antriebsanzahl und Richtung. Mit einem Motor, der nur in oder entgegen der Fahrtrichtung wirkt, kann man nicht direkt seitlich fahren. Ein Luftkissenschwebefahrzeug mit zwei Propellern, die parallel zueinander angeordnet sind, kann sich in der Ebene vollständig positionieren und orientieren. Dazu werden die Antriebe entweder in die gleiche oder in unterschiedliche Wirkrichtung betrieben. Im letzten Fall entsteht ein Drehmoment auf das Fahrzeug, mit dem die Orientierung verändert wird. Es hat drei Freiheitsgrade, die durch die verallgemeinerten Koordinaten x, y und den Winkel θ beschrieben werden. Das Schwebefahrzeug hat aber nur zwei Antriebe. Es kann also nicht direkt seitlich fahren. Dadurch entsteht die Anforderung, dass es in bestimmter Art gesteuert werden muss, um zu bestimmten Zielen zu kommen. Der Aufgabenraum besitzt zwei Richtungen, x und y, die Antriebe haben nur eine Richtung! Nur durch die Anbringung eines dritten Propellers senkrecht zu den ersten beiden besitzt das Schwebefahrzeug gleichviele Antriebsrichtungen wie der Aufgabenraum. Auch ein Auto besitzt drei Freiheitsgrade in der Ebene, aber nur zwei Steuerungsmöglichkeiten. Es kann vorwärts- bzw. rückwärtsfahren und die Richtung kann über das Lenkrad gesteuert werden. Daher kann das Auto auch nicht direkt einen beliebigen Punkt des Konfigurationsraumes (x-, y-, θ-Koordinate) anfahren, sondern es muss ein entsprechendes Manöver erfolgen.

4.10.2 Positionsermittlung mobiler Systeme

Auch der in Abb. 204 dargestellte Staubsaugroboter kann nur durch ein Manöver eine Richtungsänderung durchführen. Dazu kann sich der Roboter auf der Stelle drehen, so wie es z. B. auch ein Kettenfahrzeug meist kann. Der dargestellte Staubsaugroboter besitzt einen differenziellen Antrieb mit einem Stützrad. Differenzielle Antriebe besitzen zwei voneinander unabhängige Antriebsräder, die auf der gleichen geometrischen Achse liegen. Sie benötigen im Allgemeinen frei dreh- und schwenkbare Stützräder. Die Abbildung zeigt rechts die zwei motorisch angetriebenen Antriebsräder und das Stützrad, das frei drehbar gelagert ist. Durch unterschiedliche Drehrichtungen der Motoren kann der Roboter auf der Stelle drehen. Er kann allerdings nicht von einer beliebigen Lage ausgehend in eine beliebige Richtung direkt losfahren.

Die Steuerung des Roboters zu einem bestimmten Ort erfordert die Kenntnis seiner aktuellen Position. Die autonome Bewegung erfolgt meist mit Hilfe von Odometriesensoren. Sie messen die Radbewegung über Sensoren und aus der Anzahl der Radumdrehungen wird auf den zurückgelegten Weg geschlossen.

Odometriesensor

Die Position und Orientierung eines mobilen Fahrzeugs oder laufenden Roboters kann über die Anzahl der Drehungen der Räder bzw. über die Anzahl der gelaufenen Schritte in Verbindung mit der Messung des Lenkwinkels bzw. des Laufwinkels erfolgen.

Allerdings entstehen Fehler z. B. aufgrund der Unebenheit des Bodens, der ungleichen Kräfte auf einzelne Räder, des Schlupfes und des Getriebespiels. Aufgrund der Messungenauigkeit werden zusätzliche Ortungsmaßnahmen eingesetzt. Über Ultraschallsensoren oder optische Radarsysteme können Abstände zu Umgebungsmerkmalen gemessen werden. Mit diesen Informationen kann eine Landkarte errechnet werden, mit deren Hilfe der mobile Roboter auf vorgegebenen Wegen gesteuert werden kann. Wir wollen die Bewegung des Roboters mit zwei Rädern mit Hilfe von mathematischen Modellgleichungen beschreiben, um ein Steuergesetz zu finden. Dazu betrachten wir das folgende Bild (Abb. 203). Es zeigt den Roboter in zwei Stellungen, die sich auf einer Kreisbahn befinden. Diese sollen zwei, im zeitlichen Abstand der Winkelmessung aufeinanderfolgende Posen repräsentieren. In Wirklichkeit liegen diese Posen eng beieinander!

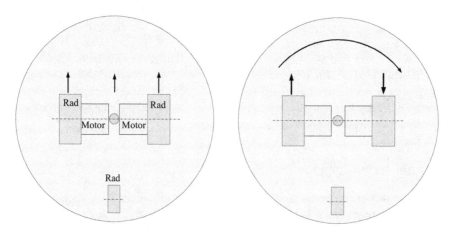

Abb. 202: Staubsaugroboter, Anordnung der beiden Antriebsräder und des Stützrades

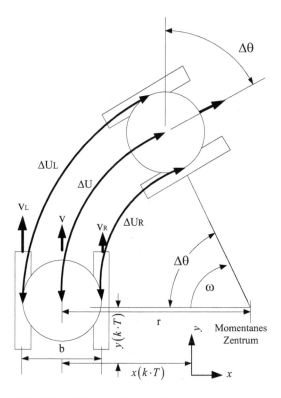

Abb. 203: Differenzieller Antrieb

Die Geschwindigkeit der Räder wird über v_L und v_R angeben. Die momentane Winkel-geschwindigkeit bezüglich des Zentrums sei ω. Es gelten damit die folgenden Gleichungen für die Geschwindigkeiten der Räder:

$$v_L = \omega \cdot \left(r + \frac{b}{2} \right)$$
$$v_R = \omega \cdot \left(r - \frac{b}{2} \right)$$

(4.82)

Die Winkelgeschwindigkeit ω erhält man durch Differenzbildung der obigen Gleichungen:

$$\omega = \frac{v_L - v_R}{b}$$

Die Geschwindigkeit des Roboters bezüglich seines Mittelpunktes ist über die Radgeschwin-digkeiten durch Addition der obigen Gleichungen berechenbar.

$$v = \frac{v_L + v_R}{2}$$

Damit ergibt sich mit $v = \omega \cdot r$ für den Radius r:

$$r = \frac{b \cdot (v_L + v_R)}{2 \cdot (v_L - v_R)}$$

Über ein Bewegungsmodell kann die Position des Roboters im Koordinatensystem x,y näherungsweise berechnet werden. Die Berechnungsmethode hängt allerdings von der Art des Antriebs ab. Die Bahn hängt von der Anzahl der Impulse eines inkrementellen Messsystems ab, das in den (beiden) Antriebsrädern untergebracht ist (siehe Abschnitt 4.8.1). Jedes Messsystem ist direkt auf der Welle des Antriebsmotors angebracht. Eine Auswerteschaltung zählt die Anzahl der Impulse beider Messsysteme. Die auch als Encoder bezeichneten Messsysteme besitzen ein bestimmte Auflösung c, die sich auf eine Umdrehung des Rades bezieht. Der Raddurchmesser sei D. Dann kann man den zurückgelegten Weg pro Impuls des Messsystems durch die folgende Gleichung berechnen:

$$c = \frac{\pi \cdot D}{I_E \cdot i}$$

Das Untersetzungsgetriebe habe das Untersetzungsverhältnis i, wodurch die hohe Drehzahl des Motors auf die geringe Raddrehzahl untersetzt. I_E sei die maximale Pulszahl pro Umdrehung des Encoders. Falls z. B. N_L bzw. N_R Impulse in einer bestimmten Zeit T, am rechten bzw. linken Rad, gemessen werden, beträgt der zurückgelegte Weg des jeweiligen Rades:

$$\Delta U_L = c \cdot N_L \quad \text{bzw.} \quad \Delta U_R = c \cdot N_R$$

Die Geschwindigkeit der Räder beträgt dann:

$$v_L = \frac{\Delta U_L}{T}$$

$$v_R = \frac{\Delta U_R}{T}$$

$$v = \frac{v_L + v_R}{2}$$

Die Winkeländerung von der einen zur anderen Pose beträgt:

$$\Delta \theta = \frac{\Delta U_L - \Delta U_R}{b}$$

Damit kann die neue Position aus der alten Position errechnet werden. Wir führen einen Zeitzähler k ein, der bei 0 beginnend die Schrittweite der Winkel- und Wegmessung beschreibt. T sei die Taktzeit der Bewegung.

$$\theta(k \cdot T + 1) = \theta(k \cdot T) + \Delta \theta(k \cdot T + 1)$$

$$x(k \cdot T + 1) = x(k \cdot T) + \Delta U \cdot \cos(\theta(k \cdot T))$$

$$y(k \cdot T + 1) = x(k \cdot T) + \Delta U \cdot \sin(\theta(k \cdot T))$$

Damit der Fehler dieser Näherung (Bogen wird als Gerade angesehen!) gering bleibt, muss die Taktzeit T möglichst klein sein. Die Berechnung ist auch aus anderen Gründen eine Näherung: Es wird angenommen, dass die Radgeschwindigkeit in der Zeit T konstant bleibt. Die Durchmesser der Räder können variieren oder nur ungenau bekannt sein! Die Räder sind durch fehlerhafte Montage nicht in einer Achse montiert. Die Bewegung des Vehikels findet auf Unebenheiten statt. Die Räder haben einen Schlupf aufgrund einer zu hohen Beschleunigung oder einer zu geringen Reibung. Falls der Auflagepunkt des Rades eine Fläche ausmacht und keinen Punkt, entstehen ebenfalls Fehler. Die Räder müssten im Idealfall sehr dünn und nicht kompressibel sein. Die Positionsunsicherheit wächst durch die Addition neuer Fehler bei der Bewegung von einem bekannten Start- zu einem Zielpunkt. Daher sollte die Geschwindigkeit, Beschleunigung und Winkelgeschwindigkeit des Roboters über zusätzliche Sensoren gemessen werden, um die Positionsgenauigkeit zu verbessern.

Beschleunigungssensor

Ein Beschleunigungssensor misst die Erdanziehungskraft in allen drei Roboterachsen. Damit kann man ausrechnen, welche Orientierung zum Erdmittelpunkt der Roboter gerade hat.

Es handelt sich dabei um eine relative Positionsberechnung, denn die absolute Position muss aus den Sensordaten erst ermittelt werden! Zur Erkennung von Drehbewegungen des Roboters wird ein Gyroskop eingesetzt.

Gyroskop

Ein Gyroskop misst die Drehgeschwindigkeit in allen drei Roboterachsen. Ausgewertet wird häufig nur die Drehung um die Hochachse.

In der Praxis wird diese relative Navigation um eine absolute Navigation erweitert. Ähnlich wie ein Schiff sich an Leuchttürmen orientieren kann, werden künstliche oder natürliche Landmarken mit bekannter Position genutzt.

Landmarke

Eine Landmarke ist ein Objekt, dessen Position im Weltmodell des Roboters bekannt ist und dessen relative Lage und Orientierung zum Roboter über Sensoren messbar ist.

Es gibt aktive und passive künstliche Landmarken. Die aktiven Landmarken können als Leuchttürme, Induktionsstreifen, Laser oder Infrarotgeber ausgebildet sein, deren Signale vom Roboter empfangen werden, während die passiven Landmarken visuelle Markierungen, RFID Sensoren oder Magnete sein können.

Abb. 204: Staubsaugroboter, links: Draufsicht mit Kollisionsrand, Bedientasten und abnehmbarem
           Staubfach; rechts Antriebsräder und Stützrad sowie Reinigungsbürsten

4.10.3   Omni-Wheel und Mecanum-Rad

Ein omnidirektionaler Antrieb ermöglicht es, einen Roboter, ausgehend von einer beliebigen
Lage, in eine beliebige Richtung direkt, ohne ein Manöver zu steuern.

Omnidirektionaler Antrieb

Mit Hilfe eines omnidirektionalen Antriebs kann sich ein Roboter, ausgehend von jeder Lage,
z. B. über Räder in jede beliebige Richtung bewegen.

Die in der folgenden Abbildung dargestellte Plattform wurde vom Fraunhofer-Institut IPA
entwickelt und besitzt vier Räder, deren Orientierung getrennt einstellbar ist. Dadurch kann
aus dem Stand in jede mögliche Richtung gefahren werden.

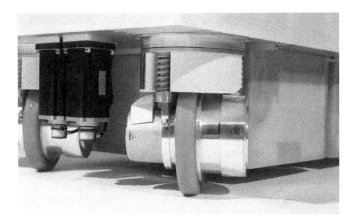

Abb. 205: Omnidirektionale Plattform (Quelle: Fraunhofer-Institut IPA)

Das in Abb. 206 rechts dargestellte omnidirektionale Rad ermöglicht eine angetriebene Fahrt in der Drehrichtung des Rades und gleichzeitig ein passives Rollen in orthogonaler Richtung. Bei Verwendung von drei angetriebenen Omni-Wheels ist es beispielsweise möglich, den Roboter in eine Richtung zu steuern und unabhängig von der Fahrtrichtung beliebig zu drehen.

Wie sind die Radgeschwindigkeiten einzustellen, wenn die Plattform eine bestimmte Richtung mit einer vorgegebenen Geschwindigkeit fahren soll? Zur Beantwortung der Frage dient die Abb. 206 links. Für das omnidirektionale Rad kann man die gewünschte Geschwindigkeit $\vec{v}$ in den Komponenten der radbezogenen Koordinatensysteme K_1, K_2 und K_3 ausdrücken. Dabei dreht das jeweilige Rad um die jeweilige y-Achse und fährt in die lokale x-Richtung. Das Rad 1 besitzt die gleichen Koordinatenrichtungen wie die Plattform. Die Komponenten der Geschwindigkeit für das Rad 1 sind gleich den Komponenten der gewünschten Geschwindigkeit v:

$$
\begin{aligned}
v_x &= v_{x1} = |\vec{v}| \cdot \cos\theta \\
v_y &= v_{y1} = |\vec{v}| \cdot \sin\theta
\end{aligned}
\tag{4.83}
$$

Die Koordinatensysteme K_2 und K_3 sind jeweils um 120° gedreht. Die Geschwindigkeiten in den jeweiligen Koordinatensystemen werden wie folgt bezeichnet:

$$
\vec{v}_1 = \begin{bmatrix} v_{x1} \\ v_{y1} \end{bmatrix}
$$

$$
\vec{v}_2 = \begin{bmatrix} v_{x2} \\ v_{y2} \end{bmatrix}
$$

$$
\vec{v}_3 = \begin{bmatrix} v_{x3} \\ v_{y3} \end{bmatrix}
$$

Die Rotationsmatrix einer Drehung der Plattform um die z-Achse um den Winkel θ lautet:

$$
R_z(\theta) = \begin{bmatrix} \cos(\theta) & -\sin(\theta) & 0 \\ \sin(\theta) & \cos(\theta) & 0 \\ 0 & 0 & 1 \end{bmatrix}
$$

Transformiert man den Vektor der gewünschten Geschwindigkeit $\vec{v} = \begin{bmatrix} v_x \\ v_y \end{bmatrix}$ in das Koordinatensystem 2, das um 120° verdreht angeordnet ist, ergibt sich:

$$
\vec{v}_2 = \begin{bmatrix} \cos(120°) & -\sin(120°) & 0 \\ \sin(120°) & \cos(120°) & 0 \\ 0 & 0 & 1 \end{bmatrix} \cdot \vec{v}
$$

$$
v_{x2} = \cos(120°) \cdot v_x - \sin(120°) \cdot v_y
$$

Entsprechend folgt für das dritte Rad:

$$
\vec{v}_3 = \begin{bmatrix} \cos(-120°) & -\sin(-120°) & 0 \\ -\sin(120°) & \cos(-120°) & 0 \\ 0 & 0 & 1 \end{bmatrix} \cdot \vec{v}
$$

$$
v_{x3} = \cos(-120°) \cdot v_x - \sin(-120°) \cdot v_y
$$

Falls die Plattform eine Winkelgeschwindigkeit $\dot{\theta}$ besitzt, wird diese multipliziert mit dem Abstand zum Mittelpunkt, zur jeweiligen Komponente in x-Richtung hinzuaddiert. Damit lauten die für eine gewünschte Geschwindigkeit der Plattform einzustellenden Radgeschwindigkeiten:

$$v_{x1} = v_x$$
$$v_{x2} = \cos(120°) \cdot v_x - \sin(120°) \cdot v_y$$
$$v_{x3} = \cos(-120°) \cdot v_x - \sin(-120°) \cdot v_y$$

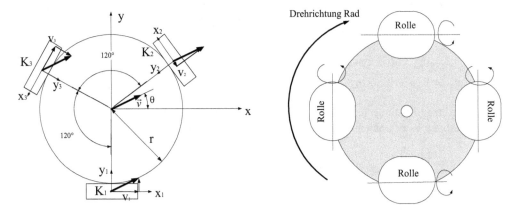

Abb. 206: Plattform mit drei omnidirektionalen Rädern, links: Koordinatensysteme, rechts: Prinzip Allseitenrad oder omnidirektionales Rad

Eine andere Form des omnidirektionalen Rades ist das Mecanum-Rad, das in der Abb. 207 dargestellt ist. Das Mecanum-Rad enthält auf der Felge lose angebrachte ballige Rollen unter einem Winkel von 45°. Jedes Rad wird über einen Elektromotor angetrieben. Pro Rad entstehen zwei Kraftrichtungen aufgrund der Anordnung der Räder zueinander.

Je nach verwendeten Radantrieben und Drehrichtungen kompensieren oder addieren sich die Kraftkomponenten zu einer resultierenden Fahrtrichtung. Man erkennt in der Abbildung in der linken oberen Darstellung, dass das Fahrzeug geradeaus fährt, wenn alle Antriebe gleich stark angetrieben werden. Werden die rechten Räder mit einer geringeren Kraft angesteuert, beschreibt das Fahrzeug einen Bogen (rechtes oberes Bild). Wenn die Drehrichtung der rechten beiden Räder gegenüber der linken oberen Darstellung geändert wird, dreht das Fahrzeug auf der Stelle um den Mittelpunkt (links unten). Ist die Drehrichtung der oberen und unteren Räder bei gleicher Stärke der Antriebe jeweils unterschiedlich, fährt das Fahrzeug nach rechts oder links. Das Fahrzeug kann auch diagonal fahren, wenn z. B. das linke vordere und das rechte hintere Rad mit einer gleichen, aber gegenüber dem rechten vorderen und linken hinteren Rad geringeren Kraft angesteuert wird. Das Mecanum-Rad bewirkt eine hohe Mobilität und ermöglicht z. B. angebracht an einem Rollstuhl eine erhöhte Mobilisierung und bessere Manövrierbarkeit.

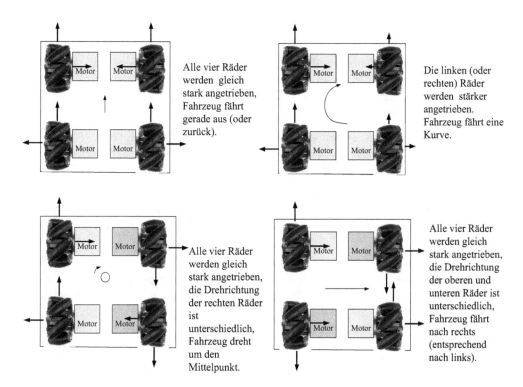

Abb. 207:   Fahrtrichtungen mit omnidirektionalen Rädern, Mecanum-Rad

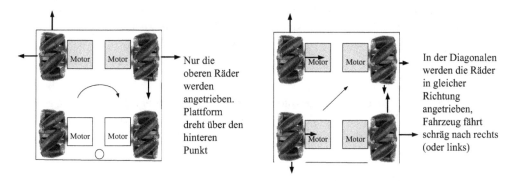

Abb. 208:   weitere Bewegungsmöglichkeiten des Mecanum-Rades

4.10.4   Simulationsmodell einer Roboterplattform

Wir kommen zurück auf mobile Plattformen, die wie ein Auto beweglich sind. Diese besitzen sogenannte nichtholonome Bindungen. Ein holonomes System kann über n generalisierte Koordinaten, die unabhängig voneinander sind und deren Zwangsbedingungen nicht die Geschwindigkeiten der generalisierten Koordinaten enthalten, beschrieben werden.

Holonome Zwangsbedingung

Man nennt eine Zwangsbedingung, die als Gleichung mit den verallgemeinerten Koordinaten angegeben werden kann, in der nicht deren Geschwindigkeit vorkommt, eine holonome Zwangsbedingung.

Ein Beispiel für ein holonomes System ist das Fadenpendel der Länge l mit dem Pendelwinkel als generalisierte Koordinate, das an einer Decke befestigt wird und auf einer Kreisbahn pendeln kann. Es gilt die Zwangsbedingung: $x^2 + y^2 = l^2$. Diese enthält nicht die Geschwindigkeit des Pendelwinkels. Dagegen besitzt das in Abb. 209 dargestellte Roboterfahrzeug eine nichtholonome Bindung, die durch die Gleichung

$$\dot{y} \cdot \cos(\theta) - \dot{x} \cdot \sin(\theta) = 0 \tag{4.84}$$

zum Ausdruck kommt.

Das in der Abbildung dargestellte Fahrzeug sei eine mobile Roboterplattform und besitze vier Räder. Man kann die vier Räder des Fahrzeugs durch zwei grau gezeichnete Räder, die in der Mitte angebracht sind, gedanklich ersetzen. Es handelt sich dann um ein Fahrrad-Modell des Fahrzeugs. Das vordere und das hintere Rad bewegen sich bei der Kreisbahnfahrt auf unterschiedlichen Radien R_i und R_a. Das bedeutet, dass die vorderen Räder einen längeren Weg fahren als die hinteren Räder. Die beiden vorderen Räder bewegen sich bei der Kurvenfahrt auf unterschiedlichen Radien. Deshalb sorgt ein Differenzial-Getriebe dafür, dass die unterschiedlichen Geschwindigkeiten der gelenkten, vorderen Räder ausgeglichen werden.

Das Roboterfahrzeug besitzt im hinteren Fahrrad-Ersatzrad ein mitfahrendes Koordinatensystem x_v, y_v. Die x_v-Achse zeigt in die Fahrtrichtung des Roboterfahrzeugs, ausgehend vom Ursprung des Fahrzeug-Koordinatensystems. Die Konfiguration des Fahrzeugs wird durch die verallgemeinerten Koordinaten

$$^0q = \begin{bmatrix} x & y & \theta \end{bmatrix}^T$$

beschrieben. Der Index 0 deutet an, dass die Koordinaten im Bezugskoordinatensystem gemessen werden. Das Fahrzeug kann in der Ebene eine Position x,y erreichen und eine Orientierung θ einnehmen. Die Geschwindigkeit v zeigt in Richtung der x_v-Achse. In Fahrzeugkoordinaten gilt für die Geschwindigkeit:

$$^vv = \begin{bmatrix} \dot{x} & 0 \end{bmatrix}^T$$

Die Geschwindigkeit des Roboters beträgt bezogen auf das Koordinatensystem x und y:

$$^0v = \begin{bmatrix} v \cdot \cos(\theta) & v \cdot \sin(\theta) \end{bmatrix}^T \tag{4.85}$$

Der Ursprung des Fahrzeug-Koordinatensystems bewegt sich während der Kurvenfahrt auf einer Kreisbahn. Die Winkelgeschwindigkeit $\dot{\theta}$ beträgt:

$$\dot{\theta} = \frac{v}{R_i} \tag{4.86}$$

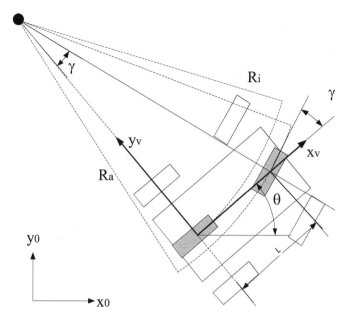

Abb. 209: Modell einer Roboterplattform bestehend aus zwei Ersatzrädern, wie beim Fahrrad nach (Corke, 2011).

Aus den geometrischen Beziehungen folgt weiterhin:

$$R_i = \frac{L}{\tan \gamma}. \tag{4.87}$$

Dabei ist L, die Länge der Fahrzeugbasis. Der Kurvenradius wird bei längeren Fahrzeugen größer! Der Lenkwinkel sei γ. Dieser ist aufgrund mechanischer Gegebenheiten begrenzt. Der maximale Lenkwinkel beeinflusst den Kurvenradius! Damit sind wir in der Lage, die gesamten Bewegungsgleichungen des Roboterfahrzeugs zu formulieren:

$$\begin{aligned}
\dot{x} &= v \cdot \cos \theta \\
\dot{y} &= v \cdot \sin \theta \\
\dot{\theta} &= \frac{v}{L} \cdot \tan \gamma
\end{aligned} \tag{4.88}$$

Die Gleichungen werden auch als das kinematische Modell bezeichnet. Diese beschreiben die Geschwindigkeiten der verallgemeinerten Koordinaten in Abhängigkeit des Lenkwinkels und der Fahrgeschwindigkeit. Man kann aus den Gleichungen auch erkennen, dass es nicht möglich ist, die Orientierung des Fahrzeugs zu ändern, wenn die Geschwindigkeit v gleich null ist.

4.10.5   Simulation der Fahrzeugbewegung

Das Fahrrad-Modell des Roboterfahrzeugs kann dazu dienen, die möglichen Bewegungsabläufe zu studieren, die entstehen, wenn die Eingangsgrößen, der Lenkwinkel und die Fahrgeschwindigkeit verändert werden. Besonders anschaulich kann das Fahrzeugverhalten mit einer Simulationsstudie untersucht werden. Dazu wurde ein Simulationsmodell mit dem Programm WINFACT der Firma Ingenieurbüro Dr. Kahlert (Kahlert, 2009) entwickelt. Das grafische Simulationsmodell ist in Abb. 210 dargestellt. Es enthät den zentralen Block „Modell Plattform", in dem aus dem kinematischen Modell durch Integration die Ausgangsgrößen x, y und θ erechnet werden. Eingangsgrößen in das Modell sind der Lenkwinkel und die Fahrgeschwindigkeit. Es werden nun über Führungsfunktionsgeber (Geschwindigkeit, positiver und negativer Lenkwinkel) entsprechende zeitliche Verläufe des Lenkwinkels vorgegeben und die Position und Orientierung des Fahrzeugs als x- und y-Zeitverläufe berechnet und gespeichert. Auch die Fahrkurve in der x-y-Ebene wird als Kurvenzug gespeichert und angezeigt.

Zum Zeitpunkt $t = 0$ ändert sich der Lenkwinkel plötzlich auf einen Wert $\gamma = 1$ (im Bogenmaß). Zum Zeitpunkt $t = 1$ s wird plötzlich der Winkel $\gamma = 0$ eingestellt. Nach einer Sekunde wird der Lenkwinkel negativ, $\gamma = -1$. Der zeitliche Verlauf der Orientierung der Plattform kann der Abb. 211 entnommen werden. Es entsteht eine Bewegung der Plattform, die einem Spurwechsel entspricht. Zu Anfang sind das Weltkoordinatensystem und das Fahrzeug-Koordinatensystem deckungsgleich. Der zeitliche Verlauf der y-Koordinate der Plattform mit der Lenkwinkeländerung wurde in der Abb. 212 als Simulationsergebnis dargestellt.

Für mobile Roboter wird gefordert, dass sich die Plattform automatisch und kollisionsfrei zu einem vorgegebenen Punkt bewegt. Daher muss die Plattform mit einer Regelung ausgestattet werden. Dazu wird im Folgenden eine spezielle Strategie vorgestellt. Die Regelungsstrategie besteht darin, nach Vorgabe der Zielpunkt-Koordinaten, den Lenkwinkel zu berechnen, der sich aus der Differenz der Wegabschnitte von der aktuellen Position zu den Zielpunkt-Koordinaten in x- und y-Richtung ergibt. Außerdem soll die Geschwindigkeit nicht konstant bleiben, sondern sich mit der Annäherung an den Zielpunkt verringern. Das Blockschaltbild des grafischen Programms zur Simulation der Regelung ist der Abb. 213 zu entnehmen. Die Soll-Koordinaten x und y werden über einen, wie ein Potenziometer wirkenden Block eingestellt. Die Bahn soll von dem Ausgangspunkt $x = 0$, $y = 0$ nach $x = 5$, $y = 3$ führen, wobei die Einheiten keine Rolle spielen. Die Differenzwege in x- und y-Richtung werden während der Bewegung mit Hilfe der gemessenen Istwerte in x- und y-Richtung ermittelt. Ausgehend von den Differenzen erfolgt die Abstandsberechnung zur Vorgabe der Bahngeschwindigkeit. Ebenfalls wird mit den Weg-Differenzen der benötigte Soll-Lenkwinkel ermittelt.

$$
\begin{aligned}
v &= K \cdot \sqrt{(x_{\text{soll}} - x_{\text{Ist}})^2 + (y_{\text{soll}} - y_{\text{Ist}})^2} \\
\gamma &= \arctan\left(\frac{y_{\text{soll}} - y_{\text{Ist}}}{x_{\text{soll}} - x_{\text{Ist}}}\right)
\end{aligned}
\qquad (4.89)
$$

Der Sollwert des Lenkwinkels wird mit dem Istwert der Orientierung der Plattform θ verglichen und ein Regelfehler berechnet:

$$
e = \gamma - \theta
\qquad (4.90)
$$

a)

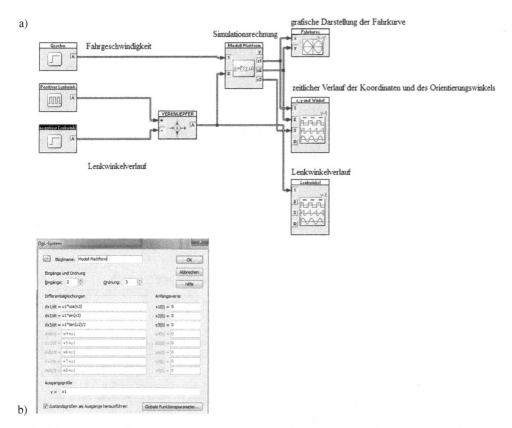

b)

Abb. 210:   grafisches Simulationsprogramm des Roboter-Fahrzeugs mit der Software WINFACT/Boris,
            a) Programm, b) Eingabemaske zur Definition eines Differenzialgleichungsmodells

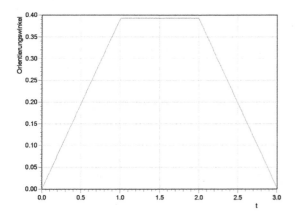

Abb. 211:   Änderung des Orientierungswinkels der Plattform aufgrund der Lenkbewegung

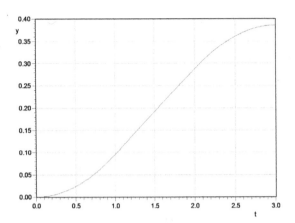

Abb. 212:   Änderung der y-Koordinaten beim Spurwechsel

Diese Regeldifferenz wird einem PI-Regler zugeführt, der damit den Stellwert für den Lenkwinkel berechnet.

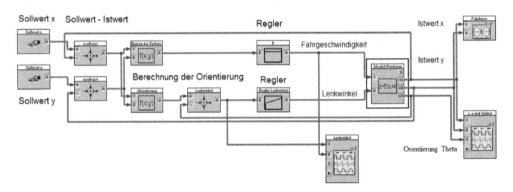

Abb. 213:   Grafisches Simulationsprogramm der Bahnfahrt eines mobilen Roboters von den Koordinaten
(0,0) nach (5,3), erstellt mit dem Simulationsprogramm WINFACT/BORIS

Der zeitliche Verlauf der Orientierung der Plattform während der Bewegung sowie die durch-
fahrene Bahnkurve sind in der Abb. 215 dargestellt.

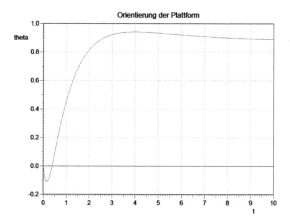

Abb. 214: Zeitverläufe der Bewegung der geregelten Plattform in y-Richtung und Orientierung

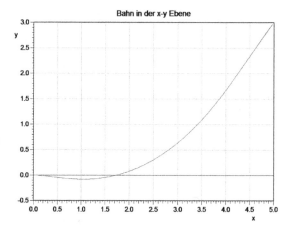

Abb. 215: Bahnkurve

Wir wollen das bisher Erlernte zusammenfassen.

Zusammenfassung

Mobile Roboter entstehen z. B., wenn Roboterplattformen mit Rädern verwendet werden. Es gibt Roboter mit zwei, drei oder vier Rädern. Staubsaugroboter haben oft zwei angetriebene Räder und ein Stützrad. Damit ist es möglich, den Roboter auf der Stelle zu drehen und umzuorientieren. Roboter mit drei omnidirektionalen Rädern können in jede Richtung mit einer vorgegebenen Geschwindigkeit fahren. Roboter mit vier normalen Rädern können in jede Richtung gesteuert werden. Mobile Roboterplattformen mit vier Rädern fahren wie ein Auto und müssen zu bestimmten Positionen manövriert werden. Es wurde ein kinematisches Modell einer mobilen Roboterplattform entwickelt und die Bewegung der Plattform mit dem Rechner simuliert.

Kontrollfragen

K87   Nennen Sie fünf wesentliche Hindernisse für den Einsatz von Industrierobotern als Assistenzsystem.

K88   Durch welche Art der Interaktion kann der Bediener einen Assistenzroboter mit „Gefühl" bedienen?

K89   Durch welche Maßnahme erreicht man eine Kraft-nachgiebigkeit bei Assistenzrobotern?

K90   Welche Möglichkeiten bietet die Verwendung von Mecanum-Rädern in Roboterplattformen?

4.10.6   Navigation ortsflexibler Roboter

Die mobilen ortsflexiblen Roboter werden in die manuell oder automatisch den Ort wechselnden Geräte unterschieden. Im ersten Fall stellt der Bediener den Roboter am Arbeitsplatz auf, im zweiten Fall fährt der Roboter selbsttätig zu dem gewünschten Zielort. Wir wollen einige Möglichkeiten der Navigation von mobilen Roboterplattformen kennenlernen.

Planende Navigation

Mobile Roboter können entlang vorgegebener Bahnen geführt werden. Die Bahnen müssen über ein Umweltmodell berechnet werden. In das Umweltmodell werden durch Hindernisse zugestellte Bereiche gekennzeichnet. Der Bahnplanungs-Algorithmus ermittelt dann die kürzeste, kollisionsfreie Bahn des mobilen Roboters. Der zurückgelegte Weg und die Fahrtrichtung können aus dem Lenkeinschlag und der Drehung der Räder gemessen werden.

Es besteht die Möglichkeit, die Bahn während der Bewegung schrittweise zu ermitteln, auch wenn die gesamte Hindernisumgebung nicht bekannt ist. Man nennt diese Art der Navigation die reaktive Navigation, da der Roboter auf Hindernisse im Arbeitsfeld reagiert. Dabei kann es zu Problemen kommen, wenn die situativ gewählte Fahrstrategie entlang von Hindernissen zu ungewollten Bewegungsschleifen führt.

Reaktive Navigation

Auch komplexe Bahnführungsaufgaben können prinzipiell von einem mobilen Roboter ohne eine Umgebungskarte ausgeführt werden. Mobile Roboter, die sich in einem äußeren Feld befinden und deren Bewegungen über die, mit Sensoren gemessenen Feldgrößen direkt gesteuert werden, nennt man nach dem Entwickler dieser Methode, Valentino Braitenberg, vereinfacht Braitenberg-Vehikel (Corke, 2011).

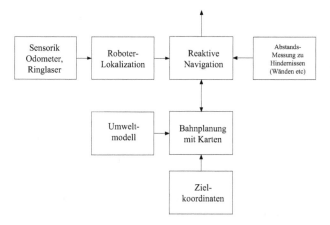

Abb. 216: Lokalisation des mobilen Roboters

Das Feld könnte z. B. aus unterschiedlichen Lichtintensitäten bestehen. Die Lichtintensität in einem Skalarfeld nimmt zum Zielpunkt immer stärker zu. Die Roboterplattform besitzt nur zwei einfache Sensoren, mit denen sie die Stärke des Potenzialfeldes an zwei Punkten messen kann. Die beiden Messpunkte liegen im Abstand l in der Richtung y_v, wobei die Abstände in positiver und negativer Richtung betragsmäßig gleich sind. Die x_v-Koordinaten der beiden Punkte sind null.

Die Position der beiden Sensoren im Fahrzeugkoordinatensystem beträgt: $(0, \pm l)$.

Im Bezugskoordinatensystem sind die Koordinaten der Sensormittelpunkte des Sensors links, x_{sl}, y_{sl}, und des Sensors rechts, x_{sr} und y_{sr}, durch die folgenden Gleichungen gegeben:

$$\begin{aligned}
x_{sl} &= x_{ov} - l \cdot \sin \theta \\
y_{sl} &= y_{ov} + l \cdot \cos \theta \\
x_{sr} &= x_{ov} + l \cdot \cos \theta \\
y_{sr} &= y_{ov} - l \cdot \sin \theta
\end{aligned} \qquad (4.91)$$

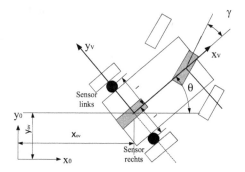

Abb. 217: Einfache Sensoren detektieren Feldgrößen

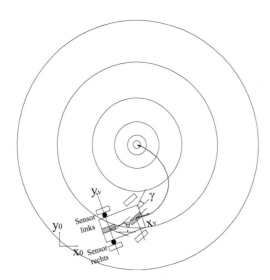

Abb. 218: Konturgrafik des Skalarfeldes, mobiler Roboter der Länge $L = 2$; Der Roboter wird in den Mittelpunkt des Skalarfeldes gezogen, die Kreise bezeichnen nach innen ansteigende Feldgrößen.

Wir betrachten ein Beispiel, das ähnlich auch in (Corke, 2011) angegeben wird.

Beispielaufgabe

Das Skalarfeld sei durch die folgende Gleichung gegeben:

$$s(x,y) = \frac{20}{(x - x_c)^2 + (y - y_c)^2 + 20}$$

$$s(x_c, y_c) = 1$$

(4.92)

Für $x = x_c$ und $y = y_c$ hat die Skalarfunktion ihren größten Wert, nämlich 1. Der Zielpunkt habe die Koordinaten $x_c = 3$ und $y_c = 5$. Der Länge des mobilen Roboters sei $L = 2$. Der Abstand der Sensoren vom Ursprung des Roboterkoordinatensystems in y_v-Richtung ist 1. Alle Größen seien dimensionslos, d. h. es könnte sich um Angaben in mm, m oder cm handeln.

Erstellen Sie die Berechnungsformeln zur Berechnung der Werte des Skalarfeldes an den Orten der beiden Sensoren.

Lösung

$$s(x_{sr}) = \frac{20}{(x + l \cdot \cos(\theta) - x_c)^2 + (y - l \cdot \sin(\theta) - yc)^2 + 20}$$

(4.93)

$$s(x_{sl}) = \frac{20}{(x - l \cdot \sin(\theta) - x_c)^2 + (y + l \cdot \cos(\theta) - yc)^2 + 20}.$$

(4.94)

Im Folgenden wird eine Möglichkeit aufgezeigt, die gemessenen Sensorwerte auszuwerten und damit den Roboter zum Zielpunkt zu steuern. Die Differenz der Sensorwerte des Sensors links und des Sensors rechts soll die Richtung des Lenkwinkels angeben, sodass das Fahrzeug in die Richtung des Zielpunktes gelenkt wird

Auch die Fahrgeschwindigkeit der Roboterplattform wird durch die Sensoren gesteuert. Die Summe, der durch die beiden Sensoren ermittelten Feldgrößen, ist bei weit vom Ziel liegenden Orten sehr klein, ungefähr null. Je näher der Roboter zum Zielpunkt kommt, umso näher liegen die Sensorwerte jeweils bei 1. Gibt man die Bahngeschwindigkeit über die folgende Differenz $v = 2 - s(x_{sl}) - s(x_{sr})$ vor, ist die Bandgeschwindigkeit im Zielpunkt null und weit entfernt vom Ziel 2. Diese Strategie wurde in einem grafischen Programm mit dem WINFACT/Boris programmiert. Das in Abb. 219 dargestellte Blockschaltbild zeigt die Simulationsstruktur. Im linken Bereich des Blockschaltbildes erkennt man drei Blöcke, die die Werte der Sollwertes x_c und y_c, die im Zentrum des Skalarfeldes liegen, vorgeben. Außerdem wird die Zahl 2 als Konstante für die Geschwindigkeitsberechnung vorgegeben. Die Blöcke Sensor links und Sensor rechts berechnen die Sensorwerte in der aktuellen Position.

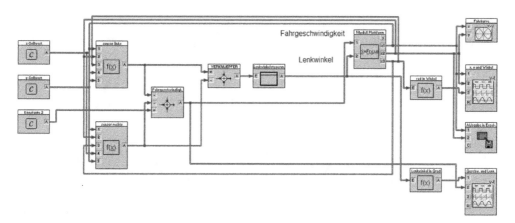

Abb. 219:   Grafisches Simulationsprogramm zur reaktiven Bahnfahrt mit Hilfe eines Skalarfeldes

Der Block Lenkwinkelsteuerung verstärkt die berechnete Abweichung der beiden Sensorwerte durch Multiplikation mit dem Faktor $K = 5$. Das Ergebnis der Berechnung wird als Soll-Lenkwinkel $\gamma(t)$ auf die Modellplattform aufgeschaltet. Das dynamische Modell der Roboterplattform entspricht dem im vorigen Abschnitt bereits verwendeten Modell. Die Ausgangsgrößen sind die x- und y-Werte der Position der Plattform und der Orientierungswinkel $\theta(t)$. Im rechten Bereich des Blockschaltbildes sind die Ausgaben und Speicherungsblöcke aufgeführt. Nach der Umwandlung des Winkels in das Gradmaß erfolgt die grafische Ausgabe des Zeitlinien-Diagramms der $x(t)$-, $y(t)$- und $\theta(t)$-Verläufe sowie die Zeitverläufe der Steuerungswerte der Plattform-Lenkwinkel $\gamma(t)$ und $v(t)$. Außerdem wird die Bahnkurve als x-y-Diagramm ausgegeben. Die korrespondierenden x- und y-Positionswerte werden zusätzlich in eine Excel-Tabelle als File BAHN.XLS abgelegt, um später mit dem Programm MATLAB verarbeitet werden zu können. In den folgenden beiden Bildern sind Simulationsergebnisse

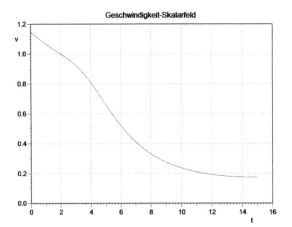

Abb. 220: Fahrgeschwindigkeit und Orientierung des Roboters im Skalarfeld

dargestellt. In Abb. 220 ist der zeitliche Verlauf der Feldfunktion während der Bewegung dargestellt. Im folgenden Bild ist die Bahnkurve des durch das Feld gesteuerten Roboters abgebildet.

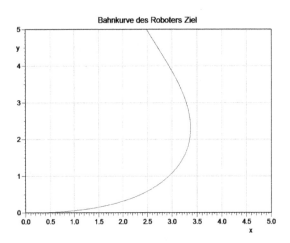

Abb. 221: Lenkwinkel und Bahnkurve des Roboters im Skalarfeld

Abbildung 222 zeigt Konturkurven des Skalarfeldes, die mit dem Programm MATLAB erstellt wurden. Die Abbildung enthält ebenfalls die Bahnkurve des Roboters, der sich ursprünglich im Ursprung des Weltkoordinatensystems befand. Sie führt von dort in die Nähe des Zielpunktes. Dabei folgt sie dem stärksten Gradienten des Skalarfeldes. Der Gradient wird mit Hilfe der beiden Sensoren während der Simulationsfahrt berechnet.

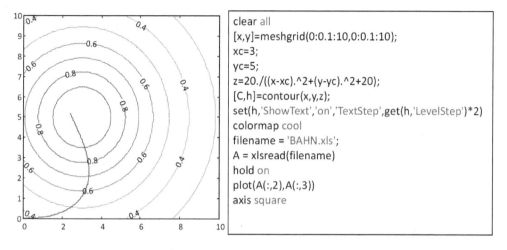

Abb. 222: Steuerung des Roboters über ein Skalarfeld, links: grafische Darstellung des Skalarfeldes und
der Roboterbahn mit MATLAB, rechts das Simulationsprogramm

4.10.7 Laufende Roboter

Die Bewegung im Gelände auf Steinen und losem Untergrund sowie das Steigen auf Treppen und Felsen sind mit mobilen Robotern auf Rädern nicht möglich. In diesen Fällen haben Roboter mit Beinen Vorteile. Laufende Roboter können sich auf einem, zwei, vier oder wie Insekten auf sechs Beinen bewegen. Einen Ansatz zur Entwicklung von Laufrobotern bieten Studien zu den verschiedenen Gangarten von Mensch und Tieren. Sie zeigen anhand von Bildsequenzen, wie die Reihenfolge der Beinbewegung bei Lebewesen erfolgt.

Große Fortschritte wurden in der Regelung der stabilen Lage des zweibeinigen Roboters erzielt und der aufrechte Gang ist möglich geworden. Dadurch sind Roboter in der Lage, sich durch unwegsames Gelände zu bewegen. Die Entwicklung von Laufrobotern wurde wesentlich durch die Hüpfroboter von Marc Raibert (Raibert M. H., 1986) beeinflusst. Im Jahre 1986 arbeitete Marc Raibert am MIT/USA und entwickelte Roboter, die aus einem Balancierbalken, der mit drei pneumatisch angetriebenen Zylindern verbunden ist, bestehen. Die Abb. 223 zeigt links den Aufbau des einbeinigen Roboters, der ohne zu hüpfen natürlich umfällt. Es handelt sich also um ein instabiles System, das vielleicht an das sogenannte inverse, d. h. nach oben gerichtete Pendel erinnert. Der Hüpfroboter wird ähnlich wie ein inverses Pendel durch recht einfache Regelalgorithmen geregelt. Mit den seitlichen Zylindern kann die Neigung des Balkens zum Bein eingestellt werden. Der Beinzylinder wirkt beim Bodenkontakt wie eine gespannte Feder. Der Luftdruck des Beinzylinders wird bei Bodenkontakt über insgesamt vier elektrische Pneumatik-Ventile zu- bzw. abgeschaltet und der Hüpfroboter springt nach oben und verliert den Bodenkontakt. Danach erfolgt in der Luft, aufgrund der ballistischen Eigenschaften, eine Sprungphase. Durch zwei weitere Pneumatik-Zylinder kann der Winkel zwischen Balancierbalken und dem Beinzylinder mit Hilfe von elektrischen Servo-Ventilen stufenlos beeinflusst werden. M. Raibert hat die einbeinigen Hüpfroboter zu zweibeinigen und vierbeinigen Hüpfrobotern weiterentwickelt, die wie Pferde oder Katzen laufen oder galoppieren können. Gegenwärtig (2014) sind sie unter den Bezeichnungen BigDog, Cheetah, Wildcat, Petman u. a. bekannt. Der Laufroboter Cheetah kann fast 50 km/h schnell laufen! Sie werden meist durch pneumatische oder hydraulische Antriebe bewegt, wobei die federnden Eigenschaften eines unter Druck stehenden Zylinders beim Hüpfen genutzt werden.

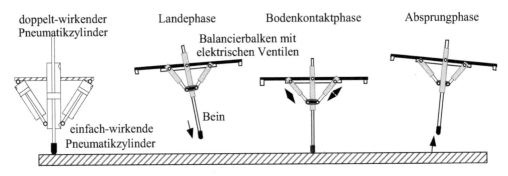

Abb. 223:   Einbeiniger Hüpfroboter nach M. Raibert

Der galoppierende oder trabende Roboter BigDog, der ohne Energie- und Steuerungskabel auskommt, kann über 154 kg tragen (Raibert, Blankspoore, Nelson & Playter, 2008). Er ist mit einem Benzinmotor, der eine Hydraulikpumpe antreibt, ausgestattet und kann bis zu 25 km/h schnell galoppieren. Die Beine werden über hydraulische Zylinder bewegt. Er besitzt Potenziometer als innere Sensoren zur Messung der Gelenkwinkellage der Hüfte, des Knies und des Fußgelenks. Die Kraft in den Gelenken wird über Kraft-Messzellen erfasst. Das Laserradar (Lidar) dient zur Erkennung eines Menschen, dem BigDog folgen soll. Über das im Körper integrierte Stereo-Vision-System (siehe Abschnitt 5.6) werden Hindernisse erkannt. Winkelgeschwindigkeiten und -beschleunigungen können über ein Gyroskop erfasst werden. Weitere Sensoren erfassen die Hydraulik-Öltemperatur, den Ölfluss, den Öldruck und die Batteriespannung. Die Beine enthalten Federn zur Erzeugung einer Nachgiebigkeit bei der Springbewegung.

Die Abb. 224 stellt für den schnellen Gang eines sechsbeinigen Insekts die Beinfolge bei der Bewegung dar. Die Abkürzungen L1, L2, L3 bzw. R1, R2, R3 repräsentieren die Bewegungen des jeweiligen Beins. In einer senkrechten Spalte der Tabelle erkennt man zu einem bestimmten Zeitpunkt, welche Beine den Körper tragen (dunkle Felder). Die anderen drei Beine führen eine Bewegung nach vorne aus. Man erkennt, dass im schnellen Gang der Körper durch jeweils drei Beine getragen wird. Diese Gangart wird daher auch bei sechsbeinigen Robotern häufig gewählt.

Die Abb. 225 stellt eine mögliche Realisierung eines Laufroboters mit sechs Beinen dar. Jedes Bein hat eine Pantografen-Mechanik für die kartesische Bewegung. Der Antrieb hat Ähnlichkeit mit dem in Abb. 87 dargestellten Parallelogramm-Antrieb.

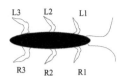

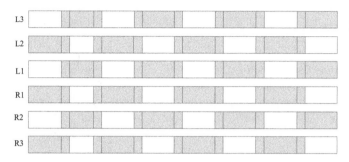

Abb. 224: Beinfolge des sechsbeinigen Insekts im langsamen und schnellen Gang

Pantografen-Mechanik

Ein Pantograf (wurde 1603 von dem Jesuitenpater Christoph Scheiner erfunden) bedeutet Allesschreiber und wurde ursprünglich verwendet, um Zeichnungen von einem kleineren in einen größeren Maßstab, oder umgekehrt, zu übertragen. Es handelte sich also um einen frühen Kopierer.

Die Konstruktion der Beine orientiert sich an bionischen Prinzipien, denn der Aufbau vieler Beine von Tieren ist ähnlich. Jedes Bein hat drei Freiheitsgrade. Der erste Freiheitsgrad ist die azimutale Drehung um die Hochachse. Der zweite Freiheitsgrad wird über einen linear wirkenden hydraulischen oder pneumatischen Zylinder realisiert.

Die Vorwärtstransformation nach dem modifizierten Verfahren nach Denavit-Hartenberg ist für jedes Bein möglich. In der folgenden Tabelle sind die Denavit-Hartenberg-Parameter eines Beines dargestellt.

Tab. 17: Denavit-Hartenberg-Parameter des Beins

i	α_{i-1}	a_{i-1} [mm]	θ_i	d_i [mm]
1	$0°$	0	θ_1	0
2	$90°$	0	$\theta_2 - 90°$	0
3	0	L_1	$\theta_3 - \theta_2 + 90°$	0
4	0	L_2	$-(90° + \theta_3 - \theta_2)$	0
5	0	L_3	0	0

Damit kann man fünf Transformationsmatrizen aufstellen und die Position und die Orientierung des Koordinatensystems im Punkt B des Beins errechnen. In der zweiten Zeile der Tabelle wird die z-Achse des Koordinatensystems K_1 um den Winkel $90°$ gedreht. Nachfolgend erfolgt die Drehung der x-Achsen um $-90°$. Die x_2-Achse zeigt nach „unten". Falls der Winkel θ_2 verändert wird, verändert sich bei einer normalen Roboterverbindung auch die Orientierung der x-Achse des Koordinatensystems K_3, wie z. B. in Abb. 129 zu erkennen ist. Der veränderliche Winkel θ_2 führt bei der Parallel-Kinematik zu keiner Veränderung der Orientierung des Auslegers mit der Länge L_2. Also wird der Winkel θ_2 vom Winkel θ_3 in Zeile 3 der Tabelle wieder subtrahiert. Durch die Parameter der vierten Zeile wird ein weiteres Koordinatensystem im Punkt A beschrieben. Aufgrund der Parallelogramm-Anordnung hat der Ausleger mit der Länge L_3 die gleiche Orientierung wie der Ausleger mit der Länge L_1. Die Orientierung des Koordinatensystems K_4 kann nicht mit einem eigenen Freiheitsgrad verändert werden, sondern sie stellt sich durch die Winkel θ_2 und θ_3 ein. Sind beide Winkel null, soll die x_4-Achse senkrecht nach unten gerichtet sein! Im letzten Schritt 5 wird das Koordinatensystem im Fußpunkt B erzeugt. Die Ermittlung der Position des Fußpunktes B im Koordinatensystem K_0 soll im Folgenden mit Hilfe der Vorwärtstransformation mathematisch berechnet werden.

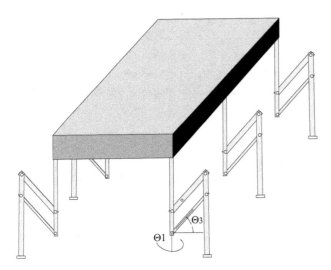

Abb. 225: Aufbau eines Roboters mit sechs Beinen

Mit den Angaben der Tabelle kann man die folgenden Transformationsmatrizen aufstellen, die jeweils ein Koordinatensystem K_i relativ zu dem, in der Kette davor definierten Koordinatensystem K_{i-1}, angeben:

$$
{}^0T_1 = \begin{bmatrix} c\theta_1 & -s\theta_1 & 0 & 0 \\ s\theta_1 & c\theta_1 & 0 & 0 \\ 0 & 0 & 1 & 0 \\ 0 & 0 & 0 & 1 \end{bmatrix}
\tag{4.95}
$$

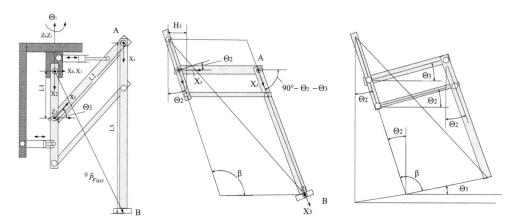

Abb. 226: Bewegungsmöglichkeiten eines Beines; links: Aufbau, mitte: Winkel $\theta_3 = 0°$, rechts: Verdeutlichung des Kosinussatzes bei der inversen Transformation

$$
\begin{aligned}
{}^1T_2 &= \begin{bmatrix} c(\theta_2 - 90°) & -s(\theta_2 - 90°) & 0 & 0 \\ 0 & 0 & -1 & 0 \\ s(\theta_2 - 90°) & c(\theta_2 - 90°) & 0 & 0 \\ 0 & 0 & 0 & 1 \end{bmatrix} \\
&= \begin{bmatrix} s(\theta_2) & c(\theta_2) & 0 & 0 \\ 0 & 0 & -1 & 0 \\ -c(\theta_2) & s(\theta_2) & 0 & 0 \\ 0 & 0 & 0 & 1 \end{bmatrix}
\end{aligned}
\tag{4.96}
$$

Zur Abkürzung wird der Hilfswinkel $\theta_3' = \theta_3 - \theta_2 + 90°$ eingeführt.

$$
{}^2T_3 = \begin{bmatrix} c\theta_3' & -s\theta_3' & 0 & L_1 \\ s\theta_3' & c\theta_3' & 0 & 0 \\ 0 & 0 & 1 & 0 \\ 0 & 0 & 0 & 1 \end{bmatrix}
\tag{4.97}
$$

$$
{}^3T_4 = \begin{bmatrix} c(-\theta_3') & -s(-\theta_3') & 0 & L_2 \\ s(-\theta_3') & c(-\theta_3') & 0 & 0 \\ 0 & 0 & 1 & 0 \\ 0 & 0 & 0 & 1 \end{bmatrix}
\tag{4.98}
$$

$$
{}^4T_5 = \begin{bmatrix} 1 & 0 & 0 & L_3 \\ 0 & 1 & 0 & 0 \\ 0 & 0 & 1 & 0 \\ 0 & 0 & 0 & 1 \end{bmatrix}
\tag{4.99}
$$

Zur Berechnung der Lage des Koordinatensystems K_3 bezüglich K_0 werden die Matrizen verkettet:

$$^0T_2 = \begin{bmatrix} c\theta_1 & -s\theta_1 & 0 & 0 \\ s\theta_1 & c\theta_1 & 0 & 0 \\ 0 & 0 & 1 & 0 \\ 0 & 0 & 0 & 1 \end{bmatrix} \cdot \begin{bmatrix} c(\theta_2 - 90°) & -s(\theta_2 - 90°) & 0 & 0 \\ 0 & 0 & -1 & 0 \\ s(\theta_2 - 90°) & c(\theta_2 - 90°) & 0 & 0 \\ 0 & 0 & 0 & 1 \end{bmatrix}$$

$$= \begin{bmatrix} c\theta_1 \cdot c(\theta_2 - 90°) & -c\theta_1 \cdot s(\theta_2 - 90°) & s\theta_1 & 0 \\ s\theta_1 \cdot c(\theta_2 - 90°) & -s\theta_1 \cdot s(\theta_2 - 90°) & -c\theta_1 & 0 \\ s(\theta_2 - 90°) & c(\theta_2 - 90°) & 0 & 0 \\ 0 & 0 & 0 & 1 \end{bmatrix} \qquad (4.100)$$

$$^0T_3 = \begin{bmatrix} c\theta_1 \cdot c(\theta_2 - 90°) & -c\theta_1 \cdot s(\theta_2 - 90°) & s\theta_1 & 0 \\ s\theta_1 \cdot c(\theta_2 - 90°) & -s\theta_1 \cdot s(\theta_2 - 90°) & -c\theta_1 & 0 \\ s(\theta_2 - 90°) & c(\theta_2 - 90°) & 0 & 0 \\ 0 & 0 & 0 & 1 \end{bmatrix} \cdot \begin{bmatrix} c\theta_3' & -s\theta_3' & 0 & L_1 \\ s\theta_3' & c\theta_3' & 0 & 0 \\ 0 & 0 & 1 & 0 \\ 0 & 0 & 0 & 1 \end{bmatrix}$$

$$= \begin{bmatrix} r_{11} & r_{21} & s\theta_1 & L_1 \cdot c\theta_1 \cdot c(\theta_2 - 90°) \\ r_{21} & r_{22} & -c\theta_1 & L_1 \cdot s\theta_1 \cdot c(\theta_2 - 90°) \\ r_{31} & r_{32} & 0 & L_1 \cdot s(\theta_2 - 90°) \\ 0 & 0 & 0 & 1 \end{bmatrix} \qquad (4.101)$$

In der letzten Matrix wurden Abkürzungen für längere Berechnungsausdrücke eingeführt, die in den folgenden Formeln ausführlich dargestellt sind.

$$r_{11} = c\theta_1 \cdot c(\theta_2 - 90°) \cdot c\theta_3' + (-c\theta_1 \cdot s(\theta_2 - 90°)) \cdot s\theta_3'$$
$$r_{21} = s\theta_1 \cdot c(\theta_2 - 90°) \cdot c\theta_3' - s\theta_1 \cdot s(\theta_2 - 90°) \cdot s\theta_3'$$
$$r_{31} = s(\theta_2 - 90°) \cdot c\theta_3' + s(\theta_2 - 90°) \cdot s\theta_3'$$
$$r_{21} = -c\theta_1 \cdot c(\theta_2 - 90°) \cdot (-s\theta_3') + (-c\theta_1 \cdot s(\theta_2 - 90°)) \cdot c\theta_3'$$
$$r_{22} = -s\theta_1 \cdot s(\theta_2 - 90°) \cdot s\theta_3' - s\theta_1 \cdot s(\theta_2 - 90°) \cdot c\theta_3'$$
$$r_{32} = -s(\theta_2 - 90°) \cdot s\theta_3' + c(\theta_2 - 90°) \cdot c\theta_3'$$

Auf diese Art kann dann auch die Lage des Fußpunktes B in Abhängigkeit der Gelenkwinkel bestimmt werden. Die Aufstellung der Matrizen $^0T_4 = {}^0T_3 \cdot {}^3T_4$ sowie $^0T_5 = {}^0T_4 \cdot {}^4T_5$ erfolgt analog. Die Visualisierung des Beins mit einem MATLAB-Programm ist hilfreich, um die Richtigkeit der Formelausdrücke zu prüfen. In dem Programm wurde die in Abschnitt 4.6.4 definierte Funktion zur Berechnung der Transformationen DHTR genutzt.

Beispielaufgabe

Schreiben Sie ein MATLAB-Programm zur Visualisierung der Stellung des Beines in den Winkeln.

1. $\theta_1 = 0°$, $\theta_2 = 0°$, $\theta_3 = 0°$
2. $\theta_1 = 0°$, $\theta_2 = 45°$, $\theta_3 = 0°$
3. $\theta_1 = 0°$, $\theta_2 = 0°$, $\theta_3 = 45°$

Die Längen seien $L_1 = 200\,\text{mm}$, $L_2 = 50\,\text{mm}$, $L_3 = 200\,\text{mm}$.

Lösung

```
% L dh = [THETA D A ALPHA SIGMA OFFSET]
clear all
th1=0
th2=0
th3=pi/4
T10=DHTR(th1,0, 0, 0, 0 )
T21=DHTR(th2,0,0,pi/2,-pi/2)
T20=T10*T21
T32=DHTR(th3-th2+pi/2,0,200, 0,0)
T30=T20*T32
T43=DHTR(-(pi/2+th3-th2),0,200, 0,0)
T40=T30*T43
T54=DHTR(0,0,200, 0,0)
T50=T40*T54
xg=[0,T10(1,4),T20(1,4),T30(1,4),T40(1,4),T50(1,4)]
yg=[0,T10(2,4),T20(2,4),T30(2,4),T40(2,4),T50(2,4)]
zg=[0,T10(3,4),T20(3,4),T30(3,4),T40(3,4),T50(3,4)]
plot3(xg,yg,zg)
grid on
axis equal
```

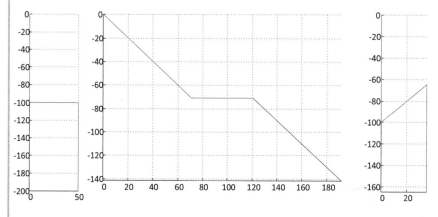

Abb. 227: Simulationsergebnisse zur Vorwärtstransformation bei drei vorgegebenen Gelenkwinkeln

Man kann die Lage des Fußpunktes im Koordinatensystem K_3 wie folgt bestimmen:

$$^3\vec{P}_{\text{Fuss}} = \begin{bmatrix} L_2 \cdot c\theta_3 + L_3 \cdot s\theta_2 \\ L_2 \cdot s\theta_3 - L_3 \cdot c\theta_2 \\ 0 \end{bmatrix} \tag{4.102}$$

Damit das vorgestellte Gangmuster vom Roboter gelaufen werden kann, müssen im Bezugs-Koordinatensystem die Koordinatenverläufe der Fußpunkte vorgegeben werden. Daraus bestimmt man durch die inverse Transformationsrechnung die Winkel. Die vorgegebenen Koordinaten eines Fußpunktes werden wie folgt angegeben:

$$^0\vec{P}_{\text{Fuss}} = \begin{bmatrix} x \\ y \\ z \end{bmatrix} \tag{4.103}$$

Der Winkel θ_1 ergibt sich aus der folgenden Beziehung durch die x- und y-Koordinate des Fußpunktes:

$$\theta_1 = \text{atan2}\left(\frac{y}{x}\right) \tag{4.104}$$

Natürlich müssen die vorgegebenen x-, y- und z-Werte der Fußpunkte innerhalb der Arbeitsräume der Füße liegen! Es ist ratsam, die Lage des Fußpunktes im Koordinatensystem K_1 anzugeben. Mit Hilfe der Gleichungen (4.96) und (4.97) findet man eine Berechnungsvorschrift für den Ortsvektor $^1\vec{P}_{\text{Fuss}}$:

$$^1\vec{P}_{\text{Fuss}} = \begin{bmatrix} c\theta_1 & -s\theta_1 & 0 & 0 \\ s\theta_1 & c\theta_1 & 0 & 0 \\ 0 & 0 & 1 & 0 \\ 0 & 0 & 0 & 1 \end{bmatrix} \cdot \begin{bmatrix} x \\ y \\ z \\ 1 \end{bmatrix} = \begin{bmatrix} x \cdot c\theta_1 - ys\theta_1 \\ x \cdot s\theta_1 + yc\theta_1 \\ z \\ 1 \end{bmatrix} = \begin{bmatrix} ^1x \\ ^1y \\ ^1z \end{bmatrix} \tag{4.105}$$

$$^1\vec{P}_{\text{Fuss}} = \begin{bmatrix} L_2 \cdot c\theta_3 + L_3 \cdot s\theta_2 + L_1 \cdot s\theta_2 \\ 0 \\ L_2 \cdot s\theta_3 - L_3 \cdot c\theta_2 - L_1 \cdot c\theta_2 \end{bmatrix} = \begin{bmatrix} ^1x \\ ^1y \\ ^1z \end{bmatrix} \tag{4.106}$$

Mit Hilfe der Gleichungen (4.106) gelingt es, eine Beziehung für die Differenz der Winkel θ_2, θ_3 zu finden:

$$\begin{aligned} L_2 \cdot c\theta_3 + L_3 \cdot s\theta_2 + L_1 \cdot s\theta_2 &= {}^1x \\ L_2 \cdot s\theta_3 - L_3 \cdot c\theta_2 - L_1 \cdot c\theta_2 &= {}^1z \end{aligned} \tag{4.107}$$

Durch Quadrieren und Addieren der Gleichungen erhält man nach elementaren Umformungen:

$$\sin(\theta_2 - \theta_3) = \frac{^1z^2 + {}^1x^2 - (L_1 + L_3)^2 - L_2^2}{2 \cdot (L_1 + L_3) \cdot L_2} = A \tag{4.108}$$

$$\theta_2 = \theta_3 + \arcsin A = \theta_3 + \varphi$$

Durch geometrische Analyse (siehe Abb. 226) des Parallelogramms kann man mit Hilfe des Cosinussatzes zeigen, dass gilt:

$$^1z^2 + {}^1x^2 = (L_1 + L_3)^2 + L_2^2 - 2 \cdot (L_1 + L_3) \cdot L_2 \cdot \cos \beta$$

Man erhält für den Winkel β:

$$\beta - \theta_2 = 90° - \theta_3 \quad \Leftrightarrow \quad \beta - 90° = \theta_2 - \theta_3$$

Und damit gilt: $\cos\beta = \sin(\theta_2 - \theta_3) = A$! Setzt man $\theta_2 = \theta_3 + \varphi$ aus (4.108) in die zweite Gleichung von (4.107) ein, erhält man eine Gleichung, in der nur noch θ_3 und der bekannte Winkel φ vorkommen:

$$L_2 \cdot s\theta_3 - L_3 \cdot c(\theta_3 + \varphi) - L_1 \cdot c(\theta_3 + \varphi) = {}^1z$$
$$-c(\theta_3 + \varphi) \cdot (L_1 + L_3) + L_2 \cdot s\theta_3 = {}^1z$$

(4.109)

Nach Einführung der Additionstheoreme $c(\theta_3 + \varphi) = c\theta_3 c\varphi - s\theta_3 s\varphi$ und der Transformation $a = c\varphi, b = s\varphi \cdot (L_1 + L_3) + L_2$ folgt:

$$-a \cdot c\theta_3 + b \cdot s\theta_3 = {}^1z$$

(4.110)

Weiterhin wird wie folgt umgeformt:

$$\rho = \sqrt{a^2 + b^2}$$
$$\alpha = \operatorname{atan2}\left(\frac{b}{a}\right)$$

(4.111)

$$-\rho \cdot c\alpha \cdot s\theta_3 + \rho \cdot s\alpha \cdot c\theta_3 = -{}^1z$$
$$\sin(\alpha - \theta_3) = -\frac{{}^1z}{\rho}$$

(4.112)

$$\cos(\alpha - \theta_3) = \pm\sqrt{1 - \left(\frac{{}^1z}{\rho}\right)^2}$$

$$\theta_3 = \operatorname{atan2}\left(\frac{a}{b}\right) - \operatorname{atan2}\left(\frac{-\frac{{}^1z}{\rho}}{\pm\sqrt{1 - \left(\frac{{}^1z}{\rho}\right)^2}}\right)$$

(4.113)

Die Formeln (4.104), (4.108) und (4.113) stellen Ausdrücke zur Berechnung der gesuchten Winkel dar. Es sind mehrere Lösungen möglich! Allerdings müssen die Begrenzungen in den Einstellmöglichkeiten für die Winkel beachtet werden.

Wir wollen das bisher Erlernte zusammenfassen.

Zusammenfassung

Die Navigation der mobilen Roboterplattformen kann planend und reaktiv erfolgen. Ein Bahnplanungs-Algorithmus ermittelt, bei Kenntnis der Hindernisse in der Umgebung, eine kollisionsfreie Bahn. Über Odometrie wird die Lage des Roboters im Raum kontinuierlich berechnet und mit der geforderten Sollbahn verglichen. Aufgrund äußerer Einflüsse kann der Roboter online und reaktiv seine Bahn modifizieren. Als äußere Einflüsse haben wir die

Anziehung des Roboters durch ein äußeres Skalarfeld kennengelernt. Das Feld könnte z. B. durch unterschiedliche Lichtintensitäten aufgebaut werden, die durch zwei Roboter-Sensoren detektiert werden. Die Entwicklung eines Rechnermodells zur Simulation der Steuerung der mobilen Roboterplattform zu einem vorgegebenen Zielpunkt mit Hilfe eines Skalarfeldes zeigt die Effektivität des Verfahrens. Es wurden Roboter mit vier und sechs Beinen vorgestellt. Mit Hilfe der inversen Transformation können vorgegebene Positionen der Roboterfüße in zugehörige Beinwinkel umgerechnet werden.

Kontrollfragen

K91 Geben Sie den Unterschied zwischen einer planenden und reaktiven Navigation von Robotern an.

K92 Was versteht man unter Odometrie?

5 Computer-Vision-Systeme

Assistenzsysteme nutzen Informationen, die mit Hilfe von Kameras aufgenommen werden. In Autos werden Kameras zum Einparken oder als Rückfahrkamera genutzt. Kameras in Fahrerassistenzsystemen erkennen Fahrzeuge im toten Winkel und warnen den Fahrer vor dem Überholen. Mit Hilfe einer Kamera beobachten spezielle Assistenzsysteme die Fahrbahn und erspähen potenzielle Hindernisse.

Außer bei den Fahrerassistenzsystemen werden Kameras oft in Multi-Touch-Displays eingesetzt. Die Erkennung von Körpergesten, z. B. von Fingergesten, Mimik oder Hand- bzw. Armgesten, führt zu neuen Interaktionsformen in Assistenzsystemen. Gesten können mit Hilfe einer oder mehrerer Kameras vom Computer erkannt werden.

Roboterassistenzsysteme erkennen mit Hilfe von Kameras die Umwelt dreidimensional und bewegen sich autonom im Raum. Sie können Gesichter identifizieren und ihre Blickrichtung an den Gesprächspartner anpassen.

Die Auswertung der Kamerabilder in Computerprogrammen wird mit den Methoden der Bildverarbeitung ausgeführt. Dieses Wissensgebiet wird auch als Computer-Vision bezeichnet. Es umfasst die Methoden zur Bildaufnahme und -auswertung, um Merkmale, Farben, geometrischen Anordnungen etc. in Bildern zu erkennen.

Computer-Vision-Systeme in der Industrie werden z. B. zur Roboterführung oder zur Inspektion eingesetzt. Dazu soll ein Beispiel vorgestellt werden. In Autos werden in Kupplungssystemen scheibenförmige Kupplungsbeläge eingesetzt, die eine bestimmte Anzahl von Bohrungen zur Befestigung enthalten. Mit einem Computer-Vision-System, das auch als Bildverarbeitungssystem bezeichnet wird, soll festgestellt werden, ob alle automatisch hergestellten Bohrungen auch tatsächlich vorhanden sind, und ob die Fläche der Bohrungen dem Sollwert entspricht. Gemäß Abb. 228 werden die folgenden Schritte ausgeführt. Über eine Kamera wird ein Bild aufgenommen und gespeichert. Danach wird das Bild verarbeitet. Dazu erfolgt eine Binärisierung mit Hilfe eines Grauwert-Histogramms, d. h. aus dem Graubild der Kamera wird ein Binärbild, das nur noch schwarze und weiße Pixel enthält, erzeugt. Außer den Bohrungen enthält das Binärbild noch weitere dunkle, kleinere Bezirke, die aber nicht zu den Löchern gehören. Mit Hilfe von digitalen Filteralgorithmen werden diese Flächen aus dem Bild entfernt. Danach werden die Löcher gesucht, gezählt und deren Fläche berechnet. Stimmt die Fläche der Löcher mit der Sollfläche überein, ist die Produktion der Scheibe in Ordnung und das Teil kann in der Produktion verwendet werden.

Bildverarbeitungssystem

Die Auswertung von Bildern, die über Kameras oder andere Bildaufnahmesensoren erzeugt werden, erfolgt über Bildauswertungsalgorithmen in einem Rechner, der als Bildverarbeitungssystem bezeichnet wird.

5.1   Kameras für die Bildverarbeitung

In diesem Abschnitt wird eine Einführung in die Bildverarbeitungsverfahren gegeben. Wir werden zuerst die Bildentstehung auf einem Bildaufnehmer-Chip kennenlernen. Nachfolgend wird gezeigt, wie mit Verfahren der Bildverarbeitung die Lage der Objekte, z. B. der Finger auf dem Touchscreen, erfasst werden kann (siehe Abschnitt 3.11.7). Die automatische Erkennung bestimmter Objektkonturen und Formen schließt den Abschnitt ab.

Digitale Kameras enthalten einen Bildaufnehmer als Sensor, der als CCD (Charge Coupled Device)-Chip oder CMOS(Complementary Metaloxid Semiconductor)-Chip aufgebaut ist. Der Sensor besitzt in einem rechteckigen Muster angeordnete Bildelemente (Picture-Elements-Pixel). Das einfallende Licht überträgt durch den photoelektrischen Effekt seine Energie auf die Elektronen des Halbleiters der Bildelemente. In den Bildelementen entsteht eine elektrische Ladung. CCD- oder CMOS-Sensoren werden durch Lichtenergie eines bestimmten, vom Halbleiter abhängigen Spektralbereichs angeregt.

Photoelektrischer Effekt

Licht kann seine Energie durch Bestrahlung auf metallische Platten übertragen. Dabei können Elektronen emittiert werden. Der Elektronenstrom hängt von der Wellenlänge des Lichtes ab. Dieser Effekt wird photoelektrischer Effekt genannt. Die Erklärung des Effektes unterstützte die Entwicklung der Quantentheorie.

Die Größe der elektrischen Ladung wird durch die Bildaufnahmezeit oder Belichtungszeit, bestimmt. Nach der Bildaufnahmezeit werden die über einen CCD(charge-coupled-device)-Sensor erfassten Ladungen über eine Art Schieberegister zeilenweise an einen Verstärker weitergeleitet, der daraus einen zeitlich veränderlichen, elektrischen Spannungsverlauf herstellt. Das analoge Spannungssignal wird anschließend in einem Analog-Digital-Wandler in ein digitales Signal gewandelt. Der Übergang zum Digitalbild erfolgt im ersten Schritt durch die räumliche Abtastung aller Pixel des Bildaufnahme-Chips und im zweiten Schritt durch die zeitliche Abtastung (Burger, 2006). Die digitalen Informationen werden meist seriell, also in einem Bit-seriellen Datenstrom an einen Empfänger mit einem bestimmten Übertragungsprotokoll übertragen. Auch der direkte Anschluss an Kommunikationsnetze ist möglich.

Die CMOS-Sensoren besitzen für jedes Pixel eine Verstärkerschaltung, daher können auch einzelne Pixel direkt (ohne Verschieben) ausgelesen werden. In Abb. 229 ist eine Digitalkamera mit einem 1/2,5 Zoll CMOS-Bildsensor dargestellt. Der Sensor besitzt 2592 × 1944 Pixel. Der Bildaufnahme-Chip hat eine Grundfläche von 5,7 mm (horizontal) × 4,28 mm (vertikal). Die

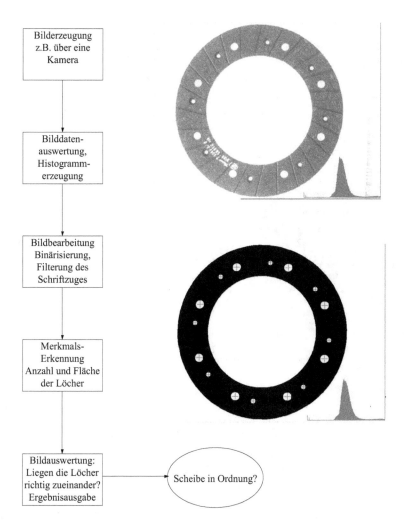

Abb. 228: Schritte der Bildverarbeitung zur Analyse der Löcher in einer Kupplungsscheibe mit einem
           Computer-Vision-System

Fläche eines Pixels beträgt: $2,2 \times 2,2\,\mu m$. In voller Auflösung können bis zu 14 Bilder pro Sekunde übertragen werden. Er besitzt einen Analog-Digital-Wandler mit einer Wandlungstiefe
von 12 Bit. Die Kamera wird über eine Ethernet-Verbindung mit einem Bildverarbeitungsrechner verbunden.

CMOS-Sensor

Ein Active-Pixel-Sensor (APS – aktiver Pixelsensor) ist ein Halbleiterdetektor mit Verstärkerschaltung zur Lichtmessung, der in CMOS-Technik gefertigt ist und deshalb oft als
CMOS-Sensor bezeichnet wird.

Die Farben des Lichtes, das auf einen Kamera-Sensor fällt, werden meist durch ein spezielles Farbfilter, das vor jedem Pixel angeordnet ist, erfasst. Da das Auge wesentlich empfindlicher für die grünen Spektralanteile im Licht ist, werden doppelt so viele Pixel den Grünanteil über ein Grünfilter ermitteln als den Blau- und Rotanteil. Man bezeichnet das Filter nach dem Erfinder, Bryce E. Bayer, als Bayer-Filter. Jedes Pixel ermittelt also nur einen Farbanteil. Die anderen beiden Farbanteile werden für ein Pixel aus den Informationen der umgebenden Pixel geschätzt. Es erfolgt eine sogenannte Bayer-to-RGB-Umwandlung (Corke, 2011). Das Verfahren wird auch als Bayer-Demosaicing bezeichnet.

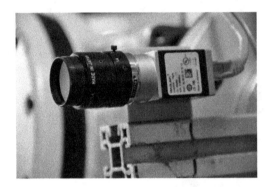

Abb. 229:   CMOS-Kamera mit Objektiv und Anschlussadapter zur mechanischen Befestigung

Bayer-Filter

Bayer-Filter enthalten eine Filtermatrix mit vier Filtern mit je einem Rot- und einem Blau-filter und zwei in der Diagonalen liegenden Grünfiltern. Diese Matrix bedeckt alle Pixel des Sensors derart, dass jedes Pixel gerade unter einem Filter liegt.

In Abb. 232 ist die spektrale Empfindlichkeit der Farbwahrnehmung des menschlichen Auges der Empfindlichkeit eines CCD-Sensors qualitativ gegenübergestellt. Das Auge hat wesentlich mehr Rezeptoren für die mittleren (M-Zapfen) und langen Wellenlängen (L-Zapfen) als für kurze Wellenlängen (S-Zapfen). Eine alternative Farberfassung erfolgt über ein spezielles optisches Interferenzfilter, das als dichroitischer Spiegel bezeichnet wird. Damit wird eine Wel-lenlängenkomponente des Lichtes ausgeleitet und auf einen CCD-Sensor gestrahlt. Aus dem Restlicht wird in einem zweiten Filter eine weitere Wellenlängenkomponente (in Abb. 231 der Grünanteil) ausgefiltert und die Intensität in einem zweiten CCD-Sensor erfasst. Die restlichen Lichtanteile treffen auf einen dritten CCD-Sensor.

Da die CCD-Chips oder CMOS-Chips in Kameras für Infrarotlicht empfindlich sind, kann z. B. zum Zweck der Erkennung von Fingern über den Touchscreen vorteilhaft Infrarotlicht genutzt werden.

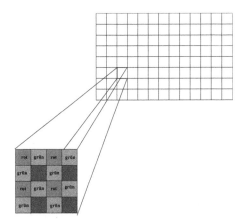

Abb. 230: Bayer-Filter über einem Bild-Sensor. Hinter jeder Farbe des Filters ist ein Pixel des Sensors angeordnet

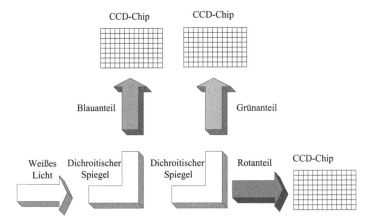

Abb. 231: dichroitisches Prisma

5.2 Bildauflösung

Man unterscheidet CCD-Chips nach der Größe des Sensors, der Anzahl der Bildpunkte (Pixel), der Zeit der Bildaufnahme und der Größe der Bildpunkte. Während im Consumer-Bereich Kameras mit mehreren Mag-Pixeln vorrangig sind, können für anwendungsbezogene industrielle Aufgaben auch Kameras mit einer geringeren Pixelzahl genutzt werden. Für Touchscreen-Displays werden oft Kameras mit relativ geringer Auflösung, z. B. 640 × 480 Pixel eingesetzt.

Beispielsweise besitzt eine CCD-Kamera mit einem 2/3 Zoll Sensor 5 Mega-Pixel, also ca. 2448 × 2050 Pixel. In UXGA-Auflösung hat eine CCD-Kamera mit 1/1,8 Zoll Bildsensor 1600 × 1200 Pixel, während ein CCD-Sensor mit 1/3 Zoll Größe nur noch 1034 × 779 Pixel aufweist (Sony, 2007).

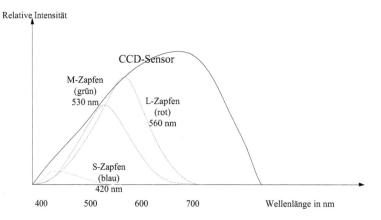

Abb. 232: qualitative Darstellung der relativen Intensitätsverläufe der verschiedenen Zapfen-Arten im menschlichen Auge mit den Wellenlängen der maximalen Absorption (Corke, 2011)

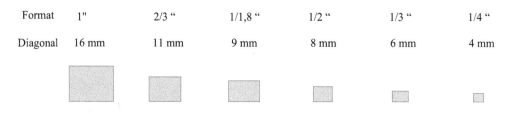

Abb. 233: Sensorgrößen CCD-Kameras

Bildauflösung

Die Bildauflösung ist ein umgangssprachliches Maß für die Größe einer Rastergrafik und wird berechnet durch das Produkt der Anzahl der Pixel in der Breite multipliziert mit der Anzahl der Pixel in der Höhe (Burger, 2006).

In Abb. 234 ist die Bildpunkt-Matrix eines CCD-Sensors im Ausschnitt dargestellt. Die Koordinaten ^{Bild}x, ^{Bild}y bezeichnen die Spalten bzw. die Zeilen des Bildes. Der Ursprung liegt bei den CCD-Sensoren meist in der linken oberen Ecke des Bildes. Die an den Koordinatenwerten oben links angefügte Indizierung deutet auf das Koordinatensystem hin, in dem der Koordinatenwert des Punktes P angegeben wird.

Digitales Bild

Ein digitales Bild I ist eine zweidimensionale Funktion von den ganzzahligen Koordinaten $N \times N$ auf eine Menge von Bildwerten P.

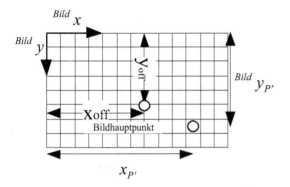

Abb. 234: Abbildung eines Punktes

$$I\left(^{\text{Bild}}x, ^{\text{Bild}}y\right) \in P \quad \text{und} \quad ^{\text{Bild}}x, ^{\text{Bild}}y \in N \tag{5.1}$$

Dabei bezeichnet I die Intensität des Pixels in den Koordinaten $^{\text{Bild}}x, ^{\text{Bild}}y$, die der Beleuchtungsstärke des Sensors in jedem Pixel entspricht. In vielen Anwendungen werden 8 Bit genutzt, um die Anzahl der damit verbundenen Graustufen zu unterscheiden. Man kommt somit auf 256 unterscheidbare Graustufen pro Pixel. Die Menge P enthält somit die ganzen Zahlen 1 bis 256. Das Bild wird durch das Objektiv auf den Sensor abgebildet. Die optische Achse des Objektivs steht senkrecht zum Sensor.

Optische Achse

Eine optische Achse ist eine gedachte, gerade Linie, welche die Mittelpunkte der sphärischen Oberflächen auf jeder Seite einer Linse verbindet.

Die Bildpunktkoordinaten können auf diese optische Achse bzw. auf den Durchstoßpunkt in die Sensorebene, den Bildhauptpunkt, bezogen werden. Die Umrechnung der Koordinaten auf den Nullpunkt in der oberen linken Ecke des Sensors erfordert die Ermittlung der Offset-Werte x_{off} und y_{off} zu dem genannten Durchstoßpunkt der optischen Achse (siehe Abb. 234). Zur Unterscheidung werden die Punktkoordinaten bezogen auf den Durchstoßpunkt mit dem Index CCD angegeben.

Ein Bildpunkt kann mit Hilfe eines Ortsvektors, der sich auf ein Koordinatensystem bezieht, beschrieben werden. Der Ortsvektor

$$^{\text{CCD}}\vec{x} = \begin{pmatrix} ^{\text{CCD}}x \\ ^{\text{CCD}}y \end{pmatrix} \tag{5.2}$$

gibt die Position des betrachteten Bildpunktes in dem Koordinatensystem K_{CCD} mit der x-Achse $^{\text{CCD}}x$ und der y-Achse $^{\text{CCD}}y$ an.

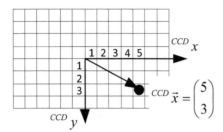

Abb. 235: Nummerierung der Pixel und Koordinaten eines Bildpunktes

5.3   Abbildungen über ein Lochkamera-Modell

Ein Objekt in der Gegenstandsebene wird über das Kameraobjektiv auf die Bildebene abgebildet. Das von der Kamera erfasste Bild P' des Gegenstands P kann, wie in Abb. 236 dargestellt, in der Bildebene mit Hilfe des Parallelstrahls und des Mittelpunktstrahls konstruiert werden. Der Mittelpunktstrahl läuft vom Rand des Gegenstands durch das optische Zentrum und trifft in der Bildebene mit dem gebrochenen Parallelstrahl zusammen. Es entsteht ein spiegelverkehrtes Bild des Gegenstands.

Brennweite

Unter der Brennweite einer dünnen, aus einem einzigen Element bestehenden Doppelkonvexlinse versteht man die Entfernung entlang der optischen Achse vom Mittelpunkt der Linse bis zu ihrem Brennpunkt. Der Brennpunkt ist der Punkt, durch den parallele Lichtstrahlen von unendlich weit entfernten Objekten nach dem Durchqueren der Linse verlaufen.

Natürlich sind reale Linsen nicht ideal und es werden sich nicht immer alle Lichtstrahlen in dem Brennpunkt treffen. Man nennt diese Art der Ungenauigkeit, die durch die Linsenherstellung bedingt ist, Astigmatismus.

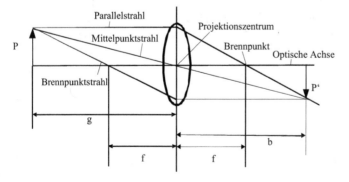

Abb. 236: Abbildung eines Gegenstands über eine bikonvexe, dünne und symmetrische Sammellinse

In der Bildebene befindet sich der lichtempfindliche Sensor, der die Bildaufnahmeelemente, die Pixel, enthält. Die Gegenstandsweite g eines Gegenstands oder Objektes P kann bei bekannter Brennweite mit Hilfe der Linsengleichung für dünne Linsen berechnet werden.

$$\frac{1}{f} = \frac{1}{b} + \frac{1}{g} \tag{5.3}$$

Ist die Gegenstandsweite g viel größer als die Bildweite b, liegt das Bild B in der Brennebene, in der auch der Brennpunkt liegt. Als Faustformel geht man von Entfernungen aus, die größer als die 20-fache Brennweite sind. Als Abbildungsmaßstab β wird das folgende Verhältnis definiert:

$$\beta = \frac{P'}{P} = \frac{b}{g}$$

$$b \cdot \left(1 - \frac{f}{g}\right) = f$$

$$b = \frac{f \cdot g}{g - f} \tag{5.4}$$

$$\beta = \frac{f}{g - f}$$

Die Abbildung des Bildes auf dem Sensor einer Kamera wird oft durch ein (vereinfachendes) Lochkamera-Modell veranschaulicht. Die Abbildung funktioniert technisch nur dann, wenn das Loch sehr klein ist und das Objekt sehr hell beleuchtet ist. Lochkameras gibt es bereits sehr lange, sie wurden früher als „Camera obscura" bezeichnet. Die Camera obscura befindet sich meist auf einem Turm und projiziert über einen Umlenkspiegel Bilder der weiteren Umgebung auf eine weiße Leinwand, die sich in einem vollständig dunklen, schwarz gestrichenen Raum (Camera = Raum, obscura = dunkel) befindet. Die projizierten Bilder zeigen z. B. in Echtzeit Spaziergänger auf weit entfernten Wegen.

Abbildung 237 zeigt ein Lochkamera-Modell mit der Abbildung eines Punktes P durch ein sehr kleines Loch auf eine lichtempfindliche Ebene der Lochkamera. Da eine Lochkamera kein Objektiv enthält, kann man einer Lochkamera auch keine Brennweite f zuordnen. Man nennt den senkrechten Abstand des Sensors zur Mitte des Lochs Kammerkonstante. Wir wollen dennoch diese Weite weiterhin als Brennweite mit f bezeichnen, da es sich ja nur um eine Modellvorstellung handelt und in der Mitte des Lochs das optische Zentrum der Linse sein soll. Der Fußpunkt des Lotes vom Projektionszentrum auf die Sensor- oder Bildebene wird als Bildhauptpunkt bezeichnet.

Die Lochkamera enthalte einen CCD-Sensor („charge-coupled-device") oder CMOS-Chip, der im Inneren untergebracht ist. Dieser Chip kann z. B. ein Raster mit 1034×779 Pixel („Picture Elements") besitzen. Die optische Achse verläuft durch den Mittelpunkt des Lochs und durch den Bildhauptpunkt des Sensors. Genau in der Mitte des Lochs liegt der Ursprung eines Koordinatensystems, das wir mit dem Index Cam, der oben links an den Koordinatenachsen angefügt ist, bezeichnen.

Man kann die Koordinaten des Punktes P in diesem Koordinatensystem, ${}^{\text{Cam}}x_P, {}^{\text{Cam}}y_P$ und ${}^{\text{Cam}}z_P$, auf den Sensor-Chip umrechnen und kommt zu den bereits eingeführten CCD-Chip-

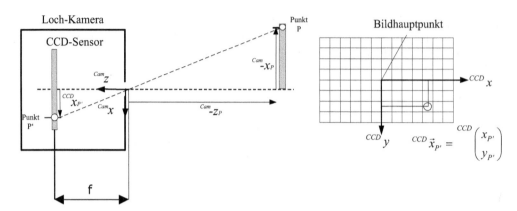

Abb. 237: Lochkamera-Modell

Koordinaten der Kamera. Der Ursprung des Chip-Koordinatensystems liegt in der Mitte des CCD-Chips. Durch diesen Ursprung verläuft die optische Achse des Linsensystems.

Durch eine Ähnlichkeitsbetrachtung von Dreiecken können wir die Koordinaten des abgebildeten Punktes auf dem Sensor wie folgt angeben:

$$^{\text{CCD}}x_{P'} = \frac{^{\text{Cam}}x_P \cdot f}{^{\text{Cam}}z_P}$$

$$^{\text{CCD}}y_{P'} = \frac{^{\text{Cam}}y_P \cdot f}{^{\text{Cam}}z_P}$$

(5.5)

Dieser Zusammenhang gilt auch noch, wenn wir das Bild vereinfachen. Wir betrachten nur noch den Ursprung des Kamera-Koordinatensystems und setzen den CCD-Chip zwischen den Ursprung und den Objekt, sodass die Größenverhältnisse gleich bleiben, wie in Abb. 238 dargestellt.

Bei der Abbildung eines Punktes durch eine Lochkamera handelt es sich um eine zentralperspektivische Abbildung eines Gegenstandspunktes auf die Bildebene. Dabei werden Geraden als Geraden abgebildet. Jedoch werden parallele Geraden in der Realität durch nichtparallele Geraden im Bild abgebildet. Die Bilder der parallelen Geraden schneiden sich im Fluchtpunkt (Abb. 239). Falls die Koordinaten eines Bildpunktes P', $^{\text{CCD}}x_{P'}, ^{\text{CCD}}y_P$, auf dem Sensor bekannt sind, ist es nicht möglich, die Lage des zugehörigen Punktes auf dem beobachteten Gegenstand zu berechnen. Alle Punkte auf einer Geraden P_1, P_2 und P_3 durch das optische Zentrum und den Bildpunkt erzeugen denselben Bildpunkt P'. Mit einer Kamera kann aus einem Bild keine dreidimensionale Berechnung der Lage eines Punktes eines Gegenstandes durchgeführt werden.

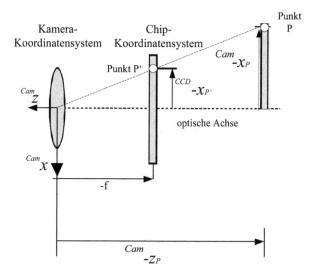

Abb. 238: Kamera-Modell

Beispielaufgabe

Gegeben sind die folgenden Daten. Objektgröße 40 × 30 cm, Brennweite $f = 50$ mm, Entfernung vom optischen Zentrum 3 m. Berechnen Sie die Größe der Abbildung. Welches Mindest-Sensorformat wird benötigt?

Lösung

$$^{CCD}x_{P'} = {}^{CCD}y_{P'} = \frac{^{Cam}x_P \cdot f}{^{Cam}z_P} = \frac{400 \cdot 50}{3000}\,mm = 6{,}6\,mm$$

Es wird mindestens ein 2/3" Sensor benötigt.

Die wesentlichen Ergebnisse des Abschnitts folgen in einer Zusammenfassung.

Zusammenfassung

Die Assistenzsysteme mit maschineller Wahrnehmung nutzen optische Informationen, die von Kameras stammen. Man unterscheidet CMOS- und CCD-Kameras. Die CCD-Kameras kann man mit dem Modell einer Eimerkette vergleichen. Farben werden durch Farbfilter, die sich vor dem Sensorfeld befinden, aufgenommen. Man unterscheidet das Bayer-Filter und die Methode des dichroitischen Prismas. Die Bildauflösung hängt von der Anzahl der Bildpunkte eines Sensors ab. Die Bildabbildung erfolgt durch ein Objektiv mit einem Linsensystem. Parallele Lichtstrahlen treffen sich hinter dem Objektiv im Brennpunkt. Der Durchstoßpunkt der optischen Achse eines Objektivs durch den Sensor wird Bildhauptpunkt genannt. Die

Abbildung mit einem Objektiv bezieht sich auf diesen Punkt. Zur Beschreibung der Bildabbildung nutzt man das Modell einer Lochkamera. Durch Ähnlichkeitsbetrachtungen lassen
sich Berechnungsformeln für die Lage der Bildpunkte von Objekten mit einer gegebenen
Größe ermitteln. Ein Bildpunkt kann von einem beliebigen Punkt der Bildgeraden durch das
optische Zentrum stammen, daher kann nicht die Entfernung des Bildpunktes vom Sensor
berechnet werden.

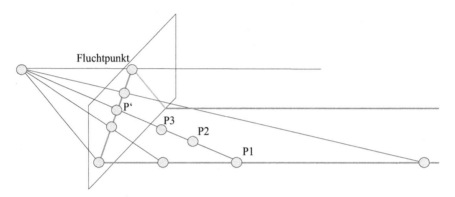

Abb. 239:   Zentralprojektion

Kontrollfragen

K93   Nennen Sie zwei Beispiele für den Einsatz von Kameras bei Assistenzsystemen.

K94   Warum enthält ein Bayer-Filter mehr grüne als rote und blaue Filter?

K95   Wie ist der Bildhauptpunkt definiert?

K96   Warum kann mit einer Kamera keine dreidimensionale Punktberechnung erfolgen?

5.4   Histogramme, Binärbilder, Blobs

Wir kommen zurück auf das Beispiel der Inspektion einer Kupplungsscheibe, um für einfache
Anwendungen die wesentlichen Schritte bei der Verarbeitung digitaler Bilder kennenzulernen.
Im folgenden Bild ist die grafische Oberfläche eines Inspektionsprogramms dargestellt. Das
Programm wurde mit Hilfe der Bildverarbeitungsbibliothek MIL (Matrox Imaging Library)
entwickelt. Die Benutzeroberfläche des Programms zeigt das Grauwertbild der Kupplungsscheibe und mehrere Datenausgabefenster. Die Häufigkeiten der Grauwert-Intensitäten aller
Pixel im Bild wurde bei der Bildauswertung berücksichtigt. Die grafische Darstellung der
Häufigkeitsverteilung ist als Histogramm der Grauwerte in Abb. 240 abgebildet. Sie zeigt, wie
oft jeder Grauwert im Bild vorkommt. Das Histogramm besitzt zwei Peaks. Ein Peak liegt
ungefähr in der Mitte bei dem Grauwert 128, der andere ist ganz rechts im Bild als ein langer
vertikaler Strich erkennbar. Er zeigt an, dass besonders viele Pixel den Grauwert 255 besitzen.

Dieser Wert entspricht der Farbe Weiß, also dem Hintergrund. Daran erkennt man, dass das Bild leicht überbelichtet ist, da dieser Peak am Rand des Histogramms liegt. Der verwendete Bildsensor kann die Intensität eines Pixels mit einer 8-Bit umfassenden Codierung beschreiben. Damit hat dieser Sensor eine Auflösung von 255 (bei 0 beginnend) Graustufen. Während ein Pixel mit dem Grauwert 255 als weißes Pixel erscheint, ist ein Pixel der Intensität 0 schwarz.

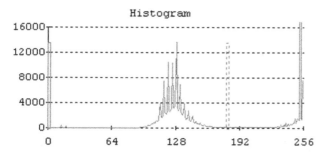

Abb. 240:   Grauwert-Histogramm-Auswertung

Grauwert-Histogramm

In einem Grauwert-Histogramm wird die Anzahl der im Bild vorkommenden Grauwerte über den ansteigenden Grauwerten dargestellt. Entlang der Ordinate wird die Anzahl der Pixel dargestellt, die im Bild den auf der Abszisse angegebenen Grauwert besitzen. Man nennt ein Histogramm mit zwei Häufigkeitsbereichen auch ein bimodales Histogramm.

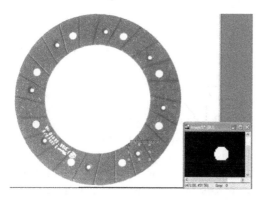 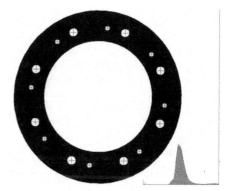

Abb. 241:   Bild-Binärisierung, links: Kamerabild, rechts: Binärbild der Kupplungsscheibe mit den markierten Bohrungen

Manchmal ist es hilfreich, aus dem Graubild ein Binärbild zu erzeugen. Der Wertebereich der Intensität eines Pixels umfasst bei binären Bildern nur die Zahlen I_{S1} und I_{S2}. Das Binärbild kann über eine Schwellwertoperation berechnet werden, wenn man einen Schwellwert I_{Th}

definiert. Dieser Schwellwert ist die Grenze des Grauwertes zur Unterscheidung der hellen von den dunklen Pixeln. Allen Pixeln, deren Grauwert geringer als der Schwellwert ist, wird der Wert I_{S1} zugewiesen. Man kann z. B. die folgenden Pixelwerte für das Binärbild definieren: $I_{S1} = 0$ und $I_{S2} = 255$. Ein möglicher, geeigneter Schwellwert kann dem Histogramm in Abb. 240 entnommen werden. Der vertikale Strich links von dem Grauwert 192 wurde als Grauwert ausgewählt. Allen Pixeln, deren Grauwert kleiner als dieser Schwellwert ist, wird der Grauwert $I_{S1} = 0$, also die Farbe Schwarz, und den restlichen Pixeln wird $I_{S2} = 255$ (weiß) zugeordnet.

Binärbild

Ein Binärbild ist durch Pixel-Gebiete gekennzeichnet, in denen die Pixel die Intensität I_{s2} oder I_{s2} haben.

Die Abb. 241 zeigt links das Graubild der Scheibe mit einem Fenster, in dem die Binärisierung vorgenommen wurde. Rechts ist das mit Hilfe des Histogramms erzeugte Binärbild der Kupplungsscheibe zu sehen. Natürlich sind in Binärbildern nicht nur einzelne Pixel hell oder dunkel, sondern ganze Pixelbereiche. In dem Binärbild der Kupplungsscheibe sind sehr viele Pixel weiß. Sie bilden den Hintergrund und die Bohrungen. Man nennt zusammengehörige Pixelbereiche, die entweder den Wert I_{S1} oder den Wert I_{S2} besitzen, Blobs. Es ist festzulegen, ob die hellen Bereiche oder die dunklen Bereiche als Blobs gekennzeichnet werden sollen. Die Blobs können vermessen werden. Man kann z. B. die Anzahl der Pixel angeben, die zu einem Blob gehören. Da die Fläche eines Pixels bekannt ist, lässt sich auch die Fläche der Blobs z. B. in der Einheit mm^2 angeben. Wichtige Messwerte von Blobs sind auch die Flächenschwerpunkte, da diese z. B. auch für die Berechnung von Greifpunkten für Roboter genutzt werden. Aufgrund der unterschiedlichen Flächen der Bohrungen können kleine von großen Löchern unterschieden werden.

5.5   Kantendetektion

Die folgende Abbildung zeigt ein vergrößertes Bild eines Loches der Kupplungsscheibe. Es handelt sich um ein Grauwertbild. Die Entscheidung, welcher Schwellwert zur Erstellung des Binärbildes genutzt werden soll, ist schwierig, da sich der Rand über mehrere Pixel erstreckt. Die Genauigkeit der Ermittlung der Fläche des Lochs wird dadurch reduziert.

Außer der Verarbeitung von Binärbildern kann man auch versuchen, das Grauwertbild selbst zu bearbeiten. Eine der wesentlichen Fragen ist, wie man die Objektkanten aus dem Grauwertbild ermitteln kann.

Die bekannten Kanten-Detektionsverfahren erzeugen Gradienten der Grauwertverläufe in der x- und y-Richtung. An den Kanten ändert sich die Intensität. Je stärker sich die Intensität ändert, umso stärker und ausgeprägter ist die Möglichkeit, dass es sich um eine Kante handelt. Das sogenannte Prewitt-Filter ermittelt die Kanten durch die folgende Berechnung der Gradienten der Intensitäten. Im folgenden Rechnungsweg wird der Gradient in x-Richtung für ein Pixel

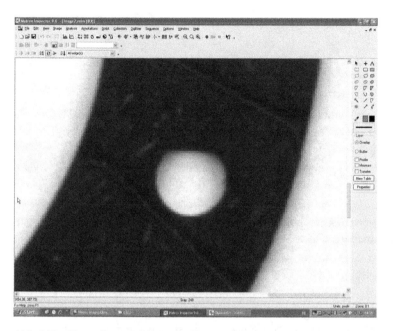

Abb. 242: Vergrößertes Bild einer Bohrung und Kantenerkennung, erstellt mit Matrox Inspector

mit Hilfe einer Sekantenberechnung näherungsweise ermittelt:

$$I'\left(^{\text{Bild}}x, ^{\text{Bild}}y\right)\big|_x = \frac{dI}{dx}(x,y) \approx \frac{I(x+1,y) - I(x-1,y)}{2}$$
$$= 0{,}5 \cdot (I(x+1,y) - I(x-1,y))$$

In der obigen Formel wurde der obere Index, der auf das Bezugs-Koordinatensystem rechts vom ersten Gleichheitszeichen hinweist, vernachlässigt. Auch in den folgenden Formeln wird vereinbart, dass das Bildkoordinatensystem als Bezug verwendet wird.

Der Gradient $I'(x,y)$ wird durch eine Summenbildung, die für jeden Pixel durchgeführt werden muss, wie folgt beschrieben:

$$I'(x,y)\big|_x = \sum_{i=-1}^{1} I(x+i,y) \cdot H(i)$$

Der Vektor $H_x(i) = 0{,}5 \cdot \begin{bmatrix} -1 & 0 & 1 \end{bmatrix}^T$ beinhaltet die Koeffizienten, mit denen die Summe berechnet wird. Der Faktor $-0{,}5$ betrifft das Bildelement $I(x-1,x)$ und $+0{,}5$ betrifft das Bildelement $I(x+1,x)$.

Die in der Praxis eingesetzten Kantenfilter nutzen drei Bildzeilen bzw. drei Bildspalten, um der Rauschanfälligkeit des Verfahrens entgegenzuwirken. Damit kommt man zu einer Koeffizientenmatrix:

$$H_x(i,j) = \begin{bmatrix} -1 & 0 & 1 \\ -1 & 0 & 1 \\ -1 & 0 & 1 \end{bmatrix}$$

Man nennt diese Gradientenbildung auch eine spezielle Arte der Bildfilterung. Damit die Kanten auch in der y-Richtung des Bildes ermittelt werden, erfolgt auch die Berechnung der Ableitung in y-Richtung.

$$I'\left(^{\text{Bild}}x,^{\text{Bild}}y\right)\Big|_y = \frac{dI}{dy}(x,y)$$

Diese Berechnung erfolgt analog zur Gradientenberechnung in x-Richtung. Der Koeffizienten-Vektor der vertikalen Ableitung lautet:

$$H_y = 0.5 \cdot \begin{bmatrix} -1 \\ 0 \\ 1 \end{bmatrix}$$

Die entsprechende Koeffizienten-Matrix für die Kantendetektion in y-Richtung lautet:

$$H_y(i,j) = \begin{bmatrix} -1 & -1 & -1 \\ 0 & 0 & 0 \\ 1 & 1 & 1 \end{bmatrix}$$

Die Zusammenfassung der Ergebnisse in x- und y-Richtung liefert die Stärke der Kante über die folgende Rechnung (Burger, 2006):

$$\frac{\partial I}{\partial^{\text{Bild}}x}\left(^{\text{Bild}}x,^{\text{Bild}}y\right) \qquad \frac{\partial I}{\partial^{\text{Bild}}y}\left(^{\text{Bild}}x,^{\text{Bild}}y\right)$$

$$\nabla I\left(^{\text{Bild}}x,^{\text{Bild}}y\right) = \begin{bmatrix} \frac{\partial I}{\partial^{\text{Bild}}x}\left(^{\text{Bild}}x,^{\text{Bild}}y\right) \\ \frac{\partial I}{\partial^{\text{Bild}}y}\left(^{\text{Bild}}x,^{\text{Bild}}y\right) \end{bmatrix} \tag{5.6}$$

$$\left|\nabla I\left(^{\text{Bild}}x,^{\text{Bild}}y\right)\right| = \sqrt{\left(\frac{\partial I}{\partial^{\text{Bild}}x}\left(^{\text{Bild}}x,^{\text{Bild}}y\right)\right)^2 + \left(\frac{\partial I}{\partial^{\text{Bild}}y}\left(^{\text{Bild}}x,^{\text{Bild}}y\right)\right)^2}$$

Wir wollen die Kantendetektion in einer Koordinatenrichtung anhand des Beispiels in Abb. 243 besprechen. Entlang einer horizontalen Messlinie, die sich in der Mitte des Messfensters in Abb. 243 befindet, ist im rechten Graphen des Bildes der Verlauf der Intensitätswerte entlang der Messlinie dargestellt. Man erkennt, dass die Linie von den Pixel-Koordinaten 82, 350 bis 184, 350 verläuft. Die Linie verläuft also horizontal im Bild. Ausgehend vom hellen Hintergrund fällt die Kurve im Bereich der linken Kante der Scheibe stark ab. Ebenso steigt sie weiter nach rechts im Bereich der Bohrung wieder an. Gegen Ende der Messgeraden steigt der Grauwert wieder an, da die Linie im Bereich des hellen Hintergrunds verläuft. Nun stellen wir

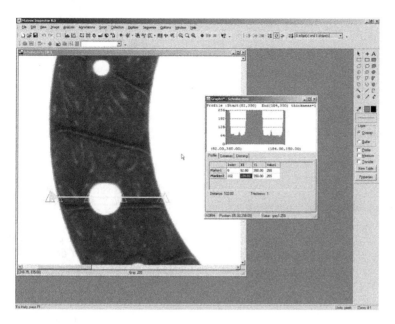

Abb. 243:   Messlineal und Grauwertprofil, erstellt mit Matrox Inspector

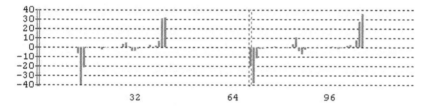

Abb. 244:   Gradientenverlauf entlang der x-Richtung in Abb. 243

die erste Ableitung des Grauwert-Kurvenverlaufs entlang der Messlinie dar. Aus der Abb. 244 erkennen wir mehrere Peaks.

Zu Anfang ändert sich der Grauwertverlauf stark im Bereich der Kante der Scheibe. Nachfolgend erkennen wir zwei kleinere Gradienten, die sich im dunklen Bereich aufgrund der Struktur der Scheibe ergeben. Der Reibbelag enthält unterschiedliche Materialien! Die Änderung des Grauwertverlaufs vom Dunkeln ins Helle bei der Bohrung erzeugt einen starken positiven Gradienten. Außerhalb der Bohrung nach rechts entstehen wiederum ähnliche Gradienten wie im ersten Teil des Gradientenverlaufs. Ein Maß für die Stelle, an der die Kante verläuft, könnten die Pixel-Koordinaten sein, an denen die erste Ableitung maximal wird. Es sei angemerkt, dass sich diese Positionen nicht unbedingt an der Grenze zweier Pixel befinden müssen, sondern es können auch Kanten innerhalb eines Pixels berechnet werden. Man spricht in diesem Zusammenhang auch von einer Sub-Pixel-Genauigkeit. Dieses Verfahren wird als Kanten-Detektion bezeichnet. Die Messung bestimmter Merkmale eines Objekts kann ebenfalls mit Sub-Pixel-Genauigkeit erfolgen. Die Auflösung des Bildes wird dadurch verbessert.

Sub-Pixel-Genauigkeit

Der Messung von Bildmerkmalen mit einer softwaremäßig erzielten Verbesserung der Auflösung wird als Sub-Pixel-Genauigkeit bezeichnet.

Die beschriebenen Verfahren stellen einige, wenige Möglichkeiten dar, um die über eine Kamera aufgenommenen Bilder auszuwerten.

Zusammenfassung

Die Verteilung der Grauwerte auf die Pixel kann mit Hilfe eines Grauwert-Histogramms beschrieben werden. Ein bimodales Histogramm enthält zwei Häufigkeitsbereiche. Zwischen den beiden Häufungsbereichen kann ein möglicher Schwellwert gefunden werden. Mit Hilfe des Schwellwertes erfolgt die Umrechnung des Grauwertbildes in ein Binärbild. Die genaue Ermittlung von Flächen kann mit einer Kantendetektion erfolgen. Man berechnet den Bildgradienten in x- und y-Richtung, um die Kantenstärke zu berechnen.

Kontrollfragen

K97 Wie kann man einen sinnvollen Schwellwert aus der Grauwertverteilung eines Bildes berechnen?

K98 Ein Bild besitzt ein bimodales Histogramm. Daraus wurde ein Schwellwert für ein Binärbild ermittelt. Die Beleuchtung ändert sich. Gilt der vorher ermittelte Schwellwert in jedem Fall?

K99 Warum ist die Kantendetektion bei der Flächenberechnung von Bohrungen genauer als die Binärbildanalyse?

5.6 Dreidimensionale Objekterkennung

Die Berechnung dreidimensionaler Objektkoordinaten wird z. B. bei Fahrerassistenzsystemen angewandt, um Fußgänger oder andere Fahrzeuge auf der Fahrbahn zu identifizieren. In der Robotik werden autonome Roboter mehr und mehr mit dreidimensional messenden Sensorsystemen ausgestattet.

Ein anderes Beispiel einer Anwendung der dreidimensionalen Objekterkennung ist die Sensorleiste spezieller Computerspiele. Die Sensorleiste ermöglicht u. a. die Berechnung der Körperstellungen des Spielenden. Sie besitzt zwei Kameras und einen Infrarot-Laser-Lichtprojektor. Der Lichtprojektor projiziert ein Punktemuster auf die in einem Abstand von 0,8 m bis 3,5 m befindliche Person. Da es sich um ein ungefährliches Infrarotlicht-Punktemuster handelt, ist es vom menschlichen Auge nicht wahrnehmbar. Die Infrarotkamera erfasst das Infrarotlicht jedoch.

In dem System wird der im Bereich der Projektion befindliche Teil des Körpers der Nutzer über eine Kamera dreidimensional erfasst und von der Umgebung unterschieden. Technisch gesehen erfolgt eine dreidimensionale Vermessung der Körperoberfläche. Im Rahmen der Auflösung der 3D-Kamera (VGA) entsteht auf diese Weise eine dreidimensionale Punktewolke. Jeder Punkt repräsentiert x-, y-, und z-Koordinaten in einem festgelegten Koordinatensystem.

Damit können z. B. Bewegungsspiele unter Einbeziehung des Computernutzers durchgeführt werden. Zusätzlich zu den dreidimensionalen Punkten wird über eine zusätzliche Kamera die Farbinformation der erkannten Körper aufgenommen. Diese wird mit der dreidimensionalen Punktewolke überlagert, sodass ein realistisches Bild wiedergegeben wird.

Die dreidimensionale Objekterkennung und -vermessung kann auf unterschiedliche Art und Weise durchgeführt werden. Man unterscheidet die Verfahren, die mehrere Bilder auswerten, von den Verfahren, die mit strukturiertem Licht arbeiten. Man kann aber auch bewegliche Laserscanner verwenden, die einen Laserstrahl aussenden, der von Objekten reflektiert wird.

5.6.1   Triangulation

Der Begriff der Triangulation bezieht sich auf Berechnungsverfahren, die Strecken und Winkel in Dreiecken auswerten. Zur Entfernungsmessung werden Laser seit Langem eingesetzt. Dabei wird im eindimensionalen Fall ein Laserstrahl senkrecht auf eine Oberfläche gerichtet und der Laserspot wird über eine Abbildungsoptik auf einen lichtempfindlichen Detektor unter einem Triangulationswinkel α abgebildet. Zur Verdeutlichung dient die Abb. 245.

Dabei gilt bezogen auf die optische Achse aufgrund des Strahlensatzes:

$$\frac{\Delta z}{g} = \frac{\Delta h'}{b + \Delta h' \cdot \cos \alpha}$$

Mit Hilfe der Abb. 245 findet man die folgende Bedingung:

$$\Delta h' = \frac{\Delta h}{\sin \alpha}$$

Die Messung von Δh erfolgt über CCD- oder CMOS-Sensoren digital. In analoger Technik kann eine positionsempfindliche Diode (PSD) genutzt werden. Mit den, entlang des Mittelpunktstrahls gemessenen, Werten der Bild- und Gegenstandsweite b und g kann man die Formel für den Zusammenhang der Änderung Δz in Abhängigkeit der Messung von Δh angeben:

$$\Delta z = \frac{g \cdot \frac{\Delta h}{\sin \alpha}}{b + \frac{\Delta h}{\sin \alpha} \cdot \cos \alpha} = \frac{g \cdot \Delta h}{b \cdot \sin \alpha + \Delta h \cdot \cos \alpha} \tag{5.7}$$

Da die Bildebene und die Gegenstandsebene nicht parallel liegen, wird das Bild bei Verschiebung des Objektes in Richtung des Laserstrahls unscharf. Daher wird in der Praxis der Detektor um einen Winkel δ gekippt. Die Bildebene, die Linsenebene und die Gegenstandsebene schneiden sich in einer Linie bzw. in einem Punkt, bei der dargestellten Ansicht. Diese auch in der Fotografie geltende Bedingung wurde von Theodor Scheimpflug 1904 formuliert. In der Fotografie nutzt man die Bedingung bei speziellen Kameras mit verstellbarerer Objektivebene,

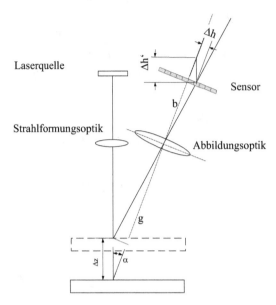

Abb. 245:   optische Abbildung bei der Triangulation

um kippende Geraden bei Aufnahmen von Kirchen oder Türmen, aufgrund perspektivischer Verzeichnungen, zu korrigieren.

Die Messung erlaubt die Berechnung der Höhendifferenz eines Punktes. Eine Erweiterung dieser Technik besteht darin, eine Laserlinie auszuwerten. Man kann den Laserstrahl z. B. mit einem speziellen Zylinderlinsenobjektiv zu einer Linie aufweiten und den Sensor durch ein

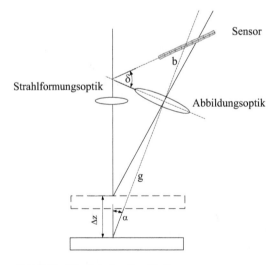

Abb. 246:   Die Scheimpflug-Bedingung

CCD-Array erweitern. Man erhält einen Sensor, bei dem die Lage des Bildes der Laserlinie auf dem Sensor mit Bildverarbeitungsprogrammen ausgewertet werden kann. Je nach dem aufgenommen Objekt erzeugen Höhenänderungen Veränderungen in dem Bild der Laserlinie. Die Vermessung eines Spaltes zwischen dem Kotflügel und der Motorraumklappe eines Autos wurde in Abb. 248 mit einem Lichtschnittsensor ausgeführt. Der Sensor ist, wie in Bild Abb. 247 abgebildet, am Flansch eines Roboters (unterer Sensor) montiert. Der Sensor ist mit einem Rechner über eine Ethernet-Verbindung gekoppelt. Zur Auswertung der Messdaten stehen Programme zur Verfügung. Die Auswertung der Laserlinie mit Triangulationsmethoden führt zu der Darstellung der Höhe der Messpunkte auf der Linie bezogen auf eine Bezugshöhe. Man erkennt deutlich, dass die Motorklappe nicht bündig zum Kotflügel steht. Außerdem kann der Abstand zwischen Klappe und Kotflügen gemessen werden.

Abb. 247: Laser-Lichtschnittsensor (Sick IVC 3D) unten und Laserscanner (Sick LMS 400) oben, montiert am Flansch eines Roboters

Abb. 248: Spaltmessung an einem Auto mit einem Laser-Lichtschnitt-Sensor, oben: eine Laserlinie wird durch die Kontur der Autooberfläche deformiert; unten: das Messergebnis zeigt den gemessenen Abstand der Messpunkte vom Bildaufnehmer (Sick IVC 3D)

5.6.2   Laserscanner

Die Laserscanner wurden in den 1990er Jahren entwickelt und sind heute sehr ausgereifte und praxiserprobte Messinstrumente, die in der Vermessungstechnik und in der Robotik weitverbreitet sind.

Der distanzmessende Laserstrahl wird durch ein System von Drehspiegeln sehr schnell abgelenkt und überstreicht das Objekt z. B. nacheinander in Vertikalebenen, die azimutal gedreht werden. Gemessen wird die Distanz, die den Ablenkwinkeln zugeordnet ist. Manche Geräte sind hierbei auf einen Sektor beschränkt. Ein Rechner errechnet mit Hilfe des Spiegeldrehwinkels und des Gerätedrehwinkels eine exakte Raumkoordinate und speichert diesen 3D-Messpunkt. Als Ergebnis erhält man eine Wolke polarer Objektkoordinaten, zunächst ohne exakten Bezug zum Objekt. Zusätzlich wird die Stärke des reflektierten Laserstrahls gemessen, d. h. es wird ermittelt, welcher Strahlungsanteil vom Objekt absorbiert bzw. reflektiert wurde. Damit kann eine sogenannte Falschfarbendarstellung des Objektes erfolgen, da die unterschiedlichen Objektmaterialien die Laserstrahlung auch unterschiedlich stark reflektieren. Der Vermessungsbereich des Laserscanners liegt zwischen 0,6 und 160 Metern. Die Genauigkeit streut, je nach Vermessungsabstand, zwischen 1 und 3 mm.

Impuls-Laufzeitverfahren

Bei der Laufzeitmethode (Time of Flight-TOF) wird die Messzeit zur Berechnung der Entfernungsmessung präzise bestimmt. Es werden viele kurze Infrarot- oder Laserlichtimpulse erzeugt, die zum Zielobjekt übertragen werden. Diese Impulse werden vom Ziel reflektiert und gelangen wieder zum Empfänger zurück, dessen Elektronik für jeden Lichtimpuls, die für diesen Weg benötigte Zeit ermittelt. Es werden z. B. 20 000 Impulslasermessungen pro Sekunde vorgenommen, deren Mittelung einen hochgenauen Streckenmesswert ergibt.

Phasenvergleichsverfahren

Eine Trägerwelle (Messwelle) wird durch Modulation der Amplitude zum Informationssignal. Dieses wird vom Sender zum Reflektor und wieder zurück zum Empfänger gesendet. Der Phasenmesser misst die Phasendifferenz zwischen dem weggehenden und ankommenden Signal. Durch die sinnvolle Wahl von zwei oder mehreren Frequenzen kann die Distanz aus der Zusammensetzung der Phasendifferenzen abgeleitet werden. Neben der Distanzmessung wird auch die Stärke (Intensitätswert) des empfangenen Signals bestimmt (4-D-Laserscan). Dieser Intensitätswert variiert dabei je nach Objektoberfläche, -farbe und -material sowie durch den Einfallswinkel des Lasers. Man unterscheidet grundsätzlich zwischen drei verschiedenen (idealen) Reflektionsoberflächen: die diffuse Reflektion, die spiegelähnliche Reflektion und die retroreflektierende Reflektion. Die in der Natur vorkommenden Flächen können natürlich nicht als ideal angenommen werden, sodass sie mehr oder weniger die einzelnen Modelloberflächen beinhalten. Im folgenden Bild wurde eine 3D-Vermessung mit einem Laserscanner durchgeführt. Das Ergebnis liegt als Punktewolke vor. Man erkennt eine Gebäudefassade, Bäume, Laternen und weitere Einzelheiten.

Abb. 249: dreidimensionale Vermessung im Außenbereich des Umwelt-Campus Birkenfeld der Hochschule Trier mit einem Laserscanner

5.6.3   3D-Triangulation bei Standard-Stereogeometrie

Nicht nur Multi-Touch-Berührungen von LCD-Touchscreens können zur Bedienung von Assistenzsystemen genutzt werden. Auch die Gesten von Händen oder Füßen im Raum können zur Bedienung von Assistenzsystemen ausgewertet werden.

Es stellt sich die Frage, wie die Koordinaten einzelner Körperpunkte dreidimensional im Raum berechnet werden können. Man nutzt auch dazu das Triangulationsverfahren. In der folgenden Abb. 250 ist das Verfahren beschrieben. Die Koordinaten eines Punktes P sollen im Weltkoordinatensystem berechnet werden. Gegeben sind zwei Bilder des Punktes in zwei Kamera-Sensoren, die den Punkt anvisieren. Jede der Kameras hat ein eigenes Kamera- und Bild-Koordinatensystem. Der betrachtete Punkt erzeugt in den Sensorfeldern die Bildpunkte P_1' und P_2'.

Mit Hilfe der Abb. 250 wollen wir die Punkt-Koordinaten x,y,z des Raumpunktes P im Kamera-Koordinatensystem 1 berechnen. Die Strahlen von den optischen Zentren O_1 und O_2 der Kameras bis zum Punkt verlaufen durch die Bildpunkte P_1' und P_2'. Die Bildpunkte liegen auf den CCD-Sensorfeldern. Die CCD-Sensoren liegen parallel und im Abstand f von den optischen Zentren entfernt. Man nennt diese Anordnung dann eine Standard-Stereogeometrie. Der Bildhauptpunkt liegt für beide Sensoren genau in der Mitte. Die optischen Zentren sowie die Bildhauptpunkte besitzen den Basisabstand b. Die Bildpunkte P_1' und P_2' liegen vom

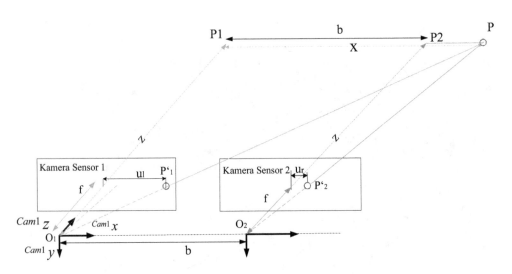

Abb. 250:   Triangulation über zwei Kameras in Standard-Stereogeometrie

Bildhauptpunkt um die Strecken u_l und u_r in x-Richtung versetzt. Diese Strecken entsprechen den Wegstrecken $^{\text{CCD1}}x$ und $^{\text{CCD2}}x$. Diese Strecken beziehen sich auf die Koordinatensysteme der Sensoren 1 und 2 und können über die Sensoren erfasst werden.

Man kann zwei Dreiecke (links) und (rechts) erkennen, die durch die Punkte O_1, P_1 und P sowie O_2, P_2 und P gebildet werden. Für diese Dreiecke können die folgenden Verhältnisse aufgestellt werden:

$$\frac{x}{z} = \frac{u_l}{f}$$
$$\frac{x-b}{z} = \frac{u_r}{f} \tag{5.8}$$

Im allgemeinen Fall, bei dem auch in y-Richtung Messwerte $^{\text{CCD}}y$ vorliegen, gilt außerdem:

$$\frac{y}{z} = \frac{^{\text{CCD}}y}{f} \tag{5.9}$$

Damit liegen drei Gleichungen für die drei Unbekannten x, y, und z vor, aus denen die Punktkoordinaten berechnet werden können. Außerdem ist die Berechnung von z über die sogenannte Disparität d möglich. Dazu wird das folgende Streckenverhältnis aufgestellt und nachfolgend nach der gesuchten Strecke z umgestellt.

$$\frac{z}{b} = \frac{z-f}{b + u_r - u_l}$$
$$(z-f) \cdot b = z \cdot (b + u_r - u_l)$$
$$z = \frac{-f \cdot b}{u_r - u_l} = \frac{f \cdot b}{u_l - u_r}$$
$$d = u_l - u_r$$

Die Disparität d berechnet man also über die Differenz der Strecken u_l und u_r. Diese Strecken können durch Messung der Koordinaten der korrespondierenden Pixel ^{CCD}x und ^{CCD}y in beiden Sensoren ermittelt werden.

$$z = \frac{b \cdot f}{d} \tag{5.10}$$

Die letzte Gleichung kann in (5.8) und (5.9) eingesetzt werden, um die x- und y-Koordinaten zu berechnen.

Beispielaufgabe

Gegeben sind die folgenden Daten: $u_l = 6\,\text{mm}$, $u_r = 2\,\text{mm}$, Basis $b = 100\,\text{mm}$, $f = 10\,\text{mm}$. Berechnen Sie die Koordinaten des Messpunktes im Kamera-Koordinatensystem.

Lösung

$$d = 4\,\text{mm}$$

$$z = \frac{100\,\text{mm} \cdot 10\,\text{mm}}{4\,\text{mm}} = 250\,\text{mm}$$

$$x = \frac{u_l \cdot z}{f} = \frac{6 \cdot 250}{10}\,\text{mm} = 150\,\text{mm}$$

5.6.4 Epipolargeometrie

Es sei angemerkt, dass wir einen Sonderfall betrachtet haben, bei dem beide Sensoren in einer gemeinsamen Ebene liegen. Der Nachteil des Verfahrens ist, dass der Bildüberschneidungsbereich der beiden Kameras klein ist. Dadurch ist der zu vermessende Tiefenbereich gering und Teile der Sensorflächen bleiben ungenutzt. Liegen die Sensoren nicht in einer Ebene, z. B. wie in Abb. 251 dargestellt, ist der Bildüberschneidungsbereich wesentlich größer.

Da der Strahl durch die Punkte P und P_1' eine Gerade definiert, könnte jeder Punkt auf dieser Geraden zu dem Bildpunkt P_1' führen. Betrachtet man den Punkt vom Sensor 2, liegen alle diese Punkte auf einer Geraden, die Epipolargerade genannt wird. Diese verläuft in der Epipolarebene. Die Epipolarebene wird durch die drei Punkte P, ^{Cam1}O und ^{Cam2}O gebildet. Die Bilder der Projektionszentren ^{Cam1}O und ^{Cam2}O auf den Sensoren werden Epipole $^{Cam1}O'$ und $^{Cam2}O'$ genannt.

Die Verbindungslinie der beiden Abbildungszentren der Kamera-Sensoren ist die Basis der Epipolarebene. Für andere betrachtete Punkt dreht die Epipolarebene um die Basis.

Mit Hilfe der Epipolargeometrie kann eine sogenannte Fundamentalmatrix mit den inneren und äußeren Kamera-Parametern aufgestellt werden. Diese erlaubt die Transformation von Bildpunkten des Sensors 1 auf den Sensor 2. Die Gleichung der Epipolarebene und der Epipolarlinien kann damit aufgestellt werden. Weitere Ausführungen sind der Literàtur, z. B. Schreer (2005) zu entnehmen.

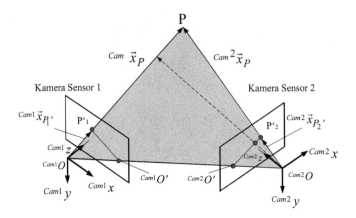

Abb. 251: Epipolare Geometrie in allgemeiner Stereogeometrie

5.6.5   3D-Mesung mit Punktematrix

Wir kommen auf die beschriebene Spiele-Sensorleiste zurück. Die Tiefenmessung erfolgt mit
nur einer Kamera und einem Punkte-Projektor. Die Punkte werden über unsichtbare Infrarot-
strahlen in den Raum projiziert. Benachbarte Punkte bilden ein wiedererkennbares Muster. In
der Abb. 252 wurde als ein Beispiel das Punktemuster durch den Buchstaben S ersetzt, der
sicher über Bildverarbeitungsalgorithmen wiedererkennbar ist. In einer Kalibrierphase wurde
in einer definierten Entfernung den Punktemustern eine Entfernung durch eine Triangulations-
berechnung zugeordnet. In dem folgenden Bild ist die Referenzentfernung mit d_{ref} bezeichnet.
Die Kamera erfasst den Bezugspunkt des Musters und misst die Strecke u_{ref}. Mit Hilfe der
Kamera und des Bildverarbeitungssystems wird das Punktemuster wiedererkannt, wenn es
z. B. auf eine Person trifft. Die Kamera misst in diesem Fall den Abstand Δu. Die Bilder der
Referenzpunkte eines Musters liegen bei unterschiedlichen Tiefen auf einer Epipolargeraden.
Damit bestimmt man mit Hilfe des Strahlensatzes die folgenden Verhältnisse:

$$\frac{d_{\text{ref}} + \Delta d}{b} = \frac{\Delta d}{k}$$

$$\Delta d \cdot \left(1 - \frac{k}{b}\right) = \frac{d_{\text{ref}}}{b} \cdot k \tag{5.11}$$

$$\Delta d = \frac{d_{\text{ref}}}{b \cdot \left(1 - \frac{k}{b}\right)} \cdot k$$

In der Gleichung ist der Abstand k noch unbekannt. Doch mit der Brennweite f gilt der
folgende Zusammenhang zur Bestimmung von k. Durch Einsetzen bestimmt man die Tiefen-
änderung Δd.

$$\frac{L-k}{d_{\text{ref}}} = \frac{u_{\text{ref}} - \Delta u}{f}$$ (5.12)

$$\rightarrow k$$

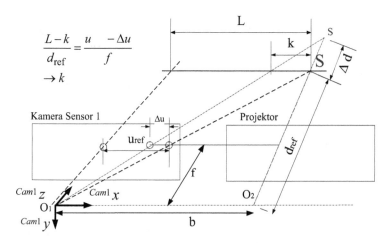

Abb. 252: Funktion der 3D-Messung über ein Modell

Damit wird es möglich, eine Tiefenmessung mit nur einer Kamera auszuführen. Allerdings benötigt das Verfahren die Kenntnis der Referenzentfernung.

5.6.6   Homogene Koordinaten

Zur Beschreibung der Zusammenhänge bei der Abbildung dreidimensionaler Punkte auf Flächen, wie einem CCD-Chip, in kompakter Form, nutzt man homogene Koordinaten. Dabei erfolgt eine Erweiterung der Dimensionalität. Also werden aus Punkten mit zwei Koordinatenwerten Punkte mit drei Koordinatenwerten, aus Punkten mit drei Koordinaten werden Punkte mit vier Koordinaten etc. Homogene Koordinaten werden durch eine Tilde gekennzeichnet.

Wir betrachten einen Punkt P und den Punkt in homogenen Koordinaten und erhalten den folgenden Zusammenhang:

$$P = \begin{bmatrix} x \\ y \end{bmatrix}$$

homogene Koordinaten

$$\tilde{P} = \begin{bmatrix} \tilde{x} \\ \tilde{y} \\ \tilde{z} \end{bmatrix}$$ (5.13)

mit $\tilde{x} = x \cdot \tilde{z}$ und $\tilde{y} = y \cdot \tilde{z}$.

Dabei gilt, dass $\tilde{z}$ ungleich null sein muss. Die homogenen Koordinaten in x- und y-Richtung entsprechen den realen Koordinaten bis auf einen Maßstabsfaktor!

Beispiel:

Zu dem Punkt $P = \begin{bmatrix} 3 \\ 4 \end{bmatrix}$ gehören die homogenen Koordinaten $\tilde{P} = \begin{bmatrix} 6 \\ 8 \\ 2 \end{bmatrix}$.

Man kann die ursprünglichen Koordinaten aus den homogenen Koordinaten über einen einfachen Zusammenhang gewinnen:

$$x = \frac{\tilde{x}}{\tilde{z}} = \frac{6}{2} = 3$$
$$y = \frac{\tilde{y}}{\tilde{z}} = \frac{8}{2} = 4$$

Zu dem Punkt gehört der folgende homogene Punkt:

$$\tilde{P} = \begin{bmatrix} 3 \\ 4 \\ 1 \end{bmatrix}$$

Wir sehen, dass die homogenen Koordinaten bis auf einen Faktor gleich sind. Alle diese homogenen Punkte führen durch den Bildpunkt auf der Sensorebene und den realen, visierten Punkt. Ein normierter Vektor in homogenen Koordinaten hat immer eine 1 als letztes Element.

Man kann diesen Sachverhalt so beschreiben, dass ein Strahl durch den Ursprung des Kamera-Koordinatensystems und den Bildpunkt P' zu beliebigen Punkten auf dieser Geraden führt. Die dritte Dimension, die Entfernung in z-Richtung, kann nicht ermittelt werden.

Ein Punkt P' auf dem CCD-Chip mit den Koordinaten x und y wird wie folgt in homogenen Chip-Koordinaten angegeben:

$$\tilde{P}' = \left(^{\text{CCD}}\tilde{x}_{P'}, {}^{\text{CCD}}\tilde{y}_{P'}, {}^{\text{CCD}}\tilde{z}_{P'} \right)$$
$$^{\text{CCD}}\tilde{x}_{P'} = f \cdot {}^{\text{Cam}}x_P$$
$$^{\text{CCD}}\tilde{y}_{P'} = f \cdot {}^{\text{Cam}}y_P$$
$$^{\text{CCD}}\tilde{z}_{P'} = {}^{\text{Cam}}z_P$$

Gehen wir von Kamerakoordinaten $^{\text{Cam}}x_P, {}^{\text{Cam}}y_P, {}^{\text{Cam}}z_P$ aus, bekommen wir die ursprünglichen Koordinaten in der Bildebene aus den homogenen Koordinaten der Bildebene.

$$^{\text{CCD}}x_{P'} = \frac{{}^{\text{Cam}}x_P \cdot f}{{}^{\text{Cam}}z_P}$$
$$^{\text{CCD}}y_{P'} = \frac{{}^{\text{Cam}}y_P \cdot f}{{}^{\text{Cam}}z_P}$$

Die CCD-Koordinaten eines Punktes können gemessen werden. Allerdings kann nicht auf die Lage des beobachteten Punktes rückgeschlossen werden. Die Koordinate $^{\text{Cam}}z_P$ ist unbekannt. Die Messung der Koordinaten $^{\text{CCD}}x_{P'}$ und $^{\text{CCD}}y_{P'}$ erlaubt die Berechnung der Lage des Punktes im Koordinatensystem $^{\text{Cam}}x_P$ und $^{\text{Cam}}y_P$.

$$^{\text{Cam}}x_P = \frac{^{\text{Cam}}z_P \cdot {}^{\text{CCD}}x_{P'}}{f}$$

$$^{\text{Cam}}y_P = \frac{^{\text{Cam}}z_P \cdot {}^{\text{CCD}}y_{P'}}{f}$$

In einer kompakten Darstellungsart können die Ergebnisse in der folgenden Gleichung zusammengefasst werden. Auch die Kamerakoordinaten sind als homogene Koordinaten eingefügt.

$$\begin{bmatrix} ^{\text{CCD}}\tilde{x}_{P'} \\ ^{\text{CCD}}\tilde{y}_{P'} \\ ^{\text{CCD}}\tilde{z}_{P'} \end{bmatrix} = \begin{bmatrix} f & 0 & 0 & 0 \\ 0 & f & 0 & 0 \\ 0 & 0 & 1 & 0 \end{bmatrix} \cdot \begin{bmatrix} ^{\text{Cam}}\tilde{x}_P \\ ^{\text{Cam}}\tilde{y}_P \\ ^{\text{Cam}}\tilde{z}_P \\ 1 \end{bmatrix}$$

Bei den bisherigen Betrachtungen verlief die optische z-Achse des Kamera-Koordinatensystems genau durch die Mitte des CCD-Chips. Das ist allerdings nicht immer der Fall. In diesen Fällen muss der Versatz in x- und y-Richtung bei der Kamera-Kalibrierung bestimmt werden.

Außerdem liegt das Koordinatensystem bei Bildverarbeitungssystemen häufig im linken oberen Rand des Bildes. Der Versatz der optischen Achse zum Mittelpunkt des Sensors und der Versatz zum linken oberen Punkt werden in den Werten x_{off} und y_{off} erfasst.

Die Koordinaten liegen jetzt im Bild-Koordinatensystem vor.

$$\begin{bmatrix} ^{\text{Bild}}\tilde{x}_{P'} \\ ^{\text{Bild}}\tilde{y}_{P'} \\ ^{\text{Bild}}\tilde{z}_{P'} \end{bmatrix} = \begin{bmatrix} f & 0 & 0 & x_{\text{off}} \\ 0 & f & 0 & y_{\text{off}} \\ 0 & 0 & 1 & 0 \end{bmatrix} \cdot \begin{bmatrix} ^{\text{Cam}}\tilde{x}_P \\ ^{\text{Cam}}\tilde{y}_P \\ ^{\text{Cam}}\tilde{z}_P \\ 1 \end{bmatrix} \qquad (5.14)$$

Die Umrechnung der Längenmaße auf dem CCD-Chip in Pixelwerte erfolgt über die Länge bzw. Breite eines einzelnen Pixels. Wir gehen davon aus, dass die Länge und die Breite eines Pixels gleich groß sind. Die Pixel sind also quadratisch. Das Seitenmaß wird durch PS (Pixelsize) symbolisiert. Dann kann man die letzte Gleichung auch wie folgt umschreiben:

$$\begin{bmatrix} ^{\text{Bild}}\tilde{x}_{P'} \\ ^{\text{Bild}}\tilde{y}_{P'} \\ ^{\text{Bild}}\tilde{z}_{P'} \end{bmatrix} = \begin{bmatrix} \frac{f}{PS} & 0 & 0 & x_{\text{off}} \\ 0 & \frac{f}{PS} & 0 & y_{\text{off}} \\ 0 & 0 & 1 & 0 \end{bmatrix} \cdot \begin{bmatrix} ^{\text{Cam}}\tilde{x}_P \\ ^{\text{Cam}}\tilde{y}_P \\ ^{\text{Cam}}\tilde{z}_P \\ 1 \end{bmatrix}$$

Die Matrix K,

$$K = \begin{bmatrix} \frac{f}{PS} & 0 & 0 & x_{\text{off}} \\ 0 & \frac{f}{PS} & 0 & y_{\text{off}} \\ 0 & 0 & 1 & 0 \end{bmatrix} \qquad (5.15)$$

enthält als Elemente nur innere Parameter der Kamera. Es handelt sich dabei um die Brennweite f, die Offset-Werte x_{off} und y_{off} und den Pixelfaktor PS. Man nennt K auch die

Kamera-Kalibrierungsmatrix. Die genannten Parameter müssen im Rahmen einer Kamera-Kalibrierung ermittelt werden. Dazu stehen leistungsfähige Algorithmen und Verfahren bereit, deren Erläuterung den Rahmen dieses Textes sprengen würde. Erläuterungen findet man z. B. in Malerczyk (2009).

5.6.7   Transformationsmatrizen

Die Berechnung dreidimensionaler Raumpunkte kann auch über mehr als zwei beliebig im Raum aufgestellte Kameras erfolgen. Für jede der Kameras muss eine eigene Kalibriermatrix aufgestellt werden. In diesem Fall müssen die räumliche Lage der Kameras zueinander und deren unterschiedliche Raumorientierung ebenfalls bekannt sein, um 3D-Punkte zu berechnen. Daher führt man Transformationsmatrizen ein, die die Lage eines Kamera-Koordinatensystems zu einem Bezugs-Koordinatensystem mit Hilfe von vier Spaltenvektoren beschreiben. Jeder Punkt, der in homogenen Koordinaten in einem Kamera-Koordinatensystem vorliegt, also in der Form:

$$^{\text{Cam}}\tilde{P} = \begin{bmatrix} \tilde{x} \\ \tilde{y} \\ \tilde{z} \\ 1 \end{bmatrix}$$

gegeben ist, kann damit in ein anderes Koordinatensystem umgerechnet werden. Wie in Abb. 253 dargestellt, können das Welt- und das Kamera-Koordinatensystem gegeneinander verschoben und verdreht sein. Der Vektor $^{\text{Welt}}P_{0,\text{Cam}}$ beschreibt die Lage des Ursprungs des Kamera-Koordinatensystems in den Koordinaten des Weltkoordinatensystems.

$$^{\text{Welt}}\vec{P}_{0,\text{Cam}} = \begin{bmatrix} ^{\text{Welt}}x_{0,\text{Cam}} \\ ^{\text{Welt}}y_{0,\text{Cam}} \\ ^{\text{Welt}}z_{0,\text{Cam}} \end{bmatrix}$$

Die Rotationsmatrix $^{\text{Welt}}R_{\text{Cam}}$ ist eine 3×3-Matrix und beschreibt die Einheitsvektoren des Kamerakoordinatensystems $\vec{e}_x$, $\vec{e}_y$ und $\vec{e}_z$ in den Weltkoordinaten. Da die Einheitsvektoren senkrecht zueinander liegen, müssen nicht alle neun Elemente der folgenden Rotationsmatrix berechnet werden.

$$
\begin{aligned}
^{\text{Welt}}R_{\text{Cam}} &= \begin{bmatrix} \left(^{\text{Welt}}\vec{e}_{x,\text{Cam}}\right)_x & \left(^{\text{Welt}}\vec{e}_{y,\text{Cam}}\right)_x & \left(^{\text{Welt}}\vec{e}_{z,\text{Cam}}\right)_x \\ \left(^{\text{Welt}}\vec{e}_{x,\text{Cam}}\right)_y & \left(^{\text{Welt}}\vec{e}_{y,\text{Cam}}\right)_y & \left(^{\text{Welt}}\vec{e}_{z,\text{Cam}}\right)_y \\ \left(^{\text{Welt}}\vec{e}_{x,\text{Cam}}\right)_z & \left(^{\text{Welt}}\vec{e}_{y,\text{Cam}}\right)_z & \left(^{\text{Welt}}\vec{e}_{z,\text{Cam}}\right)_z \end{bmatrix} \\
&= \begin{bmatrix} r_{11} & r_{12} & r_{13} \\ r_{21} & r_{22} & r_{23} \\ r_{31} & r_{32} & r_{33} \end{bmatrix}
\end{aligned}
\tag{5.16}
$$

Der Verschiebungsvektor und die Rotationsmatrix werden zu einer homogenen Transformationsmatrix zusammengesetzt. Die letzte Zeile wird mit drei Nullen und einer 1 aufgefüllt.

$$
{}^{\text{Welt}}T_{\text{Cam}} = \left[\begin{array}{c|c} {}^{\text{Welt}}R_{\text{Cam}} & {}^{\text{Welt}}\vec{P}_{0,\text{Cam}} \\ \hline 0 \quad 0 \quad 0 & 1 \end{array} \right]
$$

$$
{}^{\text{Welt}}T_{\text{Cam}} = \left[\begin{array}{ccc|c} \left({}^{\text{Welt}}\vec{e}_{x,\text{Cam}}\right)_x & \left({}^{\text{Welt}}\vec{e}_{y,\text{Cam}}\right)_x & \left({}^{\text{Welt}}\vec{e}_{z,\text{Cam}}\right)_x & {}^{\text{Welt}}x_{0,\text{Cam}} \\ \left({}^{\text{Welt}}\vec{e}_{x,\text{Cam}}\right)_y & \left({}^{\text{Welt}}\vec{e}_{y,\text{Cam}}\right)_y & \left({}^{\text{Welt}}\vec{e}_{z,\text{Cam}}\right)_y & {}^{\text{Welt}}y_{0,\text{Cam}} \\ \left({}^{\text{Welt}}\vec{e}_{x,\text{Cam}}\right)_z & \left({}^{\text{Welt}}\vec{e}_{y,\text{Cam}}\right)_z & \left({}^{\text{Welt}}\vec{e}_{z,\text{Cam}}\right)_z & {}^{\text{Welt}}z_{0,\text{Cam}} \\ 0 & 0 & 0 & 1 \end{array} \right] \tag{5.17}
$$

$$
= \left[\begin{array}{ccc|c} r_{11} & r_{12} & r_{13} & {}^{\text{Welt}}x_{0,\text{Cam}} \\ r_{21} & r_{22} & r_{23} & {}^{\text{Welt}}y_{0,\text{Cam}} \\ r_{31} & r_{32} & r_{33} & {}^{\text{Welt}}z_{0,\text{Cam}} \\ 0 & 0 & 0 & 1 \end{array} \right]
$$

Diese homogene Transformationsmatrix beschreibt die Lage und Orientierung des Kamera-Koordinatensystem in den Koordinaten des Weltkoordinatensystems.

5.6.8   Transformation von Punkten in Weltkoordinaten

Mit Hilfe der Transformationsmatrix kann jeder Punkt aus dem Kamera- in das Weltkoordinatensystem überführt werden. Die Transformation von Punkten setzt voraus, dass diese in homogenen Koordinaten angegeben werden. Dazu ordnet man den Punkten einen Ortsvektor im benutzten Koordinatensystem zu und erweitert den Vektor um eine 1 in der letzten Zeile. Dadurch erhält man einen Vektor mit homogenen Koordinaten.

$$
{}^{\text{Cam}}\vec{\tilde{x}}_P = \begin{bmatrix} {}^{\text{Cam}}\tilde{x}_P \\ {}^{\text{Cam}}\tilde{y}_P \\ {}^{\text{Cam}}\tilde{z}_P \\ 1 \end{bmatrix}
$$

Dieser wird gemäß der folgenden Gleichung in das Kamerakoordinatensystem transformiert.

$$
\begin{bmatrix} {}^{\text{Welt}}\tilde{x}_P \\ {}^{\text{Welt}}\tilde{y}_P \\ {}^{\text{Welt}}\tilde{z}_P \\ 1 \end{bmatrix} = {}^{\text{Welt}}T_{\text{Cam}} \cdot \begin{bmatrix} {}^{\text{Cam}}\tilde{x}_P \\ {}^{\text{Cam}}\tilde{y}_P \\ {}^{\text{Cam}}\tilde{z}_P \\ 1 \end{bmatrix}
$$

$$
\begin{bmatrix} {}^{\text{Welt}}\tilde{x}_P \\ {}^{\text{Welt}}\tilde{y}_P \\ {}^{\text{Welt}}\tilde{z}_P \\ 1 \end{bmatrix} = \left[\begin{array}{ccc|c} r_{11} & r_{12} & r_{13} & {}^{\text{Welt}}x_{0,\text{Cam}} \\ r_{21} & r_{22} & r_{23} & {}^{\text{Welt}}y_{0,\text{Cam}} \\ r_{31} & r_{32} & r_{33} & {}^{\text{Welt}}z_{0,\text{Cam}} \\ 0 & 0 & 0 & 1 \end{array} \right] \cdot \begin{bmatrix} {}^{\text{Cam}}\tilde{x}_P \\ {}^{\text{Cam}}\tilde{y}_P \\ {}^{\text{Cam}}\tilde{z}_P \\ 1 \end{bmatrix} \tag{5.18}
$$

$$
{}^{\text{Welt}}\tilde{x}_P = r_{11} \cdot {}^{\text{Cam}}\tilde{x}_P + r_{12} \cdot {}^{\text{Cam}}\tilde{y}_P + r_{13} \cdot {}^{\text{Cam}}\tilde{z}_P + {}^{\text{Welt}}x_{0,\text{Cam}}
$$

$$
{}^{\text{Welt}}\tilde{y}_P = r_{21} \cdot {}^{\text{Cam}}\tilde{x}_P + r_{22} \cdot {}^{\text{Cam}}\tilde{y}_P + r_{23} \cdot {}^{\text{Cam}}\tilde{z}_P + {}^{\text{Welt}}y_{0,\text{Cam}}
$$

$$
{}^{\text{Welt}}\tilde{z}_P = r_{31} \cdot {}^{\text{Cam}}\tilde{x}_P + r_{32} \cdot {}^{\text{Cam}}\tilde{y}_P + r_{33} \cdot {}^{\text{Cam}}\tilde{z}_P + {}^{\text{Welt}}z_{0,\text{Cam}}
$$

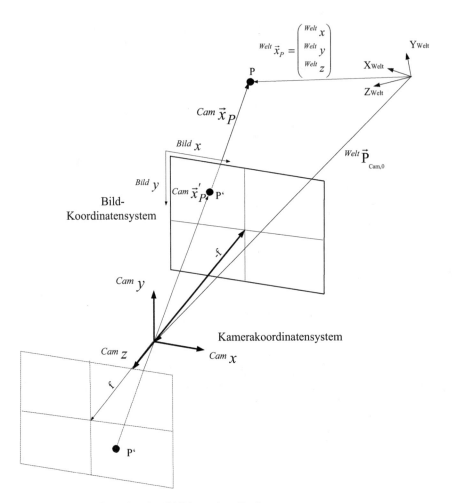

Abb. 253: Dreidimensionale Abbildung eines Punktes

Mit Hilfe der Formel (5.14) finden wir den Zusammenhang der Kamerakoordinaten mit den Sensorkoordinaten, die den Index Bild tragen. Wir vernachlässigen ab jetzt die Tilde über den Buchstaben, da wir nur die normierten Komponenten der Vektoren benutzen.

$$^{\text{Cam}}x_P = \frac{^{\text{Cam}}z_P \cdot \left(^{\text{Bild}}x_{P'} - x_{\text{off}}\right)}{f}$$

$$^{\text{Cam}}y_P = \frac{^{\text{Cam}}z_P \cdot \left(^{\text{Bild}}y_{P'} - y_{\text{off}}\right)}{f}$$

Diese Formeln setzen wir in die Formeln für $^{\text{Welt}}x_P$ und $^{\text{Welt}}y_P$ (5.18) ein und erhalten:

$$^{\text{Welt}}x_P = r_{11} \cdot \frac{^{\text{Cam}}z_P \cdot \left(^{\text{Bild}}x_{P'} - x_{\text{off}}\right)}{f}$$

$$+ r_{12} \cdot \frac{^{\text{Cam}}z_P \cdot \left(^{\text{Bild}}y_{P'} - y_{\text{off}}\right)}{f} + r_{13} \cdot {}^{\text{Cam}}z_P + {}^{\text{Welt}}x_{0,\text{Cam}}$$

$$^{\text{Welt}}y_P = \frac{^{\text{Cam}}z_P \cdot \left(r_{21} \cdot \left(^{\text{Bild}}x_{P'} - x_{\text{off}}\right) + r_{22} \cdot \left(^{\text{Bild}}y_{P'} - y_{\text{off}}\right) + f \cdot r_{23}\right)}{f} + {}^{\text{Welt}}y_{0,\text{Cam}}$$

Durch weitere Zusammenfassung bekommen wir:

$$^{\text{Welt}}x_P = \frac{^{\text{Cam}}z_P \cdot \left(r_{11} \cdot \left(^{\text{Bild}}x_{P'} - x_{\text{off}}\right) + r_{12} \cdot \left(^{\text{Bild}}y_{P'} - y_{\text{off}}\right) + f \cdot r_{13}\right)}{f} + {}^{\text{Welt}}x_{0,\text{Cam}}$$

$$(5.19)$$

$$^{\text{Welt}}y_P = \frac{^{\text{Cam}}z_P \cdot \left(r_{21} \cdot \left(^{\text{Bild}}x_{P'} - x_{\text{off}}\right) + r_{22} \cdot \left(^{\text{Bild}}y_{P'} - y_{\text{off}}\right) + f \cdot r_{23}\right)}{f} + {}^{\text{Welt}}y_{0,\text{Cam}}$$

$$(5.20)$$

Nun setzen wir die obigen Formeln (5.19) und (5.20) in die Formel für die z-Komponente $^{\text{Welt}}z_P$ (5.18) ein und stellen die Formel nach $^{\text{Cam}}z_P$ um.

$$^{\text{Welt}}z_P = r_{31} \cdot \frac{^{\text{Cam}}z_P \left(^{\text{Bild}}x_{P'} - x_{\text{off}}\right)}{f} + r_{32} \cdot \frac{^{\text{Cam}}z_P \left(^{\text{Bild}}y_{P'} - y_{\text{off}}\right)}{f} + r_{33} \cdot {}^{\text{Cam}}z_P + {}^{\text{Welt}}z_{0,\text{Cam}}$$

$$^{\text{Welt}}z_P - {}^{\text{Welt}}z_{0,\text{Cam}} = {}^{\text{Cam}}z_P \left(\frac{r_{31} \cdot \left(^{\text{Bild}}x_{P'} - x_{\text{off}}\right)}{f} + \frac{r_{32} \cdot \left(^{\text{Bild}}y_{P'} - y_{\text{off}}\right)}{f} + r_{33}\right)$$

$$^{\text{Cam}}z_P = \frac{f \left(^{\text{Welt}}z_P - {}^{\text{Welt}}z_{0,\text{Cam}}\right)}{\left(\frac{r_{31} \cdot \left(^{\text{Bild}}x_{P'} - x_{\text{off}}\right)}{f} + \frac{r_{32} \cdot \left(^{\text{Bild}}y_{P'} - y_{\text{off}}\right)}{f} + r_{33}\right)}$$

$$= \frac{f \left(^{\text{Welt}}z_P - {}^{\text{Welt}}z_{0,\text{Cam}}\right)}{r_{31} \cdot \left(^{\text{Bild}}x_{P'} - x_{\text{off}}\right) + r_{32} \cdot \left(^{\text{Bild}}y_{P'} - y_{\text{off}}\right) + f \cdot r_{33}}$$

Der letzte Ausdruck wird in (5.19) und (5.20) eingesetzt und man erhält:

$$^{\text{Welt}}x_P = \frac{\left(^{\text{Welt}}z_P - {}^{\text{Welt}}z_{0,\text{Cam}}\right) \cdot \left(r_{11} \cdot \left(^{\text{Bild}}x_{P'} - x_{\text{off}}\right) + r_{12} \cdot \left(^{\text{Bild}}y_{P'} - y_{\text{off}}\right) + f \cdot r_{13}\right)}{r_{31} \cdot \left(^{\text{Bild}}x_{P'} - x_{\text{off}}\right) + r_{32} \cdot \left(^{\text{Bild}}y_{P'} - y_{\text{off}}\right) + f \cdot r_{33}} + {}^{\text{Welt}}x_{0,\text{Cam}}$$

$$^{\text{Welt}}y_P = \frac{\left(^{\text{Welt}}z_P - {}^{\text{Welt}}z_{0,\text{Cam}}\right) \cdot \left(r_{21} \cdot \left(^{\text{Bild}}x_{P'} - x_{\text{off}}\right) + r_{22} \cdot \left(^{\text{Bild}}y_{P'} - y_{\text{off}}\right) + f \cdot r_{23}\right)}{r_{31} \cdot \left(^{\text{Bild}}x_{P'} - x_{\text{off}}\right) + r_{32} \cdot \left(^{\text{Bild}}y_{P'} - y_{\text{off}}\right) + f \cdot r_{33}} + {}^{\text{Welt}}x_{0,\text{Cam}}$$

$$(5.21)$$

Diese Gleichung erlaubt die Berechnung der Weltkoordinaten eines Punktes aus den gemessenen Bilddaten und den Kamera-Parametern. Allerdings ist der Abstand $\left(^{\text{Welt}}z_P - {}^{\text{Welt}}z_{0,\text{Cam}}\right)$ weiterhin unbekannt.

5.6.9 Transformation von Punkten in Kamerakoordinaten

Auch die Berechnung der Kamerakoordinaten aus den Weltkoordinaten kann über den beschrittenen Weg durchgeführt werden:

$$\begin{bmatrix} ^{\text{Cam}}\tilde{x}_P \\ ^{\text{Cam}}\tilde{y}_P \\ ^{\text{Cam}}\tilde{z}_P \\ 1 \end{bmatrix} = {}^{\text{Cam}}T_{\text{Welt}} \cdot \begin{bmatrix} ^{\text{Welt}}\tilde{x}_P \\ ^{\text{Welt}}\tilde{y}_P \\ ^{\text{Welt}}\tilde{z}_P \\ 1 \end{bmatrix}$$

Für die Berechnung ist es erforderlich, die Transformationsmatrix $^{\text{Welt}}T_{\text{Cam}}$ zu invertieren. Die Aufstellung der invertierten Transformationsmatrix erfolgt nach der folgenden Vorschrift.

$$^{\text{Cam}}T_{\text{Welt}} = \left[\begin{array}{c|c} \left[^{\text{Welt}}R_{\text{Cam}}\right]^T & -\left[^{\text{Welt}}R_{\text{Cam}}\right]^T \cdot {}^{\text{Welt}}\vec{P}_{0,\text{Cam}} \\ \hline 0 \quad 0 \quad 0 & 1 \end{array} \right]$$

Man berechnet die Transponierte der Rotationsmatrix $^{\text{Welt}}R_{\text{Cam}}$, indem man die Zeilen und Spalten vertauscht. Die letzte Spalte erfordert die Berechnung des Vektors $-\left[^{\text{Welt}}R_{\text{Cam}}\right]^T \cdot {}^{\text{Welt}}\vec{P}_{0,\text{Cam}}$:

$$^{\text{Cam}}T_{\text{Welt}} = \left[\begin{array}{ccc|c} r_{11} & r_{21} & r_{31} & -r_{11} \cdot {}^{\text{Welt}}x_{0,\text{Cam}} - r_{21} \cdot {}^{\text{Welt}}y_{0,\text{Cam}} - r_{31} \cdot {}^{\text{Welt}}z_{0,\text{Cam}} \\ r_{12} & r_{22} & r_{32} & -r_{12} \cdot {}^{\text{Welt}}x_{0,\text{Cam}} - r_{22} \cdot {}^{\text{Welt}}y_{0,\text{Cam}} - r_{32} \cdot {}^{\text{Welt}}z_{0,\text{Cam}} \\ r_{13} & r_{23} & r_3 & -r_{13} \cdot {}^{\text{Welt}}x_{0,\text{Cam}} - r_{23} \cdot {}^{\text{Welt}}y_{0,\text{Cam}} - r_{33} \cdot {}^{\text{Welt}}z_{0,\text{Cam}} \\ \hline 0 & 0 & 0 & 1 \end{array} \right]$$

Wir wollen die Transformationsgleichung für einen Punkt $\begin{bmatrix} ^{\text{Welt}}\tilde{x}_P \\ ^{\text{Welt}}\tilde{y}_P \\ ^{\text{Welt}}\tilde{z}_P \\ 1 \end{bmatrix}$ aufstellen. Die Koordinaten des Punktes werden mit der Transformationsmatrix multipliziert.

$$\begin{bmatrix} ^{\text{Cam}}\tilde{x}_P \\ ^{\text{Cam}}\tilde{y}_P \\ ^{\text{Cam}}\tilde{z}_P \\ 1 \end{bmatrix} = \left[\begin{array}{ccc|c} r_{11} & r_{21} & r_{31} & -\left(r_{11} \cdot {}^{\text{Welt}}x_{0,\text{Cam}} + r_{21} \cdot {}^{\text{Welt}}y_{0,\text{Cam}} + r_{31} \cdot {}^{\text{Welt}}z_{0,\text{Cam}}\right) \\ r_{12} & r_{22} & r_{32} & -\left(r_{12} \cdot {}^{\text{Welt}}x_{0,\text{Cam}} - r_{22} \cdot {}^{\text{Welt}}y_{0,\text{Cam}} + r_{32} \cdot {}^{\text{Welt}}z_{0,\text{Cam}}\right) \\ r_{13} & r_{23} & r_3 & -\left(r_{13} \cdot {}^{\text{Welt}}x_{0,\text{Cam}} + r_{23} \cdot {}^{\text{Welt}}y_{0,\text{Cam}} + r_{33} \cdot {}^{\text{Welt}}z_{0,\text{Cam}}\right) \\ \hline 0 & 0 & 0 & 1 \end{array} \right] \cdot \begin{bmatrix} ^{\text{Welt}}\tilde{x}_P \\ ^{\text{Welt}}\tilde{y}_P \\ ^{\text{Welt}}\tilde{z}_P \\ 1 \end{bmatrix}$$

Wir erhalten drei Gleichungen zur Berechnung der zugehörigen Punktkoordinaten im Kamerakoordinatensystem.

$$^{\text{Cam}}\tilde{x}_P = \left(r_{11} \cdot {}^{\text{Welt}}\tilde{x}_P - r_{21} \cdot {}^{\text{Welt}}\tilde{y}_P - r_{31} \cdot {}^{\text{Welt}}\tilde{z}_P\right)$$
$$- \left(r_{11} \cdot {}^{\text{Welt}}x_{0,\text{Cam}} + r_{21} \cdot {}^{\text{Welt}}y_{0,\text{Cam}} + r_{31} \cdot {}^{\text{Welt}}z_{0,\text{Cam}}\right)$$

$$^{\text{Cam}}\tilde{y}_P = \left(r_{12} \cdot {}^{\text{Welt}}\tilde{x}_P - r_{22} \cdot {}^{\text{Welt}}\tilde{y}_P - r_{32} \cdot {}^{\text{Welt}}\tilde{z}_P\right)$$
$$- \left(r_{12} \cdot {}^{\text{Welt}}x_{0,\text{Cam}} + r_{22} \cdot {}^{\text{Welt}}y_{0,\text{Cam}} + r_{32} \cdot {}^{\text{Welt}}z_{0,\text{Cam}}\right)$$

$$^{\text{Cam}}\tilde{z}_P = \left(r_{13} \cdot {}^{\text{Welt}}\tilde{x}_P - r_{23} \cdot {}^{\text{Welt}}\tilde{y}_P - r_{33} \cdot {}^{\text{Welt}}\tilde{z}_P\right)$$
$$- \left(r_{13} \cdot {}^{\text{Welt}}x_{0,\text{Cam}} + r_{23} \cdot {}^{\text{Welt}}y_{0,\text{Cam}} + r_{33} \cdot {}^{\text{Welt}}z_{0,\text{Cam}}\right)$$

Durch Zusammenfassung der Elemente mit den gleichen r_{ij} Variablen erhält man die folgende Darstellung:

$$^{\mathrm{Cam}}\tilde{x}_P = r_{11} \cdot \left(^{\mathrm{Welt}}\tilde{x}_P - {}^{\mathrm{Welt}}x_{0,\mathrm{Cam}}\right) - r_{21} \cdot \left(^{\mathrm{Welt}}\tilde{y}_P - {}^{\mathrm{Welt}}y_{0,\mathrm{Cam}}\right) - r_{31} \cdot \left(^{\mathrm{Welt}}\tilde{z}_P - {}^{\mathrm{Welt}}z_{0,\mathrm{Cam}}\right)$$

$$^{\mathrm{Cam}}\tilde{y}_P = r_{12} \cdot \left(^{\mathrm{Welt}}\tilde{x}_P - {}^{\mathrm{Welt}}x_{0,\mathrm{Cam}}\right) - r_{22} \cdot \left(^{\mathrm{Welt}}\tilde{y}_P - {}^{\mathrm{Welt}}y_{0,\mathrm{Cam}}\right) - r_{32} \cdot \left(^{\mathrm{Welt}}\tilde{z}_P - {}^{\mathrm{Welt}}z_{0,\mathrm{Cam}}\right)$$

$$^{\mathrm{Cam}}\tilde{z}_P = r_{13} \cdot \left(^{\mathrm{Welt}}\tilde{x}_P - {}^{\mathrm{Welt}}x_{0,\mathrm{Cam}}\right) - r_{23} \cdot \left(^{\mathrm{Welt}}\tilde{y}_P - {}^{\mathrm{Welt}}y_{0,\mathrm{Cam}}\right) - r_{33} \cdot \left(^{\mathrm{Welt}}\tilde{z}_P - {}^{\mathrm{Welt}}z_{0,\mathrm{Cam}}\right)$$

Den Zusammenhang dieser Koordinaten mit den Koordinaten auf dem Sensor-Chip haben wir bereits ermittelt:

$$\begin{bmatrix} ^{\mathrm{Bild}}\tilde{x}_{P'} \\ ^{\mathrm{Bild}}\tilde{y}_{P'} \\ ^{\mathrm{Bild}}\tilde{z}_{P'} \end{bmatrix} = \begin{bmatrix} f & 0 & 0 & x_{\mathrm{off}} \\ 0 & f & 0 & y_{\mathrm{off}} \\ 0 & 0 & 1 & 0 \end{bmatrix} \cdot \begin{bmatrix} ^{\mathrm{Cam}}\tilde{x}_P \\ ^{\mathrm{Cam}}\tilde{y}_P \\ ^{\mathrm{Cam}}\tilde{z}_P \\ 1 \end{bmatrix}$$

$$^{\mathrm{Bild}}x_{P'} = f \cdot \frac{^{\mathrm{Cam}}\tilde{x}_P}{^{\mathrm{Cam}}\tilde{z}_{P'}} + x_{\mathrm{off}}$$

$$^{\mathrm{Bild}}y_{P'} = f \cdot \frac{^{\mathrm{Cam}}\tilde{y}_P}{^{\mathrm{Cam}}\tilde{z}_{P'}} + y_{\mathrm{off}}$$

Als Ergebnis folgen die beiden Gleichungen, die die Bildkoordinaten im Sensor beschreiben:

$$^{\mathrm{Bild}}x_{P'} = f \cdot \frac{r_{11} \cdot \left(^{\mathrm{Welt}}\tilde{x}_P - {}^{\mathrm{Welt}}x_{0,\mathrm{Cam}}\right) - r_{21} \cdot \left(^{\mathrm{Welt}}\tilde{y}_P - {}^{\mathrm{Welt}}y_{0,\mathrm{Cam}}\right) - r_{31} \cdot \left(^{\mathrm{Welt}}\tilde{z}_P - {}^{\mathrm{Welt}}z_{0,\mathrm{Cam}}\right)}{r_{13} \cdot \left(^{\mathrm{Welt}}\tilde{x}_P - {}^{\mathrm{Welt}}x_{0,\mathrm{Cam}}\right) - r_{23} \cdot \left(^{\mathrm{Welt}}\tilde{y}_P - {}^{\mathrm{Welt}}y_{0,\mathrm{Cam}}\right) - r_{33} \cdot \left(^{\mathrm{Welt}}\tilde{z}_P - {}^{\mathrm{Welt}}z_{0,\mathrm{Cam}}\right)} + x_{\mathrm{off}}$$

$$^{\mathrm{Bild}}y_{P'} = f \cdot \frac{r_{12} \cdot \left(^{\mathrm{Welt}}\tilde{x}_P - {}^{\mathrm{Welt}}x_{0,\mathrm{Cam}}\right) - r_{22} \cdot \left(^{\mathrm{Welt}}\tilde{y}_P - {}^{\mathrm{Welt}}y_{0,\mathrm{Cam}}\right) - r_{32} \cdot \left(^{\mathrm{Welt}}\tilde{z}_P - {}^{\mathrm{Welt}}z_{0,\mathrm{Cam}}\right)}{r_{13} \cdot \left(^{\mathrm{Welt}}\tilde{x}_P - {}^{\mathrm{Welt}}x_{0,\mathrm{Cam}}\right) - r_{23} \cdot \left(^{\mathrm{Welt}}\tilde{y}_P - {}^{\mathrm{Welt}}y_{0,\mathrm{Cam}}\right) - r_{33} \cdot \left(^{\mathrm{Welt}}\tilde{z}_P - {}^{\mathrm{Welt}}z_{0,\mathrm{Cam}}\right)} + y_{\mathrm{off}}$$

$$(5.22)$$

Die beiden letzten Gleichungen werden Kollinearitätsgleichungen genannt. Diese nichtlinearen Gleichungen beschreiben die Überführung eines Objektpunktes mit den Koordinaten $^{\mathrm{Welt}}x_P\,{}^{\mathrm{Welt}}y_P\,{}^{\mathrm{Welt}}z_P$ in Bildkoordinaten.

Die Kollinearitätsgleichungen sind die Grundlage der sogenannten Bündelausgleichsrechnung. Diese Methode wird in der Vermessungstechnik verwendet, um 3D-Koordinaten von Punkten zu ermitteln. Das Verfahren wird auch genutzt, wenn mehr als zwei Kameras Objektpunkte anvisieren und Bildpunkte liefern. Die zu messenden Punkte können z. B. durch Markierungen auf Objekten hervorgehoben werden und die Bildkoordinaten werden in den Bildern aller Kameras bestimmt. Die Kollinearitätsgleichungen hängen von den inneren Kamera-Parametern, Brennweite, Bildhauptpunkt, Pixelgröße PS und von den Parametern der äußeren Orientierung der Kamera ab. Zu den inneren Kamera-Parametern kommt noch ein Verzeichnungsparameter, der die Verzerrung des Bildes durch das Objektiv beschreiben soll. Die Parameter der äußeren Orientierung beschreiben die Verdrehung und Verschiebung des Kamera-Koordinatensystems gegenüber dem Weltkoordinatensystem. Es handelt sich dabei um sechs Parameter der äußeren Orientierung, drei Verdrehungswinkel und der Versatz des Ursprungs vom Kamera-Koordinatensystem in x-, y- und z-Richtung des Weltkoordinatensystems.

Mit der Bündelausgleichsrechnung ist es möglich, die Koordinaten der beobachteten Punkte im Weltkoordinatensystem zu berechnen. Dabei werden auch die Parameter der inneren und äußeren Orientierung der beteiligten Kameras berechnet. Es handelt sich daher um eine Selbstkalibrierung der Kameras bei der Punktvermessung. Allerdings müssen mehrere Punkte gleichzeitig vermessen werden, sodass man genügend Gleichungen hat, um die unbekannten Parameter zu bestimmen. Die genaue Verfahrensweise kann der weiterführenden Literatur, z. B. Luhmann (2010) entnommen werden.

Zusammenfassung

Die Methode der 3D-Triangulation in Standard-Stereogeometrie erlaubt die Berechnung von dreidimensionalen Objektpunkten mit zwei Kameras, deren Sensoren in einer Ebene liegen. Der Nachteil ist der geringe Bildüberschneidungsbereich. Mit Hilfe der Epipolargeometrie können Gleichungen angegeben werden, die eine allgemeine Anordnung von Kameras erlaubt. Die homogenen Koordinaten berücksichtigen die Projektion von Punkten, die auf einer Geraden liegen, auf einen Sensor. Dazu wird die x- und y-Koordinatenrichtung um eine z-Richtung erweitert, die einen Maßstabsfaktor für die x- und y-Koordinaten angibt. Die inneren Kamera-Parameter werden durch eine Kamera-Kalibriermatrix erfasst. Die Orientierung und die Lage der Kamera im Raum bezogen auf ein beliebiges Koordinatensystem werden durch eine homogene Transformationsmatrix beschrieben. Zusammen mit der Kalibriermatrix kann mit Hilfe der Transformationsmatrix aus den Bildkoordinaten die Raumkoordinaten berechnet werden. Umgekehrt ist es möglich, die Bildkoordinaten auf dem Sensor aus den gegebenen Raumkoordinaten eines Punktes zu berechnen.

Kontrollfragen

K100 Nennen Sie die Kamera-Parameter, die bei einer Kamera-Kalibrierung berechnet werden müssen.

K101 Welche Bedeutung und welche Einheit hat der Kamera-Parameter PS?

K102 Geben sie Vor- und Nachteile der Standard-Stereogeometrie an.

6 Lösung der Kontrollaufgaben

K1   Formulieren Sie die Definition von „System".
Ein System ist die Gesamtheit von Objekten, die sich in einem ganzheitlichen Zusammenhang befinden und durch die Wechselbeziehungen untereinander gegenüber ihrer Umwelt abzugrenzen sind.

K2   Welche Haupteigenschaft besitzt ein Assistenzsystem?
Die Assistenzsysteme unterstützen den Menschen, indem sie dessen Ziele kennen und Wahrnehmungen des Menschen nachvollziehen können.

K3   Was versteht man unter einem Arbeitssystem?
In einem sogenannten Arbeitssystem arbeiten der Mensch und die Maschine (Arbeitsmittel) im Arbeitsablauf am Arbeitsplatz in einer Arbeitsumgebung zur Erfüllung der Arbeitsaufgabe zusammen.

K4   Welcher Unterschied besteht zwischen konventionellen und kognitiven Assistenzsystemen?
Konventionelle Assistenzsysteme tun nur das, wozu sie entwickelt wurden. Die kognitiven Fähigkeiten umfassen die Wahrnehmung, Schlussfolgerungen, Lernen und Planen. Die Kognition erlaubt eine bessere Zusammenarbeit technischer Systeme mit dem Menschen.

K5   Geben sie die Definition eines Mensch-Maschine-Systems an.
Ein Mensch-Maschine-System ist durch das Zusammenwirken eines oder mehrerer Menschen mit einem technischen System (Maschine) gekennzeichnet. Der Mensch soll zielgerichtet mit der Maschine zusammenarbeiten, damit bestimmte Arbeitsergebnisse vom Gesamtsystem bestmöglich erreicht werden.

K6   Welche wichtigen Aspekte müssen bei einem Mensch-Maschine-System beachtet werden?
Der Mensch-Maschine-Dialog und die Interaktion, das menschliche Verhalten (Human Factors), die Arbeitsplatzgestaltung, Anzeigen, Bedienelemente.

K7   Was versteht man unter Human Engineering?
Die Arbeitsplatzgestaltung für Mensch-Maschine-Systeme wird als Human Engineering bezeichnet.

K8   Was versteht man unter der ergonomischen Gestaltung?
Die ergonomische Gestaltung hat zum Ziel, Arbeitssysteme so auszulegen, dass die Arbeitsbeanspruchung optimiert, beeinträchtigende Auswirkungen vermieden und erleichternde Auswirkungen gefördert werden.

K9   Geben Sie Beispiele für informatorische Belastungen an?
Die Veränderung und Beurteilung von Signalen, die Auswertung des Informationsgehaltes von Anzeigen.

K10   Welche anthropometrischen Gesichtspunkte sind bei der Auslegung von Mensch-Maschine-Systemen zu beachten?
Abmessungen des menschlichen Körpers und wichtiger Teile, wie Kopf und Extremitäten unter Berücksichtigung der Variabilität.
Körperstellungen und Körperhaltung, Bewegungsbereiche der Gelenke und Länge der Gliedmaßen, sowie daraus resultierende Greifräume.
Blickfeld und Gesichtsfeld als anatomisch-optische Randbedingungen für die räumliche Gestaltung der Sichtverhältnisse unter Berücksichtigung der entspannten Sehachse.

K11   Nennen sie vier Kategorien anthropometrischer Maße.
• Maße am stehenden Menschen.
• Maße am sitzenden Menschen.
• Maße an einzelnen Körperabschnitten.
• funktionelle Maße.

K12   Was ist ein Histogramm?
Ein Histogramm stellt die Häufigkeit des Vorkommens eines bestimmten Merkmals in geordneter Form dar.

K13   Die Größen der n Studenten eines Semesters wurde gemessen (x_i: 175; 162; 168 ; 195; 166; 162; 160; 175; 185; 163). Berechnen Sie den Median und den Mittelwert.
Der Median ist der Wert, der in der Mitte steht, also zwischen 166 und 167 cm. Er beträgt 166,5 cm.

K14   Die Körpergröße der 25- bis 29-jährigen Männer liege im Mittel bei 1733 mm. Es liegt eine Normalverteilung vor. Die Standardabweichung beträgt: 72 mm. Berechnen Sie das 99. Perzentil.

$$z_{99} = \bar{x} + 2{,}33 \cdot s = 1733\,\text{mm} + 2{,}33 \cdot 72\,\text{mm} = 1900{,}76\,\text{mm}$$

K15   Geben Sie die Winkelbereiche des Blickfeldes bezogen auf die Horizontale an.
Das optimale Blickfeld beträgt in der Horizontalen nach links und rechts je 35°, nach oben 40° und nach unten 20°.

K16   Welche Möglichkeiten der Planung ergonomischer Arbeitsplätze hinsichtlich der Erreichbarkeit kennen Sie?
Es gibt die Möglichkeit, Körpermaß-Schablonen wie die Kieler Puppe zu verwenden. Eine komfortablere Planungsmethode nutzt digitale Mensch-Modelle.

K17   Nennen Sie drei Anwendungsgebiete für digitale Mensch-Modelle.
• Computergrafik und Animation.
• Anthropometrische Modelle.
• Biomechanische Mensch-Modelle.

K18   Welchen Winkelbereich umfasst der Bereich des scharfen Sehens?
Der Bereich des scharfen Sehens beträgt weniger als 1°.

K19 Was versteht man unter der chromatischen Abberation?
Die wellenlängenabhängige Lichtbrechung.

K20 Nennen Sie die möglichen sensorischen Informationskanäle (Sinneswahrnehmungen) zwischen Mensch und Assistenzsystem.
Visuelle, auditive, haptische, kinästhetische, olfaktorische und gustatorische Wahrnehmung.

K21 Beschreiben Sie die Unterschiede zwischen Schall, Klang und Geräuschen.
Als Schall bezeichnet man die sich wellenartig ausbreitende räumliche und zeitliche Druckänderung eines elastischen Mediums, wie z. B. Luft. Schallereignisse, bei denen die Frequenzen der Töne in einem ganzzahligen Verhältnis zueinander stehen, werden als Klang bezeichnet. Schallereignisse, die aus theoretisch unendlich vielen Einzelschwingungen zusammengesetzt sind, deren Frequenzdifferenzen unendlich klein sind, werden als Geräusch bezeichnet.

K22 Wie hoch sollte die Maximalzahl verschiedener auditiver Warnsignale sein.
Die Anzahl der Alarm- und Warnsignale ist zu begrenzen auf maximal sechs.

K23 Geben Sie ein Beispiel zur Nutzung der vestibulären Information in einem Assistenzsystem.
Ein Beispiel zur Nutzung dieser vestibulären Informationen bei Assistenzsystemen ist das kurzzeitige, impulsförmige Bremsen eines Assistenzsystems. Es lenkt die Aufmerksamkeit des Fahrers auf besondere Anlässe.

K24 Wie beschreibt man die haptische Wahrnehmung?
Das passive Fühlen und aktive Tasten erlaubt die Erkennung bekannter Strukturen über Sinneszellen, die in der Haut und im Körper vorhanden sind.

K25 Beschreiben Sie den Begriff Faktor Mensch.
Alle Eigenheiten der Interaktion in einem Assistenzsystem, die durch die menschliche Denkweise (Kognition) und die sozialen Einflüsse geprägt sind, fassen wir in dem Begriff Faktor Mensch zusammen.

K26 Geben Sie ein Beispiel zur Nutzung der vestibulären Wahrnehmung in einem Assistenzsystem an.
Das kurzzeitige Bremsen durch ein Fahrerassistenzsystem stellt ein Beispiel zur Stimulierung der vestibulären Wahrnehmung dar.

K27 Welche Formen der Wahrnehmung beim Menschen kennen Sie?
- Visuelle Wahrnehmung/Augen.
- Auditive Wahrnehmung/Ohren.
- Vestibuläre Wahrnehmung/Ohren.
- Olfaktorische Wahrnehmung/Nase.
- Geschmackswahrnehmung/Zunge.
- Haptisch-taktile Wahrnehmung/Tastsinn.
- Propriozeptive Wahrnehmung/Muskeln, Sehnen.
- Schmerzwahrnehmung.

K28   Nennen Sie drei Beispiele für Arbeiten, die vom Menschen besser ausgeführt werden können als von einer Maschine.
Der Mensch besitzt sehr empfindliche Sinneswahrnehmungen, deren Auswertung über Regeln und abstrakte Konzepte erfolgt. Es ist sehr schwierig, das menschliche Schlussfolgern über Computer nachzubilden. Der Mensch handelt sehr flexibel und kann seine Handlungspläne situationsgerecht umstellen. Er kann sich je nach Situation an bestimmte Verhaltensmuster erinnern.

K29   Mit welchen Sensoren nehmen wir haptische Wahrnehmungen auf?
Die Sensoren (in der Biologie spricht man von Rezeptoren) des Tastsinns unterteilt man in die Mechanorezeptoren, die Propriozeptoren und die Vestibularorgane, die u. a. für den Gleichgewichtssinn zuständig sind.

K30   Um welches Verhalten handelt es sich, wenn im Auto während des Fahrens ein neuer Gang eingelegt wird?
Es handelt sich um ein fertigkeitsbasiertes Verhalten.

K31   Wie viele Informationseinheiten kann man sich im Mittel im Arbeitsgedächtnis merken.
Die Anzahl der Informationen, die gleichzeitig im Arbeitsgedächtnis gespeichert werden kann, beträgt 7 ± 2.

K32   Geben Sie in Beispiel an, wie die Aufmerksamkeit auf bestimmte Bereiche einer Monitordarstellung gelenkt wird.
Gebiete eines Monitors, in denen sich die Objekte ständig ändern, werden die Aufmerksamkeit eher anziehen als Gebiete, wo nichts passiert. Die Erwartung, dass dort wieder etwas passiert, erhöht die Aufmerksamkeit.

K33   Welche Konsequenzen sollten aufgrund des Prinzips der Beschränktheit der Ressourcen menschlicher Wahrnehmung geschlossen werden?
Die geteilte Aufmerksamkeit wird erhöht, wenn mehrere Sinnesmodalitäten angesprochen werden.

K34   Nennen Sie die wesentlichen Gestaltungsprinzipien zur Berücksichtigung der Kompatibilität.
Die Richtungskompatibilität die Übereinstimmung der Bewegungsrichtung zwischen Stellteil und Auswirkung der Einstellung auf die Bewegungsrichtung der zugeordneten Anzeige.
Die räumliche Kompatibilität bestimmt die Anordnung der Bedienelemente und Displays.
Die dynamische oder Bewegungskompatibilität berücksichtigt die Bewegungen der Stellteile und Anzeigen.

K35   Warum verschlechtern zeitliche Verzögerungen die Kompatibilität?
Bei einer zeitlichen Verzögerung erkennt der Bediener die Antwort des Systems nicht direkt und er erkennt keine Rückmeldung über das gewollte Verhalten des Assistenzsystems.

K36   Nennen Sie je ein Beispiel für primäre, sekundäre und tertiäre Fahrhandlungen.
Fahrzeugführung, Blinker betätigen, Radio einschalten.

K37   Welche Handlungen gehören zu den primären Aufgaben beim Autofahren?
Navigation, Fahrzeugführung und Stabilisierung.

K38   Welche Tätigkeiten gehören zur Stabilisierung eines Fahrzeugs?
Gangwechsel, Bremsen, Kuppeln.

K39   Welche Defizite kann ein Fahrerassistenzsystem hinsichtlich der Leistungsfähigkeit des Fahrers eventuell mildern?
Die Informations- und Handlungsdefizite können vom Fahrerassistenzsystem teilweise aufgehoben werden.

K40   Welche Vorteile bietet ein Head-up-Display?
Wie der Name bereits sagt, braucht der Fahrer den Kopf nicht von der Fahrbahn abwenden, um Anzeigen zu erkennen.

K41   Was versteht man unter der Signal-Reaktions-Kompatibilität?
Als Signal-Reaktions(SR)-Kompatibilität bezeichnet man den Zusammenhang zwischen einem Stimulus, das sei der Auslösereiz, der eine Klasse von Verhaltensweisen auslöst oder in Gang bringt, und einer auszuführenden Reaktion.

K42   Was versteht man unter dem konzeptionellen und dem mentalen Modell?
Der Entwickler eines Bedienkonzeptes plant die Interaktionen nach seinen Vorstellungen oder er realisiert ein spezifiziertes Pflichtenheft. Dieses Planungsmodell nennt man ein konzeptionelles Modell. Mentale Modelle beinhalten die Vorstellung von Menschen über ein System oder ein Gerät oder auch ein Computerprogramm.

K43   Geben Sie drei wesentliche Bestandteile einer LCD-Anzeige an?
Die Polarisationsfilter, die TFT-Ansteuerung, die Farbfilter.

K44   Welcher physikalische Effekt wird bei LC-Displays genutzt?
Die Polarisation des Lichtes.

K45   Welche Bedeutung hat der ITO-Film auf dem LC-Display?
Dabei handelt es sich um einen durchsichtigen Halbleiter, auf dessen Anode sich die TFT-Dünnfilmtransistoren befinden.

K46   Welche Dimensionalität besitzt eine Computermaus?
Sie kann zweidimensional bewegt werden.

K47   Welche Technologien bei Touchscreen-Oberflächen kennen Sie?
Es gibt die resistiven, kapazitiven und optischen Technologien.

K48   Wie nennt man die Leiterbahnen bei PCT-Touchscreen-Systemen?
Sie werden als sense-lines und drive-lines bezeichnet.

K49   Welche Einschränkungen gibt es bei der Verwendung optischer Verfahren bei Touch-Oberflächen?
Ein Nachteil der Verwendung des Infrarotlichtes ist, dass auch Sonnenlicht infrarote Frequenzen enthält. Daher sind die Displays nicht für den Außenbetrieb geeignet.

K50   Welcher optische Effekt wird bei der FTIR-Technik ausgenutzt?
Das FTIR(Frustrated Total Internal Reflection)-Verfahren beruht auf dem Effekt der optischen Totalreflexion von Infrarotlicht.

K51   Geben Sie den Unterschied zwischen einem Service- und einem Assistenzroboter an.
Serviceroboter sind frei programmierbare Bewegungseinrichtungen, die der Verrichtung von Leistungen für Menschen und Einrichtungen dienen. Assistenzroboter sind mit weiteren Fähigkeiten ausgestattet, die die maschinelle Wahrnehmung, Interaktionsfähigkeit und die kognitive Kontrolle umfassen, wobei ein gestecktes Ziel verfolgt wird.

K52   Benennen Sie die vier Klassen von Assistenzrobotern.
„Intelligente Werkzeuge", „hochflexible Roboter", „platzminimierte Roboter" sowie „autonome Transportroboter".

K53   Was bedeutet der Automatisierungsgrad?
Der Automatisierungsgrad wird aus dem Verhältnis der Anzahl der automatisierten Fertigungsschritte zu der Gesamtzahl der Fertigungsschritte ermittelt.

K54   Sind Personal-Service-Robots Assistenzsysteme?
Sie sollen Möglichkeiten der Kommunikation mit dem Menschen besitzen und in dem Menschen vertrauter Weise reagieren und agieren. Daher handelt es sich um Assistenzroboter.

K55   Wie beschreibt man eine bahngleiche und zeitgleiche Kooperation Mensch-Roboter?
Roboter und Mensch arbeiten an einem bewegten Werkstück gleichzeitig am selben Ort.

K56   Handelt es sich bei Telemanipulator-Systemen um Assistenzroboter?
Nein, denn sie werden manuell geführt und können nicht programmiert werden.

K57   Ist das automatische Endoskop-Positioniersystem AESOP ein Assistenzroboter oder ein Serviceroboter?
Es handelt sich um einen sprachgeführten Manipulator, der nicht frei programmierbar ist. Daher handelt es sich weder um einen Serviceroboter noch um einen Assistenzroboter.

K58   Warum ist der Manipulator MiroSurge ein Assistenzsystem?
Das System besitzt eine Wahrnehmung, um die Unruhe der Hand des Chirurgen auszugleichen. Es hat haptische Schnittstellen und damit eine Interaktionsfähigkeit mit dem Menschen.

K59   Wie lautet die Definition von Industrierobotern?
Gemäß VDI-2860 werden Industrieroboter als universal einsetzbare Bewegungsautomaten mit mehreren Achsen, deren Bewegungen programmierbar und gegebenenfalls sensor-geführt sind, bezeichnet. Sie sind mit Greifern und Werkzeugen ausgerüstet und können Handhabungs- und/oder Fertigungsaufgaben ausführen.

K60   Welche Aufgabe haben die Handachsen eines Industrieroboters?
Orientierung des Werkzeugs.

K61   Nennen Sie die Hauptbestandteile einer Roboterzelle.
Roboterhebel, Gelenke, Antriebe und Messsysteme, Endeffektor, Werkstück, Sensor, Programmierhandgerät, Steuerung, Sicherheitseinrichtung.

K62   Welchen Vorteil hat das Parallelogramm-Gestänge?
Das Gewicht des Antriebsmotors wird nicht mitbewegt.

K63   Wie viele Freiheitsgrade hat ein zylindrisches Gelenk?
Zwei Freiheitsgrade.

K64 Wie viele Freiheitsgrade werden benötigt, um ein Objekt im Raum beliebig zu positionieren und zu orientieren?
Sechs Freiheitsgrade.

K65 Was versteht man unter fluchtenden Roboterachsen?
Bei fluchtenden Achsen dreht sich ein Roboterhebel um sich selbst.

K66 Wie viele Freiheitsgrade hat ein SCARA-Roboter?
In der Regel besitzt er vier Freiheitsgrade.

K67 Welche Kenngrößen zur Auswahl eines Roboters kennen Sie?
Geometrische Kenngrößen, Belastungskenngrößen, kinematische Kenngrößen und Genauigkeitskenngrößen.

K68 Welche Angaben umfasst der Begriff Roboterpose?
Position und Orientierung des Werkzeugs oder Greifers.

K69 Was bedeutet die Wiederholgenauigkeit?
Die Wiederholgenauigkeit eines Roboters RPi errechnet sich aus dem Mittelwert der Summe über die Abweichungen zwischen den Messpositionen zur mittleren erreichten Position plus der dreifachen Standardabweichung.

K70 Welche Einflüsse für die Genauigkeit eines Roboters kennen Sie?
Einflüsse der Gelenke, Getriebe, Armelemente, des Effektors, der Geber und Sensorik, der Steuerung, der Applikation und der Programmierung.

K71 Welches Ziel hat die Vermessung eines Roboters?
Die Vermessung eines Roboters hat zum Ziel, die Parameter des kinematischen Modells des Roboters (z. B. nach der Denavit-Hartenberg-Konvention) so an die Realität anzupassen, dass Gelenkwinkelversätze oder Ungenauigkeiten der Armlängen intern in der Steuerung verrechnet werden.

K72 Was versteht man unter einer Vorwärtstransformation?
Man bezeichnet die Berechnung der Lage des Koordinatensystems des Tool Center Points in Abhängigkeit der Gelenkwinkel als Koordinatentransformation oder Vorwärtstransformation.

K73 Welche (englischen) Namen haben die Vektoren, mit denen die Orientierung des Greiferkoordinatensystems festgelegt wird?
Die Orientierung des TCPs wird durch die drei Basisvektoren „Approach", „Sliding" und „Normalenvektor" angegeben.

K74 Wie viele Winkel benötigt man, um die Orientierung eines Koordinatensystems festzulegen?
Drei.

K75 Wie lässt sich mathematisch eine Rotation von Koordinatensystemen beschreiben?
Durch die Rotationsmatrix, die die Lage der Einheitsvektoren des gedrehten Koordinatensystems angibt.

K76   Was gibt der Gelenk-Freiheitsgrad an?
Der Gelenk-Freiheitsgrad gibt die Anzahl der möglichen, unabhängigen Bewegungen eines
Gelenks an.

K77   Wie viele Parameter benötigt man, um die Lage zweier benachbarter Hebel eines
Roboters mathematisch eindeutig zu beschreiben?
Vier.

K78   Welcher Unterschied besteht zwischen den Gelenkparametern und den Gelenkvariablen?
Die Parameter sind fest und die Variablen können über Motoren verändert werden.

K79   Wie viele Transformationsmatrizen werden benötigt, um die Koordinatensysteme in den
Gelenken eines 6-Achs-Roboters bis zum Flansch des Greiferanschlusses eindeutig beschrei-
ben zu können?
Sechs.

K80   Was versteht man unter der inversen Kinematik?
Die Berechnung der Gelenkwinkel aus der vorgegebenen Roboterpose, die über eine Transformationsmatrix angegeben wird.

K81   Was ist der Unterschied zwischen dem vollständigen und dem erreichbaren Arbeitsraum
eines Industrieroboters?
Der vollständige Arbeitsraum ist der Raum, den der Roboter-Endeffektor mit allen Orientierungen erreichen kann. Der erreichbare Arbeitsraum ist der Raum, den der Roboter in mindestens
einer Orientierung erreichen kann.

K82   Wie viele (theoretisch) mögliche Robotergelenkwinkel-Kombinationen kann es bei
einem 6-Achs-Roboter geben, um ein Objekt in einer gegebenen Position und Orientierung
zu ergreifen?
Acht.

K83   Welcher Unterschied besteht zwischen einer synchronen und einer asynchronen PTP-
Bewegung?
Wenn alle an der Bewegung beteiligten Roboterachsen sich synchron bewegen und gleichzeitig
im Zielpunkt ankommen, nennt man die Bewegung synchron, sonst asynchron.

K84   Was versteht man unter Überschleifen?
Wird ein programmierter Punkt nicht exakt angefahren, sondern vor dem Erreichen bereits in
Richtung des nächsten Punktes beschleunigt, nennt man diese Verfahrart Überschleifen.

K85   Welche Steuerungsarten kennen Sie?
Punkt-zu-Punkt-Steuerung, Bahnsteuerung, Vielpunktsteuerung.

K86   Was ist ein virtuelles Planungssystem und welche Vorteile bietet es?
Mit virtuellen Planungssystemen kann die Fertigung mit dem Computer einem virtuellen
Raum simuliert werden. Der Roboter wird während der Planung nicht benötigt und kann in
der Produktion arbeiten. Es können Programmierfehler und Kollisionen erkannt werden. Die
Optimierung der Taktzeit kann durch den Vergleich unterschiedlicher Bahnen erfolgen.

K87   Nennen Sie fünf wesentliche Hindernisse für den Einsatz von Industrierobotern als Assistenzsystem.
Industrieroboter werden in geschlossenen Zellen betrieben.
Die Programmierung ist kompliziert.
Industrieroboter haben keine Nachgiebigkeit.
Steuerungen sind sehr unterschiedlich und kompliziert zu bedienen.
Industrieroboter sind nicht interaktionsfähig.

K88   Durch welche Art der Interaktion kann der Bediener einen Assistenzroboter mit „Gefühl" bedienen?
Durch haptische Interaktion.

K89   Durch welche Maßnahme erreicht man eine Kraft-Nachgiebigkeit bei Assistenzrobotern?
Die Kraftregelung mit Hilfe der Kraft-Momenten-Sensorik in jedem Gelenk.

K90   Welche Möglichkeiten bietet die Verwendung von Mecanum-Rädern in Roboterplattformen?
Sie bietet die Möglichkeit der Bewegung in jede Richtung, omnidirektional.

K91   Geben Sie den Unterschied zwischen einer planenden und reaktiven Navigation von Roboter an.
Bei der planenden Navigation benötigt man eine Karte der Umgebung, in der die Hindernisse eingezeichnet sind. Die reaktive Navigation benutzt äußere Felder, die z. B. durch unterschiedliche Lichtintensitäten gegeben sind, um den Roboter zum Zielpunkt zu führen.

K92   Was versteht man unter Odometrie?
Der zurückgelegte Weg und die Fahrtrichtung können aus dem Lenkeinschlag und der Drehung der Räder gemessen werden. Diese Technik bezeichnet man als Odometrie.

K93   Nennen Sie zwei Beispiele für den Einsatz von Kameras bei Assistenzsystemen.
Erkennung von Gesten, Kopfbewegungen oder Teilen. Bei Fahrerassistenzen überwachen z. B. Kameras den toten Winkel vor dem Überholen und warnen den Fahrer, wenn Fahrzeuge erkannt werden. Über Kameras kann die Fahrbahn überwacht werden, um Fußgänger beim Überqueren der Straße zu erkennen.

K94   Warum enthält ein Bayer-Filter mehr grüne als rote und blaue Filter?
Das menschliche Auge ist empfindlicher für den grünen Spektralbereich des Lichtes.

K95   Wie ist der Bildhauptpunkt definiert?
Der Fußpunkt des Lotes vom Projektionszentrum des optischen Systems (Mittelpunkt der Linse oder der Mittelpunkt des Lochs der Lochkamera) auf die Sensor- oder Bildebene wird als Bildhauptpunkt bezeichnet.

K96   Warum kann mit einer Kamera keine dreidimensionale Punktberechnung erfolgen?
Der Strahl vom Projektionszentrum durch den CCD- oder CMOS-Sensor der Kamera bis zum betrachteten Raumpunkt enthält beliebig viele Punkte, deren Bild auf dem Sensor der Durchstoßpunkt des Strahls durch den Sensor ist.

K97   Wie kann man einen sinnvollen Schwellwert aus der Grauwertverteilung eines Bildes berechnen?
Der Schwellwert kann über ein bimodales Histogramm ermittelt werden, das Häufigkeitsbereiche bei den Grauwerten des Vordergrundes und des Hintergrundes enthält.

K98   Ein Bild besitzt ein bimodales Histogramm. Daraus wurde ein Schwellwert für ein Binärbild ermittelt. Die Beleuchtung ändert sich. Gilt der vorher ermittelte Schwellwert in jedem Fall?
Nein, durch die Beleuchtigkeitsschwankung verändert sich das bimodale Histogramm in Richtung der helleren oder dunkleren Grauwerte. Der mittlere Grauwert zwischen den Maxima verändert dadurch auch seine Lage.

K99   Warum ist die Kantendetektion bei der Flächenberechnung von Bohrungen genauer als die Binärbildanalyse?
Der Verlauf der Kante kann zwischen zwei Pixeln durch eine Gradientenberechnung interpoliert werden. Dadurch werden die Kante und damit die Fläche der Bohrung genauer berechenbar.

K100 Nennen Sie die Kamera-Parameter, die bei einer Kamera-Kalibrierung berechnet werden müssen.
Es müssen ermittelt werden: Brennweite, Offset des Bildhauptpunktes x_{offset} und y_{offset}, die Lage der Kamera im Weltkoordinatensystem, die Orientierung der Kamera im Weltkoordinatensystem. Zusätzlich werden noch Parameter zur Beschreibung der Bildverzeichnung ermittelt.

K101 Welche Bedeutung und welche Einheit hat der Kamera-Parameter Pixelfaktor *PS*?
Es handelt sich um den Umrechnungsfaktor Pixelwerte in Längenmaße, z. B. mm.

K102 Geben sie Vor- und Nachteile der Standard-Stereogeometrie an.
Vorteil: einfache Berechnungsgleichungen, Nachteil: kleiner überlappender Bildbereich.

Literaturverzeichnis

Was bedeutet deduktives und induktives Denken. (15.8.2012). Von http://www.neuronation.de abgerufen

Wissen macht Ah. (15.8.2012). Von http://www.wdr.de/tv/wissenmachtah/bibliothek/gelenke. php5 abgerufen

Abendroth, B. & Bruder, R. (2012). Die Leistungsfähigkeit des Menschen für die Fahrzeugführung. In H. Winner, *Handbuch Fahrerassistenzsysteme* (S. 5–14). Wiesbaden: Vieweg + Teubner.

Adler, M., Herrmann, H., Koldehoff, M., Meuser, V., Scheuer, S. et al. (2010). *Ergonomiekompendium.* Dortmund: Bundesanstalt für Arbeitsschutz und Arbeitsmedizin.

Adler, N. et al. (2010). *Ergonomiekompendium. Anwendung Ergonomischer Regeln und Prüfung der Gebrauchstauglichkeit von Produkten.* Dortmund: Bundesanstalt für Arbeitsschutz und Arbeitsmedizin.

Albu-Schäffer, A., Eiberger, O., Fuchs, M., Grebenstein, M., Haddadin, S., Ott, C. et al. (2011). Anthropomorphic Soft Robotics – from Torque Control to Variable Intrinsic Compliance. In *Robotics Research-Springer Tracts in Advanced Robotics* (S. 185–207). Springer Verlag.

Aldebaran Robotics. (2013). *www.aldebaran-robotics.com.* (A. Robotics, Hrsg.) Abgerufen am 7.8.2013 von Nao Robots: http://www.aldebaran-robotics.com

Alexander, T. & Schlick, C. (2012). *Ergonomie und Mensch-Maschine-Systeme.* Von Lehrstuhl und Institut für Arbeitswissenschaft: www.iaw.rwth-aachen.de/files/awii_09_ss2012_nur_folien.pdf abgerufen

AVRA Surgical Robotics Inc. (2013). *All About Robotic Surgery.* Abgerufen am 24.5.2013 von http://allaboutroboticsurgery.com/surgicalrobots.html

Bartels, A., Steinmeyer, S., Brosig, S. & Spichalsky, C. (2012). Fahrstreifenwechselassistenz. In H. E. Winner, *Handbuch Fahrerassistenzsysteme* (S. 562–571). Wiesbaden: Vieweg + Teubner Verlag.

Beickler, S. (2014). Entwicklung eines kamerabasierten Kalibrierverfahrens für einen FANUC Industrieroboter. Hochschule Trier: Fachbereich UP-UT.

Bernotat, R. (2008). Das Forschungsinstitut für Anthropotechnik. In L. Schmidt, C. Schlick & J. Grosche, *Ergonomie und Mensch-Maschine-Systeme* (S. 1–16). Berlin-Heidelberg: Springer Verlag.

Binnard, M. (1995). *Design of a Small Pneumatic Walking Robot.* Massachusetts Institute of Technology, Department of Mechanical Engineering.

Bmwi. (1.4.2010). *HyperBraille.* Von http://hyperbraille.de abgerufen

BostonDynamics. (22.11.2008). *BigDog Overview.* Abgerufen am 25.7.2014 von
http://www.bostondynamics.com/img/BigDog_Overview.pdf

Brown. (5.3.2000). *Robotics: the Future of Minimally Invasive Heart Surgery.* Abgerufen
am 24.5.2013 von http://biomed.brown.edu/Courses/BI108/BI108_2000_Groups/Heart_
Surgery/Robotics.html

Bundesministerium für Bildung und Forschung. (12.8.2012). *Assistenzsysteme im Dienste der
älteren Menschen.* Von http://www.aal-deutschland.de/ abgerufen

Bundesstelle für Flugunfalluntersuchung. (Juni 2002). Flugsicherheitsinformation V 162.

Burger, W. B. (2006). *Digitale Bildverarbeitung.* Berlin, Heidelberg: Springer.

Central Research Laboratories. (2011). *Telemaipulators.* Abgerufen am 24.5.2013 von
http://www.centres.com/telemanipulators.htm

Corke, P. (2011). *Robotics, Vision and Control Fundamental Algoritms in Matlab.* Berlin,
Heidelberg: Springer.

Craig, J. (2006). *Introduction to Robotics, Mechanics and Control.* Prentice Hall, 3. Auflage.

Der Spiegel. (2009, 31). Captain Computer. *Der Spiegel,* S. 108–118.

Donges (1982). Aspekte der aktiven Sicherheit bei der Führung von Personenkraftwagen.
Automobil-Industrie, Heft 2, S. 183–190.

Dressler, A., Karrer, K. & Brandenburg, S. (kein Datum). *Gestaltung einer
verhaltenswirksamen Müdigkeitsrückmeldung im Kraftfahrzeug.* Abgerufen am 21.8.2012
von Mensch-Maschine-interaktiv: http://www.mmi-interaktiv.de/aktuelle-ausgabe.html

Faller, A. (2012). *Der Körper des Menschen.* Stuttgart: Thieme Verlag.

Federal Aviation Administration. (2012). *Human Factors Awareness webcourse.* Abgerufen
am 12.8.2012 von https://www.hf.faa.gov/HFPortalnew/Training.aspx

Firma Festo AG & Co. KG. (4. 2012). *ExoHand.* Abgerufen am 27.7.2014 von
http://www.festo.com/cms/de_corp/12713.htm

Fraunhofer-Institut für Produktionstechnik und Automatisierung. (kein Datum). *rob@work1.*
(Fhg, Herausgeber) Abgerufen am 7.8.2013 von http://www.care-o-bot.de/de/rob-work/
history/rob-work1.html

Fuchs, M., Borst, C., Giordano, P., Baumann, A., Krämer, F., Langwald, J. et al. (2009). Rollin'
Justin-Design Considerations and realisation of a Mobile Platform for Humanoid upper
body. *IEEE International Conderence on Robotics an Automation ICRA,* (S. 4131–4137).
Kobe.

Gebhardt, H. et al. (2009). *Anthropometrische Daten in Normen.* Kommission Arbeitsschutz
und Normung (KAN).

Gerke, W. (2012). *Elektrische Maschinen und Aktoren.* München: Oldenbourg
Wissenschaftsverlag.

Großraumjets und Simulatoren. (kein Datum). Abgerufen am 24.5.2013 von
http://muenchen-surf.de/jet/Cockpit02.htm

Hagn, U., Nickl, M., S. Jörg, S., Passig, G., Bahls, T., Nothhelfer, A. et al. (2008). The DLR MIRO: a versatile lightweight robot. *Industrial Robot: An International Journal*, S. 324–336.

Hecht, E. (1989). *Optik.* Bonn, München: Addison-Wesley.

Helms, E. (8.12.2006). *Roboterbasierte Bahnführungsunterstützung von industriellen Handhabungs- und Bearbeitungsprozessen.* Heimsheim: Jost-Jetter Verlag.

Helms, E. & Meyer, C. (2005). Assistor-Mensch und Roboter rücken näher zusammen. *wt-Werkstatttechnik online*, S. 677–683.

Hemming, J. (kein Datum). *Bildanalyse für die robotisierte Ernte von Gewächshausgurken.* Potsdam: Institut für Agrartechnik.

Hermann, T., Hunt, A. & Neuhoff, J. (2011). *The Sonification Handbook.* Berlin: Logos Publishing House.

IPA, F. (2009). *Care-O-bot® 3 Download.* Abgerufen am 24.5.2013 von http://www.care-o-bot.de/Cob3_Download.php

IPA, F. (kein Datum). *Produktfaltblatt Care-O-Bot 3.* Abgerufen am 23.5.2013 von http://www.care-o-bot.de/Produktblaetter/PB_300_309.pdf

Ising, H., Sust, C. & Plath, P. (2004). *Gesundheitsschutz 4, Lärmwirkungen.* Dortmund: Bundesanstalt für Arbeitsschutz und Arbeitsmedizin.

Jürgens, H. (2004). *Erhebung anthropometrischer Maße zur Aktualisierung der DIN 33402 – Teil 2.* Dortmund: Bundesanstalt für Arbeitsschutz und Arbeitsmedizin.

Kahlert, J. (2009). *Einführung in WinFACT.* Carl Hanser Fachbuchverlag.

Klein, T. & Kaiser, R. (1.2.2003). *Optimierte Arbeitsbedingungen in Baumaschinen.* Abgerufen am 18.8.2012 von Wissensportal Bau- und Baustoffmaschinen: www.baumaschine.de

Knoll, P. (2012). Anzeigen für Fahrerassistenzsysteme. In H. Winner et al., *Handbuch Fahrerassistenzsysteme* (S. 330–342). Wiesbaden: Vieweg + Teubner Verlag.

Kraiss, K.-F. (1998). Benutzergerechte Automatisierung – Grundlagen und Realisierungskonzepte – *At-Automatisierungstechnik*, S. 457–467.

Kraiss, K.-F. (2008). Gestures, mimics and user assistance for usibility enhancement. In L. E. Schmidt, *Ergonomie und Mensch-Maschine-Systeme* (S. 17–31). Berlin Heidelberg: Springer Verlag.

Kremer, M. (18.8.2012). *Ars auditus.*

Kunkel, K. (2013). *Entwicklung eines Assistenzsystems zur Führung eines FANUC-Industrie-Roboters in einem kollaborierenden Betrieb.* Umwelt-Campus Birkenfeld, Masterarbeit: Hochschule Trier.

Kurowski, S. (2009). *Modellbasiete Entwicklung des Bewegungsapparates eines biologisch inspirierten, vierbeinigen Roboters.* Technische Universität Darmstadt.

Langmann, R. (2004). *Taschenbuch der Automatisierung.* München, Wien: Carl Hanser Verlag.

Lörscher, T. (2014). *Virtuelle Prozessabbildung.* Birkenfeld: Umwelt-Campus Birkenfeld der Hochschule Trier.

Meroth, A. & Tolg, B. (2008). *Infotainmentsysteme im Kraftfahrzeug.* Wiesbaden: Vieweg & Sohn.

Mörike, D., Betz, E. & Mergenthaler, W. (2001). *Biologie des Menschen.* Heidelberg: Quelle & Meyer.

Neudörfer, A. (2011). *Konstruieren sicherheitsgerechter Produkte.* Berlin Heidelberg: Springer Verlag.

Poitschke, T. (2011). *Blickbasierte Mensch-Maschine Interaktion.* München: TU München, Lehrstuhl für Mensch-Maschine-Kommunikation.

Preim, B. D. (2012). *Interaktive Systeme.* Berlin Heidelberg: Springer Verlag.

Raibert, M. H. (1986). *Legged robots that balance.* Cambridge, USA: MIT Press.

Raibert, M., Blankspoore, K., Nelson, G., Playter, R. et al. (2008). *BigDog, the Rough-Terrain Quaduped Robot.* Abgerufen am 25.7.2014 von http://www.bostondynamics.com/robot_bigdog.html:http://www.bostondynamics.com/robot_bigdog.html

Rasmussen, J. (1983). Skills, rules, and knowledge; signals, signs, and symbols, and other distinctions in human performance models. *IEEE Trans. Systems, Man, Cybernetics, SMC-13*, S. 257–266.

Regenstein, K. (2010). *Modulare, verteilte Hardware-Software-Architektur für humanoide Roboter.* Karlsruhe: Karlsruher Institut für Technlologie (KIT).

Reiche, C. (1998). *Bio(r)Evolution™.* Abgerufen am 24..5.2013 von http://www.obn.org/reading_room/writings/html/biorev_e.html#t27

RTB-Group. (kein Datum). *Chrysor.pdf, Mosro.pdf.* Abgerufen am 5.9.2012 von http://www.rtb-group.com/de/autonome-fahrzeuge

Rühmann, H. & Schmidtke, H. (kein Datum). *Ergonomie: Gestern, heute, morgen.* Abgerufen am 9.8.2012 von Ergonassist: http://www.ergonassist.de/Ergonomie_gestern_heute_morgen.htm#Ergonomie: Gestern – heute – morgen

Schenk, C. & Stoytchev, A. (2012). The Object Pairing and Matching Task:Toward Montessori Tests for Robots. *Proceedings of the Humanoids 2012 Workshop on Developmental robotics.* Osaka.

Schlick, C. E. (2010). *Arbeitswissenschaft.* Springer Verlag.

Schraft, R. D. (2004). *Service Roboter Visionen.* München: Carl Hanser Verlag.

Schraft, R. D., Hägele, M. & Wegener, K. (2004). *Service Roboter Visionen.* München Wien: Carl Hanser Verlag.

Schreier, J. (18.1.2010). Assistenzsysteme. *Maschinenmarkt*, S. 18–19.

Siciliano, B. & Khatib, O. (2008). *Handbook of Robotics.* Berlin, Heidelberg: Springer.

Siemens. (2011). *Tecnomatix- Delft University of Technology.* Abgerufen am 18.9. 2012 von www.siemens.com/plm: http://www.plm.automation.siemens.com/de_de/

Silbernagel, S. & Despopoulos, A. (2003). *Taschenatlas der Physiologie.* Stuttgart: Thieme.

Stallkamp, J. (18.1.2010). Assistenzsysteme-Roboter und Manipulatoren assistieren in der Chirurgie. *MM Maschinenmarkt*, S. 22–27.

statista Partern von Handelsblatt. (15.8.2012). *statista*. Von http://de.statista.com/statistik/ daten/studie/1825/umfrage/koerpergroesse-nach-geschlecht/ abgerufen

Strasser, H. (1993). Anthropometrische und biomechanische Grundlagen. In T. Hettinger & G. Wobbe, *Kompendium der Arbeitswissenschaften*. Ludwigshafen: Kiel Verlag.

Strasser, H. (1993). Beleuchtung. In T. Hettinger & G. Wobbe, *Kompendium der Arbeitswissenschaften*. Ludwigshafen: Kiel Verlag.

Townsend, W. (2000). MCB-Industrial Robot feature Article. *Industrial Robot*, S. 181–188.

Wagner, D. E. (1996). *Human Factors Design Guide*. Springfield, USA: National Technical Information Service.

Weber, D. (2012). *Untersuchung des Potenzials einer Brems-Ausweich-Assistenz*. Karlsruhe: KIT Scientific Publishing.

Wickens, C. (1984). Processing resources in attention. In R. P. Davies, *Varieties of attention* (S. 63–102). New York: Academic Press.

Wickens, C. & Carswell, C. (1997). Information Processing. In G. Salvendy, *factors and ergonomics* (S. 89–129). New York: Wiley.

Wickens, C. & Mc Carley, J. (2008). *Applied Attention Theory*. Broken Sound Parkway: CRC Press.

Wikipedia. (4.4.2013). *De Laval*. Abgerufen am 24.5.2013 von http://de.wikipedia.org/wiki/ DeLaval

Winner, H. (2012). *Handbuch Fahrerassistenzsysteme*. Wiesbaden: Vieweg + Teubner Verlag, Springer Fachmedien.

Zhang, J. (2012). *Grundlagen der Signalverarbeitung und Robotik*. Abgerufen am 9.12.2012 von http://tams-www.informatik.uni-hamburg.de/lehre/2012ss/vorlesung/GdSR/folien/ GdSRII_11-einf.pdf

Zühlke, D. (2012). *Nutzergerechte Entwicklung von Mensch-Maschine-Systemen*. Heidelberg Dordrecht London New York: Springer Verlag.

Stichwortverzeichnis

www.ingramcontent.com/pod-product-compliance
Lightning Source LLC
LaVergne TN
LVHW080111070326
832902LV00015B/2532